普通高等教育“十三五”规划教材

计算机应用基础

（第二版）

主编/刘念祖

副主编/朱祥德 周 华

立信会计出版社
LIXIN ACCOUNTING PUBLISHING HOUSE

图书在版编目(CIP)数据

计算机应用基础/刘念祖主编. —2 版. —上海：立信会计出版社，2018. 6
普通高等教育“十三五”规划教材
ISBN 978 - 7 - 5429 - 5810 - 5

Ⅰ. ①计… Ⅱ. ①刘… Ⅲ. ①Windows 操作系统—高等学校—教材②办公自动化—应用软件—高等学校—教材 Ⅳ. ①TP316. 7②TP317. 1

中国版本图书馆 CIP 数据核字(2018)第 166867 号

策划编辑　孙　勇
责任编辑　孙　勇

计算机应用基础(第二版)

出版发行	立信会计出版社		
地　　址	上海市中山西路 2230 号	邮政编码	200235
电　　话	(021)64411389	传　　真	(021)64411325
网　　址	www. lixinaph. com	电子邮箱	lixinaph2019@126. com
网上书店	http://lixin. jd. com		http://lxkjcbs. tmall. com
经　　销	各地新华书店		
印　　刷	上海肖华印务有限公司		
开　　本	787 毫米×1092 毫米	1/16	
印　　张	18. 25		
字　　数	434 千字		
版　　次	2018 年 6 月第 2 版		
印　　次	2019 年 8 月第 2 次		
印　　数	4101—8200		
书　　号	ISBN 978 - 7 - 5429 - 5810 - 5/T		
定　　价	36. 00 元		

前　言

计算机的普及与广泛应用极大地改变了人们的学习方式、生活方式和工作方式，掌握计算机的基本操作，提升计算机的应用能力，已经成为培养高素质人才的重要组成部分。本书从教学实际需求出发，合理安排知识结构，由浅入深、循序渐进地讲解计算机的基础知识和基本技能。全书共分 7 章，内容包括计算机相关的基本知识、操作系统 Windows 7 及其应用、字处理软件 Word 应用、电子表格软件 Excel 应用、演示文稿 PowerPoint 应用、动画制作软件 Flash CS4、网页设计。为方便学生巩固所学知识与课后练习，每章都有应用案例，并配有适量的习题。

本书的编写团队由长期从事"计算机应用基础"课程教学和课程建设的一线教师组成。第 1 章由陈逍编写，第 2 章由冷翠平、曹锋编写，第 3 章由许金超编写，第 4 章由高光伟编写，第 5 章由周华编写，第 6 章由朱祥德编写，第 7 章由周华编写。本书由刘念祖担任主编，负责全书大纲的拟订、统稿和定稿，由朱祥德、周华担任副主编。

为便于老师教学和学生学习，我们将本书的电子课件和教学素材资料放在立信会计出版社网站 www.lixinaph.com 上，可免费下载。广大教师也可以通过邮箱 pastwater11@163.com 索取本书的电子课件和教学素材。也可以通过关注"立信会计出版社"微信公众号联系索取。由于编者的水平有限，书中的疏漏与不足之处在所难免，恳请广大读者批评指正。

编　者

目　录

第 1 章　计算机相关的基本知识

在不同语境下，计算机的含义可能是完全不同的。对于研究计算理论的科学家而言，计算机可能是指像图灵机那样不考虑性能与存储容量的抽象数学模型。对于工程师而言，计算机可以是全自动洗衣机控制面板上的一块芯片。在这本以介绍计算机应用基础知识为目的的课本里，我们所讨论的计算机主要是指大多数人在日常工作与生活中经常会使用的，具有电子计算机基本结构的电子设备。考虑到智能手机与移动互联网的普及，本书所指的计算机不只局限于一般意义上的个人台式或笔记本电脑，也包括我们常见的智能手机、平板电脑等消费电子产品。这一范围划定的主要目的是为了帮助读者在理解计算机相关概念时有更感性与直观的认识。其中的一些概念往往也适用于很多其他类型的计算机。以下我们就从身边最常见的"计算机家族"成员开始，从基本常识、基本技能和基本应用三个方面介绍与计算机相关的基础知识。

1.1　基本常识

在我们与计算机打交道的过程中时常会遇到各种问题，比如：选购电脑或手机时，长长的产品参数或配置信息到底是什么意思？相机里的照片存成什么格式更节省空间？在线听广播或看视频会消耗多少流量？平板电脑与笔记本电脑只是相差一个键盘吗？要回答这些问题，不需要多么高深的专业知识，但一些基本常识是必不可少的。

1.1.1　计算机的形态

计算机的普及与广泛应用极大地改变了当今人类的生活方式。无论我们是否察觉，各种形态与尺寸的计算机或在我们手中（智能手机）与桌上（台式机），或在几千公里外（数据中心），影响着我们生活与工作的方方面面。虽然计算机从诞生到今天只有短短几十年的时间，但科技的进步让计算机既能像灰尘般大小被植入人体用来检测患者生命体征，又可以占地数百平方米以记录和处理千万人衣食住行过程中所产生的海量信息。今天，如果简单地以识图卡片的方式来介绍这个庞大的家族，我们很难不陷入盲人摸象的尴尬窘境。

下面我们先来了解一下几类人们日常生活中常见的计算机。

1　个人电脑

一般来说，个人电脑（PC）分为两大机型与两大系统，在机型上分为常见的桌面型电脑与笔记本电脑。在系统上分别是国际商用机器公司（IBM）集成制定的 IBM PC/AT 系统标准和苹果公司所开发的麦金塔(Mac)系统。从狭义上说，个人电脑是指前者(IBM 集成制定的 IBM PC/AT)。IBM PC/AT 标准由于采用 X86 开放式架构而获得大部分厂商的支持，成为市场上的主流，因此一般所说的 PC 意指 IBM PC 兼容机，此架构中的中央处理器采用英特尔或 AMD 等厂商所生产的中央处理器(CPU)。而桌面型电脑因采用开放式硬件架构，所以除了品牌外，自行组装的无品牌电脑也曾极度盛行。

1980 年代，IBM 推出采用英特尔的 X86 的硬件架构及微软公司的 MS-DOS 操作系统的个人电脑，并制定以 PC/AT 为 PC 的规格。之后由英特尔所推出的微处理器以及微软所推出的操作系统的发展几乎等同于个人电脑的发展历史。英特尔架构全面取代了 IBM 在个人电脑主导的地位。图 1-1-1 展示了 PC 机的主要结构。

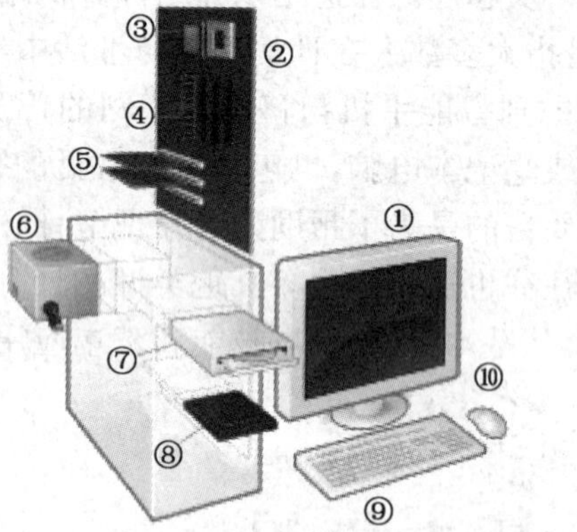

图 1-1-1　PC 机的主要结构

近年来，随着平板电脑的流行，部分个人电脑的外形也逐渐向平板电脑靠近，从而产生了键盘可拆卸、屏幕可触摸的介于传统笔记本与平板电脑之间的产品。因此将个人电脑与平板电脑严格地区分是没有必要的。但由于个人电脑与纯粹的平板电脑在功能上依旧存在较大的差异，因此在本书中，我们还是将它们分开介绍。

2　平板电脑

平板电脑也叫平板计算机，是一种小型、方便携带的个人电脑，以触摸屏作为基本的输入设备。它允许用户通过手指触控或数字笔来进行作业而不是使用传统的键盘或鼠标。用户可以通过内建的手写识别、屏幕上的软键盘、语音识别或者一个真正的键盘(如果该机型配备的话)实现输入。

平板电脑分为 ARM 架构平板电脑(代表产品为 iPad 和安卓平板电脑)与 Intel 架构平板电脑(代表产品为 Surface Pro)。后者一般采用 intel 处理器及 Windows 操作系统，支持 exe 程序。

2010 年 1 月 27 日，苹果公司发布了 iPad，搭载自家研发的操作系统 iOS，重量较轻，只有 600 克。苹果公司从此引发平板电脑热潮，吸引各大厂商都推出自家的平板电脑，在整个 2010 年度，苹果公司共卖出了超过 800 万部 iPad。苹果 iPad 在平板电脑市场的占有率一度高达 50%以上。2010 年三星推出的 Samsung Galaxy Tab，采用 Android 2.2 操作系统。Android 是 Google 一个基于 Linux 核心的软件平台和操作系统。基于 Android 的平板电脑，由于其平台的开放性，以及支持 SD 卡等功能，已经逐渐超越 iPad，占据平板电脑市场的龙头地位。图 1-1-2 展示了三种平板电脑操作系统的界面。

图 1-1-2　平板电脑操作系统三大阵营的界面：Android、IOS、Windows

3　智能手机

智能手机，指具有独立的移动操作系统，可通过安装应用软件来扩充手机功能，运算能力及功能均优于传统功能手机的一类手机。

最初的智能手机功能并不多，后来的机型增加了便携式媒体播放器、“傻瓜式”数码相机和闪光灯（手电筒）、网络袖珍摄像机和 GPS 导航、NFC、重力感应水平仪等功能，使其成为一种功能多样化的设备。很多智能手机还拥有高分辨率触摸屏和网页浏览器，从而可以显示标准网页以及优化过的移动版网页。通过 Wifi 和移动数据网络，智能手机还能实现高速数据访问、云访问等。近年来，移动 App 市场及移动商务、手机游戏产业、社交实时通信网络的高速发展也促进了人们对智能手机的选用。图 1-1-3 展示了智能手机能够运行的应用。

图 1-1-3　智能手机能够运行的大量应用

智能手机的移动操作系统有 Google 的 Android 系统、苹果公司的 iOS 系统、微软的 Windows Phone 系统和其他一些嵌入式 Linux 系统。

4　穿戴式智能设备

“穿戴式智能设备”是应用穿戴式技术对日常穿戴进行智能化设计、开发出的可以穿戴的设备的总称，如眼镜、手套、手表、服饰帽鞋等。

广义的穿戴式智能设备包括功能全、尺寸大、可不依赖智能手机实现完整或者部分的功能，如智能手表或智能眼镜等，以及只专注于某一类应用功能，需要和其他设备如智能手机配合使用，如各类进行体征监测的智能手环、智能首饰等。随着技术的进步以及用户需求的变迁，可穿戴式智能设备的形态与应用热点也在不断地变化。

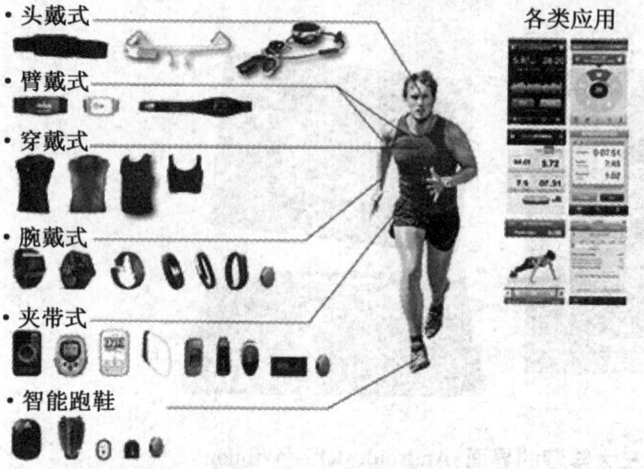

图 1-1-4　各式各样的穿戴式智能设备

2012 年 4 月，Google 正式发布名为“Project Glass”的未来眼镜概念设计。这款眼镜集智能手机、GPS、相机于一身，在用户眼前展现实时信息，只要通过眼部动作就能进行拍照上传、收发短信、查询天气路况等操作。随着谷歌眼镜的正式发售，各大 IT 巨头都开始围绕可穿戴式智能设备大做文章。苹果公司已推出其研发的智能手表 iWatch。而各种功能的智能手环，防止儿童走失的智能鞋等产品也逐渐在消费电子市场中得到热捧。相信在不久的未来，穿戴式智能设备会像今天的电脑和手机一样，成为我们生活中的一部分。图 1-1-4 展示了常见的穿戴式智能设备。

1.1.2　计算机的组成

虽然上述各类计算机在外观上差异巨大，但其基本结构都是遵循了冯诺依曼提出的抽象计算模型，即整个计算机由控制器、运算器、存储器、输入和输出设备五部分组成，如图 1-1-5 所示，所有数据与程序都以二进制方式保存在存储器中，程序以二进制指令方式逐条执行。在这一模型的指引下，科学家和工程师们研发出了我们组装电脑时所用到的 CPU、内存、键盘等硬件组件和操作系统等软件组件。从计算机发明至今的这半个多世纪里，硬件组件的性能、容量大致依照摩尔定律不断地提升，无数的品牌、标准、协议、规范，从无到有又从有到无，但不同组件与抽象模型的映射关系并没有改变。为了帮助读者理解计算机的各个部件所发挥的功能，我们在下文中列举了常见的个人电脑与智能手机中的软硬件组件与抽象模型的映射关系，并且简要说明了其在计算机运行过程中所起的作用。通过以下介绍，我们可以找出那些影响电脑或手机运行速度的决定性因素。同时，它也可以帮助我们在挑选电子产品时比较孰优孰劣。

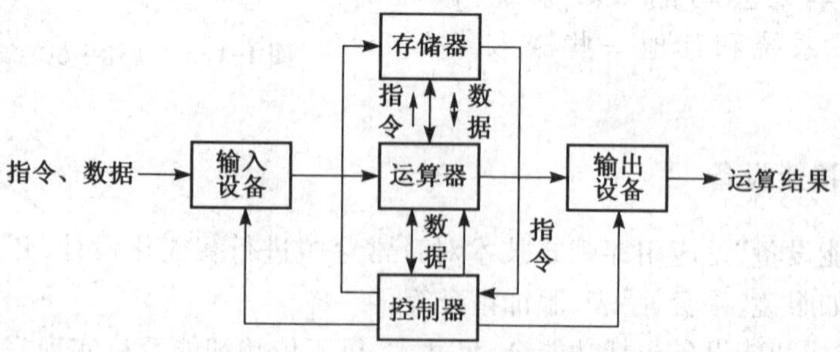

图 1-1-5　计算机的组成结构

1　中央处理器

中央处理器(CPU，central processing unit)含有运算器和控制器。其功能主要是解释计算机指令以及处理计算机软件中的数据。计算机的可编程性主要是指对 CPU 的编程。20 世纪 70 年代以前,CPU 由多个独立单元构成,后来发展成由集成电路制造的 CPU,其复杂的电路可以做成外形微小、功能强大的单元。

早期的中央处理器通常是为大型及特定应用的计算机而定制的,其随着集成电路的出现而加速。集成电路使得更为复杂的 CPU 可以在很小的空间中设计和制造(在微米的量级)。CPU 的标准化和小型化都使得这一类电子零件出现在包括从汽车到手机到儿童玩具在内的各种产品中。

CPU 的内核结构决定了整个计算机软硬件平台的架构。如果两块 CPU 所支持的字长或指令集不同时,它们所支持的二进制代码也就完全不同。根据这个原理,我们就可以解释为什么 PC 机上可以运行的程序无法直接在大部分手机上执行。一个与硬件相关的例子是,支持 32 位字长的 CPU 最多只能支持 4G 以下的内存容量,而支持 64 位字长的 CPU 可以支持 4G 以上的内存。

一台计算机的 CPU 类型一旦确定下来,与这台机器相配套的硬件和可用的操作系统基本上也就能确定下来了。比较常见的 CPU 类型有 X86、I64 以及 ARM 等。前两种在个人电脑中比较常见,分别代表了 32 位与 64 位主机目前广泛应用的 CPU 架构,主要使用 Windows 操作系统。ARM 则多出现在移动设备上,如智能手机和平板电脑,一般与 Linux 或 Android 操作系统搭配使用。

2　内存

我们常说的电脑的内存一般是指计算机存储器家族中的易失性存储器。这类存储器的读取速度相对较快,单位容量也较外部存储器更昂贵,用来保存开机后程序运行时所加载的代码与数据以及操作系统。当电源供应中断后,内存中所存储的数据会丢失。因此,我们在电脑里打开的网页,如果突然关机或切断电源,再次开机后并不一定会自动还原。

内存越大往往意味着同一时刻计算机可以处理的数据量就越大,可开启的程序就越多。这是因为 CPU 要处理的数据必须首先加载进入内存。当内存不足时,CPU 只能将内存中暂时不用的数据迁移到速度较慢的外存储器(如硬盘),为需要处理的新的数据腾出空间。因此在我们频繁切换运行程序以及处理大规模数据时,内存的大小将严重影响计算机的运行速度。所以在 CPU 支持的范围内增加内存容量往往是一个经济而有效的升级电脑的手段。

随着智能手机的普及,内存这一名词被商家用来指代不同的事物。现在市面上的智能手机往往会标注两类内存的容量,分别是 RAM 与 ROM。其中,RAM 的作用与个人电脑内存相当,用来加载运行中的操作系统与程序代码及数据;而 ROM 的作用则类似于电脑中的硬盘。RAM 的容量往往远小于 ROM 的容量。

3　硬盘

硬盘是个人电脑中安装操作系统与各类应用软件以及保存个人数据的主要部件。属于存储器家族中的非易失性存储器,其读取速度相对内存较慢,单位存储容量则更便宜,断电后能够继续保存数据,以供下次开机后读取。例如,我们浏览网页的历史记录一般就是以文件的形式保存在硬盘上,所以我们可以查询自己一周前浏览过哪些网页。硬盘的读写是采用随机存取的方式,因此可以任意顺序读取硬盘中的数据。

按照物理结构分,目前较为常见的硬盘可分为传统硬盘与固态硬盘。传统硬盘包括一至数片高速转动的磁盘以及放在执行器悬臂上的磁头。信息通过离磁盘很近的磁头,由电磁流来改变极性方式被电磁流写到磁盘上,信息可以通过相反的方式读取。固态硬盘主要由闪存制成,没有传统意义上的磁盘与磁头,价格比传统硬盘贵但速度更快,主要作为智能手机、平板电脑等小型电子产品的主存储器,并有逐步替代传统硬盘的趋势。

按照数据接口分,硬盘型号可分为 ATA(IDE)、SATA、SCSI 和 SAS 等。目前个人电脑上使用最多的硬盘接口为 SATA 与 ATA。早期的 ATA 是用传统的 40-pin 并口数据线连接主板与硬盘的,接口速度最大为 133 MB/s,因为并口线的抗干扰性太差,且排线占用空间较大,不利于电脑内部散热,已逐渐被 SATA 所取代。SATA 也就是使用串口的 ATA 接口,因抗干扰性强,且对数据线的长度要求比 ATA 低很多,支持热插拔等功能,SATA-Ⅱ的接口速度为 375 MB/s,而新的 SATA-Ⅲ标准可达到 750 MB/s 的传输速度。

4 存储卡

这里所说的存储卡主要指快闪存储卡(flash memory card),多为卡片或者方块状。它一般是使用 Flash(快闪存储器)芯片作为储存介质,主要用于数码相机、智能手机和笔记本电脑、音乐播放器、掌上游戏机和其他电子设备。它可重复读写,是无需外部电源的存储形式。

存储卡的规格有很多,在 20 世纪 90 年代,一些较小型的卡格式出现了,包括 CF 卡、SM 卡。从 20 世纪 90 年代后期到 21 世纪初期,一些新的规格出现了,如 SD/MMC、TF、记忆棒、XD 图像卡和其他一些派生格式,由于移动电话、PDA、数码相机等产品的尺寸不断缩小,它们对于更小的存储卡的需求变得更强烈,这也使得原先的“小型”卡显得很大。数码相机上 SM 卡和 CF 卡曾经非常成功。但是到了 2005 年,SD/MMC 卡已经取代了 SM 卡的位置,它的对手也已经不是 CF 卡,而是 XD 卡、记忆棒等格式。

在为自己的电子设备选购存储卡时,除了要知晓设备适配存储卡的规格外,还有两个参数必须明确,那就是设备所支持的存储卡最大容量与最高的读写速度。由于存储卡的制作工艺不断提升,所以卡的容量与最高读写速度都在不断刷新纪录。但对于特定电子产品而言,能支持的最大容量与最高读写速度都是固定不变的。以一台老式数码相机为例,如果是最高只支持 16G 的普通 SD 卡,那么新买的 32G 容量的 SD 卡插入时,相机可能无法识别,而高速 SD 卡放在老款相机上也无法发挥高速读写的优势。

5 显示器

从广义上讲,大到户外楼宇的电子广告屏幕,小到手机屏幕,都属于显示器的范畴。由于液晶屏技术的成熟,目前大部分的显示器都是由液晶屏制成的,基于阴极射线管(CRT)的大块头显示器已经越来越少了。

显示器的重要规格参数除了显示尺寸外,还包括分辨率和像素密度(ppi, pixels per

inch)。当我们拿到的显示器是常规尺寸时,比如19寸液晶显示器,那么我们可以用它所支持的最高分辨率,如1024×768或1600×1200来比较不同产品成像能力的高低。但是当我们比较不同尺寸的显示器或显示屏时,我们可以借助ppi,即每英寸长度所能够排列的像素的数目来比较。ppi数值越高,即代表显示屏能够以越高的密度显示图像。当然,显示的密度越高,拟真度就越高。2010年6月8日,史蒂夫·乔布斯(Steve Jobs)在iPhone 4发布会上介绍的视网膜屏幕指的就是屏幕像素密度超过300ppi的高清屏幕。

对于智能手机和平板电脑而言,触摸屏既负责图像输出,又接受用户的触摸输入,所以既是输出设备又是输入设备。手机与平板的触摸屏主要分两种:电阻屏和电容屏。电阻触屏需用压力使屏幕各层发生接触,可以使用手指(哪怕戴上手套)、指甲、触笔等进行操作。而对于电容屏来说,手指表层最细微的接触也能激活屏幕下方的电容感应系统,非生命物体、指甲、手套无效。另外,电阻屏一般不支持多点触控,造价较低廉,而电容屏支持多点触控,造价稍贵。目前大部分的智能手机与平板电脑使用的都是电容屏。

6 显卡

显卡的用途是将计算机系统所需要的显示信息进行转换,驱动显示器,并向显示器提供行扫描信号,控制显示器的正确显示,是连接显示器和个人电脑主板的重要组件,是"人机对话"的重要设备之一。显卡是插在主板上的扩展槽里的(现在一般是PCI-E插槽,此前还有AGP、PCI、ISA等插槽)。它主要负责把主机向显示屏发出的显示信号转化为一般电器信号,使得显示屏能明白个人电脑在让它做什么。显卡的主要芯片叫"显示芯片"(video chipset,也叫GPU,图形处理器或视觉处理器),是显卡的主要处理单元。显卡上也有和电脑存储器相似的存储器,称为"显示存储器",简称显存。

早期的显卡只是单纯意义的显卡,只起到信号转换的作用。目前我们一般使用的显卡都带有3D画面运算和图形加速功能,所以也叫作"图形加速卡"或"3D加速卡"。

显卡通常由总线接口、PCB板、显示芯片、显存、RAMDAC、VGA BIOS、VGA功能插针、VGA插座及其他外围组件构成,现在的显卡大多还具有DVI显示屏接口或者HDMI接口及S-Video端子接口。

个人电脑的显卡主要有"独立"和"集成"两种,前者拥有单独的图形核心和独立的显存,能够满足复杂庞大的图形处理需求,并提供高效的视频编码应用;后者显卡则将图形核心以单独芯片的方式集成在主板上,并且动态共享部分系统内存作为显存使用,因此能够提供简单的图形处理能力,以及较为流畅的编码应用。

7 主板

主板(motherboard或mainboard),又称主机板,是构成复杂电子系统如电子计算机的主电路板。典型的主板能提供一系列接合点,供处理器、显卡、声效卡、硬盘、存储器、对外设备等接合。它们通常直接插入有关插槽,或用线路连接。主板上最重要的构成组件是芯片组(chipset)。而芯片组通常由北桥和南桥组成,也有些以单芯片设计,增强其性能。这些芯片组为主板提供一个通用平台供不同设备连接,通过总线控制不同设备的沟通。它亦包含对不同扩充插槽的支持,如处理器、PCI、ISA、AGP,和PCI Express。芯片组亦为主板提供额外功能,如集成显卡、集成声效卡(也称内置显卡和内置声卡)。一些高价主板也集成红外通讯技术、蓝牙和 802.11(Wifi)等功能。图 1-1-6 显示的是传统台式 PC 机的主板。

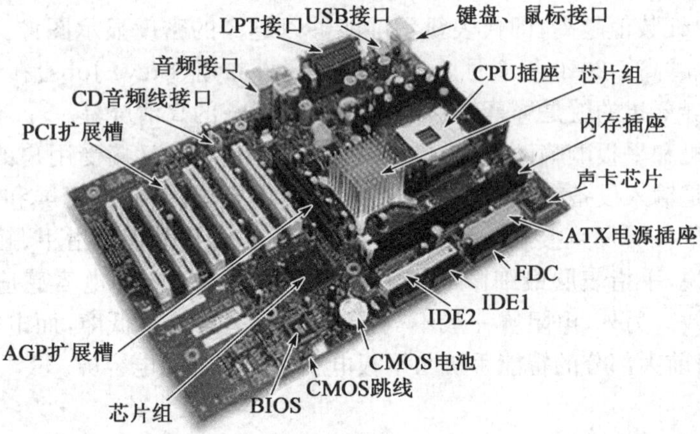

图 1-1-6　传统台式 PC 机的主板

1.1.3　计算机的操作系统

操作系统(OS，operation system)的主要功能是资源管理、程序控制和人机交互等。计算机系统的资源可分为设备资源和信息资源两大类。设备资源指的是组成计算机的硬件设备，如中央处理器、主存储器、磁盘存储器、打印机、磁带存储器、显示器、键盘和鼠标等。信息资源指的是存放于计算机内的各种数据，如文件、程序库、知识库、系统软件和应用软件等。

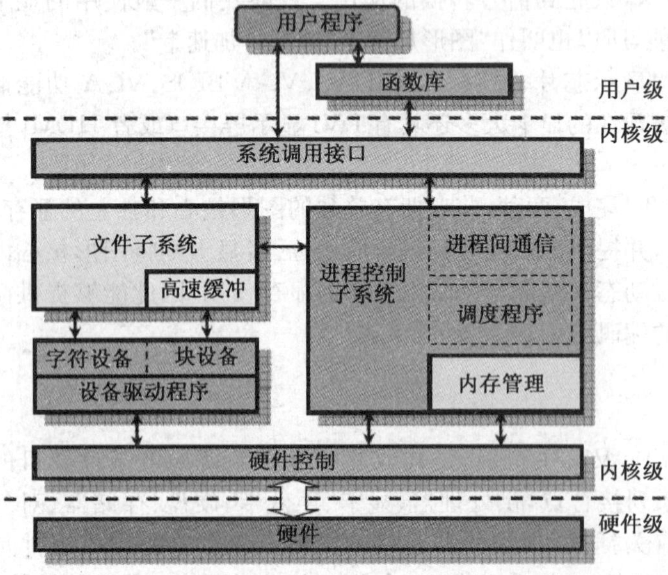

图 1-1-7　Linux 操作系统内核结构

操作系统位于底层硬件与用户之间，是两者沟通的桥梁。用户可以通过操作系统的用户界面，输入命令。操作系统则对命令进行解释，驱动硬件设备，实现用户要求。图 1-1-7 展示了 Linux 操作系统内核结构和操作系统与用户以及硬件之间的关系。

以现代观点而言，一个标准个人电脑的 OS 应该提供以下的功能：

(1) 进程管理(processing management)。

(2) 内存管理(memory management)。

(3) 文件系统(file system)。

(4) 网络通讯(networking)。

(5) 安全机制(security)。

(6) 用户界面(user interface)。

(7) 驱动程序(device drivers)。

要详细解释上述每一项功能,可能需要充满专业名词的长篇大论。为了便于读者理解,我们从大家使用计算机过程中常常遇到的现象入手,来说明操作系统的作用。

现象一:一边打游戏一边听音乐,游戏运行会变慢。

每个运行中的程序称为进程,每个进程都需要 CPU 的支持才能正常运行。当游戏与音乐播放器这两个进程同时运行时,操作系统将 CPU 的工作时间划分成片,分给不同的进程。此时的 CPU 变得“三心二意”,就好比一个收银员在两个不同的柜台来回奔走收银,导致每个柜台队伍的推进时间变长。因为 CPU 不再全心全意为游戏进程服务,所以游戏程序的运行可能会变慢。将硬件资源分配给不同进程的功能就称为进程管理。

现象二:打开太多网页,电脑反应会变慢。

网页上常常会有大量的文字和图片,这些内容都要先载入到内存里,然后才能显示在屏幕上。但是内存的容量是有限的,在除去一些其他程序与操作系统本身所占用的空间外,无法满足用户不断打开新网页的需求。此时操作系统为了允许用户打开新的网页,必须将以前打开但还没关闭的网页中的数据从内存转移到硬盘上,为打开的网页数据腾出空间。这一过程属于操作系统内存管理的范畴。由于传统硬盘的读写速度相对内存较慢,因此在内存较小的机器上,我们经常可以看到硬盘指示灯不断亮起,而电脑反应迟钝的现象出现。

现象三:将从别的电脑上拆下来的硬盘接到自己电脑上,发现数据无法读取。

操作系统为了将数据以文件的形式保存在硬盘与存储卡上,必须在这些存储介质上建立特定的文件系统。这些文件系统是在格式化硬盘或存储卡时写入的。不同的操作系统所支持的文件系统是不同的。如果两台电脑所使用的操作系统不同,那么一台电脑可能无法直接读取另一台电脑硬盘中的数据。遇到这种情况可以通过软件的方式(比如 Linux 系统中的 mount 命令)或者通过网络共享的方式来实现对其他硬盘的数据读写操作。

现象四:将新买的打印机接到老电脑上,发现没法用。

除了 CPU、内存以及电源盒外,凡是与电脑主板相连的各类硬件,无论是插槽安装还是通过各类接口连接,基本都需要安装驱动程序后才能被操作系统识别。最新的操作系统往往都会自带大量以往各类硬件的驱动程序。另外,我们也可以从一些网站(如驱动之家)找到特定硬件针对特定操作系统的驱动程序。但是对于一些濒临淘汰的操作系统(如 WinXP),最新的硬件配件往往是不支持的,这就意味着我们无法找到对应的驱动程序。所以当我们要为自己电脑选购配件时,需要注意这个问题。

从以上的解释中,我们可以看出,操作系统与底层硬件之间的关系类似于巧妇与食材之间的关系。如果底层硬件的各项性能指标都非常优异,一个好的操作系统可以允许我们同时打开大量应用程序而不会感觉到机器运行速度变慢,可以允许我们安装最新的各种硬件配件并且即插即用。但是巧妇难为无米之炊,如果本来电脑硬件已经老旧,那么再高明的操作系统也不能改变其性能低下的现实。

1.1.4 云计算

云计算中的云是指网络(一般指互联网)的另一端而非我们本地的计算资源。因此云计算的一个主要特征就是程序主体的运行以及计算的主要部分都发生在云端而非我们身边的电脑或手机上。事实上,许多属于云计算的应用出现的时间远远早于云计算概念的流行,如基于网页的邮件客户端就是一个例子。由于近年来虚拟机技术的成熟以及高速互联网的普及,云计算的概念正在逐渐改变我们使用电脑的方式。

在云计算时代,实体的计算机可以被抽象的云端虚拟机所代替。知名的云计算厂商亚马逊就提供这样的服务。在亚马逊的 EC2 平台上,用户可以申请建立一台虚拟机,并指定这台虚拟机的硬件配置以及操作系统。在虚拟机建立之后,用户可以在上面运行各类程序并保存结果。由于虚拟机运维成本远远低于实体计算机的购置成本,所以这样的云计算服务就成了一种性价比极高的计算资源购置方案。由于这种云计算服务所替代的是硬件平台,因此被称为 IaaS(基础设施即服务)。

除了虚拟一台完整的计算机之外,另一些云计算平台提供的是一个可二次开发的软件平台。例如,国内新浪、百度等 IT 厂商推出的应用引擎,允许用户在这些云平台上开发并且发布网络应用。由于这些云平台是根据用户流量收费的,因此大大降低了软件开发商的初始成本,有利于软件的创新与推广。由于这些云计算服务代表的是应用平台,所以也被称为 PaaS(平台即服务)。图 1-1-8 列示了云计算的 3 种模式。

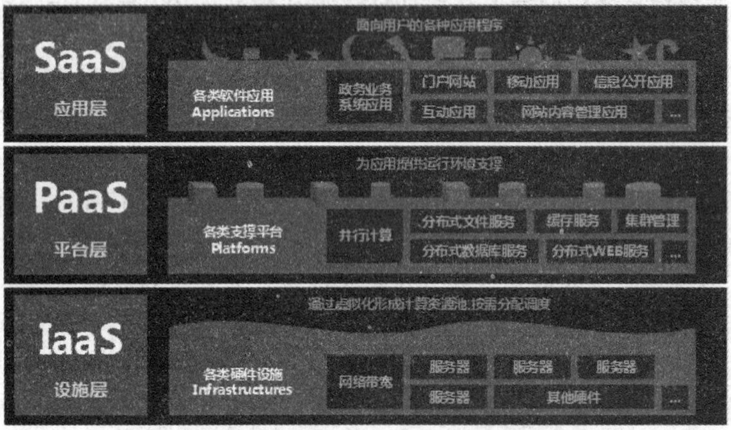

图 1-1-8　云计算的 3 种模式

对于大众用户而言,与云计算接触更多的是在于各类软件的应用,被称为 SaaS(应用即服务)。现有的基于云计算的软件有两个发展趋势,一方面是与网页应用相结合,另一方面则是与移动应用相结合。由于 web 应用先天的跨平台性,越来越多的桌面应用推出了网络版,用户无须根据自己的操作系统选择不同的客户端软件下载安装,只需打开浏览器输入网址即可打开应用(比如各类地图、邮件客户端)。这一方面降低了软件的开发与部署难度,另一方面也有利于保障软件开发方的知识产权,避免盗版软件的滋生。而越来越多的移动应用也与云计算相结合是出于移动终端计算资源有限的特点。比如苹果公司推出了 siri 语音助手服务，就是将用户的语音发送到云端服务器，经过识别后，再将处理结果返回客户端，实现人机对话。由于这项服务所涉及的计算资源单靠手机本身可能难以满足，所以云计算就成了移动设备计算能力的有效补充。

1.1.5　计算机安全

近年来，信息安全逐渐成为各国政府与民众高度关注并且无法回避的一个问题。这是人类向信息化生活迈进过程中必将经历的一个挑战。一方面，今天的计算机和网络不再仅局限于我们的办公室，而是深入到我们生活的方方面面和时时刻刻。人类对信息技术的依赖度越来越高。另一方面，随着网络金融、电子商务被大多数人所熟悉与接受，信息窃取、盗号、假冒网页诈骗等基于互联网的毒瘤也随之发展起来。与之相关的黑色产业链严重影响着网络世界的有序发展。明星私密照外泄、网银转账诈骗等一系列安全事件不断地警示着我们，信息安全影响着每个生活在信息化时代的人。

对于大多数人而言，信息化生活可能带来的威胁主要来源于两个方面：对安全漏洞的无知和对基本安全意识的忽视。

没有任何一个复杂系统天生就是彻底安全的。对于由计算机和网络组成的信息系统而言，从网络上每个节点的底层硬件，到操作系统再到运行的应用程序，网络节点间交互使用的各类协议，所有这些每个层次上的任何一个模块都有可能被黑客利用，形成漏洞。各种形式的恶意软件正是利用不同的安全漏洞对信息系统进行攻击，从而达到不同的破坏目的。这些恶意软件包括病毒、木马、蠕虫和间谍软件等。它们有的通过系统漏洞在网络间传播，有的伪装成正常文件，引诱用户执行。一旦被运行，这些恶意软件或者破坏主机正常的运行环境，使计算机无法正常运行；或者破坏数据文件，使用户遭受数据丢失的风险；或者下载后门程序，使远程攻击者可以控制主机；或者窃取用户隐私数据并上传给攻击者。要避免遭受这些恶意软件的攻击，最重要的安全措施就是及时下载系统更新补丁，降低感染恶意程序的风险。同时，安装知名厂商的杀毒软件与防火墙，定期更新病毒库也是行之有效的防护手段。

除了个人主机上的安全漏洞风险外，云端系统的漏洞近来也成了人们关注的焦点。曾经多名好莱坞女星私密照被黑客窃取并在网上传播的事件正是由于苹果公司 iCloud 云端存储系统的漏洞遭到攻击所致。由于云端存储的安全性完全依靠服务商来保证，因此个人用户是无法完全避免类似事件再次发生的。此次事件告诉我们，云存储并非绝对可靠，所以在云端保存的数据应当有所选择。

与安全漏洞相比，我们的安全意识和习惯在保障个人信息安全的过程中发挥着更加重要的作用。以下我们提供几条基本的安全小常识，帮助大家避开常见的一些网络安全风险。

(1) 针对不同的网站，使用不同的用户名与登录密码。几乎所有的邮件、网银和大量的论坛、App 都要求用户设置用户名与密码。虽然我们不可能为每一处都设置完全不同的密码，但是我们可以根据隐私的重要程度牢记几个密码，用在不同的场合。这样就可以避免由于某安全级别不高的网站泄露用户密码明文而导致一连串风险的产生。在国内就曾经出现过某网站记录用户密码并被黑客窃取的事件。

(2) 不要在不知名的网站上轻易点击链接，下载程序；更不要轻易运行来历不明的程序;运行未知程序前,先经过杀毒软件检查。由于大网站都有比较严格的内容审查制度,因此链接的网页一般少有挂木马病毒的威胁。但一些不知名的小网站可能为了私利引诱用户下载一些恶意程序。因此应当避免由于好奇而随意打开小网站弹出的广告或图片。

(3) 不要将网银U盾一直插在电脑上,更不要在不熟悉的电脑上使用网银。忘拔U盾的电脑甚至要比忘拔钥匙的大门更危险。这是因为盗贼的破门而入可能还会被监控探头捕捉到画面,而黑客对远程主机的控制却往往是神不知鬼不觉的。U盾是开启我们网银保险箱最后一道安全门的钥匙,如果为了贪图方便总是在主机上插着U盾,一旦主机被黑客远程控制,那么U盾的安全作用将大大降低,我们的网银账户也将岌岌可危。而在一些如网吧之类的公共场合更不能轻易使用网银,因为某些间谍软件可以记录用户的按键信息,从而可能盗取我们的用户名和密码。因此,在我们无法完全控制的电脑上,必须提高警惕。

(4) 不要在接受短信验证密码的手机上安装具有支付功能的App,手机丢失后尽快挂失SIM卡。现在越来越多的手机App包含了手机转账支付的功能,并且它们中的大部分都会要求用户提供短信验证码作为验证用户身份的信息。不仅如此,不少应用在用户忘记基本登录密码和消费密码时,也是依靠短信验证码来重置密码的。这就留下了一个安全隐患。一旦手机丢失,拿到手机的恶意用户就可以通过手机短信先重置各个App的登录密码,并进一步利用失主的账户资金消费转账。因此限制手机的支付功能并且在丢失手机后及时挂失SIM卡,使他人无法继续接受短信验证码是每个使用手机支付业务的用户应当了解的安全常识。

1.1.6 数据的二进制

在电路世界里,最容易产生也最好识别的两种状态莫过于电路的"开"和"关"了。因此,只包含"0"和"1"两种数字的二进制数成为在以集成电路为基础的电子计算机内部表示数据的首选。

二进制编码是进位计数的数字系统的一种,十进制数的基本特点是"逢十进一",二进制数的基本特点就是"逢二进一"。二进制数中1加1不再是2,而是10B(B是Binary的首字母,代表二进制数),10B加10B则等于100B。十进制数100表示成二进制数是1100100B,1023表示成二进制数是1111111111B。二进制表示的数位比较长,不太方便书写,因此在书面表示时经常使用十六进制数,其基本特点是"逢十六进一",把四位二进制数写成一个数值,实现逢十六进一,其基本符号必须有16个,因此除了0到9要再加上A,B,C,D,E,F 6个符号。对于十六进制数末尾应加上字母H来表示,如上述二进制数1100100B用十六进制数表示就是64H。表1-1列示了数的不同数制表示。

表1-1 数的不同数制表示

十进制	二进制	十六进制	十进制	二进制	十六进制
0	0	0	9	1001	9
1	1	1	10	1010	A
2	10	2	11	1011	B

（续　表）

十进制	二进制	十六进制	十进制	二进制	十六进制
3	11	3	12	1100	C
4	100	4	13	1101	D
5	101	5	14	1110	E
6	110	6	15	1111	F
7	111	7	16	10000	10
8	1000	8	17	10001	11

一般而言，如果数制系统中用 r 个基本符号（如 0，1，2，…，r－1）表示数值，则称其为基 r 的数制，r 称为该数制的“基”（radix），不同 r 基的数制，具有以下共同的特点。

（1）每一种数制都有固定的符号基：如十进制数制，其符号有 10 个：0 到 9；二进制数制，其符号有 2 个：0 和 1；十六进制数制，其符号除了 0 到 9 之外，再加上 A，B，C，D，E 和 F，总共 16 个符号。基 r 的数制具有 r 个数符。

（2）每一种数制都使用位置表示法：处于不同位置的数符所代表的值不同，与它所在位置的权值相关。如果该位置是从小数点向左，以 0 开始从右到左数第 n 位，那么权值为 r^n，小数点右边则依次为－1 位、－2 位……

例如，十进制数 1234.567 可表示为：$1234.567=1\times10^3+2\times10^2+3\times10^1+4\times10^0+5\times10^{-1}+6\times10^{-2}+7\times10^{-3}$，这里 10^3、10^2、10^1、10^0、10^{-1}、10^{-2}、10^{-3}就是各个位置上的数符的权值。

再如，二进制数 1001.011 可表示为：$1001.011B=1\times2^3+0\times2^2+0\times2^1+1\times2^0+0\times2^{-1}+1\times2^{-2}+1\times2^{-3}$，这里 B 表示二进制，$2^3$、$2^2$、$2^1$、$2^0$、$2^{-1}$、$2^{-2}$、$2^{-3}$就是各个位置上的数符的权值。可计算出其对应的十进制的值是 9.375。

由于我们人类最熟悉的数制是十进制，因此在使用其他数制时往往要通过与十进制之间的转换来帮助我们理解数值的含义。为了简单起见，以下我们仅介绍二进制与十进制整数之间的转换方式。

（1）十进制转换成二进制：10 进制数用 2 连除，各次的余数连起来就是它的二进制表示。如图 1-1-9 所示。将十进制数 23 转换成二进制数 10111B。

（2）二进制转换为十进制：由于进位的关系，任何进制的数中，各位数字表示的值是该数字本身乘以所在位置的“权值”。例如，十进制 156 中的个位数 6 表示 6×10^0，十位数 5 表示 5×10^1，百位数 1 表示 1×10^2；同理，二进制数 1001011 表示的值变为十进制就是：$1\times2^6+0\times2^5+0\times2^4+1\times2^3+0\times2^2+1\times2^1+1\times2^0=75$。

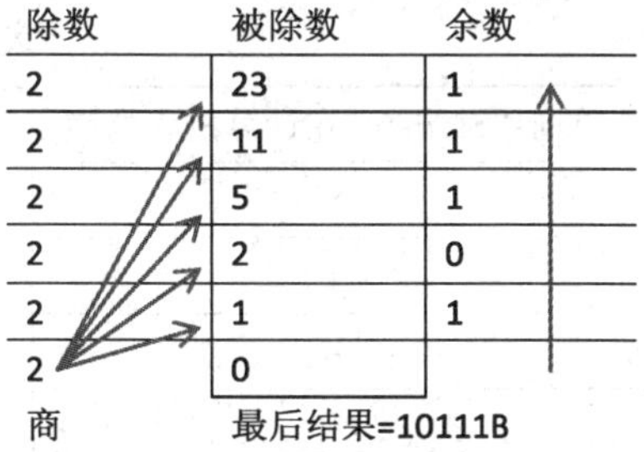

图 1-1-9　十进制转二进制的计算方式

上述计算也可以用 Windows 操作系统中自带的“计算器”程序实现，如图 1-1-10 所示。

以上我们解释了如何用二进制数来表示任意一个十进制数。由于不同的二进制数的位数可以相差很大，一般规定，在计算机内部表示数据的最

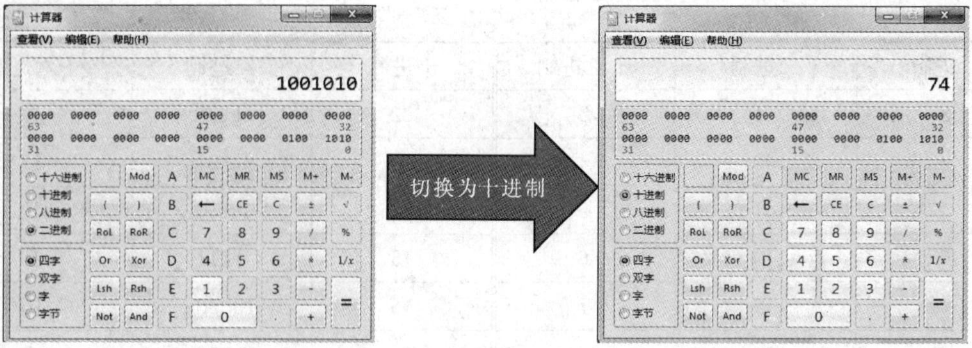

图 1-1-10　利用计算器换算二进制与十进制

小单位由 8 个二进制位组成，称为字节(byte)。计算机中常见的几种进制数的表示如表1-2所示。

表 1-2　计算机中常用的几种进制数的表示

进位制	二进制	八进制	十进制	十六进制
规则	逢二进一	逢八进一	逢十进一	逢十六进一
基数	r=2	r=8	r=10	r=16
数符	0,1	0,1,…,7	0,1,…,9	0,1,…,9,A,…,F
权	2^n	8^n	10^n	16^n
表示字母	B	O	D	H

将每一个特定的字母、符号、数字、颜色或者音阶等映射到不同的二进制数，这一动作称为二进制编码。二进制编码的方式不是唯一的，但是为了方便信息交流，人们总是选用一些全世界较为通用的编码标准。比如，ASCⅡ码(American Standard Code for Information Interchange)就是目前全世界最为流行的用来表示英文字母、阿拉伯数字以及常用符号的编码标准。在基本的 ASCⅡ码表中包含了 128 个二进制代码，每个代码用 7 位二进制数表示，可以包含在一个字节中。按照 ASCⅡ编码，一个单词，如“Student”，在计算机内部的表示是 7 个字节，内容如表 1-3 所示，ASCⅡ码对照表如表 1-4 所示。

表 1-3　英文字母在计算机内的表示

单词：“Student”在计算机内的表示		
S	→	01010011
t	→	01110100
u	→	01110101
d	→	01100100
e	→	01100101
n	→	01101110
t	→	01110100

表 1-4　ASCII 码对照表

ASCII 值	控制字符	ASCII 值	控制字符	ASCII 值	控制字符	ASCII 值	控制字符
32	空格	56	8	80	P	104	h
33	!	57	9	81	Q	105	i
34	”	58	:	82	R	106	j
35	#	59	;	83	S	107	k
36	$	60	<	84	T	108	l
37	%	61	=	85	U	109	m
38	&	62	>	86	V	110	n
39	,	63	?	87	W	111	o
40	(	64	@	88	X	112	p
41	)	65	A	89	Y	113	q
42	*	66	B	90	Z	114	r
43	+	67	C	91	[	115	s
44	,	68	D	92	\	116	t
45	—	69	E	93	]	117	u
46	.	70	F	94	^	118	v
47	/	71	G	95	—	119	w
48	0	72	H	96	、	120	x
49	1	73	I	97	a	121	y
50	2	74	J	98	b	122	z
51	3	75	K	99	c	123	{
52	4	76	L	100	d	124	|
53	5	77	M	101	e	125	}
54	6	78	N	102	f	126	~
55	7	79	O	103	g	127	DEL

汉字信息的表示比英文字母要复杂得多。首先，用一个字节只能表示 256 个不同的代码，如果用于表示汉字最多只能表示 256 个汉字。汉字数量很多，常用汉字约 3 500 个，《新华字典》收字 7 200 多个，对其进行编码，显然用一个字节是不够的，所以需要多个字节实行编码。例如，用两个字节可以表示的不同代码数是 256×256＝65 536，足够汉字编码的使用。表 1-5 是汉字信息“我们都是学生”在计算机内部存储的一种编码方式。需要注意的是，表中的内部码是 16 进制的表示方式。

表 1-5　中文汉字在计算机内的表示

汉字信息:"我们都是学生"		
		内码
我	→	CED2
们	→	C3C7
都	→	B6BC
是	→	CAC7
学	→	D1A7
生	→	CAFA

同一种语言的文字也可能有多种的编码标准,如简体中文就有 GB2312、GBK 和 GB18030 等多个标准,而不同语言的文字编码是互不兼容的。计算机为了能正常显示文件内的文本信息,首先需要了解文本的编码方式,然后才能根据该编码标准解读文件内的数据,正常显示其内容。当软件对文字编码标准发生误判时就有可能显示乱码,如我们有时在浏览网页的过程中会遇到页面上的文字出现乱码,如图 1-1-11 所示。此时,如果我们能正确调整浏览器解读网页的编码方式就可以还原网页文字的本来面目。

图 1-1-11　调整网页编码方式正式解读乱码

不同语言文字的编码种类繁多,这对软件的开发带来很大的困难。为了能用同一种编码方案支持地球上的所有语言文字,国际组织制定了 Unicode 编码。该编码支持 1,114,112 个字符,可以同时表示世界各国的语言文字。凡是支持 Unicode 编码的软件都可以显示包括中文在内的任何一国文字。所以当我们无法确定网页文字的编码方案时,可以先尝试选择 Unicode 编码。

1.1.7　计算机中存储容量与传输速度的度量

我们的电脑或手机能否正常运行某一软件,在很大程度上取决于其内存与硬盘的存储容量是否足够大以及接入网速是否足够快。因此要了解这些电子产品的性能，一方面我们要读懂存储空间与传输速度的度量单位。另一方面，我们还要了解某一具体类型的应用对内存硬盘容量以及网速的要求。这样我们才能理解什么样的存储容量才足够大，什么样的网速才足够快。

1　存储容量的度量

计算机中存储信息的基本单位是字节(byte)，由 8 个二进制位(bit)所组成。除了直接用字节(缩写为 B)度量存储空间或文件数据量的大小外，我们还常用千字节、兆字节等单位。这些单位的换算规则可以用以下公式表示：

1 024 B=1 KB

1 024 KB=1 MB

1 024 MB=1 GB

1 024 GB=1 TB

根据上述公式，我们可以发现，相邻单位(如 B 与 KB，MB 与 GB)之间的换算倍数是 1024(2^{10})而非整数 1 000。这也是操作系统所认可的换算规则。如果存储器生产厂商偷换概念，用 1 000 来表示 K，用 1 000 000 来表示 M 的话，就会导致标称容量与操作系统读取容量的差异。

要真正理解上述存储容量的含义，我们还可以从身边常见的文件类型入手。在表1-6中，我们罗列了一些较为流行的文件类型和内容以及其对应的文件大小。需要注意的是，此处列出的文件大小都是估计值而非精确值，具体文件大小会随文件内容变化而有所不同。

表 1-6　计算机中常见的文件类型与大小

文件类型	文件内容	大致文件大小
. txt	一整页纯文本文档	4 KB
. doc	包含格式但不含图片的一页文档	29 KB
. xls	普通的一页数字表格	18 KB
. mp3	普通的 5 分钟歌曲	6 MB
. wmv	网络点播的低画质一分钟视频	2. 5 MB
. html	普通的一张网页	50 KB
. jpg	1500×900 像素即 5“x3”照片	800 KB
. jpg	200×300 像素网页上常见的图片	15 KB
. avi	2 小时高清电影	4. 5 GB

2　传输速率的度量

传输速率的度量有两种基本单位：Bps(Byte per second，即字节每秒)与 bps(bit per second，即比特每秒)。与存储容量类似，基本的传输速率单位也可以与 K，M，G 这些字母结合，形成千字节每秒(KBps)或兆比特每秒(Mbps)这些更大的单位。由于 1 个字节相当于 8 个比特，所以 1 Bps 等价于 8 bps。根据这一换算规则，我们可以知道，网络运营商所谓的 80

兆网速的宽带(实际上是指 80 Mbps)每秒钟最多下载的字节数不会超过 10 MB。

高速网络不仅可以缩短我们下载文件的时间,更能使某些在窄带网下无法开展的应用变为可能。在表 1-7 中,我们以平时最为常见的音频、视频点播为例,分析不同播放时长、不同清晰度的文件在不同的网速下所需要的下载时间。如果下载时间比播放时间更长,说明无法通过网上点播的方式收听或收看该文件内容。

表 1-7　常见的媒体类型与网速关系

媒体类型与文件大小		网速与下载时间			
类型	大小	1 Mbps	4 Mbps	10 Mbps	20 Mbps
4 分钟的歌曲	4 MB	30.4 秒	7.6 秒	3 秒	1.5 秒
5 分钟视频	30 MB	3.8 分钟	57 秒	22.9 秒	11.4 秒
9 小时音频书	110 MB	13.6 分钟	3.4 分钟	1.4 分钟	42 秒
35 分钟电视节目	200 MB	25.6 分钟	6.4 分钟	2.5 分钟	1.27 分钟
45 分钟高清电视	600 MB	76 分钟	19 分钟	7.6 分钟	3.8 分钟
2 小时电影	1.5 GB	3.2 小时	47.6 分钟	19 分钟	9.5 分钟
2 小时高清电影	4.5 GB	9.2 小时	2.3 小时	57 分钟	28.6 分钟

1.1.8　图片、音频与视频

多媒体对于个人电脑而言曾经是个很时髦的名词,因为最初的 PC 从操作系统到应用程序,很多都只支持纯文本的命令行模式。到了 20 世纪八九十年代,部分高端的个人电脑开始安装声卡、视频加速卡、大容量硬盘(早期的硬盘容量还不如一张 600 MB 光盘的容量)以及光盘驱动器,有能力播放视频音频文件和显示高清晰度的图片,这些电脑被称为多媒体电脑。

从这段历史中,我们可以了解到,信息技术中所谓的多媒体一般是指除了文字这一基本媒介之外的包括声音、图像、视频和动画在内的多种传递信息的载体。包含了声音、图像或视频内容的文件称为多媒体文件。这些多媒体文件从无到有并最终能被我们听到和看到需要经历信号采集、编码压缩、制作编辑、网络传输和显示播放等一系列过程。多媒体技术就是指这一系列过程的实现。由于篇幅所限,我们在这里简要介绍一下在电脑中获取音频与图像数据文件的不同方式以及不同格式的多媒体文件的一些特点。

1　音频数据

所有多媒体文件的数据来源无外乎两类:一是从现实世界中获得,二是直接依靠电脑制作。以声音为例,我们从电脑手机中听到的声音主要有两种:波形音频和 MIDI 电子音频。波形音频记录的是现实生活中我们可以听到的声音。这些声音经由麦克风采集后,转换成具有波形特征的模拟电信号。将模拟信号转化为二进制波形音频的过程有三个重要的步骤:采样、量化和编码。采样频率是指每秒从模拟声波中选择多少个点的声音样本,单位是 Hz。在实际应用中,采样数据量越大,需要消耗的存储空间和处理时间越多,在人耳认可的范围内,一般有 11.025kHz、22.05kHz 和 44.1kHz 的采样频率,可用于对声音效果有不同要求的场合。量化和编码的过程是将采样得到的数据调整到能使用一定范围的二进制表示的数值。量化位数一般有 8,16,32 位等。采样的频率越高、量化位数越多,则计算机对声音波形描述的精度就越高,声音还原后的质量也越好。

MIDI 是音乐与计算机相结合的产物。与波形音频不同的是,MIDI 文件中保存的声音信息并非来自麦克风采集,而是演奏电子乐器的指令信息。这些指令可以通过演奏电子乐器或乐曲编辑软件生成,并以 MIDI 文件格式保存为 MIDI 音频。MIDI 音频播放时,必须经过合成器将 MIDI 指令翻译成相应的声音信号,再由声卡上的混音器混合生成声波。与波形声音相比,MIDI 文件所占存储空间非常少,而且音质非常高。

在表 1-8 中,我们从音质、文件特点两个角度来比较目前市场上较为流行的几类音频文件格式。

表 1-8　各类音频格式的比较

格式名称	文件特点	音　　质
WAV	由于 WAV 格式一般存放的是未经压缩处理的音频数据,所以占存储空间较大(1 分钟 CD 音质的 WAV 文档需要 10 M 字节)	支持多种音频位数、采样频率和声道,但一般未经压缩,所以同等大小的音频文件,WAV 格式的音质最差或者播放时间最短
MP3	MPEG3 音频编码具有 10:1—12:1 的高压缩率,相同长度的音乐文件,用 MP3 格式来存储,一般只有 WAV 文件的 1/10(5 分钟的歌曲文件一般只需要 5 M 字节)	有损压缩,基本保持低音频部分不失真,音质次于 CD 但比其他绝大部分格式好。直到现在依旧是主流的音频格式
MIDI 格式	包含描述音乐的乐谱,也就是告诉声卡如何再现音乐的一组指令,与波形文件相比,所占存储空间非常少。2 分钟的 MIDI 乐曲文件存储空间不到 8 KB	由硬件性能决定,在最理想状态下,其声音效果与真实的乐器声几乎没有什么差别
CD 格式	标准 CD 格式具有 44.1 K 的采样频率,速率是 88 K/秒,16 位量化位数。可以在 CD 唱机中播放,也能用电脑里的各种播放软件来播放	CD 音轨近似无损,因此它的声音基本上是忠于原声的,能让人感受到天籁之音
WMA 格式	由微软开发,压缩率一般都可以达到 1:18 左右,比 MP3 压缩率更高;加入防拷贝保护;音频流技术,适合在网络上在线播放;在 Windows 7 操作系统中,WMA 是默认的音频编码格式	音质强于 MP3 格式,在录制时 WMA 格式可以对音质进行调节。同为 WMA 格式文件,音质好的可以与 CD 媲美,压缩率较高的可用于网络广播

2　图像与图形

计算机中的图与文字,从存储角度来看,通常有两种形式,一种是点阵位图图像,简称图像;另一种是矢量图形,简称为图形。在表 1-9 中,我们分别从获取方式、存储内容、显示特点、处理软件等不同方面对图像与图形进行比较。通过对比,我们可以看出,利用矢量图形可以真实地还原物体的外观细节,因此比较适合点、线、面等细节较少但精度要求较高的场景，如对人造零件的3D建模。但是当所要描绘的对象比较复杂时（比如附有大量毛发的皮肤、表面凹凸不平的岩石等），利用图形方式在计算机内描述，无论描述难度、存储数据量还是运算量都比较大。因此，我们在计算机屏幕上看到的绝大部分照片都是数字化的图像，即位图。

表1-9　图像与图形的区别

	获取方式	存储内容	显示特点	处理软件
图像（位图）	摄像机、扫描仪、截屏，从自然界获得	将整幅画面划分为矩形微小区域的像素点进行采样，由像素构成的数字信息	随着图像的放大或缩小会出现失真	Photoshop，画图等
图形（矢量图）	数字化仪、鼠标、光笔，人工方式创造	以点、线、面等指令形式描述，以一定空间关系建立模型，以一定数据结构存储于计算机	不会因为放大缩小而失真。	AutoCAD、CoreDraw等

3　像素、图像尺寸与分辨率

像素是计算机生成和再现数字化图像的基本单位，是将图像分割而成的离散的小区域，每个像素的亮度、色彩等特征通过特定的数值来表示。正是由计算机把许多像素点的特征数据组织成行列，整齐地排列在一个矩形区域内，最终才形成我们肉眼可以识别的图像。

由于像素的物理尺寸是不确定的，因此由像素组成的图像的尺寸自然也无法用物理上的长度单位来度量。图像尺寸是指图像在水平方向上与垂直方向上所含有的像素个数，有时也称为图像分辨率。一幅图像在被显示或打印出来之后真实的物理尺寸不仅与图像尺寸有关，更与屏幕或打印机的分辨率以及它们的物理尺寸有关。例如，图像尺寸为320×240，屏幕分辨率为640×480，那么图像显示时将占据整个屏幕1/4的尺寸，而无论屏幕的实际大小。正因为如此，当我们把屏幕分辨率调得越高，桌面上的图标会变得越小，因为图标的图像尺寸是固定的。

分辨率是用来描述图像尺寸或图像输入输出设备硬件性能的一个重要参数。针对不同的对象，分辨率的含义稍有不同：图像的分辨率就是指图像尺寸，即图像水平与垂直方向的像素数，除非改变图像，否则是不可调整的；屏幕分辨率是指当前显示器在水平及垂直方向所显示的像素个数，一般在一个范围内是可调整的；扫描分辨率指扫描仪输入图像时对图像像素采样的精细程度，一般单位用dpi，即每英寸扫描所得到的像素点数；打印分辨率则表示打印机打印图像时的精细程度，一般单位也用dpi，即在打印纸上每英寸可打印出的像素点数。

4　图像、图形文件的格式

图像或图形可以多种格式进行储存来满足不同应用的需要。例如，BMP格式可以完整地保留全部图像像素信息，而JPEG和PNG格式则通过压缩降低文件尺寸，使图像更适应网页环境。大部分的图像图形文件支持图片浏览，但有些格式的图片必须通过特定软件才能打开，比如PSD格式的文件由于包含了图像处理所需的大量信息（如图层、通道、蒙版等)，所以只能通过 Photoshop 软件才能查看和编辑。为了对常用格式有一个大致的了解，我们在表 1-10 中罗列了部分图像图形格式，并比较了它们的特点。

表 1-10　各种图片格式的对比

格式名称	基本类型	特　点	应用场景
BMP	位图	可以无压缩地保存图像像素信息，文件尺寸较大	Windows 环境下普遍支持
WMF	矢量图	在 Windows 环境下被广泛支持的矢量图格式，如在 Office 的剪贴图库中有大量例图	Word 或 Powerpoint 中充当插图
GIF	位图	压缩率一般在 50%左右，最多支持 256 种色彩的图像，一个文件可以存多幅彩色图像，可构成简单的动画	广泛应用于网页插图和迷你动画的展示
JPEG	位图	后缀名为 JPG 或 JPEG，是常用的一种有损压缩的图像文件格式，在获得极高的压缩率的同时能展现十分丰富生动的图像	广泛应用于网页图片及数码照片的保存
PSD	混合	是 Photoshop 图像处理软件的专用文件格式，支持图层、通道、蒙版等各种图像特征，是一种不压缩的原始文件保存格式	对尚未制作完成或想进一步修改编辑的图像进行保存
PNG	图像	能够提供比 GIF 小 30%的无损压缩图像文件，同时提供 24 位和 48 位真彩色图像支持	广泛应用于网页插图

1.1.9　应用案例——电脑家族中产品的选择

这是一个让很多人纠结的问题。一方面，台式机、笔记本、平板电脑和智能手机都属于电脑家族。随着技术的升级，这 4 类产品之间的界限越来越模糊，台式机越来越像笔记本(如一体机)；笔记本则越来越轻薄犹如平板电脑；平板电脑越做越小而手机却越做越大。它们不仅外形相似，功能差异也在逐渐消失。尤其是在移动应用市场蓬勃发展的今天，以前只有在台式机上才能安装的办公软件，今天在智能手机上也可以流畅运行。

但另一方面，有很多技术难题在短时间内无法得到彻底解决，导致在将来相当长的一段时期内这几大类产品仍将同时存在，互相之间不会被彻底代替。这些技术难题包括：电池的续航问题、屏幕可伸缩性、操控复杂度与整机便携性之间的矛盾、设备的升级成本等。由于每个人使用电脑的具体场景、习惯和应用各不相同，并不存在一个统一的选择可以满足所有人。但是我们可以从几个方面分别分析这些不同种类电脑的易用性，帮助读者根据自己的实际情况挑选最适合自己的产品。

(1) 便携性。便于移动和携带是当今个人智能设备的发展趋势，也是很多人在购机时首先关注的一个方面。这里所谓的便携性主要体现在 3 个方面：一是尺寸与重量，二是电池续航时间，三是无线网络接口种类。在具体选择时用户应当结合自己常见的应用场景挑选最适合自己的产品。例如，在图书馆、教室、机场这些既有 Wifi 信号覆盖又有电源插座的建筑物内，轻薄的笔记本或平板电脑都是比较理想的选择。但到了移动的车厢或户外时，可以连接3G或4G无线网络的智能手机则成了更好的选择。

(2) 操控性。虽然越来越多的人已经习惯了用手指在触摸屏上点点画画，但一个手指的操作无论如何也比不过鼠标上两个手指结合手腕移动来得灵活。在文字输入方面，触摸屏上的虚拟键盘更不如实体键盘用起来方便。有统计表明，虚拟键盘上的打字速度不及实体键盘的一半。由于这些客观因素的存在，平板电脑和智能手机上的应用一般比较简单，不适合长时间复杂的编辑工作。虽然不少软件，如Office、PhotoShop也有移动版，但与桌面版相比功能大大弱化了。

(3) 经济性。在台式机流行的年代，很多人的第一台台式电脑并非品牌机，而是组装机。这些组装机都是由不同品牌的部件(如内存、硬盘、CPU、主板等)组装而成的，与同等性能的品牌电脑相比往往价格更低廉。时至今日，虽然组装台式机的价格优势已经不明显了，但低廉的升级成本却是其他类型的个人电脑无法比拟的。相比之下，平板电脑和智能手机的升级成本几乎等价于购置成本。以苹果的平板电脑iPad1代为例，由于iPad1代的硬件限制，目前iPad1代已经无法运行应用市场中的绝大部分应用了。如果是台式机遇到类似情况，更换一根内存条或是一块硬盘也许就能解决问题。

通过表1-11，我们分别比较了台式机、笔记本电脑、平板电脑和智能手机几方面的优势与不足。读者可以比照自己的实际要求，挑选出最适合自己的机型。

表1-11　四类电脑的比较

特性＼机型	台式机	笔记本电脑	平板电脑	智能手机
尺寸与重量	大、重	较大、较重	适中	小巧
电池续航	无	短	较长	中等
无线接口	一般无，可添加	Wifi、3G(可添加)	一般只有Wifi	Wifi、3G等
易操控性	易操作	易操作	中等	较难
升级成本	低	较低	高	高

1.2　基本技能

在我们拿到一台计算机时，无论将要运行什么样的应用程序，都必须掌握一些最基本的技能，比如熟悉键盘与输入法的操作；理解文件夹组织文件的方式；学会应用程序的安装与卸载等。这些技能是我们进一步使用各类应用软件的基础，应当扎实掌握。

1.2.1　文字与符号的输入

键盘与输入法是输入一切文字与符号的基础，同时键盘也是操控各类程序运行的重要输入工具。我们无法也没有必要完整介绍所有按键与输入法的每个细节，但是掌握一些常用的快捷操作可以有效提高我们的工作效率。

1　认识键盘

常见的键盘有 101、104 键等若干种。为了便于记忆，我们把这 101 个键划分成主键盘区、功能键区、控制键区和数字键区 4 个区域，如图 1-2-1 所示。

图 1-2-1　根据按键功能对键盘分区

如果我们仔细观察这张键盘图，可以发现它有 3 个特点：

(1) 主键盘区中的〈Alt〉〈Shift〉〈Ctrl〉〈Windows〉(即微软标志)键对称地分布在左右两边。这主要是因为这些按键常常需要与其他按键组合使用。例如，Word 中保存的快捷键是〈Ctrl〉+〈s〉，操作过程中需要先按住〈Ctrl〉再按〈s〉。为了方便单手操作，这些功能键在键盘左右重复设置，但功能完全一样。

(2) 主键盘区有 21 个数字符号键，包括了数字、运算符号、标点符号和其他符号。每个键面上都有上下两种符号，也称双字符键。上面的一行称为上档符号，下面的一行称为下档符号。如果直接按这些键，默认情况下输入的是下档符号。输入上档符号需要〈Shift〉的配合。例如，要输入符号“@”，就必须先按住〈Shift〉，再按一下主键盘区的〈2〉。

(3) 数字键区的部分按键也有上下两档，但它们依靠〈Num Lock〉来切换。不断按〈Num Lock〉可以点亮或关闭状态显示区的〈Num〉指示灯。当灯亮起，表示数字键区的上位数字字符输入有效，可以直接输入数字；当灯熄灭，其下位字符编辑键有效，可用于控制光标移动。由于数字键区的功能完全可以由主键盘区与控制键区替代，因此大部分的笔记本电脑键盘都将数字键区省去，以压缩键盘空间。

除了了解上述这些键盘的特点外，我们还应当熟悉下列常用键的用法：

(1) 〈Esc〉(退出键)：位于键盘的左上角，在许多软件中用作退出当前操作或退出当前运行的软件。

(2) 〈Print Screen〉(屏幕复制键)：也就是常说的截屏键，按下后可以将当前屏幕内容复制到剪贴板。

(3) 〈Caps Lock〉(大写字母锁定键)：每按一次该键，状态显示区的 Caps 指示灯就会被点亮或熄灭。当灯亮起时表示已转换为大写状态并锁定，此时键盘上按任何字母键均为大写字母。如果再按一次该键，灯熄灭，又变为小写状态。

(4) 〈Delete〉(删除键)：删除光标位置后的字母或符号。

(5)〈Backspace〉(退格键):删除光标位置前的字母或符号。

(6)〈Enter〉(回车键):用于输入文本命令或换行符。

以上提到的按键在大部分软件中都会用到,初学者应当尽快掌握其用法。而其余的按键有些功能可以被鼠标操作所代替(如方向键移动光标),有些则在不同的软件中有不同的含义(如〈F1〉～〈F12〉),读者可以在使用不同软件的过程中逐渐摸索。

2 使用拼音输入法

选择中文输入法的两种方式。

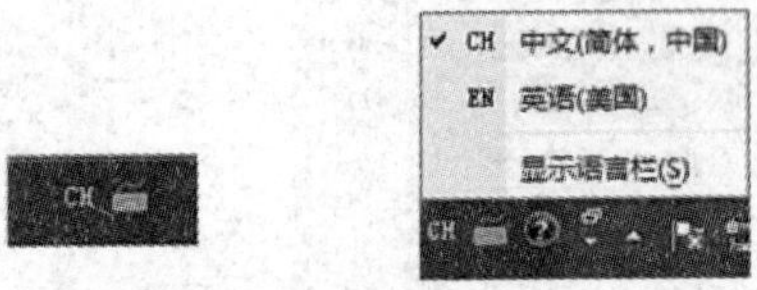

图 1-2-2 用鼠标调用中文输入法

(1) 使用语言工具栏:在语言栏中单击“中文”按钮,如图 1-2-2 所示,单击所需的输入法命令,调出输入法。

(2) 使用快捷键:按住〈Ctrl〉+〈空格〉在中文和英文输入法间切换,按〈Ctrl〉+〈Shift〉可以在各种输入法(如不同的拼音或五笔输入法)中切换。

虽然汉字拼音输入法种类繁多,但用法大体相同。从图 1-2-3 中可以看出,3 种不同的输入法状态栏中都有一些相同的状态按钮,它们分别是:中文/英文输入切换(显示“中”或“英”)、全角/半角切换(显示月牙形或圆形)、中文/英文标点切换(显示句号逗号或小数点逗号)和显示/隐藏软键盘切换(显示键盘图标)。每次点击这些按钮,它们所显示的图标都会发生改变,意味着接下来输入的状态会发生改变。例如,点击“中”字按钮,该按钮就会转为显示“英”字。此时如果按下字母键,光标处将不会再出现选字栏,而是直接输入英文字母。

图 1-2-3 不同输入法的状态栏

我们经常需要在中英文之间切换文字与标点符号,为了方便操作,我们可以在打开输入法状态栏的情况下通过按〈Shift〉来切换,这要比使用〈Ctrl〉+〈空格〉不断打开和关闭拼音输入法来得更加方便。另外,如果我们需要输入一系列的大写英文字母,我们也可以直接按〈Caps Lock〉,此时无论当前输入状态显示“中”还是“英”,该按钮都会显示为“A”,此时输入的字母都为英文大写字母。再次按下〈Caps Lock〉时,输入状态按钮将还原至“中”或“英”。

3 软键盘的使用

软键盘也是输入法中比较实用的一个工具。软键盘是指屏幕上类似键盘布局的一个输入界面,我们可以用鼠标点击来替代按下实际的物理按键。当某个物理按键损坏时,这一工具就变得非常有用。以搜狗拼音输入法为例,当我们点击软键盘按钮时,在弹出菜单中选择“软键盘”就可以调出如图 1-2-4 的软键盘界面。

除了当正常键盘用之外,软键盘还可以帮助我们输入一些特殊符号,如希腊字母或是数学符号。只需要在软键盘的弹出菜单中选“特殊符号”,就可以打开如图 1-2-5 的对话框,选择不同类型的特殊符号,点击符号即可在光标处输入。

图 1-2-4　软键盘

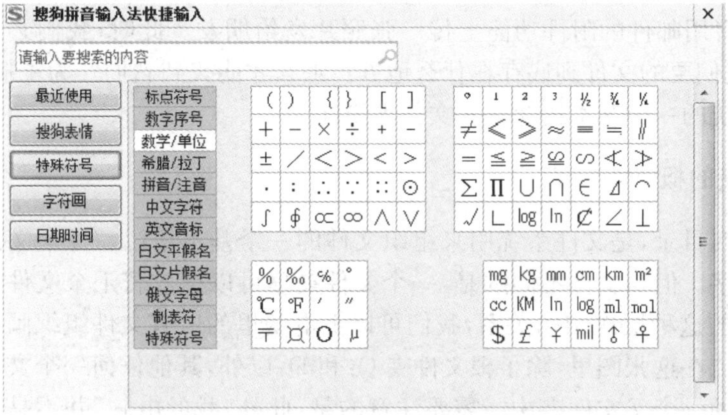

图 1-2-5　通过输入法输入特殊符号

4　中文标点的输入

由于键盘上一般只标注英文的标点符号，因此不少人在输入中文环境下的标点符号时反而觉得陌生。在表 1-12 中，我们将同一个按键在不同输入法下的输出结果作一比较。需要注意的是，某些标点符号虽然在中英文环境下样子很接近，但还是有细微差别的，如逗号和感叹号，中文的标点一般都比英文标点占据更多显示空间。

表 1-12　中英文标点符号的对比

英文符号	中文符号
. 和 ,	。和，
＜和＞	《和》
[和]	【和】
\或/	、
(和)	（和）

（续　表）

英文符号	中文符号
$	￥
! 和?	！和？
"和"	"和"
...	……

1.2.2　文件系统的管理

在使用电脑的过程中，我们免不了要和各式各样的文件打交道，如从网上下载一个word文档，或者用邮件的附件功能上传一张照片发给朋友。此时，我们必须要搞清楚几个关键的问题：我们要的文件到底存在什么地方？怎么才能找到它们？为了搞清这些问题，我们要从文件系统的一个基本概念——文件夹说起。

1　文件夹的概念与特点

文件夹也叫目录，是文件系统用来组织文件的一个基本单位。每个文件夹和文件一样拥有自己的名字。但与文件不同的是，一个文件夹里可以存放若干个文件或子文件夹。由于文件夹之间的这种层次结构关系，我们可以把电脑里的所有文件组织画成类似图1-2-6所示的树形状。在这张图里，除了根文件夹C：和D：以外，其他任何一个文件或文件夹都存在于自己唯一的一个父文件夹中。需要注意的是，此处"我的电脑"并不是一个实际的文件夹，只是为了操作方便而设的一个虚拟节点。

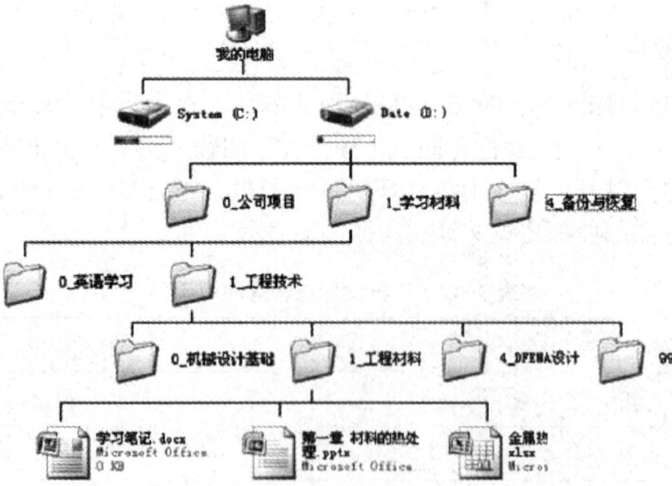

图1-2-6　Windows系统的文件组织方式

对文件夹的操作类似于对文件的操作：我们可以新建、复制、移动或删除文件夹，但必须要能保证同一文件夹下不得有同名的子文件或子文件夹。这也意味着，在2个不同的文件夹下，可以有同名的文件夹，这就好比不同的城市里可以分别有同名的2条马路。

2　文件夹与路径名

如果我们把某个文件 a 或文件夹 a 的所有祖先文件夹(包括 a 本身和根文件夹)按先后顺序排列并用反斜杠分隔,我们就可以得到 a 的路径名。如图 1-2-6 中文件"学习笔记. docx"的路径名就是"D:\1_学习材料\1_工程技术\1_工程材料\学习笔记. docx"。虽然文件系统中允许出现同名的文件或文件夹,但是同一系统中任何 2 个文件或文件夹的路径名是不可能相同的。所以当我们要在文档中指明针对某个文件进行何种操作时,使用的一般都是该文件的路径名。当我们看到一个文件的路径名时,要有能力通过"资源管理器"之类的软件从根文件夹开始一层一层找到目标文件或文件夹。同样,如果我们将某个文件保存在某个文件夹中,我们也要有能力写出该文件的路径名,从而帮助别人或我们自己今后还能再次找到该文件。

3　几类特殊的文件夹

(1) 根文件夹。每个文件系统都有至少一个根文件夹。对于 Windows 系统而言,每个硬盘分区对应于一个根文件夹,用盘符"C:""D:""E:"等表示,所以 Windows 系统可以有多个根文件夹。而对于像 Linux 或 Android 这样的操作系统,如图 1-2-7 所示,只有一个根文件夹,用"/"表示。

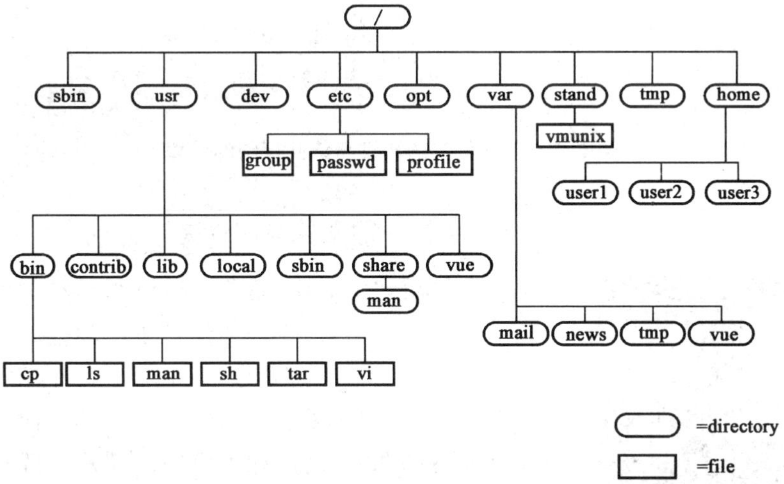

图 1-2-7　Linux 系统的文件组织方式

(2) 桌面。由于开机进入操作系统后首先显示的就是桌面,很多人就把所有下载的文件都放在桌面上。事实上,桌面上能存放文件或文件夹就说明它本身也是一个文件夹,但把所有文件都堆在桌面上并不是一个好的习惯,因为桌面上的图标越多,占用的显示内存就越多,会大大影响系统反应速度。同时由于桌面背景图片的干扰,也不利于文件的查找。根据自身需要对文件夹进行合理规划也是我们提高工作效率的手段之一。

(3) 系统文件夹。在不同的操作系统中都有一些特定的文件夹,用来保存与操作系统正常运转有关的重要文件或者是新安装的程序文件,如 Windows 系统中的 Windows,Program Files 文件夹;Linux 系统中的 sbin,etc 文件夹等。作为普通用户,我们应当尽量避免修改这些文件夹中的任何内容,更不要将自己的用户文件存放到系统文件夹中,以免覆盖重要的系统文件。

4　文件夹的属性

文件夹里的内容可能非常重要，因此很多文件系统都允许用户通过各类文件夹的属性来保护文件夹的安全。最常见的属性有“只读”和“隐藏”，如图 1-2-8 所示。设置“只读”属性可以避免文件夹的内容被误删或误改。当我们需要允许网络用户共享文件夹时，可以使用如图 1-2-8 所示的访问控制列表来进行更灵活也更复杂的访问权限设置。文件夹的创建者或系统管理员可以控制什么样的用户对该文件夹有何种操作（如读、写等）的权限。

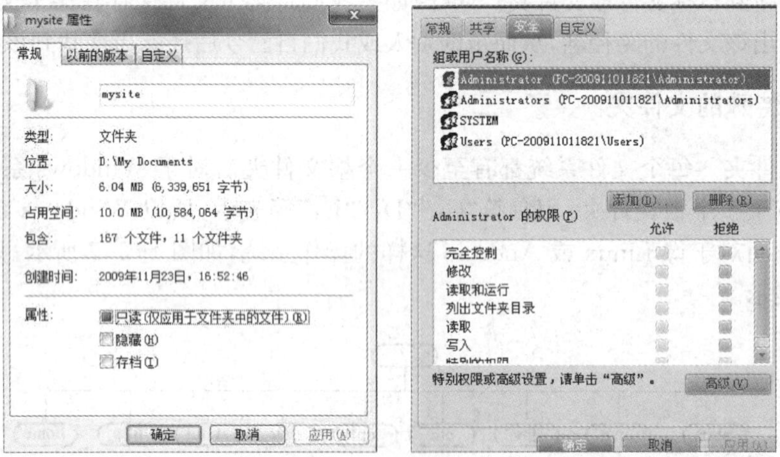

图 1-2-8　文件夹的属性与访问权限的设置

5　手机中的文件与文件夹

智能手机为了方便用户操作，刻意减少了用户直接面对文件夹的机会。但实际上，智能手机内部依旧是通过文件夹的形式对图片、音频、视频文件进行组织管理的。尤其当我们需要从 PC 连接数据线读取手机内部资料时，仍旧需要知道目标文件的路径位置，如手机中的照片一般都保存在如图 1-2-9 所示的/mnt/sdcard/DCIM 文件夹中。

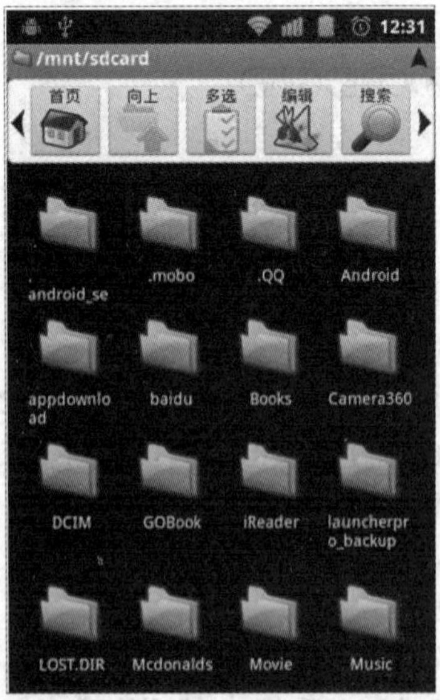

图 1-2-9　android 手机中的文件夹

1.2.3　应用软件的管理

要让自己的手机和电脑变得“多才多艺”，我们就先要学会为它们安装各类应用软件。不同操作系统下安装与管理应用程序的方式不尽相同，以下我们主要针对 PC 的 Windows 平台以及智能手机的 Android 与 IOS 平台进行介绍。

1　应用软件的下载与安装

第一，Windows 平台。

Windows 平台虽然历史悠久，但其并没有一个权威的机构对软件的发布进行集中的监管，因此病毒软件以及恶意软件的问题比较严重。虽然提供各类软件下载的网站有很多，但我们还是建议大家到软件的官方网站下载。

Windows 平台所支持的应用程序文件后缀名为 exe，安装包文件后缀名为 msi，因此我们看到的安装程序文件名常常是 setup. exe 或 installer. msi 之类。一般大型软件（如 Office）的文件规模在几百 MB 到几个 GB 不等，如果安装文件的大小远远小于这个值，那么安装文件可能会需要联网下载安装所需的其他文件，或者需要安装光盘上的其他文件配合安装。双击上述安装程序后按照对话框提示就可以一步步完成程序安装。

当程序安装完毕后，在桌面上未必能找到新装程序的图标，此时我们可以在“开始”菜单中的“所有程序”列表中寻找该应用的程序文件夹或文件图标即可打开该应用程序。

第二，IOS 平台。

IOS 平台区别于其他平台的一个显著特点在于它的 App Store。这个应用商店是向该平台终端发布软件的唯一合法渠道，受到苹果公司监管，一定程度上防止了恶意软件的泛滥。

在 iphone 和 ipad 上安装软件的过程比较简单：直接打开 App Store，查找想要安装的软件页面，点击安装按钮后输入用户注册的账户信息即可下载应用。下载并安装完毕后，新应用的图标将直接显示在桌面上。

第三，Android 平台。

Android 平台与 IOS 平台相似的地方在于，它们都通过应用市场发布应用软件。不同之处在于 Android 平台除了谷歌官方的 Google Play 之外还有众多 IT 厂商自己搭建的应用商店。而且一些著名的应用软件可以从官方网站上独立下载安装，比 IOS 更为灵活。

2　查看应用列表与卸载应用

在 Windows 平台下，可以通过点击“开始”→“控制面板”→“程序与功能”选项打开本机安装的程序列表。如图 1-2-10 所示，我们可以通过程序安装列表了解当前本机都安装了哪些程序。选中列表中的某一项，右击鼠标即可删除该程序。

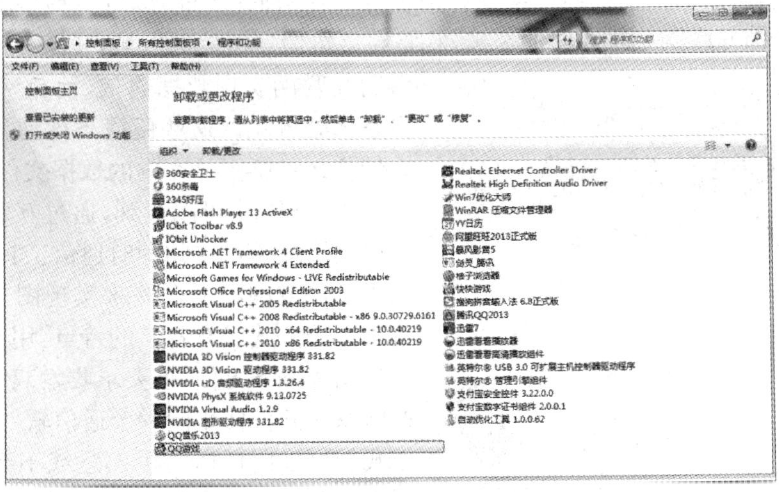

图 1-2-10　Windows 系统的程序安装列表

在智能手机上删除应用图标的操作更为便捷：无论是IOS平台还是Android平台，只要长按桌面图标，等待图标抖动时点击应用图标左上角或右上角的打叉记号即可删除该应用程序。

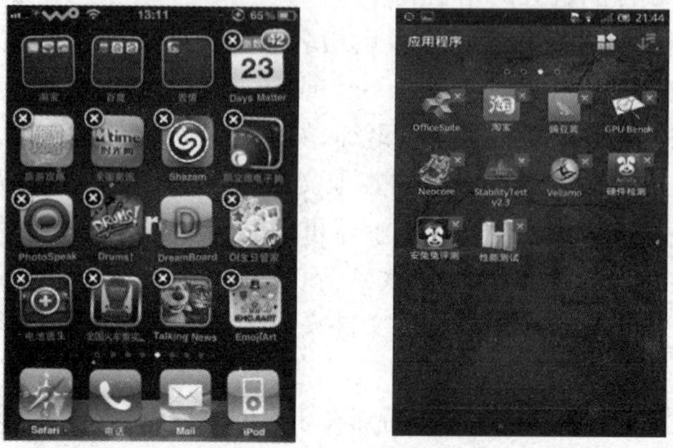

图 1-2-11　删除智能手机中的应用

1.2.4　应用案例——如何与他人分享手机中的照片

日常生活中，我们经常需要向他人发送自己手机里的某些照片。相信不少读者都有在各类社交网络上发送照片或转发图片的经历。然而用手机发照片这个看似简单的操作在不同的应用场景下可能并不简单：有时我们需要向并不熟悉的电商客服发送产品瑕疵的照片；有时我们需要将手机里大量的风景照片复制分发或打印；有时我们需要只发送一次照片，让感兴趣的人们能在将来任意时刻下载查看。要完成以上这些任务，单靠朋友圈共享照片是不够的。因此，我们将要在这里讨论用手机发照片的不同做法。限于篇幅，我们并不准备详细描述每种做法的具体步骤。但是我们会比较不同做法的优缺点，帮助大家在不同的场景下作出最合适的选择。

从大体上看，从手机发送照片主要有两种方式：一种是借助互联网；另一种则是通过终端直连。在移动互联网逐步成熟的今天，凡是在手机信号覆盖的区域，任意2台手机都可以借助互联网实现数据通信，而免费的Wifi信号更是随处可见。这些便捷条件使得互联网成了人们传送包括图片在内的数据文件的首选渠道。从图1-2-12中可以看到，通过互联网我们不仅可以使用微信这样的即时通信工具，还可以使用电子邮件或网盘云存储来实现图片的发送。这些不同的方式又有各自的特点：用即时通信工具发送图片操作方便，但要求收发双方是比较熟悉的联系人并都使用同一个通信软件；通过电子邮件我们可以向任何一个熟悉或不熟悉的人发送图片，但图片数量可能会受邮件服务器限制，而且操作也不方便；网盘允许我们大量共享照片，

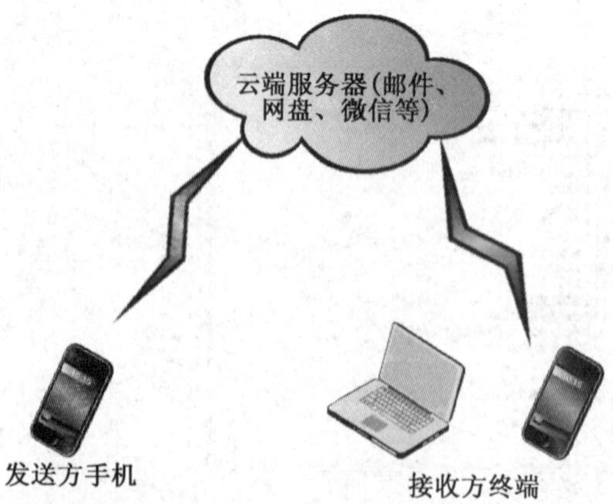

图 1-2-12　借助互联网传输文件

并且允许我们更灵活地控制文件的访问权限。

虽然互联网方便快捷，但它也有一些先天不足的地方：首先，终端接入互联网时的上传带宽通常比较小。如图 1-2-12 所示，当发送方要发送大量高清图片时必需首先向服务器上传大量数据，这个过程可能需要消耗大量时间。其次，当发送方与接收方处于不同 IP 自治域时（如电信网与教育网），点到点的传输速率常常大打折扣。因此，当我们需要在短时间内大量传输数据时，首先想到的应当是终端直连。

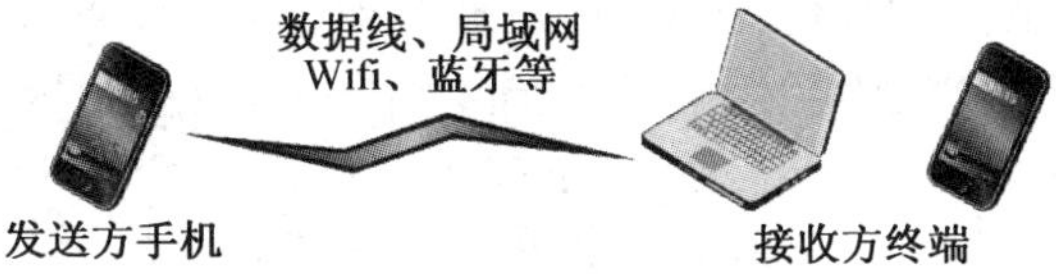

图 1-2-13　直连方式传输文件

目前较为常见的终端直连主要有数据线连接和局域网共享两种方式。数据线连接方式主要应用于手机与个人电脑之间的连接，如图1-2-13所示。为了能读取手机内的数据，电脑上一般都需要安装特定的软件或驱动（如 itunes 或手机助手）。通过数据线直连，我们可以最快的速度从手机中获取文件。除了用数据线直连外，如果接收终端（手机或 PC）与发送端位于同一个局域网，那么它们也可以通过特定的设置实现文件共享。值得一提的是，通过局域网共享文件已经越来越多地出现在我们的生活中，如不少智能电视盒都有读取手机照片并显示在电视屏幕的功能。

为了帮助大家在用手机传文件时选择最合适的方法，我们在表 1-13 中对不同的文件传输方式进行了比较。从表 1-13 中我们可以看出，不同的做法各有各的优缺点，各有各的限制条件和适用范围。我们只有了解得越多，遇到类似问题时才能做到得心应手。

表 1-13　不同文件传输方式的对比

传输方式	优　　点	缺　　点	相关软件
即时通信软件	使用方便，可以即拍即传，传输速度快，发送后对方可立即收到	需要收发双方使用同一软件，并且互为联系人，发送大量图片时效率不高	微信、QQ 等
电子邮件	收发双方不需要事先认识，对软件没有特别要求	发送邮件与收到邮件之间有一定延迟，邮箱对附件数量与大小可能有限制	无需特殊软件，可以完全依靠浏览器
网盘	允许传送大量大型文件，向多方发送时效率较高，有灵活的权限控制策略	必须要收件人获得文件的网盘存储地址，操作稍显麻烦	无需特殊软件，可以完全依靠浏览器
数据线连接	速度快，效率高，适合向 PC 导出大量图片	需要 PC 与手机通过数据线物理连接，操作麻烦	iTunes、驱动程序、91 手机助手
局域网共享	速度较快，适合在同一网段内的终端共享文件，无须连接公网	需要一定的设置或安装特殊软件	ES 文件管理器等

1.3　基本应用

传统上，我们习惯将所有计算机软件分为 3 大类：系统软件、工具软件和应用软件。前两大类的软件主要是为了开发、运行或维护其他计算机软件而存在的。比如数据库系统是开发大量其他应用软件的基础;杀毒软件则是操作系统和其他程序正常运行的保证。相对而言,应用软件则是为了满足人类在工作或生活上某一特定需求而开发的软件。比如我们在生活上有饮食和娱乐的需求,于是我们可以看到大量的订餐软件、电子食谱和游戏软件;我们在工作时有处理文档、与他人沟通协调的需要,因此我们可以看到像 Office 这样的软件套装出现。除了普通人都会用到的这些软件外,还有不少为专门领域专业人士开发的应用软件,如财会报表软件、医疗诊断软件、辅助设计软件等。对于大多数人来说,要更好地利用计算机为我们的工作与生活服务,对应用软件的了解是不可或缺的。

1.3.1 应用软件的运行形态

在进一步了解应用软件能做什么之前,让我们先来了解一下它们的形态结构。随着互联网与移动智能终端的发展,应用软件的结构至今一共出现了 4 种形态:纯粹的单机程序、基于服务器客户端的 CS(client-server,CS)结构、基于 Web 的应用以及当前流行的各类移动应用。这 4 种形态反映了软件运行时的特点与对运行环境的要求。以下我们分别进行介绍。

(1) 单机程序。在互联网尚未普及的年代,相当多的应用软件都是单机程序。单机程序的特点就是安装成功后不需要联网也能正常运行。这类软件要么将大量数据与安装程序捆绑在一起,如光盘版的电子百科全书;要么作为处理及显示数据的工具出现,如办公软件和图像处理软件。随着大数据时代的来临,很少会有软件开发商将所有数据以软件的形式直接交给用户。考虑到软件版权与运营收入的问题,许多原本的单机程序也逐渐与互联网结缘。纯粹的功能强大的单机程序已经越来越少了。

(2) 服务器客户端(CS)结构。在很多情况下,应用程序需要帮助多台电脑、多个用户联网协作共同完成一系列任务,此时单机程序就无能为力了。例如,在医院,挂号处、医生和药房需要通过不同的软件界面来完成信息录入与获取的操作。软件开发人员需要为不同角色的用户开发不同的客户端程序,通过网络与服务端程序相连,实现信息的正常流转。有了网络的介入,在 CS 结构的应用中,我们没有必要把所有数据在每台相关电脑上都重复保存,可以实现信息的高效共享。

(3) Web 在线应用。Web 技术的发展使得浏览器成为用户访问应用唯一需要的入口,这大大降低了软件厂商发布与部署应用软件的成本与周期。厂商将应用软件部署在自己的服务器上,用户根据需要通过浏览器访问相应的网站。在这种模式下,用户无须在自己的计算机上安装软件,也不需要对软件进行升级维护,只要能上网就能使用软件。目前,许多传统的单机应用程序已经有了 Web 版的类似产品。例如,Web 应用 Gliffy 就是一个免费的在线绘图软件,其功能与传统绘图软件 Visio 已经非常接近了。

(4) 移动应用。让大多数人与应用软件走得更近的莫过于大家手机桌面上的一个个小图标了。广义上,凡是安装在移动终端上的应用软件都属于移动应用的范畴。从运行形态上来看,它们同样可以是单机程序、CS 结构或 Web 应用,但由于与移动终端相结合,它们使我们的生活方式发生了巨大的改变。一方面,通过移动应用,我们可以在等公车时收发邮件;在坐车时浏览天下大事;在回家路上选购商品并完成转账支付。另一方面,从移动终端所获取的位置信息以及各类传感器数据更让人们对未来创新应用的出现寄予无限的期待。近年来,基于位置信息的服务(LBS)技术已经广泛应用于智能交通、广告投放等领域。相信随着智能穿戴等新技术的发展,未来的移动应用将大大扩展我们感知世界的能力,给予我们无限的想象空间。

以上对应用软件运行形态的分类并不是非此即彼的,有时同一个应用软件可以以几种形态出现。例如,不少手机上的地图软件具有缓存离线地图的功能,当无法联网时,这些应用依旧可以显示部分区域的地图信息,此时可以把它视为一个单机程序;当连入互联网时,又可以通过服务器获取某一路段实时的交通情况,此时地图软件又具有了 CS 结构。除此之外,越来越多的应用软件同时以 Web 应用与移动客户端两种形式出现,如图 1-3-1 显示了淘宝网客户端的界面与 web 网页的界面对比。

图 1-3-1　同一应用的网页与客户端版本

决定这些应用软件运行形态的关键因素主要有两个:是否需要联网、是否需要安装程序。在表 1-14 中,我们从这两方面分别比较了上述提到的 4 种运行形态。通过比较我们可以发现,传统 PC 上的应用程序运行形态比较单一,而移动应用的运行形态更为灵活。

表 1-14　不同的应用运行形态

运行形态	是否需要联网	是否需要安装程序
单机程序	不需要	一定要
CS 结构	一定要	一定要
Web 应用	一定要	不需要
移动应用	不一定	不一定

1.3.2　应用软件与人的需求

应用软件因人的需求而产生。要了解应用软件是如何改变人类生活的,我们有必要先分析一下我们人类自身的需求有哪些。概括地讲，当前计算机所涉及的人类需求可以分成4部分：与人沟通、获取资讯、高效生产和便利消费。人类的这些需求自古就有，而计算机之所以能改变我们的生活正是因为层出不穷的应用软件以全新的方式满足了我们的这些需求。以下我们将以此为依据将应用软件这个大家族里的成员分为4类，帮助大家更好地理解和利用现有的各类应用。

1　帮助人们沟通交流的应用

这类应用目前主要包括电子邮件、网上论坛、即时通信软件和社交网络等。从诞生时间来看，电子邮件与网上论坛历史最为悠久，在互联网发展初期就广泛被人们接受。在今天，收发电子邮件已经成为在数字化时代生存所需的一个基本技能，不少知名的企业与大部分国外高校都是通过电子邮件来接收应聘简历或申请材料。对于一些企事业单位而言，电子邮件甚至已经成了对外联系业务，对内协调联络，维系整个组织正常运转的重要工具。即将踏上社会的大学生不仅要会用电子邮件，而且还应当了解一些邮件礼仪，如邮件行文的格式；对于重要邮件应当及时回复；正式场合应使用合乎身份的邮箱(如学校信箱)发送邮件等。邮件地址犹如电话号码，频繁更换会给自己和他人带来很多不便，因此在申请创建自己的邮箱账号时，我们应当尽可能选择一些历史悠久、用户数量众多的专业邮件服务提供商。因为在历史上曾多次出现因厂商倒闭而导致大量邮件账号停用的事件发生。

网上论坛则为大众提供了一个自由发布信息、交换思想、讨论问题的渠道。大部分论坛都有一个讨论的主题，如出国留学申请或者是应聘面试技巧等。每个注册用户都可以围绕主题发帖提问或者跟帖回复，所以论坛都是以帖子列表的方式出现。在帖子列表的顶部一般会有一些包含重要信息的帖子置顶，而普通用户发的帖子则会随着时间的推移沉到列表的后部。网络论坛体现了互联网言论自由的特点，但同时也不免会充斥谣言、诽谤等不良信息。有些人为了炒作的目的，在论坛发布子虚乌有或夸大事实的假消息。面对这种情况，我们应当有自己的判断，不信谣不传谣，共同维护互联网正常的言论秩序。

即时通信软件满足了人们实时沟通的需要。与电子邮件不同，即时消息的发送与接收之间延时很短，在线双方可以通过它进行实时的交流，因此这类软件也经常被称作网聊软件。早期的即时通信软件只支持文本消息，而现在我们不仅可以通过它来传输图片、文件等，甚至还可以进行语音和视频聊天。当这类软件加入了群组通信(即群聊)和视频通信的功能后，就可以很容易地扩展成其他应用，如网络课堂、电视会议等。随着移动互联网的普及，手机上安装的即时通信软件正逐渐取代传统的电话语音和手机短信业务，成为人们传情达意的首选。一些软件甚至允许用户发送免费短信或拨打免费电话。目前国内外最为流行的即时通信软件有QQ、Skype等。

社交网络即社交网络服务(Social Network Service, SNS)是一个较为宽泛的互联网概念，其基本思想是利用虚拟的在线服务来满足人类现实生活中的社交需求。从应用的角度看，它与前面提到的网络论坛以及即时通信软件等应用有很多相似的地方。一方面，在社交网络上，每个人都可以自由方便地发帖或转发。这些被发布与转发的内容很大程度上表明了一个人对某事的态度与看法，使他(她)在虚拟世界中的形象更为具体鲜明。另一方面，一个人在社交网络上的言行只能被他(她)的追随者所看到。由于每个人与其追随者之间的关系较为密切(如亲友、同事、同学等)，这也使得人们在社交网络上的表现与现实生活中的言行更为趋同。社交网络的出现是降低了人与人沟通了解的成本，但沉迷于社交网络也会严重影响我们的生活和学习，对此我们应当有所警惕。目前国内外较为流行的社交网络包括微信、微博、Facebook 等。

2　帮助人们获取资讯的应用

互联网无疑是今天人类社会最重要的资讯集散地。任何最新的消息总是第一时间在网上传播，各大论坛、门户网站、社交网络上也无时无刻不在发布着各类资讯。然而通过这些渠道浏览各种报道和消息时，我们只是在被动地接受而非主动地获取。要根据自己的需求有针对性地从互联网筛选出有用的信息，我们就必须要善于利用搜索引擎这个互联网第一应用。

说到搜索引擎，很多人马上会想到百度、谷歌这些传统的搜索引擎提供商。事实上，任何应用中包含的搜索功能都是我们主动获取资讯的重要工具。因此我们可以把搜索引擎分为 3 个层次：首先是我们最为熟悉的如百度和谷歌这样的网页搜索引擎。它们的功能非常强大，如果输入恰当的关键字，它们就可以直接定位包含我们想要信息的网页或网站。其次是一些针对文献资料或与专业数据相关的搜索应用，如图书目录查询系统或专利检索系统。由于被搜索的对象可以通过一组结构化的属性来描述，因此这类搜索引擎允许构造比较复杂的搜索条件。例如，当我们要找一本书时，可以设定如作者、出版社、出版号、主题等众多查询条件。最后，许多提供商品与服务的网络应用也提供强大的搜索功能，如淘宝网就提供了一个基于数万种商品的搜索引擎。

除了上述以文字或图片为返回结果的搜索引擎外，我们在日常生活中还经常需要计算机能根据我们输入的地址返回地图上的位置，或者根据我们输入的起点与终点位置给出一条特定的路线。这类软件是一类特殊的搜索引擎，被称为地理信息系统，也就是常说的地图软件。现在许多的在线地图软件不仅能提供地图定位、路线导航、搜索周边兴趣点等传统功能，还提供卫星俯视图、实时路况信息以及街景图片。在某些公交信息完善的地区，通过在线地图还能查询出公交车的班次、间隔时间甚至于具体的到站时间。这些功能就好像给予我们一幅千里眼，能让我们在到达目的地之前就对周边的地形有大概的了解。目前国内较为著名的在线地图包括高德地图、百度地图、腾讯地图等，而国外最著名的就是谷歌地图。

3　提升人们工作效率的应用

这类应用软件主要从 3 个方面提升人们的工作效率：即日常办公、事务性流程和专业化技能。日常办公类软件中最具代表的当属微软的 Office 系列和金山的 WPS 系列办公软件。这类软件主要为满足大多数人在日常生活与工作中都会遇到的文字处理、表格制作、幻灯片制作、简单数据库处理等方面的需求。早期的办公软件都是单机程序。随着云计算与云存储的普及，如今的办公软件与互联网的关系越来越紧密。新版的 Office 软件都支持直接将文件保存到 Web。而谷歌更是将 Office 中的一部分功能移植成了 Web 应用，让用户只需要浏览器就可以直接使用。对于刚踏入大学校园的学生而言，熟练掌握办公软件更能帮助我们顺利地应对论文排版、课堂记录、讲稿演示等一系列任务。

将企事业单位的业务流程数字化与智能化也是应用软件提升人们工作效率的重要方面。例如，当病人在医院看病时需要经过挂号、门诊、检查、取药等几个环节，每个环节都会有一些数据产生。要顺利完成看病取药的整个过程就要求每个环节所产生的数据在不同部门间正确地流转，而应用软件就可以帮助实现这些功能。依靠医疗信息管理系统，现在的医生开药可以直接在屏幕上选择而无须手写药方，避免了药方因为医生笔迹潦草而配错药的事故发生。此类应用软件一般都以数据库为基础，需要软件厂商根据企事业的业务流程定制。我们经常听到的办公自动化(OA)系统与企业 ERP 系统都属于此类应用软件。

除了上述两类人们常见的应用软件外，还有许多为专业领域和专业人士开发的应用软件。例如，广泛应用于工程制图和产品设计领域的计算机辅助设计(CAD)软件、应用于数据统计的 SPSS 和 R 语言、应用于科学计算的 Matlab 等。这类应用软件的特点在于软件的用户必须具备一定的专业知识。随着计算机应用的普及，越来越多的学科与专业都开始有为其专门开发的软件。掌握本专业的专门软件也逐渐成为许多学科人才培养的重要内容。

4　帮助人们获取产品与服务的应用

电子商务的出现极大地改变了人们的消费行为。越来越多的人已经习惯从淘宝和京东上购买各类商品，在滴滴或快的上叫出租车，用大众点评找饭馆，用携程订机票和酒店。各类电子商务应用不仅满足了人们衣食住行各个方面的需求，而且还在不断地创造新的需求。随着各类创新应用的出现，人类的生活正在变得越来越便捷与高效。

1.3.3　应用案例

1　准备一次自由行

自由行在当下已经成为一种时尚，而自助旅游的流行很大程度上得益于互联网的发展。一方面，越来越多的人将自己的旅游经验总结成攻略在网上发布，帮助后来的旅行者更好地规划行程。另一方面，各类应用软件的出现可以帮助旅行者在出行前就安排好旅途中的住宿、交通等各个环节。筹划一次完美的自由行需要花费大量的时间与精力，如果能善于利用前文所提到的各类应用软件，我们就可以事半功倍。

计划自由行的第一件事就是确定大致行程。应该乘什么交通工具去目的地？在有限的时间里哪些景点最值得游玩？应该先去哪里后去哪里？景点之间的交通如何解决？要回答这些问题，最好的方式就是借鉴前人的经验。我们在搜索引擎中输入目的地的名称以及“旅游攻略”或“游记”作为关键字，就可以找到很多条目。通过这些条目，我们又可以进一步找到汇集相关游记或攻略的一些网站或论坛。在论坛中，如果帖子是最近发布的，我们还可以通过回复向发帖人(也叫楼主)提问，获取进一步详细的信息。在整个过程中，我们需要阅读大量的信息，同时还要注意游记中内容的时效性问题。例如，某些景区可能在最近开辟了新的旅游公交专线，或者在新的地点设立了旅客中心等。为了核实游记中的内容，我们可以通过某些地图的街景功能去当地“亲眼”看一下。如图 1-3-2 所示，我们可在地图上找到华山风景区的游客中心位置。街景功能可以帮助我们排除地图搜索结果中的一些错误，并且展示一些地图没有标注的细节，如大楼停车库入口的具体位置。

图 1-3-2　通过街景功能找到景点入口

一旦行程确定，接下来还有很多琐事需要处理与记录，如机票(火车票)和酒店的预定、预算的汇总、当地交通线路的查询、随身物品的整理等等。这其中很多信息都来自网络，如果都用纸笔记录下来会变得非常烦琐。如果我们能使用像 One Note 这样的免费笔记软件，在查看时将变得非常便捷，如图 1-3-3 所示。

图 1-3-3　使用 One Note 记录整理旅途中的一切相关信息

2　百度网盘的使用

百度网盘是百度推出的一项云存储服务应用，目前支持各主流桌面和移动端设备，用户可以轻松把自己的文件上传到网盘上，并可以跨终端随时随地查看和分享。

百度网盘的用户界面与桌面操作系统的文件管理器非常相似，因此稍有计算机使用经验的用户都可以很自如地使用百度网盘进行普通的文件上传、下载以及预览，除了这些网盘的基本功能外，百度网盘还支持离线下载和“人脸搜索”功能，下面我们将对这两项功能作简要介绍。

(1) 离线下载。离线下载是指利用百度的服务器下载网络资源，用户只需输入资源的下载地址，百度的服务器就将资源下载到用户的百度网盘里。下载过程中关闭浏览器、关闭电脑都不影响下载。操作流程如下。

第一步：新建离线下载任务，如图 1-3-4 所示。

图 1-3-4　第一步：新建离线下载任务

第二步：粘贴资源的下载地址到输入框(目前只支持 http 和 ftp 协议)，如图 1-3-5 所示。

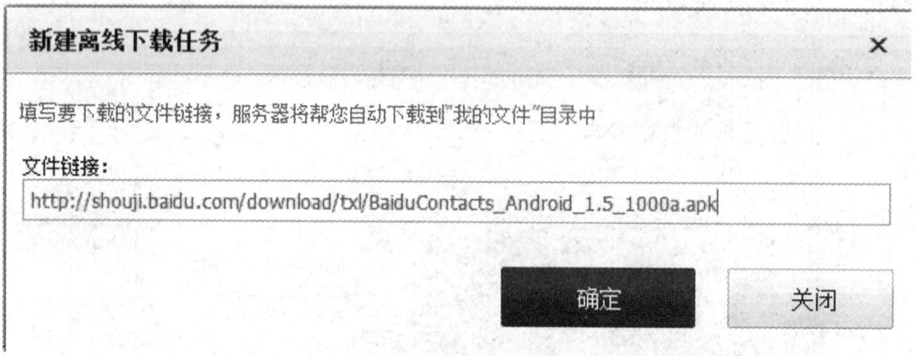

图 1-3-5　第二步：粘贴资源的下载地址到输入框

第三步：查看离线下载任务列表，查看下载进度。窗口关闭后不影响正常下载。如果想查看下载进度，点击“离线下载”里的“查看下载列表”即可，如图 1-3-6 所示。

(2) 人脸搜索。人脸搜索是通过人工智能算法，基于面部特征，将目标图片与存储在网盘的其他所有人物图片进行对比，自动识别出与目标图片最相似的进行展示。操作流程如下。

第一步：进入“人脸搜索”页面，选择网盘人物图片，如图 1-3-7 所示。

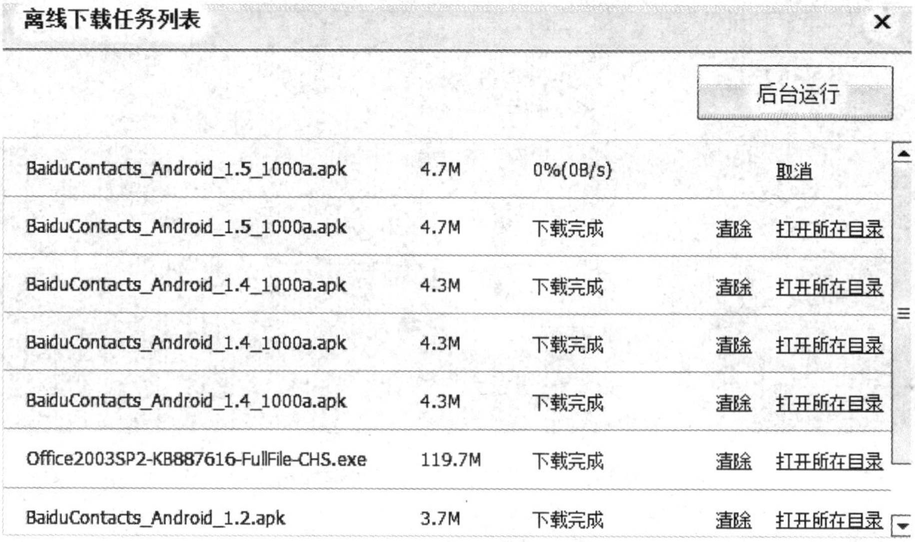

图 1-3-6　第三步:查看离线下载任务列表

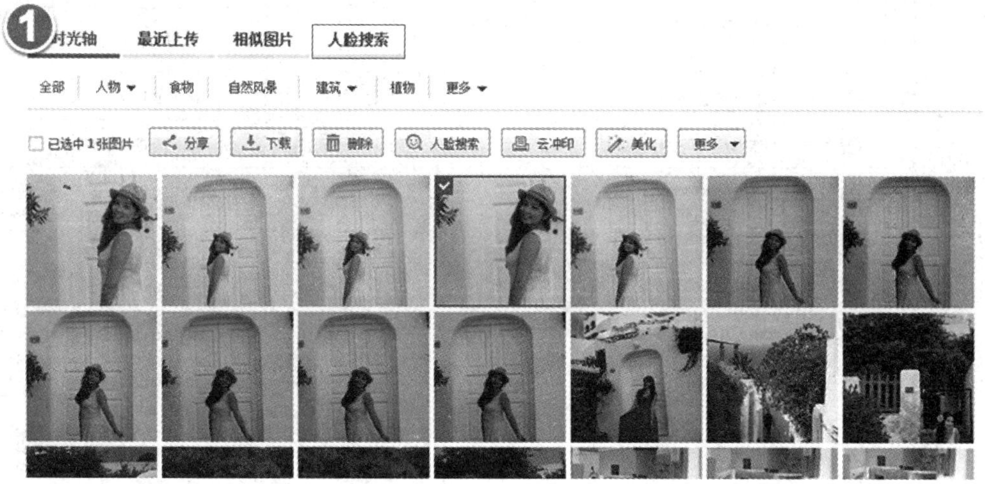

图 1-3-7　第一步:进入“人脸搜索”页面,选择网盘人物图片

第二步：进入网盘选择图，如图 1-3-8 所示。

图 1-3-8　第二步：进入网盘选择图片

第三步：选定匹配图片，如图 1-3-9 所示。

图 1-3-9　第三步：选定匹配图片

最终，系统将会自动匹配网盘所有人物图片中与目标图片最相似的图片进行展示，如图1-3-10所示。

图 1-3-10　展示相似图片

习　　题

一、单项选择题

1. 目前，被人们称为3C的技术是指(　　)。

A. 通信技术、计算机技术和控制技术

B. 微电子技术、激光技术和计算机技术

C. 微电子技术、光电子技术和计算机技术

D. 信息基础技术、信息系统技术和信息应用技术

2. 计算机中运算器的主要功能是(　　)。

A. 控制计算机的运行　　B. 算术运算和逻辑运算

C. 分析指令并执行　　D. 负责存取存储器中的数据

3. 以下描述中，(　　)是不正确的。

A. 内存与外存的区别在于内存是临时性的，而外存是永久性的

B. 内存与外存的区别在于外存是临时性的，而内存是永久性的

C. 平时说的内存是指 RAM

D. 从输入设备输入的数据直接存放在内存

4. 微型计算机内存容量的基本单位是(　　)。

A. 字符　　B. 字节　　C. 二进制位　　D. 扇区

5. 计算机应由5个基本部分组成，下面各项中(　　)不属于这5个基本组成部分。

A. 运算器　　B. 控制器
C. 总线　　D. 存储器、输入设备和输出设备

6. (　　)不属于计算机的外部存储器。

A. u盘　　B. 硬盘　　C. 内存条　　D. 光盘

7. A/D转换的功能是将(　　)。

A. 模拟量转换为数字量　　B. 数字量转换为模拟量
C. 声音转换为模拟量　　D. 数字量和模拟量的混合处理

8. 在下面关于计算机的说法中,正确的是(　　)。

A. 微型计算机内存容量的基本计量单位是字符
B. 1 GB=1 024 KB
C. 二进制数中右起第10位上的1相当于2的10次方
D. 1 TB=1 024 GB

9. 人们通常用十六进制而不用二进制书写计算机中的数,是因为(　　)。

A. 十六进制的书写比二进制方便　　B. 十六进制的运算规则比二进制简单
C. 十六进制数表达的范围比二进制大　　D. 计算机内部采用的是十六进制

10. 除外存之外,微型计算机的存储系统一般指(　　)。

A. ROM　　B. 控制器　　C. 硬盘　　D. 内存

11. 一般说来,要求声音的质量越高,则(　　)。

A. 量化级数越低和采样频率越低　　B. 量化级数越高和采样频率越高
C. 量化级数越低和采样频率越高　　D. 量化级数越高和采样频率越低

12. 下列声音文件格式中,(　　)是波形声音文件格式。

A. WAV　　B. CMF　　C. VOC　　D. MID

13. 下列说法不正确的是(　　)。

A. 图像都是由一些排成行列的像素组成的,通常称为位图或点阵图
B. 图形是用计算机绘制的画面,也称矢量图
C. 图像的数据量较大,所以彩色图(如照片等)不可以转换为图像数据
D. 图形文件中只记录生成图的算法和图上的某些特征点

二、多项择选题

1. 以下(　　)行为可以减少遭受网络攻击的风险。

A. 针对不同的网站使用不同的登录密码
B. 不轻易点击来路不明的网站链接
C. 及时安装系统更新补丁
D. 不安装来路不明的盗版软件

2. 以下说法正确的是(　　)。

A. 只要是4G手机,用任何SIM卡上网都可以达到4G的网速
B. 只要是4G手机,查看相同的网页内容消耗的数据流量比3G手机更多
C. 3G技术与4G技术最大的区别在于网速
D. 使用手机流量上网比接入Wifi上网更安全

3. 以下数据关机后无法再取回的有(　　)。

A. 从邮箱下载下来的附件

B. 忘记存盘的文档

C. 从文档中选取并且复制但尚未粘贴的文字与图片

D. 优盘被格式化之前保存的文件

4. 下面关于进制的说法中,正确的有(　　)。

A. 所有十进制数转换成二进制数,位数必定变大

B. N位二进制数可以代表的最大数是2N

C. 一般情况下,保存一个汉字要比保存一个英文字母使用更多的二进制位数

D. 任意一个十进制数都可以转换为一个有限位的二进制数

三、填空题

1. 个人用微型计算机的种类很多,主要分成台式机、________、平板电脑和________。

2. 在微型计算机的总线上单向传送信息的是________。

3. 常用的输入设备有键盘、鼠标、________、光笔、________、数字化仪。

4. 软件通常被分成________、________和应用软件两大类。

5. 一幅彩色图像的像元是由________、绿、蓝三种颜色组成的。

6. 一幅24位真彩色图像(没压缩的BMP位图文件),文件大小1 200 KB,若将其分别保存为256色、16色、单色位图文件,文件大小大约分别是400 、200 、________ KB。

7. 在给出的扩展名为exe、doc、bat、txt等文件中,最有可能是病毒文件后缀是________文件。

8. 在PC上截屏时使用的按键是________。

第2章　操作系统 Windows 7 及其应用

操作系统是现代计算机必不可少的最重要的系统软件，它统一管理系统内各种硬件和软件资源，控制计算机的各个部件进行协调工作。同时，操作系统也是用户与计算机进行交流的桥梁。

随着计算机技术的发展，操作系统的发展也日新月异，从最初的 DOS 系统到今天的 Windows 操作系统，功能越来越强大。除此之外还有 Linux、UNIX、Netware 等操作系统。但对个人计算机而言，主流操作系统仍然以 Windows 系统为主，而这当中 Windows 7 操作系统由于其在性能、稳定性和安全性等方面的优异表现，受到越来越多计算机用户的青睐。

2.1　Windows 7 基础

Windows 7 是微软公司在 2009 年推出的桌面操作系统，它继承了 Windows XP 和 Windows Vista 的优点，为用户提供了更加高效易行的工作环境。

2.1.1　Windows 7 概述

Windows 7 是微软操作系统的一次重大的革命创新，在诸多方面都有很大的改进，是近几年来个人操作系统的主流。

1　Windows 7 版本概述

Windows 7 包括 6 个版本，分别为 Windows 7 Starter（简易版）、Windows 7 Home Basic（家庭基础版）、Windows 7 Home Premium（家庭高级版）、Windows 7 Professional（专业版）、Windows 7 Enterprise（企业版）和 Windows 7 Ultimate（旗舰版）。

2　Windows 7 新增功能

作为 Windows Vista 的继任者，Windows 7 操作系统在很多方面进行了重大变革，新增了许多特色功能，其中最具特色的是跳转列表、鼠标拖曳操作、改进的任务栏和全屏预览、轻松创建家庭网络及 Windows 7 多点触控技术等。

(1) 跳转列表(Jump Lists)。跳转列表是 Windows 7 中增加的新功能，简单来说它就是用户最近或经常使用的项目列表，如文档、图片、文件夹或网站等，这取决于用户选择的是什么程序。通常，跳转列表被安插在“开始”菜单和任务栏中，每个程序都对应有一个跳转列表，用户可以通过它快速地找到最近使用过的文档。在“开始”菜单中，用户将鼠标移动到某一个程序上，就会弹出一个列表，显示该程序最近或经常打开过的文件；在任务栏的程序上单击鼠标右键，最近通过这个程序打开的文件也全部显示出来。

(2) 鼠标拖曳操作。在 Windows 7 中，通过鼠标拖曳可以快速调整打开窗口的大小，从而可以方便用户进行浏览、组织和比较窗口。用户可以最大化垂直伸展你的当前窗口，也可以使当前窗口与另一个窗口并排显示。

(3) 改进的任务栏和全屏预览。在 Windows 7 中，任务栏已完全经过重新设计，可使用户更轻松地管理和访问最重要的文件和程序。例如，用户可以将程序在任务栏上随意地锁定和解锁。另外，Windows 7 任务栏还增加了新的窗口预览方法，鼠标指向任务栏图标，与该按钮关联的所有打开窗口的缩略图预览随即都将出现在任务栏的上方。如果希望打开正在预览的窗口，只需单击该窗口的缩略图即可，用户也可以直接从缩略图预览关闭窗口。

(4) 轻松创建家庭网络。网络无处不在，即使是在家庭中也是这样的情况，因此，在 Windows7 中建立了一个名为家庭组的家庭网络辅助功能，来对网络上的文件和打印机(或其他设备)的分享操作进行简化。

(5) Windows 7 多点触控技术。在 Windows 7 中，首次全面支持多点触控技术。将 Windows 7 与触摸屏电脑配套使用，用户只需使用手指即可浏览在线报纸，翻阅相册，拖拽文件和文件夹。

目前，Windows 触控技术仅适用于家庭高级版、专业版和旗舰版。

2.1.2 Windows 7 工作环境

Windows 7 系统在稳定性、兼容性、安全性、性能等方面均有了大幅度的提高，而且它对硬件的要求不高，目前的 PC 机均可安装并流畅运行。

1 正确启动和关闭计算机

计算机安装了 Windows 7 操作系统以后，按下电源按钮，计算机就会引导启动操作系统。操作系统在运行过程中可以单击“开始”菜单，然后单击“关机”按钮关闭计算机。用户也可以根据个人需要，将光标停留在关机按钮旁边的▶，在出现的菜单中选择“切换用户”“注销”“重新启动”等选项，如图 2-1-1所示。

当用户暂不需要使用计算机，又不打算关闭计算机时，可以选择让计算机进入“睡眠”或“休眠”状态。这两种待机模式的共同点是：进入睡眠或休眠状态后，当前系统会把所有数据都保存下来，硬盘和显示器会关闭；当用户希望再次开始工作时，只需按下电源键，系统会从睡眠或休眠状态醒过来，之前的东西都会恢复。不同点是睡眠是将东西保存在内存里，内存是供电的，休眠是把数据保存在硬盘里，内存是不供电的。

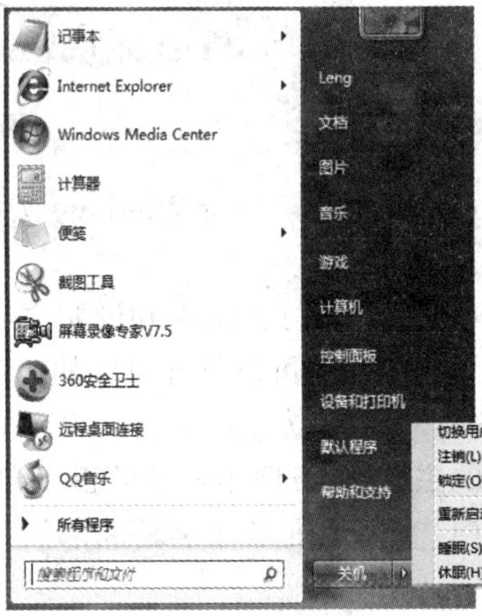

图 2-1-1 Windows 7 注销系统

2 鼠标和键盘的基本用法

在 Windows 7 操作中，键盘是最主要的输入设备，不但可以输入文字信息，还可以输入控制信息。鼠标可以帮助用户快速地对窗口、菜单等进行操作，可以充分发挥 Windows 7 易于操作的优点。

(1) 组合键。组合键是指同时按下若干个键来实现某个功能。例如，〈Ctrl〉+〈C〉，表示按住〈Ctrl〉不放，再按一下〈C〉，其功能是复制操作；〈Ctrl〉+〈Alt〉+〈Delete〉，表示同时按住〈Ctrl〉和〈Alt〉不放，再按一下〈Delete〉，其功能是关机操作。

(2) 鼠标操作。鼠标的操作主要有单击(按鼠标左键，然后释放)、双击(快速连续两次按鼠标左键)、右击(按鼠标右键，然后释放)、拖放(按住鼠标左键，移动鼠标箭头至适当的地方后放开)和右拖放(按住鼠标右键，移动鼠标箭头至适当的地方后放开)等。

3 Windows 7 操作界面

Windows 7 的操作界面具有明亮鲜艳的外观与简单易用的设计。

1) 桌面简介

桌面是用户和计算机交流的窗口，用户的各种操作都是在桌面上进行的，它主要包括桌面背景、桌面图标、“开始”按钮、任务栏和小工具等，如图 2-1-2 所示。

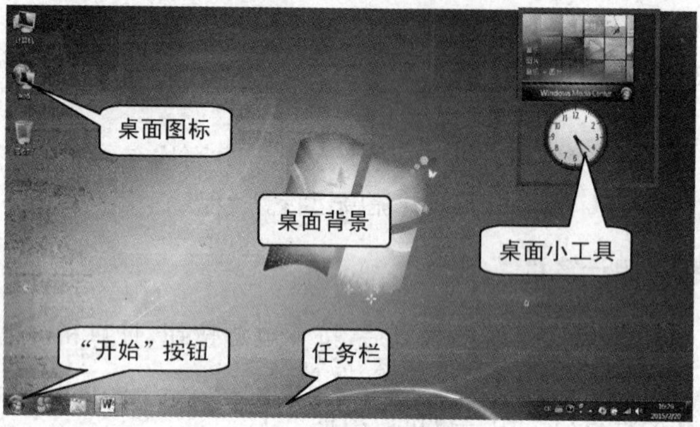

图 2-1-2 Windows 7 桌面

(1) 桌面背景是指 Windows 7 桌面上的墙纸，用户可以根据自己的喜好来更改墙纸的图案。

(2) 桌面图标由图形和说明文字组成，图标是它的标识，而文字表示它的名称或功能。双击这些图标就可以打开对应的内容。

(3)“开始”按钮可以启动 Windows 7 开始菜单，是操作计算机程序、文件夹和操作系统设置的主通道，方便用户启动程序和文档。

(4) 任务栏是位于屏幕底部的水平长条，由任务栏按钮区、通知区域和“显示桌面”按钮组成。

(5) 桌面小工具可以提供即时信息以及可轻松访问常用工具。

2）窗口的组成

Windows 7 操作系统是以窗口的形式来管理计算机资源的，不同程序窗口的布局和功能各不相同，但它们也有一些共同点，图 2-1-3 显示了最常见的“资源管理器”窗口，主要包括标题栏、控制按钮区、地址栏、搜索栏、菜单栏、工具栏、列表区、工作区、细节窗格、状态栏等。每一部分的功能如下所述。

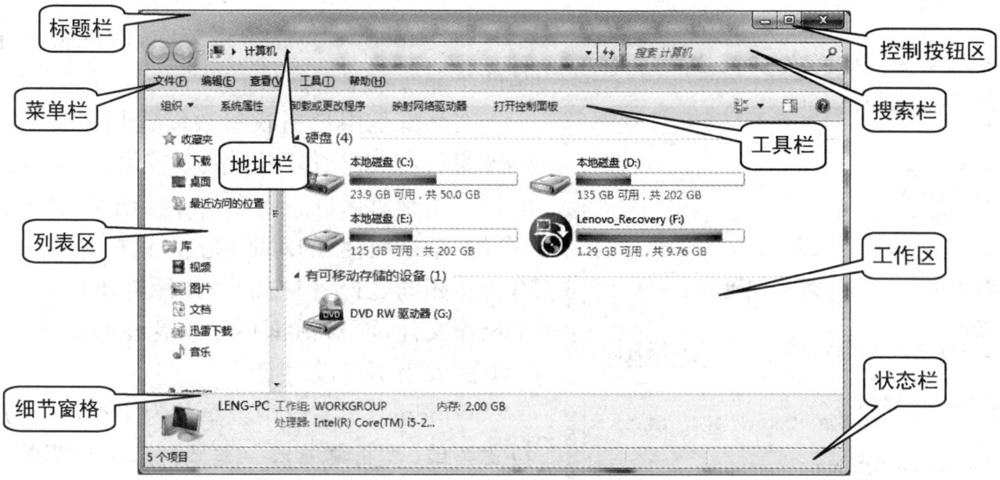

图 2-1-3　Windows 窗口组成

（1）标题栏：位于窗口的最上端，用于说明当前窗口内容的主题。

（2）控制按钮区：由“最小化”“最大化/还原”和“关闭”按钮组成。

（3）地址栏：用于显示当前所处的路径。

（4）搜索栏：用于对当前位置的内容进行搜索，使用户可以快速找到所需文件。

（5）菜单栏：位于地址栏的下方，每一个菜单项均包含了一系列的菜单命令，用户可以选择对应的菜单项进行操作。

（6）工具栏：存放着常用的工具命令按钮，用户可以方便地使用这些工具。

（7）列表区：左侧的列表区将整个计算机资源划分为 4 大类：收藏夹、库、计算机和网络，可以更好地组织、管理及应用资源，使操作更高效。

（8）工作区：窗口最主要的部分，用于显示窗口中的操作对象和操作结果。

（9）细节窗格：用于显示选中对象的详细信息。

（10）状态栏：位于窗口的最下方，显示当前窗口的相关信息和选中对象的信息。

3）窗口的基本操作

窗口的基本操作主要包括以下几种：

（1）打开和关闭窗口：用户打开窗口的方式有很多，比如双击桌面上的图标，或单击鼠标右键利用弹出的快捷菜单。当某个窗口不再使用时，可以通过点击“关闭”按钮等方式将其关闭。

（2）调整窗口大小：将鼠标移动到窗口的 4 个角上，当鼠标变成双向箭头后，按下鼠标左键进行移动，调整到满意大小后放开鼠标，就可以改变窗口的大小。

（3）移动窗口：将鼠标指针移动到窗口标题栏，然后按下鼠标左键移动鼠标，当移动到目标位置时，释放鼠标左键，即完成窗口的移动。

(4) 排列窗口：如果桌面上打开的窗口很多，用户可以通过设置窗口的显示形式对窗口进行排列。方法是在任务栏的空白处单击鼠标右键，在弹出的快捷菜单中有层叠窗口、堆叠显示窗口和并排显示窗口 3 种排列形式供用户选择。当窗口处于最大化或最小化状态时，既不能移动位置，也不能改变大小。

4) 对话框和菜单

在 Windows 7 操作系统中，对话框和菜单是两个非常重要的组件。

对话框是用户更改参数设置与提交信息的特殊窗口，在进行程序操作、系统设置、文件编辑时都会用到对话框。图 2-1-4 给出了“任务栏和「开始」菜单属性”的对话框。对话框和窗口虽然有很多相同之处，但它们的作用却不同，窗口用于操作文件，而对话框用于设置参数。另外，对话框的大小不可以改变。

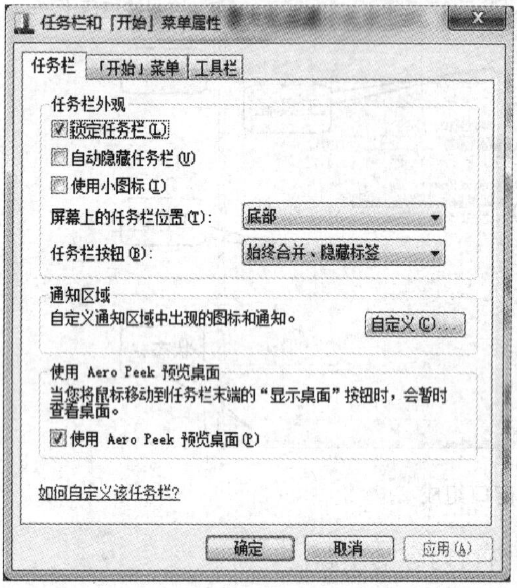

图 2-1-4 “任务栏和「开始」菜单属性”对话框

Windows 7 系统中菜单分为两类，一类是下拉式菜单(普通菜单)，一类是右键快捷菜单。在窗口的菜单栏中，选择菜单栏中的某个菜单即可弹出下拉式菜单，如图 2-1-5 所示。另外，用户在某些对象上单击右键，即可弹出一个快捷菜单，其中包含对选中对象的一些操作命令。图 2-1-6给出了“网络”图标的快捷菜单。

图 2-1-5 下拉式菜单

图 2-1-6 “网络”图标的快捷菜单

2.2 个性化设置

Windows 7 继承了 Windows Vista 绚丽的外观，用户可以根据需要对外观进行个性化设置，如将自己喜欢的照片设置为桌面墙纸、把桌面上不需要的图标隐藏等。如果需要，还可以加入日历、时钟等桌面小工具。通过更改这些选项，可以让计算机更好地为自己服务，更加突出计算机的个性化。接下来介绍桌面、开始菜单和任务栏的设置。

2.2.1　桌面设置

“桌面”就是用户启动计算机登录到系统后看到的整个屏幕界面。前面已经对桌面进行了简单的介绍，接下来简要介绍如何更改桌面主题和背景，如何更改桌面图标以及对桌面小工具的设置。

1　桌面主题

Windows 7 桌面主题是桌面上可见元素的显示风格、窗口颜色、事件声音和屏幕保护方式的统称。在 Windows 7 中提供了很多桌面主题，默认的是 Windows 7 Areo 主题。

右击桌面空白处，在弹出的快捷菜单中选择“个性化”命令，弹出个性化设置窗口，如图 2-2-1所示。在窗口中提供了不同风格的主题，点击选择需要的主题，如果个性化窗口中提供的主题不能满足用户的要求，可以单击窗口右侧的“联机获取更多主题”链接，从微软网站获取更多主题。

当前使用的主题，可以通过“保存主题”命令打开“将主题另存为”对话框，命名后保存在“我的主题”选项中，方便以后选择使用。如图 2-2-1 所示。

图 2-2-1　“个性化”设置窗口

2　背景图片设置

除了 Windows 7 Areo 主题只有一张背景图片外，其余主题提供了一套背景图片，用户还可以将自己喜欢的图片用作桌面背景。

1）设置背景图片

在如图 2-2-1 所示的个性化窗口中，单击“桌面背景”选项，链接到“选择桌面背景”窗口，如图 2-2-2 所示，除了默认的桌面，用户可以选择自己的图片。单击“图片位置”旁的下拉按钮或者“浏览”按钮，用户就可以选择所需图片了。

2）桌面背景的幻灯片放映效果

Windows 7 中，用户只要选择了喜欢的图片，然后修改下方的“更改图片时间间隔”，如图 2-2-2 所示，然后单击“保存修改”，多个背景图片就按指定的时间间隔像幻灯片自动播放一样进行切换。

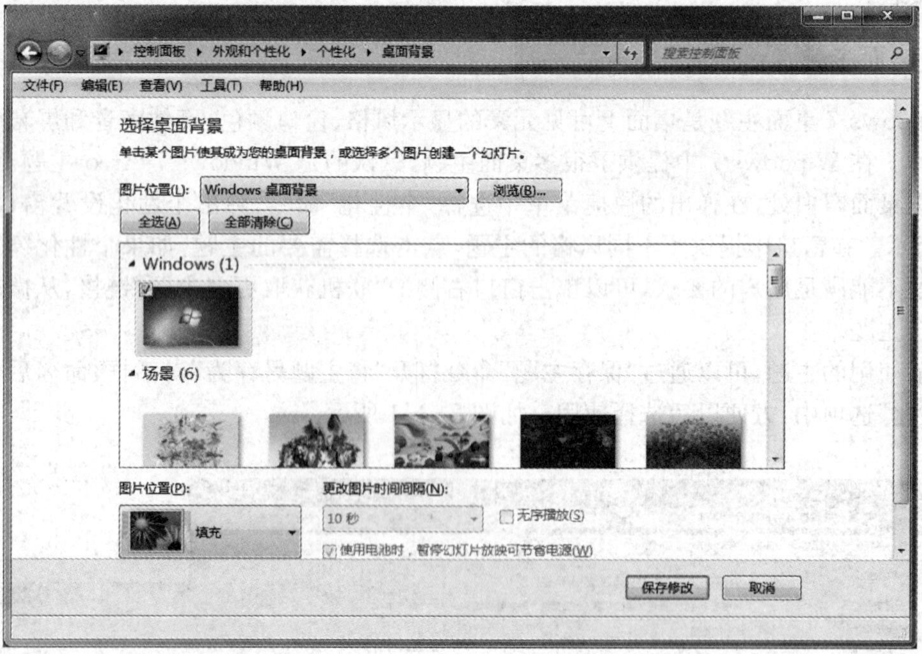

图 2-2-2　桌面背景设置窗口

3　桌面图标设置

桌面图标就是在桌面上排列的小图像，由图形和文字两部分组成。双击图标就可以打开相应的内容。桌面图标按类型大致可分为 Windows 7 桌面通用图标和快捷方式图标两种。

1）更改桌面通用图标

Windows 7 安装好以后，默认的桌面图标只有“回收站”，其他通用图标都是不显示的，用户可以在“个性化”窗口上对这些图标进行自定义，使桌面图标显示或隐藏。具体操作步骤如图 2-2-3 所示。

2）添加快捷方式图标

快捷方式是 Windows 7 提供的一种快速启动程序、打开文件或文件夹的方法。它是应用程序的快速链接。快捷方式图标不同于系统图标，它的主要特征是在图标上显示一个小箭头。一般来说，快捷方式就是一种用于快速启动程序的命令行。它和程序既有区别又有

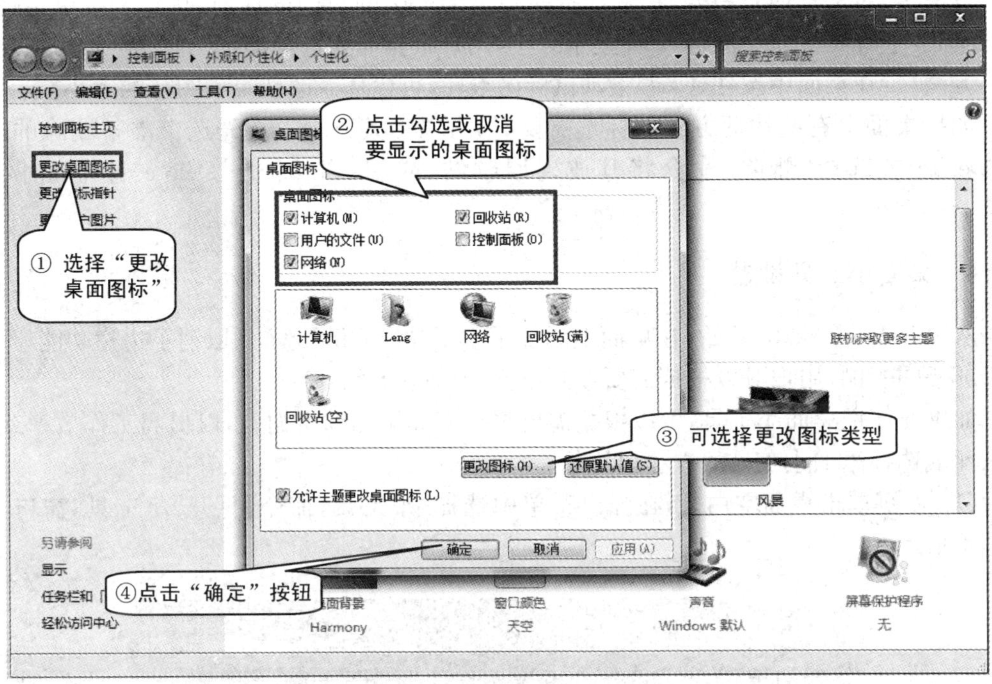

图 2-2-3　桌面图标设置

联系。打个简单的比方，如果把程序比作一台电视机的话，快捷方式就像是一只遥控器。通过遥控器可以轻松快捷地控制电视的开关、频道的选择等。没有了遥控器我们也可以直接对电视机进行操作，只是没有遥控那么方便罢了，并不会影响到电视机的使用。但没有了电视机，遥控器就无所作为了。快捷方式也是一样，当快捷方式配合实际安装的程序时，非常便利。删除了快捷方式我们还可以通过“我的电脑”去找到目标程序，去运行它。而当程序被删除后，光有一个快捷方式就会毫无用处。

在桌面上添加快捷方式的方法有很多，下面列出其中几种：

(1) 在资源管理器上，右键单击对象，在弹出的快捷菜单中选择“发送到/桌面快捷方式”命令。

(2) 将资源管理器窗口适当缩小，露出桌面，把资源管理器中的应用程序直接拖曳到桌面。

(3) 从“开始”菜单中直接拖动程序图标到桌面。

3) 排列桌面图标

随着电脑的使用，桌面上的图标越来越多，默认情况下都会按照特定的顺序进行排列，也可以直接拖动图标到合适的位置。为了使桌面看上去更加整洁美观，可以按照“名称”“大小”“项目类型”“修改日期”4 种来排列。具体操作方式如下：右击桌面空白处，将鼠标指向弹出快捷菜单中的“排序方式”命令，在下级菜单中列出了“名称”“大小”“项目类型”“修改日期”4 种排列方式，根据需要选择即可。

4) 改变桌面图标的显示大小

如果用户感觉桌面图标大小不适合自己的风格，可以对它们的大小进行调整。

方法一：右击桌面空白处，将鼠标指向弹出菜单中的“查看”选项，在其子菜单中列出了“大图标”“中等图标”“小图标”3 种显示大小，用户根据需要选择即可。

方法二：在桌面中按住〈Ctrl〉滚动鼠标的滚轮，可以任意改变桌面图标的大小。

如果桌面上有些快捷方式图标不需要时，可以将其删除。首先选中准备删除的图标，按〈Delete〉或选择“删除”命令将其放入回收站，或用〈Shift〉+〈Delete〉组合键做永久删除。

4 桌面小工具设置

从 Windows Vista 开始，在桌面上添加了小工具。Windows 7 取消了边栏功能，不再局限于屏幕的一侧，用户可以根据需要放到桌面的任何位置。

如果要使用桌面小工具，可以根据需要将小工具添加到桌面上，以提高工作效率或增加娱乐性。选择添加小工具的方法很简单。

(1) 右键单击桌面空白处，在弹出菜单中选择“小工具”命令，打开“小工具”窗口，如图 2-2-4所示。

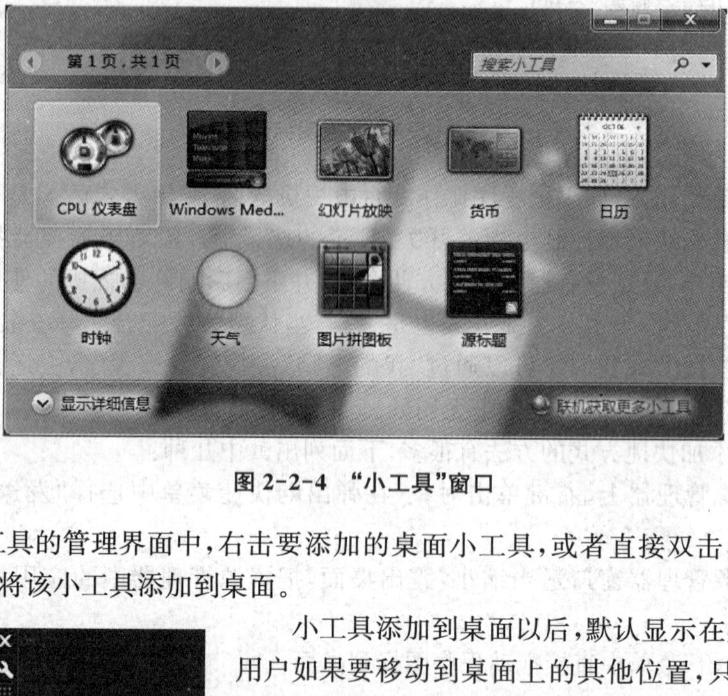

图 2-2-4 “小工具”窗口

(2) 在小工具的管理界面中，右击要添加的桌面小工具，或者直接双击，或者直接拖曳到桌面，都可以将该小工具添加到桌面。

小工具添加到桌面以后，默认显示在桌面的右上角，用户如果要移动到桌面上的其他位置，只需按下鼠标左键拖动要移动的小工具到目标位置即可。在已经添加的桌面小工具上右击，会弹出快捷菜单，如图 2-2-5 所示，用户可以根据需要设置小工具的一些属性，如透明度、选项等。

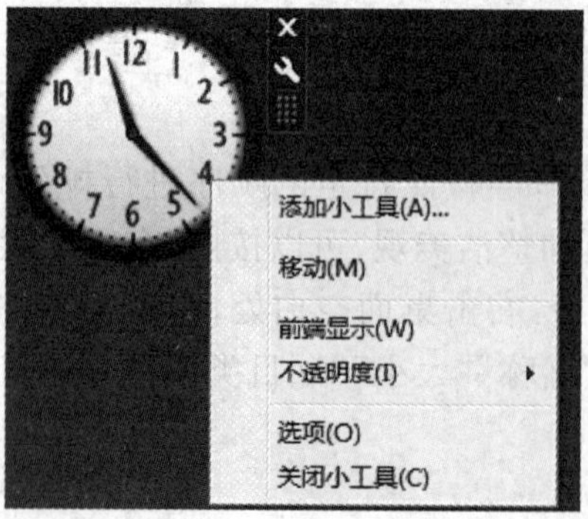

图 2-2-5 “小工具”效果设置

2.2.2 “开始”菜单设置

“开始”菜单是用户在使用计算机的过程中经常使用

到的组件之一，通过它可以打开文档、启动应用程序、关闭系统、搜索文件等。单击屏幕左下角的“开始”按钮，可以打开“开始”菜单。

1　“开始”菜单的组成

“开始”菜单的功能布局如图 2-2-6 所示，分为 4 个基本部分：

(1) 左窗格显示程序的短列表，这个短列表中的内容会随着时间的推移有所变化。

(2) 左边窗格下方的“所有程序”比较特殊，单击它时会改变左窗格的内容，显示已经安装的“所有程序”列表。

(3) 左窗格底部是搜索框，通过键入搜索内容可以在计算机上查找程序和文件。

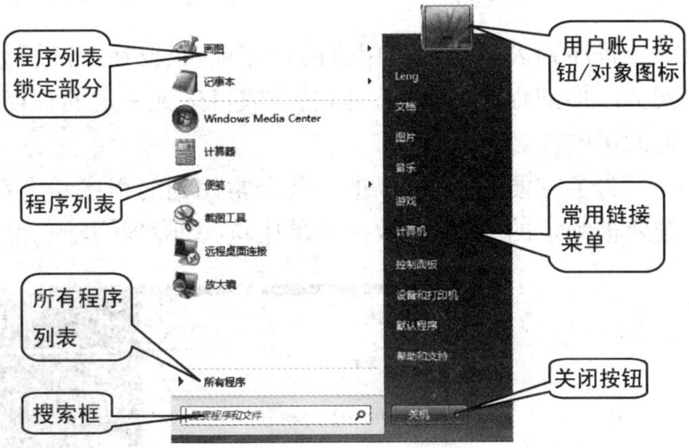

图 2-2-6　Windows 7 开始菜单

(4) 右窗格顶部显示的图标是当前用户账户按钮，中间部分提供了对常用文件夹、文件、设置和功能的访问，底部有关闭计算机的选项按钮。

2　跳转列表

跳转列表是 Windows 7 中出现的新功能，系统将最近打开的文件以快捷方式汇集其中，方便快速调用。

1) 显示跳转列表

“开始”菜单程序列表中，某些程序的右边会有黑色的小三角箭头，鼠标在选中程序上停留，系统即在右窗格显示该程序最近打开过的文档列表，如图 2-2-7 所示。直接点击其中的项目就可以打开该文件。

图 2-2-7　跳转列表

2) 跳转列表项目操作

跳转列表对用户来说可以提高效率，但列表中的项目不是一成不变的，当达到一定数量后，最近打开的将会把最早操作的项目替换掉。如果个别文档是用户经常用的，不妨将鼠标指向该文档，右侧会出现一个“图钉”按钮，点击该按钮可将该文件锁定到此列表，方便以后调用。

跳转列表中的锁定项也可以解

锁，点击锁定项右侧的“图钉”按钮，可将该文档从列表中解锁。

如果要从跳转列表中删除某一项，只需选择该项目，在右键快捷菜单中选择“从列表中删除”即可。

3 程序列表

程序列表是最近使用过的程序项，只要在“开始”菜单上调用一次，该程序项的快捷方式就会添加到程序列表中。但是当数目达到一定的程度(默认为10)，最早调用的程序会被最近调用的代替。

为了方便调用，可以把一些经常用到的程序锁定在开始菜单列表上。具体方法是：选中需要被锁定的项，右键快捷菜单中选择“附到「开始」菜单”即可，如图2-2-8所示。

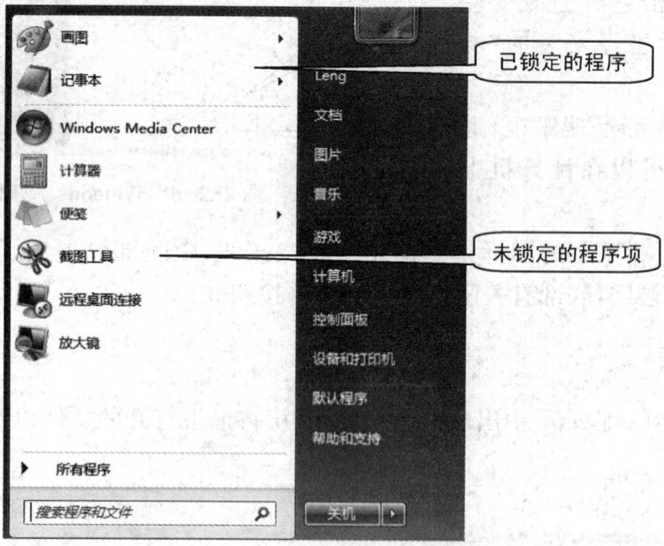

图2-2-8 程序列表的锁定

同样也可以把锁定项解锁，选中被锁定的程序项，右键快捷菜单中选择“从「开始」菜单解锁”即可，解锁后该程序项返回到程序列表下面显示。

如果有些程序项很少使用，在该程序项的快捷菜单中选择“从列表中删除”即可。

4 所有程序列表

所有程序列表是系统中安装的所有软件程序的集合，单击“开始”菜单上“所有程序”按钮即可打开。其中的列表项是以文件夹的折叠模式来展示的，如图2-2-9所示。单击文件夹的图标，可以展开相应的下级程序列表。

单击“返回”按钮，则关闭“所有程序”列表，返回常用程序列表显示。

图2-2-9 所有程序列表

5　搜索框

“开始”菜单下方的搜索框，为在计算机上快速查找项目对象提供了一条便捷的途径。它的好处在于用户不需要提供确切的搜索范围，它会自动在“开始”菜单、控制面板，以及与当前用户相关的硬盘和库中的文件夹里搜索，速度非常快。搜索框还可以搜索通信记录、Internet 收藏夹和浏览器的历史记录等，功能强大。

1）搜索内容设置

搜索框一经键入搜索项内容，即使只有一个字符，搜索结果立即显示在搜索框上方的“开始”菜单左窗格中，如图 2-2-10 所示。随着搜索内容的增加，搜索结果的数量越来越少、越来越精确。

图 2-2-10　搜索结果的显示

在设置搜索内容时，可以借助通配符来代替一个或多个未知字符，常用的有下面两个：

(1) 星号(＊)：代表任意一串字符。

(2) 问号(?)：代表任意一个字符。

例如，要搜索以 a 开头的所有 Word 文档，只需把搜索内容设置为“a＊.docx”；如果要搜索 s 开头 f 结尾的有 3 个字符的所有文件，只需把搜索内容设置为“s?f.＊”。

2）搜索范围的设置

在搜索过程中，被搜索对象的标题、内容和属性中的任何文字与搜索项匹配都将作为搜索结果显示，因此，很多情况下搜索结果会过多，我们可以通过缩小搜索范围，来进行更为精确的搜索。如图 2-2-10 所示，点击每一类别的名称或点击“查看更多结果”，就会在资源管理器中显示搜索结果，如图 2-2-11 所示。用户可以在“在以下内容中再次搜索”(见图 2-2-11 中框

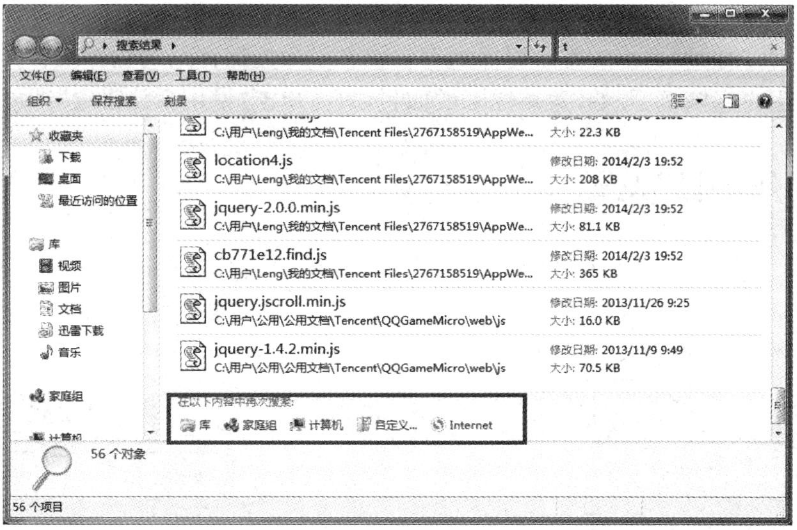

图 2-2-11　更多搜索结果

内)中来选择缩小搜索范围或自定义搜索范围,从而使搜索结果更加精确。

3) 搜索框的运行功能

搜索框除了可以用于搜索内容外,还具有原 Windows XP 等版本的“运行”对话框的功能。例如,当输入“cmd”并按下〈Enter〉,即可打开命令行窗口;当输入“Excel”并按下〈Enter〉,即可启动 Excel 程序。

6 自定义“开始”菜单

用户可以根据需要对“开始”菜单进行设置,以适合工作的需要。右键单击“开始”按钮,快捷菜单中选择“属性”,打开“任务栏和「开始」菜单属性”对话框,选择“「开始」菜单”选项卡,单击“自定义”按钮,系统弹出“自定义「开始」菜单”对话框,如图 2-2-12 所示。

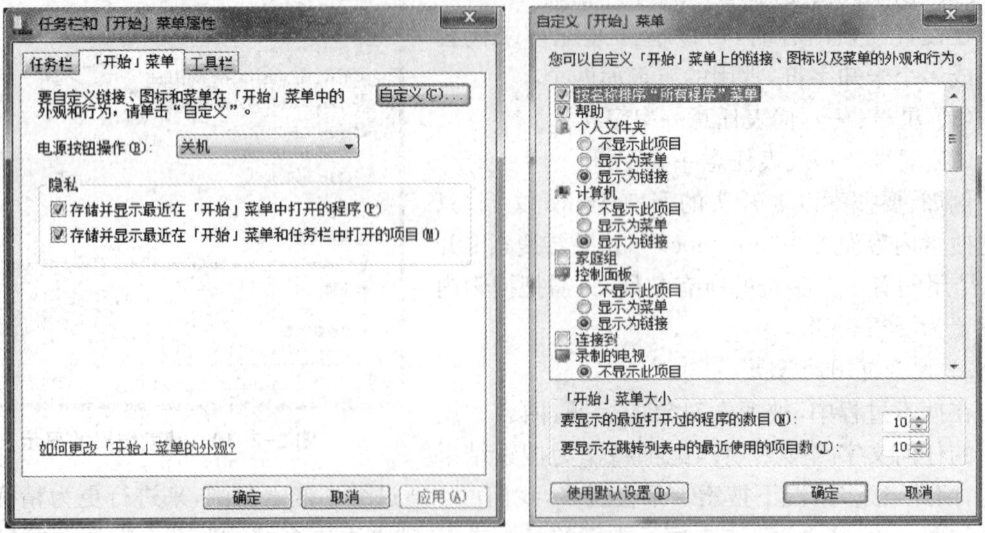

图 2-2-12 自定义“开始菜单”

通过“自定义「开始」菜单”对话框,用户可以进行一些设置,比如选择“计算机”按钮的显示方式,决定在“开始”菜单的常用程序列表中要显示最近运行过的程序的快捷方式的数量,等等。如果用户想恢复“开始”菜单原来的面目,只需单击“使用默认设置”即可。

2.2.3 “任务栏”设置

“任务栏”是默认位于桌面底部的小长条,它显示了系统正在运行的程序和打开的窗口等内容,用户可以通过它完成很多操作,是 Windows 7 桌面最重要的内容之一。任务栏主要由 3 部分组成:任务按钮区、通知区和显示桌面按钮,如图 2-2-13 所示。

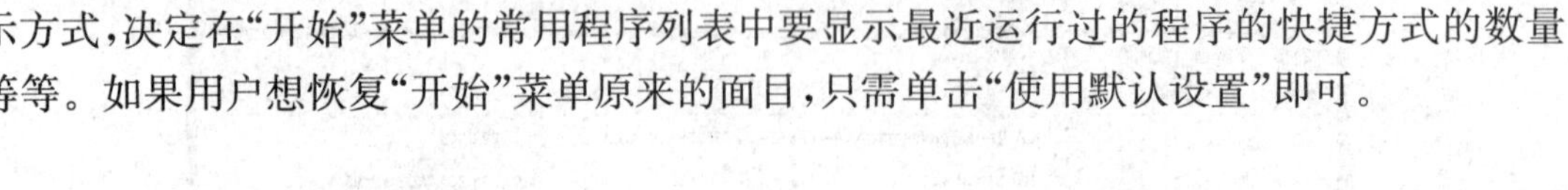

图 2-2-13 任务栏

1　任务按钮区

任务按钮区主要放置若干应用程序图标及当前运行的程序和文件的任务按钮，用于快速启动相应程序，或在任务窗口之间切换。

用户可以把最常使用的程序直接锁定到任务栏，对于“开始”菜单中的任何内容都可以，只要用鼠标右击想要添加到任务栏的内容，选择“锁定到任务栏”即可。对于锁定到任务栏的图标，还可以使用单击并拖动图标的方式来更改项目的位置。要解锁某项目，可以鼠标右键单击项目在任务栏上的图标，然后选择“将此程序从任务栏解锁”。

用户在任务栏的非按钮区右击，在弹出的快捷菜单中选择“属性”命令，就可以打开“任务栏和「开始」菜单属性”对话框，选择“任务栏”选项卡，如图 2-2-14 所示。

在“任务栏外观”选项组中，用户可以选择是否锁定任务栏（锁定后，任务栏不能被随意移动或改变大小），是否自动隐藏任务栏（选中后，用户不对任务栏进行操作时，它将自动消失，用户使用时，把鼠标放到任务栏位置，它会自动出现），是否使用小图标。而对于任务栏所在的位置，用户可以根据个人喜好在“屏幕上的任务栏位置”中进行选择。

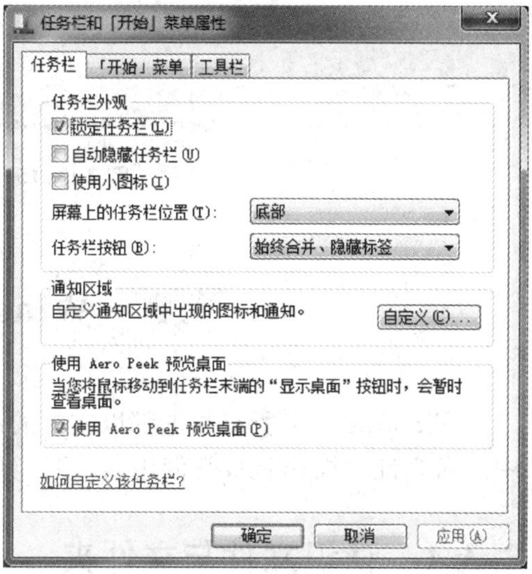

图 2-2-14　“任务栏和「开始」菜单属性”对话框

任务栏按钮下拉列表中有 3 个显示方式可供选择，分别是如下。

（1）始终合并、隐藏标签：系统默认设置，任务按钮始终合并，显示为无标签图标。

（2）当任务栏被占满时合并：一个任务显示为一个带标签按钮，当任务栏被占满时重叠为一个带图标的任务按钮。

（3）从不合并：随着打开的按钮越来越多，按钮越来越小，在任务按钮区内以滚动方式显示。

2　通知区

通知区域位于任务栏右侧，包括一个时钟和一组图标，用户可以自己定义通知区域中出现的图标和通知。单击图 2-2-14 中的“自定义”按钮，弹出“通知区域图标”对话框，如图 2-2-15所示，用户可以根据需要来进行设置。用户点击“打开或关闭系统图标”（见图 2-2-15 中框内），还可以选择是否打开某些图标。

3　显示桌面按钮

在 Windows 7 中，“显示桌面”按钮被放置在任务栏最右侧的一小块半透明区域，如图 2-2-13所示。当鼠标停留在该按钮上时，所有打开的窗口都透明化，鼠标离开后即恢复。当单击该按钮时，所有打开的窗口全部最小化，显示整个桌面，再次单击，刚才最小化的所有窗口全部复原。

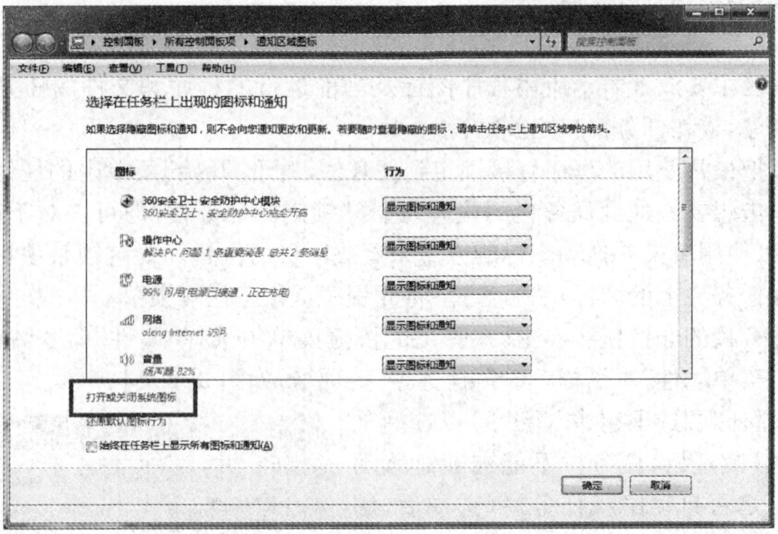

图 2-2-15 “通知区域图标”对话框

2.3 Windows 7 文件的管理

Windows 7 中所有数据都以文件的形式存储在计算机中，而这些文件，又存储在文件夹中。对文件的操作是日常使用、管理计算机的主要工作。

2.3.1 认识文件与文件夹

Windows 环境下的绝大多数操作都离不开各式各样的文件，为了更有效地管理计算机，先要来认识一下文件和文件夹。

1 文件

文件是存储在计算机中的一组相关数据的集合。计算机中的程序、文档、图片、动画等都可以称为文件。

计算机里存储了大量的文件，每一个文件都有唯一的标识，即文件名。文件名由名称和扩展名两部分组成，两者之间用“.”分隔，即“文件名.扩展名”。例如，“计算机 a.docx”。文件名通常由用户定义，扩展名则代表了一种文件类型。例如，“.txt”表示文本文件，“.html”表示网页文件。

Windows 7 中文件的命名规则如下。

(1) 文件名的长度最多可以有 255 个字符，不区分大小写。

(2) 名称中可以有多个分隔符“.”，以最后一个作为扩展名的分隔符。

(3) 名称中除开头以外的任何位置都可以有空格。

(4) 名称中不能出现以下字符：/，?，:，\，*，”，<，>，|。

(5) 名称中可以使用汉字。

(6) 同一位置的文件不允许重名。

2　文件夹

文件夹是用来组织和管理磁盘文件的一种数据结构,在第 1 章中已有简单介绍。文件夹的命名规则与文件的命名规则相同,只是文件夹没有扩展名。

对文件夹进行操作时,如果没有明确指明文件夹,则所操作的文件夹称为当前文件夹,它也是系统默认的操作对象。

2.3.2　资源管理器

"资源管理器"是 Windows 操作系统提供的资源管理工具,是 Windows 的精华功能之一。我们可以通过资源管理器查看计算机上的所有资源,能够清晰、直观地对计算机上所有的文件和文件夹进行管理。

1　运行 Windows 7 资源管理器的途径

运行 Windows 7 资源管理器常用的途径有如下几种。

(1) 在"开始"菜单运行"所有程序/附件/Windows 资源管理器"。

(2) 右击"开始"菜单按钮,在弹出的快捷菜单中选择"打开 Windows 资源管理器"。

(3) 在任何位置直接双击文件夹或文件夹快捷方式。

(4) 右键点击任务栏中的 Windows 7 资源管理器的图标 ,在展开的菜单中选择"Windows 资源管理器"。

资源管理器初始运行时,默认打开的是"库"文件夹或启动资源管理器的相应文件夹。如图 2-3-1 所示。在图 2-1-3 中已给出每部分的名称。

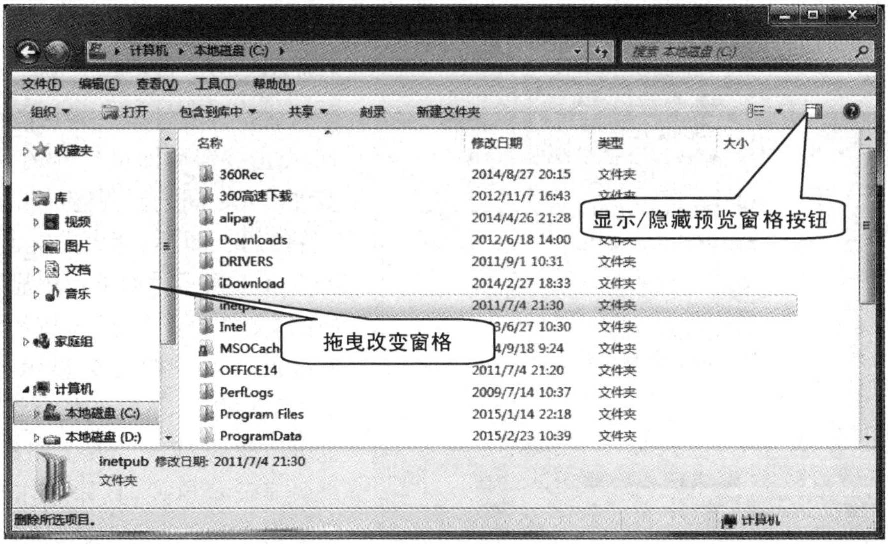

图 2-3-1　Windows 资源管理器

2 工作窗口

资源管理器工作窗口可分为左、右两个窗格。

左侧的是列表区，右侧的是“目录栏”窗格，用来显示当前文件夹下的子文件夹或文件目录列表。

在左侧的列表中，整个计算机的资源被划分为5大类：收藏夹、库、家庭组、计算机和网络，可以使用户更好地组织、管理及应用资源，为我们带来更高效的操作。比如在收藏夹下“最近访问的位置”中可以查看到我们最近打开过的文件和系统功能，方便我们再次使用；在网络中，我们可以直接在此快速组织和访问网络资源。此外，更加强大的则是“库” 功能，它将各个不同位置的文件资源组织在一个个虚拟的“仓库”中，这样集中在一起的各类资源自然可以极大提高用户的使用效率，我们将在后面具体介绍。

用鼠标指针左右拖曳两窗格间的交界线（鼠标指针显示为双向箭头形时），可以改变左右窗口大小。

3 地址栏

Windows 7 资源管理器的地址栏采用了叫做“面包屑”的导航功能。在新的窗口地址栏中，我们不仅可以知道当前打开文件夹的名称、路径，我们还可以在地址栏中输入本地硬盘的地址或网络地址，直接打开相应内容。

在 Windows 7 的地址栏中增加了“按钮”的概念，每一级目录都提供了下拉菜单黑色小箭头，单击这些箭头可以快速查看和选择指定目录中的其他文件夹，非常方便快捷。

如果需要复制当前的地址，只要在地址栏空白处点击鼠标左键，即可让地址栏以传统的方式显示。

图 2-3-2 Windows 7 的视图模式设置更加丰富

4 菜单栏设置

在 Windows 7 的默认设置中，菜单是被隐藏的，过去通过菜单执行的任务如今是由工具栏提供，或者在相应选择项的右键属性里。如视图模式的设置，点击按钮后即可打开调节菜单，在多种模式之间进行调整，包括 Windows 7 特色的大图标、超大图标等模式，如图 2-3-2 所示。如果希望显示经典风格的“文件”菜单，只需按一下〈F10〉或〈Alt〉，菜单栏便会显示在工具栏上，再次按下〈Alt〉，则会将其关闭。也可以改变 Windows 7 的默认设置，永久显示菜单栏，具体操作步骤为依次点击工具栏中的“组织”“布局”，然后单击“菜单栏”。

2.3.3　文件夹及文件的操作

利用 Windows 7 资源管理器可方便地创建新文件夹，以及对文件夹或文件进行复制、移动、重命名或删除等一系列的管理操作。但基于“先选择对象后操作”的原则，因此先介绍对象的选择方法，然后介绍文件夹或文件管理的操作方法。

1　选定文件夹或文件

可通过单击选择某个项目，而对于多个相邻的项目，可以直接使用鼠标进行框选，也可以先单击第一个项目，然后再按住〈Shift〉单击要选择的最后一个项目，即可把两者之间的所有项目选中。而对于不相邻的项目，先单击第一个，然后按住〈Ctrl〉分别单击其他想要选择的项目。选择全部文件夹或文件则可使用“组织/全选”或使用快捷组合键〈Ctrl〉+〈A〉。

2　新建文件夹

【例 2-1】　在 D 盘根目录(D:\)上创建文件夹“我的文件夹”。

(1) 首先将存放新文件夹的位置选定为当前文件夹，本例选择 D 盘。

(2) 选择“创建”新文件夹的命令，至少有以下 3 条途径，如图 2-3-3 所示。

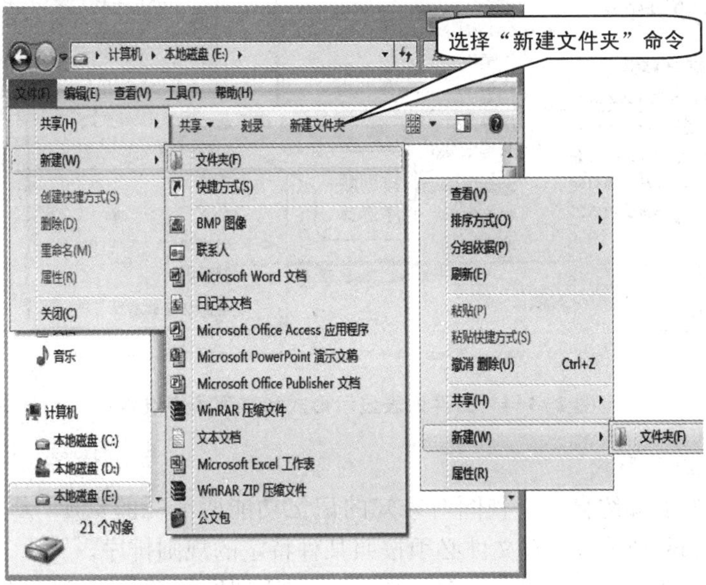

图 2-3-3　创建新文件夹

- 单击菜单栏中的“新建文件夹”
- 右击窗格空白处，执行快捷菜单的“新建/文件夹”命令
- 到“组织/布局”选择“菜单栏”，然后执行“文件/新建/文件夹”命令项

(3) 系统在当前文件夹创建新文件夹默认名为“新建文件夹”，并处于重命名状态。

(4) 按要求将文件夹名修改为“我的文件夹”。

（5）最后按回车键或单击窗体的任何其他位置确认，完成新文件夹创建。

3　文件列表显示形式和排列顺序

在资源管理器中，左窗格显示文件夹列表，右窗格用于显示在左窗格被选中的当前文件夹内的文件和子文件夹的目录列表。

左窗格的文件夹图标左侧有▷号表示有子文件夹，单击▷可以展开。此时▷号转变为◢号，表示子文件夹已经展开，单击◢可以闭合子文件夹显示。

右窗格中文件列表的显示形式和排列顺序可以按不同的要求设置变换，如图 2-3-4 所示。

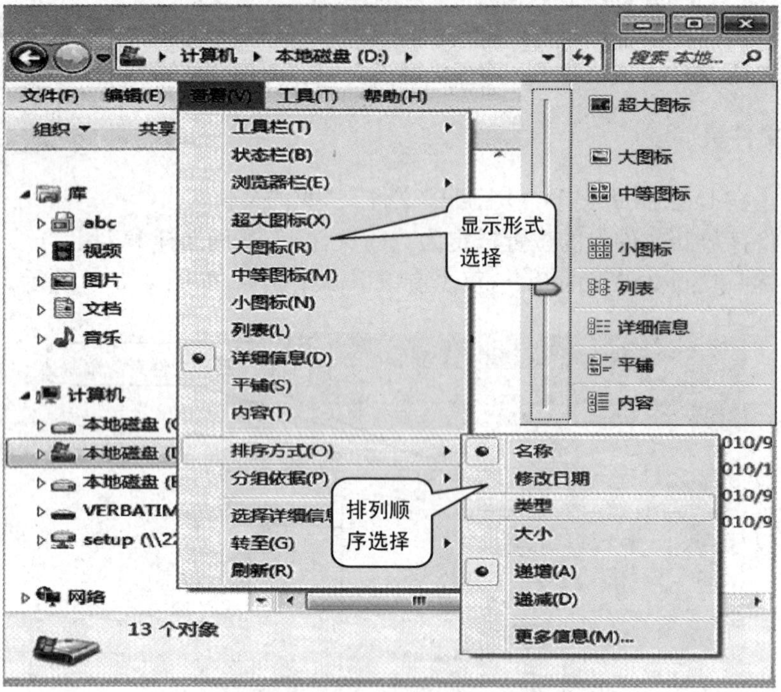

图 2-3-4　文件列表显示形式和排列顺序设置

1）文件列表显示形式

Windows 7 为了节约自定义视图对未知的记忆功能所消耗的资源，去掉了自定义排序的方式。在 Windows 7 中，所有文件必须按照某种特定的规则排序。

选定要查看文件的文件夹后，可在“更改您的视图”按钮下拉菜单中选择“超大图标”“大图标”“中等图标”“小图标”“列表”“详细信息”“平铺”和“内容”等显示形式，如图 2-3-4 所示。

当选择以“详细信息”显示文件夹内容时，显示在右窗格中的目录将包括“名称”“修改日期”“类型”和“大小”等与文件夹类型有关的多项文件/文件夹信息。

2）文件列表排列方式

在“查看”的“排序方式”的子菜单中，提供了目录窗格中文件列表可按“名称”“修改日期”“类型”“大小”以及更多的排序方式，还可以直接选择“递增”或“递减”，如图 2-3-4

所示。

直接单击右窗格顶端的“名称”“修改日期”“类型”“大小”等项目名称，也可以选择文件列表排序的关键项，均可以改变文件列表排列方式。再次单击同一项目名称可以实现升、降序转换。另外，鼠标放到每一项目上，在该项目右端都有一黑色向下箭头，在其下拉列表中可进行更为详细的设置。

4 文件的预览

在 Windows 7 系统中具有很多预览效果功能，如预览图片、文本、Word 文件、字体文件等等，这些预览效果可以方便用户快速了解其内容。

在 Windows 7 中，要启用预览，设置非常简单，单击资源管理器工具栏中的“组织”，在下拉菜单中选择“布局”，然后选中“预览窗格”。或者在工具栏右侧，按一下“显示预览窗格”按钮。此时，点击想要预览的文件，在右侧预览窗口即可看到文件的内容，而无需将该文件打开（注：并非所有类型的文件都可以被预览。如果某个文件类型在系统中注册时，同时注册了用于负责预览工作的预览器，那么这种类型的文件就可以被资源管理器预览）。若要取消，则在工具栏右侧按一下“隐藏预览窗格”按钮□即可。

5 文件或文件夹的复制、移动和更名

【例 2-2】 把文件夹 D:\windows 下的文件 bootstat. dat 复制到[例 2-1]创建的文件夹“D:\我的文件夹”中，并更名为 abc. dat，如图 2-3-5 所示。

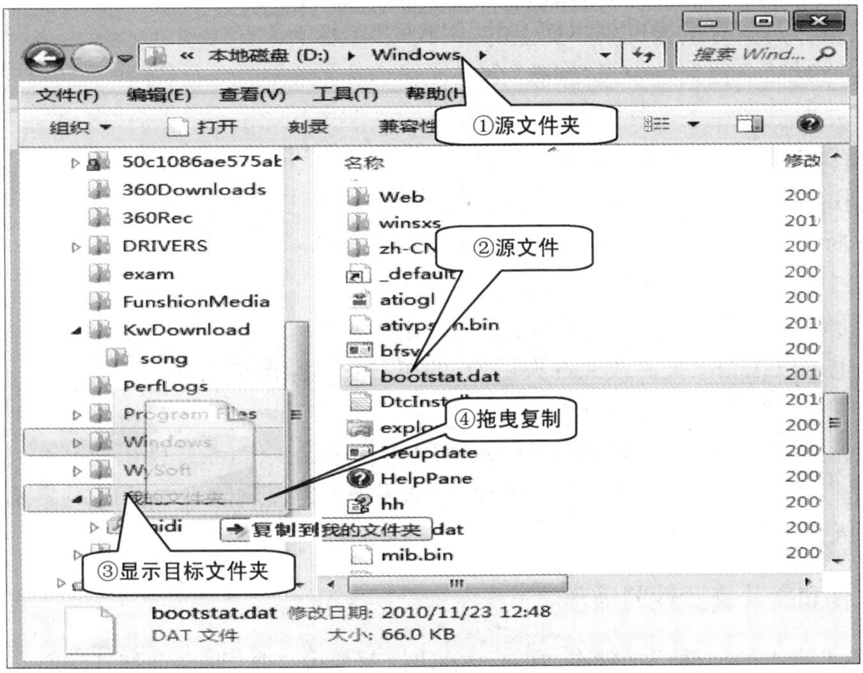

图 2-3-5 文件复制例

最简单的完成方法是：

(1) 打开源文件夹 D:\windows。

(2) 选定源文件 bootstat. dat。

(3) 使目标文件夹在左窗格可见。

(4) 将 bootstat. dat 用〈Ctrl〉+拖曳复制到“D:\我的文件夹”。

由于是同一磁盘操作,单纯拖曳是移动文件,〈Ctrl〉+拖曳完成复制;如果在不同磁盘间操作,单纯拖曳将完成复制,要移动则用〈Shift〉+拖曳。

(5) 将文件 bootstat. dat 更名为 abc. dat。

把“D:\我的文件夹”选为当前文件夹,在右窗格选中要改名的文件 bootstat. dat,单击文件名,将文件名激活进入编辑状态后,将 bootstat 改为 abc,按回车键或单击该文件名外任何部位确认,完成名称修改。对于文件或文件夹的复制和粘贴除了可以使用快捷菜单中的选项外,还可以使用快捷组合键〈Ctrl〉+〈C〉和〈Ctrl〉+〈V〉。若要移动文件可以先使用剪切(〈Ctrl〉+〈X〉)命令,再到目标文件夹使用粘贴命令。

6 文件和文件夹的删除及恢复

在 Windows 7 中执行“删除”命令时,硬盘中被删除的文件或文件夹并没有被真正擦除,而是被放入了“回收站”文件夹中,以便必要时可以恢复。当在“回收站”文件夹内对文件或文件夹进行“删除”操作时,被删除的对象不可恢复。

1) 文件和文件夹删除

首先选中准备删除的文件(或文件夹),然后用下面方法之一删除。

(1) 按击键盘上的〈Delete〉。

(2) 鼠标右击操作对象,在快捷菜单中选“删除”命令。

(3) 将操作对象直接拖曳到桌面上的“回收站”图标上。

(4) 在“组织”下拉列表中选“删除”命令。

(5) 在“文件”菜单下选择“删除”命令。

2) 被临时删除的文件或文件夹的恢复

在“回收站”文件夹窗口,选中要恢复的文件,选择下述方法之一进行恢复。

(1) 鼠标右击该文件,在快捷菜单中选择“还原”命令。

(2) 选中该文件,在工具栏点击“还原此项目”。

(3) 将该文件直接拖曳到左窗格的目标文件夹中。

当然,也可以在删除文件或文件夹后,立即用“撤消”操作来恢复。

3) 文件或文件夹的永久删除

选定删除对象文件(或文件夹),按住〈Shift〉进行删除操作,系统弹出“删除文件”的对话框,单击“是”,文件或文件夹将被永久删除(也被称作“物理删除”)。此时对象不再被放入“回收站”,因此不能再恢复。

7 文件和文件夹属性的操作

右键单击选中的文件或文件夹,在弹出的快捷菜单中选择“属性”,打开如图 2-3-6 所示的对话框。在“只读”或“隐藏”框内打钩后单击“应用”或“确定”按钮,就可以改变所选对象的属性。

当文件或文件夹的属性设置为“只读”时,可以避免被删除或修改;设置为“隐藏”时,在资源管理器窗口中的“工具”菜单下选择“文件夹选项”，把“查看”选项卡中的“不显示隐藏的文件、文件夹或驱动器”选中，如图 2-3-7 所示，则该对象不显示在文件列表中。

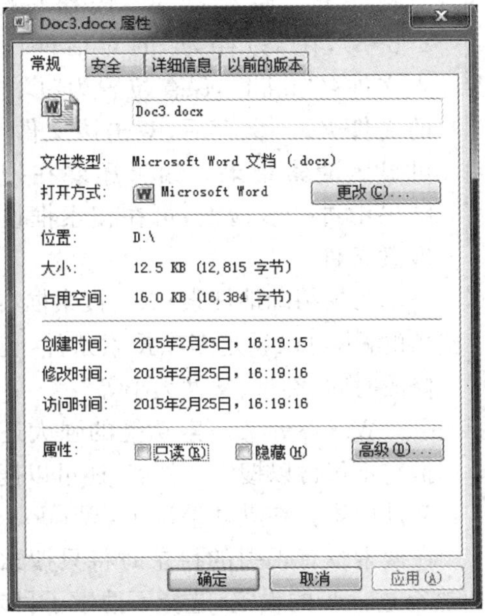

图 2-3-6　文件“属性”对话框

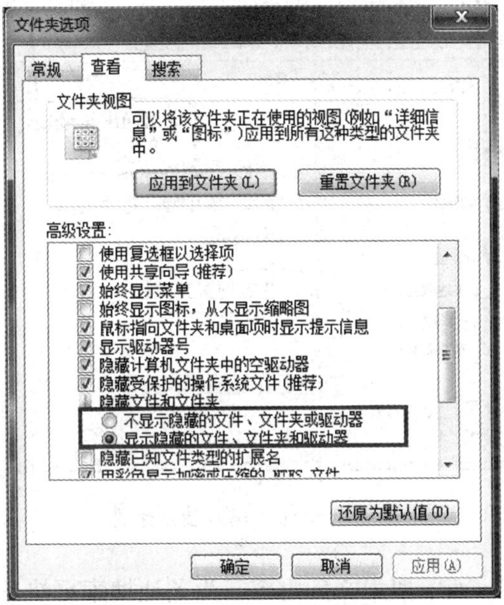

图 2-3-7　文件夹选项对话框

8　搜索文件和文件夹

在“开始”菜单中有一个搜索框，可以帮助用户进行文件或文件夹的搜索，不过这样的搜索是对所有的索引文件进行检索，而对那些没有加入索引当中的文件，则是无法搜索到的。此外，尽管 Windows 7 中的索引模式搜索已经很快，但如果你是第一次进行搜索，那么还要花费一定的时间来建立这个索引文件，因此时间就要长一些。

如果已经知道自己要搜索的文件所在的目录，那么最简单的加速方法就是缩小搜索的范围，访问文件所在的目录，然后通过文件夹窗口当中的搜索框来完成。Windows 7 已经将搜索工具条集成到工具栏，不仅可以随时查找文件，还可以对任意文件夹进行搜索。

【例 2-3】　在 D 盘上寻找出扩展名为“. doc”的 Word 文档，并在“D:\我的文件夹”下以“midi”为主文件名保存搜索条件文件。

(1) 访问文件所在的目录，本例为 D 盘。

(2) 在文件夹窗口中的搜索框输入搜索条件，如图 2-3-8 所示。当我们输入关键字的一部分的时候，搜索就已经开始了。随着输入的关键字的增多，搜索的结果会反复筛选，直到我们搜索出需要的内容。

(3) 查看和应用搜索结果。搜索结束，满足条件的搜索结果显示在右窗格。

在右窗格中，搜索到的文件和文件夹和普通文件夹窗口一样，可以进行打开、执行、复制、移动、删除、重命名等操作。也可以选定搜索到的文件，在其快捷菜单中选择“打开文件位置”，转到该文件所在的文件夹。

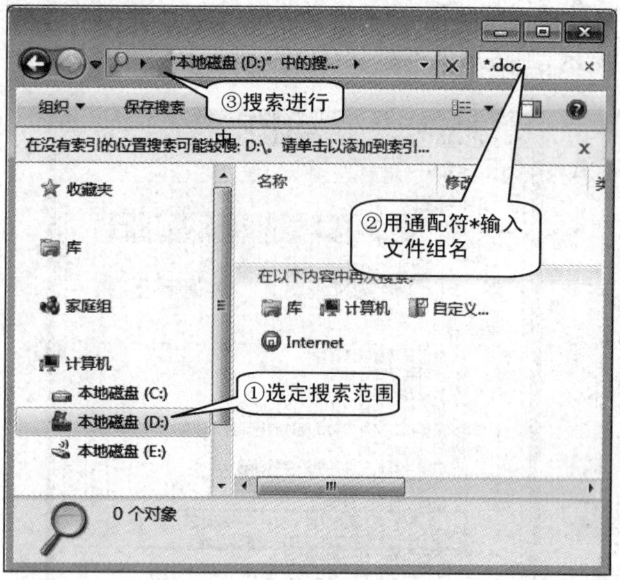

图 2-3-8　输入搜索条件

(4) 保存搜索条件。点击鼠标右键,选择"保存搜索",或者直接点击工具栏上的"保存搜索"按钮(见图 2-3-8),在"另存为"的对话框中输入文件名"midi",保存位置为"D:\我的文件夹"。保存后,双击该文件,即可显示搜索结果。如果还要在搜索结果中进一步搜索,可在搜索框设置搜索条件。

为更精确地搜索,点击搜索框右上角的🔎,可以设定多项搜索条件,包括修改时间、类型、文件大小等。

Windows 7 搜索功能的强大还包括它不仅可以搜索文件名,还可以搜索文件内容。在默认情况下,Windows 7 在搜索没有索引的目录时将只搜索文件名,而不搜索文件内容。为了让搜索更快,还可以进行进一步的设定,选择不搜索子目录,并设定搜索内容关键字完全匹配等,这样就可以进一步减少搜索时间,加快搜索速度。到底该如何修改呢?

修改方法很简单,在资源管理器窗口选择"组织/文件夹和搜索选项",打开"文件夹选项"设置窗口如图 2-3-9 所示,在"搜索"选项卡中可对"搜索内容""搜索方式"等进行适当的修改。

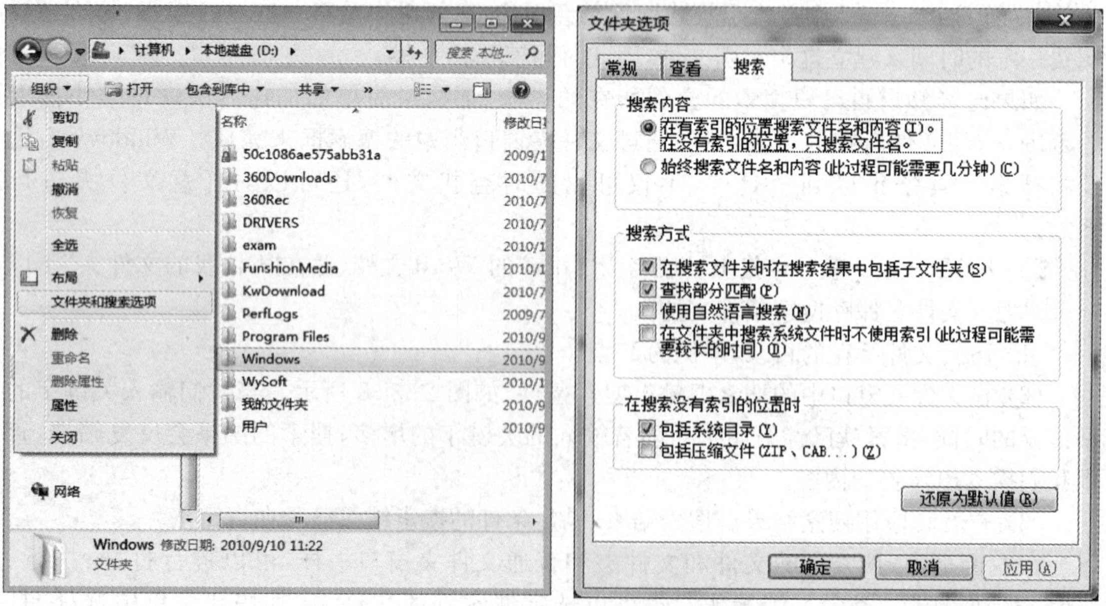

图 2-3-9　"文件夹选项"中"搜索"的设置

9　文件夹和文件的压缩与解压缩

使用压缩软件可以将文件进行压缩，从而减小其大小。在网上利用电子邮件发送附件时，若附件是文件夹形式，则必须经过压缩。另外从网上下载的资料大多数是经过压缩的，不能直接浏览或编辑，必须解压缩。常用的压缩/解压缩软件有 WinZip、WinRAR，我们主要介绍 WinRAR 的使用。

1）压缩文件

当安装了 WinRAR 后，在"资源管理器"窗口中右击选中的文件或文件夹，将弹出快捷菜单，如图 2-3-10 所示，可以采用以下任何一种方式来进行文件或文件夹的压缩。

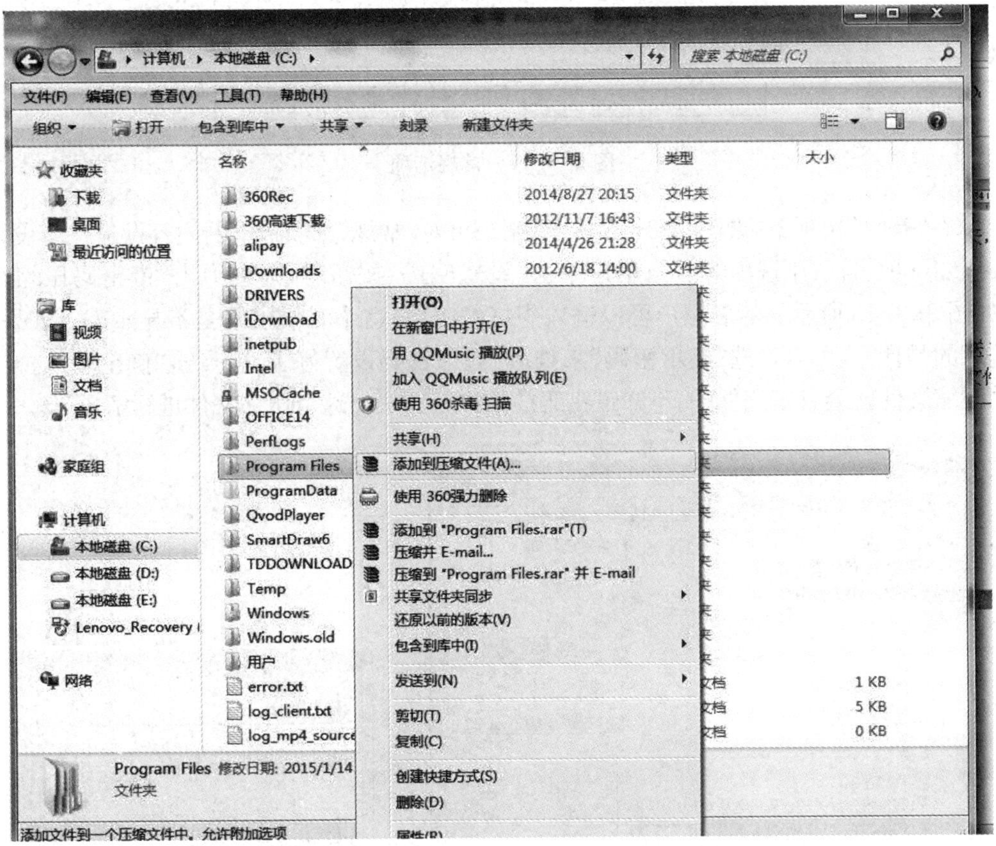

图 2-3-10　压缩文件

(1) 添加到"xxx. rar"：在当前选中文件的文件夹下建立压缩文件。

(2) 压缩并 E-mail：完成压缩后立即用于发送E-mail。

(3) 压缩到"xxx. rar"并 E-mail ：在当前文件夹下建立压缩文件后立即用于发送 E-mail。

(4) 添加到压缩文件…：将打开如图 2-3-11 所示的压缩文件名和参数对话框。

◆ 在"常规"选项卡下可指定该压缩文件建立在哪个文件夹下，文件名是什么，压缩文件采用何种格式(RAR 还是 ZIP)及其他的一些压缩选项。

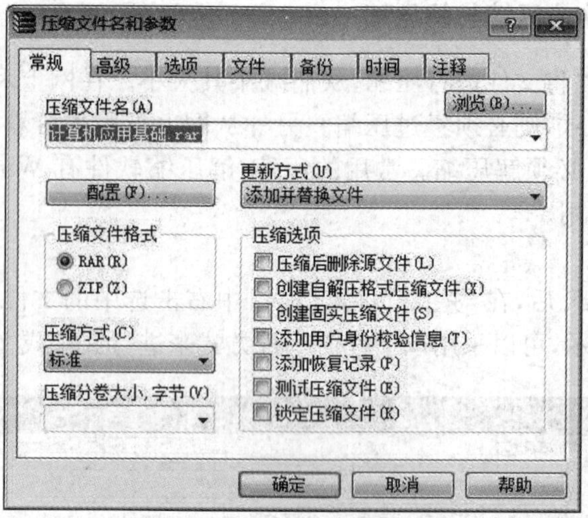

图 2-3-11　常规选项卡

◆ 在“高级”选项下,如图 2-3-12 所示,用户可对“常规”选项卡下的内容做进一步设置,如分卷压缩选项、自解压选项等。当用户单击“设置密码”按钮时,则会弹出“带密码压缩”对话框,如图 2-3-13 所示。然后用户可以输入想好的密码,这个时候密码是不显示的。如果想要看输入的是什么,可以勾选“显示密码”来查看,如果密码设置好了,就点击“确定”。这样所得到的压缩文件就会有密码保护,不知道密码的用户就无法对这个压缩文件进行解压了。

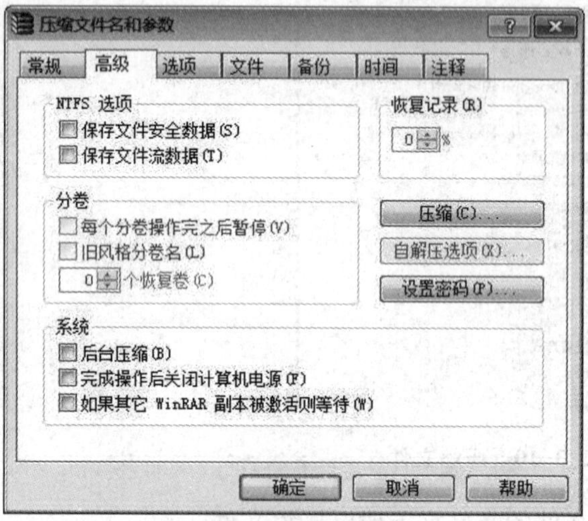

图 2-3-12　高级选项卡

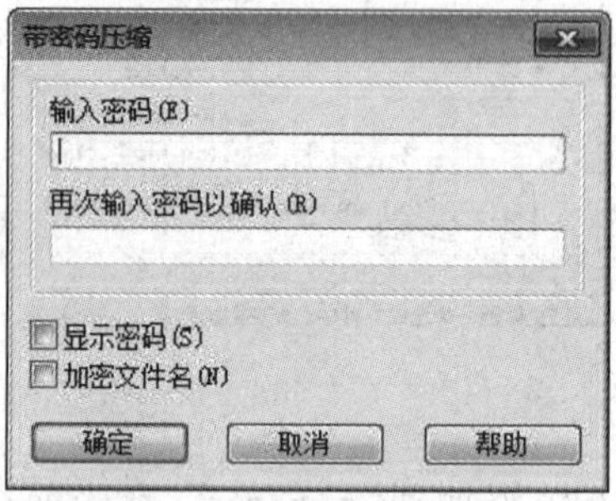

图 2-3-13　设置压缩密码

2）解压缩文件

双击压缩文件,压缩文件即在 WinRAR 程序窗口中打开并显示内容,可以使用工具按钮或菜单命令来解压文件。在窗口中选择要解压的文件夹或文件后,单击“解压到”按钮,在弹出的对话框中输入目标文件夹。也可以右键单击需要解压的文件,在快捷菜单中选择,如图 2-3-14 所示。

图 2-3-14　解压缩文件

其中:

(1) 解压文件…:将打开对话框,在“常规”选项卡下可指定该压缩文件解压后放在哪个文件夹下,更新方式及其他的一些选项;

(2) 解压到当前文件夹:压缩文件中的对象被放置于当前文件夹中;

(3) 解压到“xxx\”:在当前文件夹下建立名称为“xxx”的文件夹,把压缩文件中的对象放置在该文件夹中。

可采用以上一种方式进行文件或文件夹的解压缩。

如果需要解压的文件设置有密码,则会弹出输入密码对话框,如图 2-3-15 所示,此时只有输入正确的压缩密码才能对文件进行解压,否则则会出现解压错误提示,如图 2-3-16 所示。

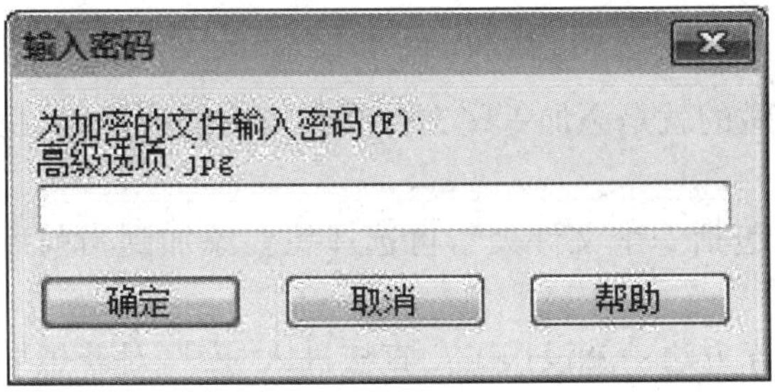

图 2-3-15　输入解压密码

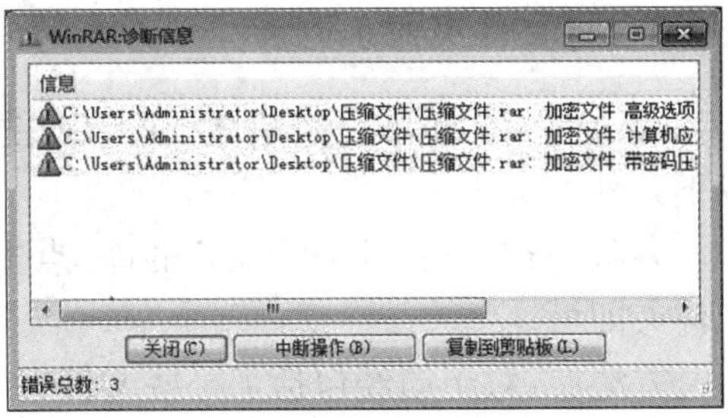

图 2-3-16　解压错误提示

2.3.4　Windows 7 库功能

Windows 7 在许多方面都给我们带来了新的变化,在文件管理方面也不例外。

Windows 7 文件管理的新功能可以说是相当有分量的，全新引入的“库”功能就是其中最为重要的一个方面。

1 什么是“库”

Windows 7 的“库”是一个特殊的文件夹，可以向其中添加硬盘上任意的文件夹(不必来自同一个盘中)，但是这些文件夹及其中的文件实际还是保存在原来的位置，并没有被移到“库”中，只是在“库”中“登记”了它的信息并进行索引，添加一个指向目标的“快捷方式”，这样可以在不改动文件存放位置的情况下集中管理，提高我们的工作效率。

库和普通文件夹的最根本区别在于：在文件夹中保存的文件或子文件夹，都是存储在同一个地方。而库中存储的文件则可以来自各种位置。

2 如何新建库

在 Windows 7 中，默认已经有一些库，我们还可以根据个人需要进行新建，新建库有以下几种方法，具体如下。

(1) 启动“库”，点击菜单栏的“文件/新建/库”，即可创建一个库，如图 2-3-17 所示。

(2) 启动“库”，在窗口中点击鼠标右键，选择“新建/库”，也可以创建一个库，如图 2-3-18所示。

(3) 直接对着想要加入库的文件夹单击鼠标右键，选择“包含到库/创建新库”，也可以创建一个库，如图 2-3-19 所示。

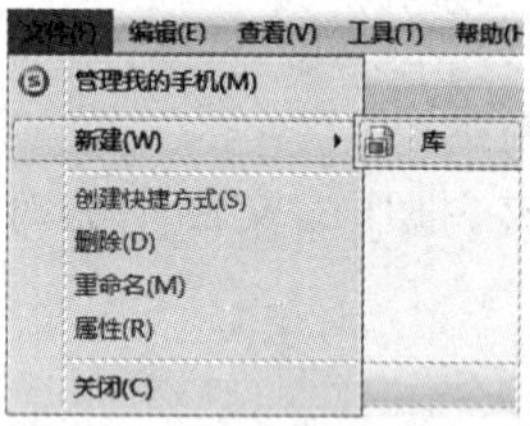

图 2-3-17 创建库的方法 1

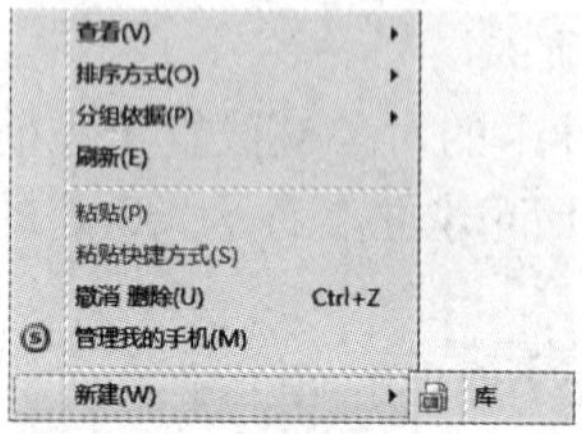

图 2-3-18 创建库的方法 2

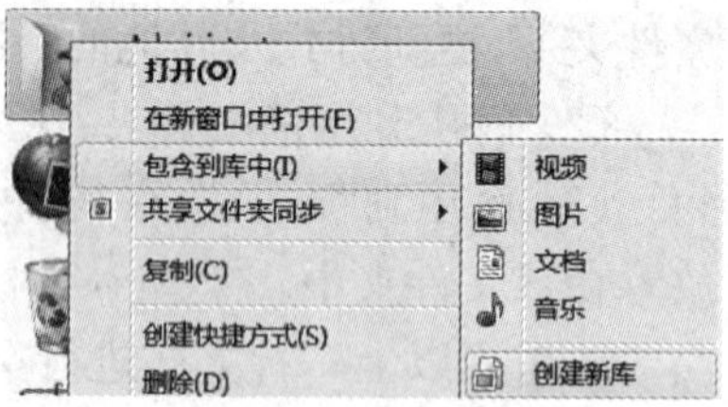

图 2-3-19 创建库的方法 3

3 将文件夹添加到库

通过前面的步骤已经建立了库，现在要做的就是添加一些文件夹到对应的库里面，也有以下几种方法。

方法一：双击打开刚刚新建的库，点击“包括一个文件夹”，再选择想要添加到当前库的文件夹即可。

方法二：对于已经包括了一些文件夹的库方法一就没用了。直接进入“库”，对着想要添加文件夹的库点击鼠标右键，选择“属性”，再点击“包含文件夹”，选中想要添加到当前库的文件夹即可。

方法三：想要添加某个文件夹到指定库，只需要对着这个文件夹点击鼠标右键，选择“包含到库中”，再选择目标库即可。

2.3.5　任务间数据传递——剪贴板应用

1　剪贴板的作用

剪贴板是 Windows 系统在内存区开辟的临时数据存储区。这个存储区用于存放通过“复制”或“剪切”操作录入的文本、图像、图形、声音，以及活动窗口甚至整个桌面界面数据。在 Windows 7 系统中，在任何时刻都可以通过多种方式向剪贴板送入信息，许多应用程序都可以从剪贴板中采用“粘贴”操作取用当前存放在剪贴板中的信息。在单一应用程序运行过程中，可通过剪贴板完成信息的复制、移动和删除；在多应用程序运行时，则可以通过剪贴板达到在应用程序之间传递信息的目的。所以，剪贴板是在应用程序或文档间传递信息的中间存储区。

2　数据传递

1）向剪贴板送入信息

先选定数据对象，再选用“编辑”菜单中的“复制”(〈Ctrl〉+〈C〉)或“剪切”(〈Ctrl〉+〈X〉)命令将数据录入剪贴板。

2）向剪贴板录入桌面和窗口的界面信息

〈Alt〉+〈PrintScreen(PrtSc)〉可以将当前活动窗口的界面录入剪贴板。

〈PrintScreen〉可以把整个桌面画面送入剪贴板。

3）从剪贴板取信息

如果剪贴板中已录入有一定的数据，就可以将这些数据传递到其他应用程序中去。只要打开相应的文档，在文档中定位数据插入点，然后执行“编辑/粘贴”命令(〈Ctrl〉+〈V〉)，即可将剪贴板内容插入到当前插入点位置。

4）鼠标直接拖曳(Drag-and-Drop)交换数据

鼠标直接拖曳是多程序、多任务间交换数据最便捷、高效的方法。首先，保持信息交换双方的操作界面(对话框、窗口、桌面等)可见，然后在数据源界面选定数据对象，拖曳对象到目标位置后释放鼠标，达到复制或移动数据的目的。

2.4　Windows 7 的程序管理与操作

2.4.1　文件打开方式设定

在 Windows 7 系统中，一种类型的文件会有很多不同的相关软件可以打开，大家一般希望选择自己最习惯的软件作为某类文件的默认关联程序，这样双击文件就可以直接用自己喜欢和熟悉的软件来打开文件。但是如果用户系统中安装的软件比较多，会发现一段时间后，有些文件的默认打开方式会发生变化，被后续安装的一些软件所打开，这样就出现使用不习惯或者关联程序错误的问题，需要重新关联。

1　通过右键菜单进行设置

以打开某一图片文件为例，用鼠标选中需要打开的图片文件，单击鼠标右键，在弹出的菜单中选择“打开方式/选择默认程序”，如图 2-4-1 所示。而后，在弹出的打开方式窗口中选择用户希望使用的程序，如图 2-4-2 所示。如果用户希望选择的程序没有在“推荐的程序”列表中出现，则可以单击下方的“其他程序”右侧的黑色小箭头继续查找，如果还找不到，则可单击窗口右下角的“浏览”按钮，通过目录查找。找到想要关联的应用程序后，勾选“始终使用选择的程序打开这种文件”，单击“确定”即可。

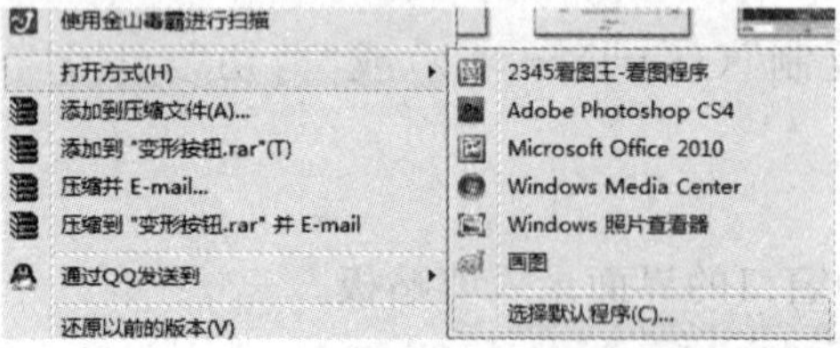

图 2-4-1　选择文件打开方式

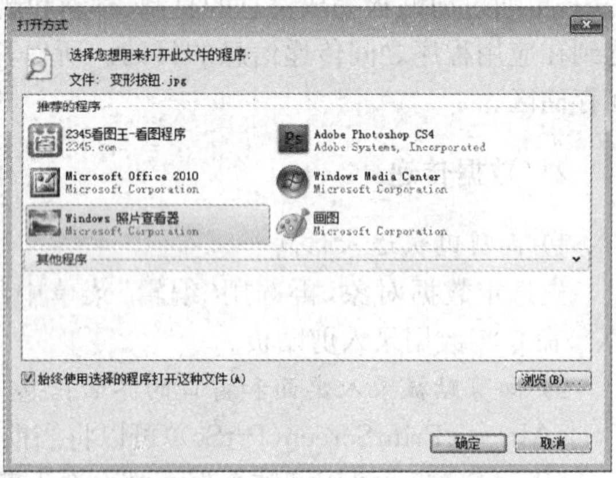

图 2-4-2　文件打开方式窗口

2　通过“开始”菜单设置

鼠标单击“开始”菜单右侧的“默认程序”，则弹出“选择默认程序”窗口，如图 2-4-3 所示，而后单击“设置默认程序”，打开“设置默认程序”窗口，如图 2-4-4 所示，窗口中列出了 Windows 自带的应用程序以及用户自行安装的程序。选择一些希望设置的默认程序，而后单击右侧“将此程序设置为默认”选项，最后单击“确定”按钮即可。

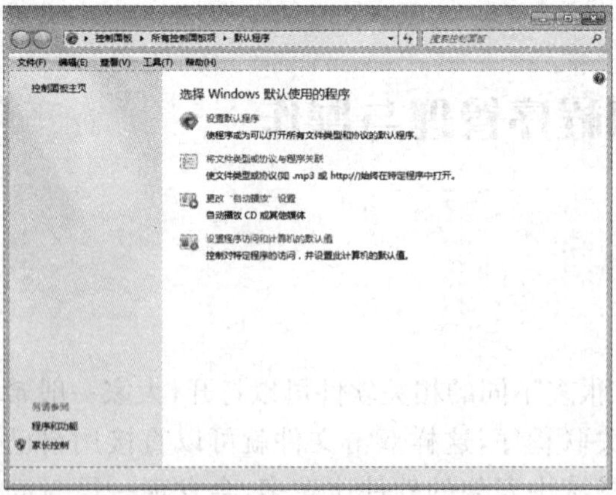

图 2-4-3　选择默认程序窗口

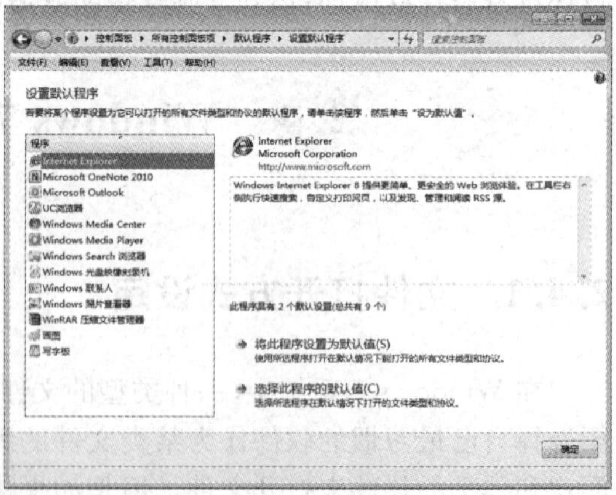

图 2-4-4　设置默认程序窗口

3　通过文件属性进行设置

选取一个文件，而后单击鼠标右键，在弹出菜单中选择“属性”命令，出现“属性”对话框，如图 2-4-5 所示。单击“更改”按钮，则可打开图 2-4-2 所示对话框，而后用相同的方式设置默认关联程序即可。

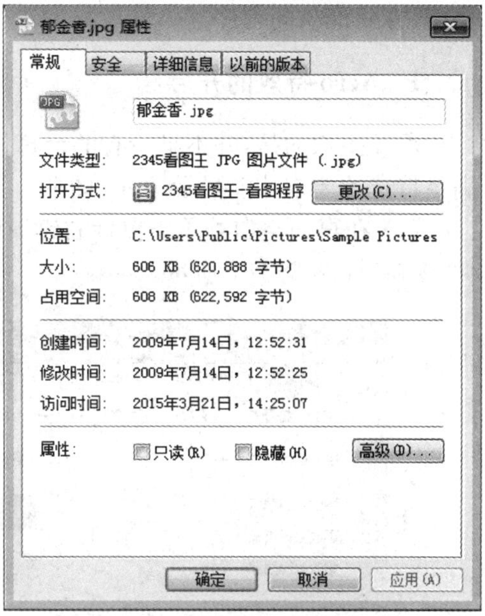

图 2-4-5　属性对话框

2.4.2　安装与管理应用程序

1　应用程序的安装

应用程序的安装文件的文件名通常为“setup.exe”，鼠标双击运行该文件，便可启动安装向导，按照安装向导的提示便可逐步完成安装过程。

安装完应用程序后，可能会发现系统中莫名其妙地多了一些不想安装的软件，因此，安装过程中要注意每个环节的提示选项。

2　应用程序的查看和管理

如果需要查看或管理当前 Windows 7 中安装的应用程序，可以单击“开始”菜单右侧列表中的“控制面板”，在“控制面板”中单击“程序”下方的“卸载程序”，即可打开 Windows 应用程序管理器，如图 2-4-6 所示。通过“程序和功能”窗口，用户可以查看当前系统中已安装的程序，同时还可以对应用程序进行修复和卸载操作。

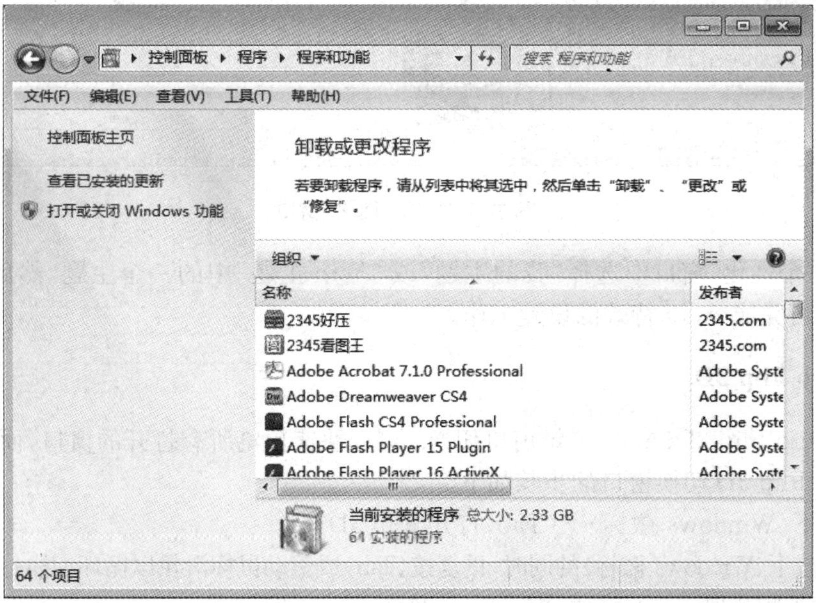

图 2-4-6　“程序和功能”窗口

2.4.3 Aero 界面

Aero 界面是 Windows 7 下的一种全新的图形界面，其特点是透明的玻璃图案中带有精致的窗口动画和新窗口颜色。它包括不同的直观样式，将轻型透明的桌面外观与强大的图形高级功能结合在一起，使得用户不仅可以享受具有视觉冲击力的效果和外观，而且可以更快捷、方便地访问程序。

1 Aero 特效的开启

需要注意的是，并不是所有的计算机都能支持 Aero 特效，只有计算机硬件和视频卡都满足特定的要求才能显示 Aero 图形。打开 Aero 特效的步骤如下：

（1）在桌面空白处单击鼠标右键，在弹出的快捷菜单中选择"个性化"命令，打开"个性化"窗口，如图 2-4-7 所示。

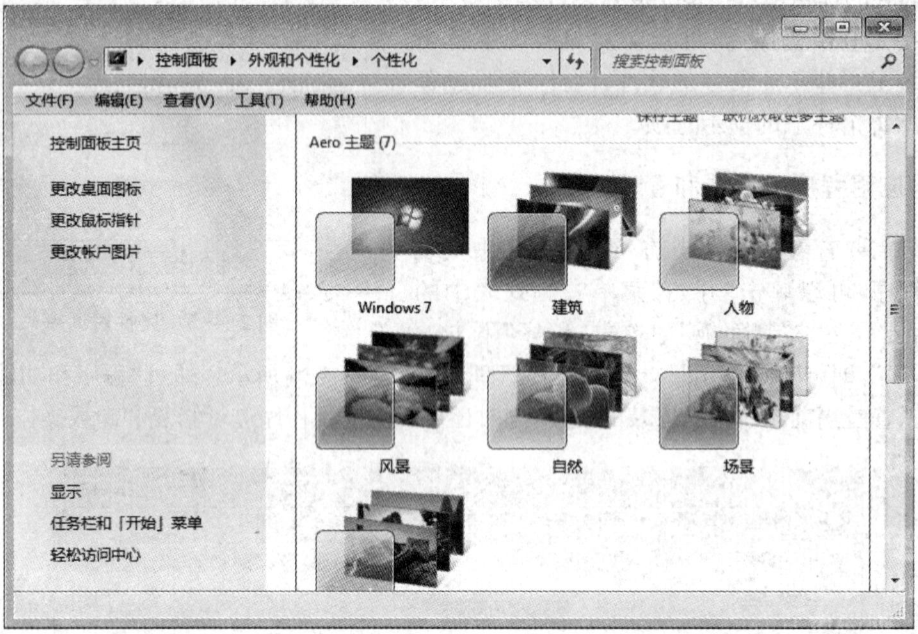

图 2-4-7 "个性化"窗口

（2）在"个性化"窗口中选择"我的主题"或"Aero 主题"中的一个主题，然后关闭"个性化"窗口，即可完成 Aero 特效的设置工作。

2 Aero Flip 3D

使用 Aero Flip 3D(Aero 三维窗口切换）可以快速预览所有打开的窗口，而无须单击任务栏。使用 Flip 3D 切换窗口的步骤如下。

（1）按下〈Windows 徽标〉+〈Tab〉打开 Flip 3D。

（2）在按下〈Windows 徽标〉的同时，重复按〈Tab〉或滚动鼠标滑轮以循环切换打开的窗口。

（3）若要关闭 Flip 3D，释放〈Windows 徽标〉+〈Tab〉即可。

使用 Flip 3D 的另一种方法是按下〈Ctrl〉+〈Windows 徽标〉+〈Tab〉组合键以保持 Flip 3D 处于打开状态，然后可以按下〈Tab〉循环切换窗口。

如果计算机不支持 Aero 特效，或当前计算机使用的是非 Windows 7 主题，则不能使用 Aero Flip 3D 进行窗口间的切换。

3　Aero Peek

Aero Peek（Aero 桌面透视）功能可以将所有打开的窗口的内容隐藏，而只保留每个窗口的边框，用于代表每个窗口的大小和相对位置。如果屏幕上显示了多个打开的窗口，若希望所有窗口都暂时隐藏而不是最小化所有打开窗口，以便查看桌面上的文件和文件夹，此时可将鼠标指针指向屏幕右下角的“显示桌面”按钮，则此时所有窗口的内容都被隐藏，只保留了边框，同时整个桌面被显示出来。若要再次显示打开的窗口，只需将鼠标指针从“显示桌面”按钮上移开即可。

4　Aero Shake

如果用户希望最小化除当前活动窗口外的所有窗口，又不希望逐个最小化所有其他打开的窗口，只要用鼠标左键选中需要保持打开状态的窗口的菜单栏，然后迅速左右晃动该窗口，则此时其他窗口就会被立刻隐藏起来。

若要还原最小化的窗口，只需再次晃动打开的窗口即可。

2.5　Windows 7 系统设置

在 Windows 7 中，熟悉系统设置的相关技巧有助于提高计算机的性能，帮助用户更好地使用计算机。

2.5.1　输入法

1　添加和删除输入法

Windows 7 中自带了许多中英文输入法，默认使用“微软拼音输入法”作为中文输入法。如果要添加或删除其他的输入法，可以使用“添加输入语言”对话框进行。

(1) 鼠标右键单击语言栏，在弹出菜单中选择“设置”命令，打开“文本服务和输入语言”对话框，如图 2-5-1 所示。

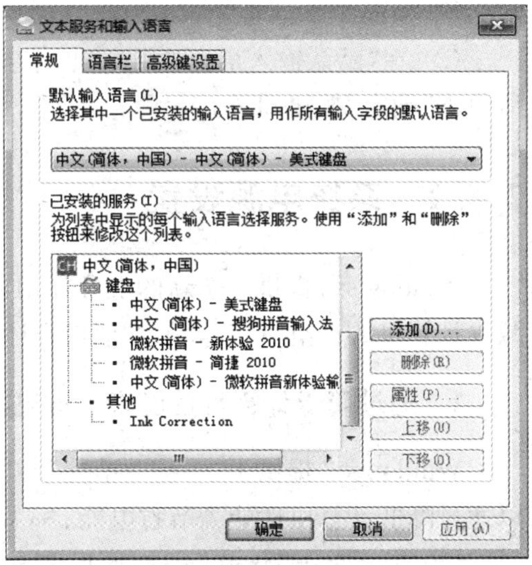

图 2-5-1　“文本服务和输入语言”对话框

(2) 单击对话框中的“添加”按钮，打开“添加输入语言”对话框，如图 2-5-2 所示。

(3) 拖动列表框的滚动条，找到需要添加的输入法，选中要添加的输入法前面的复选框，单击“确定”按钮即可。

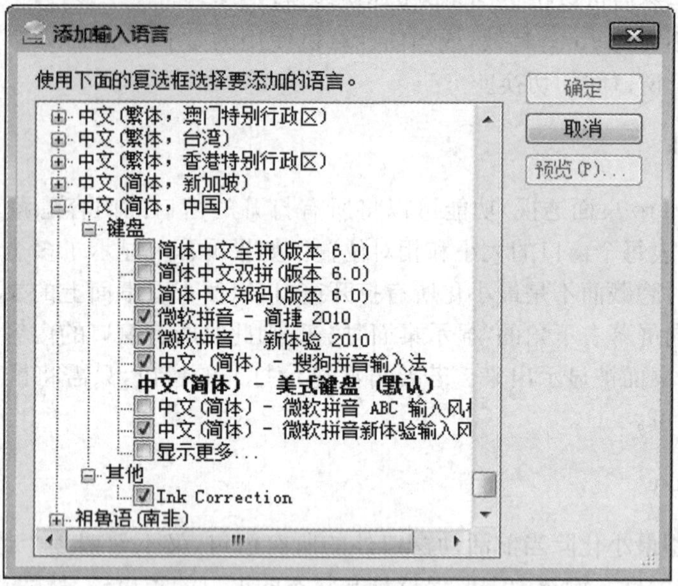

图 2-5-2 “添加输入语言”对话框

(4) 若要删除某个已安装的输入法，则在“文本服务和输入语言”对话框中，选中需要删除的输入法，然后单击“删除”按钮即可。

2 设置默认输入法

在打开程序时，系统会默认切换到一个输入法。用户如果经常习惯使用某一输入法，可以将其设置为默认输入法，在以后打开程序时，就会自动切换到该输入法。

(1) 鼠标右键单击语言栏，在弹出菜单中选择“设置”命令，打开“文本服务和输入语言”对话框，如图 2-5-1 所示。

(2) 在“默认输入语言栏”下方的下拉列表中，选择需要设置为默认输入法的输入法，而后单击“确定”按钮即可。

2.5.2 系统电源设置

Windows 7 提供了全新的电源计划，帮助用户进行电源管理。用户可以使用电源计划减少计算机的耗电量，最大限度地提升计算机性能。

1 通过降低计算机性能来节省电能

Windows 7 提供了“平衡”“节能”和“高性能”3 种默认的电源计划，使用“节能”计划可以通过降低计算机性能来节省电能。

(1) 鼠标单击“开始”菜单，而后点击右侧“控制面板”命令，打开“控制面板”窗口，单击“系统和安全”，而后在弹出窗口中找到“电源选项”并单击，打开“电源选项”窗口，如图

2-5-3所示。

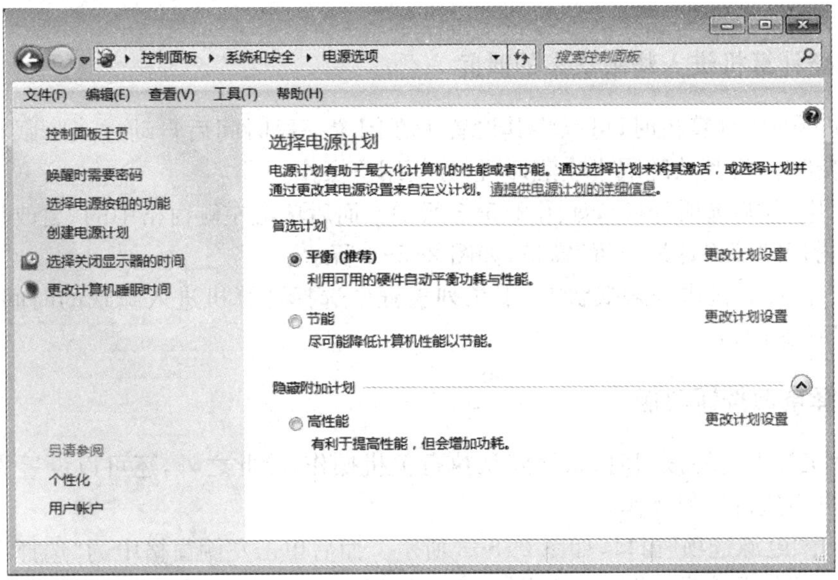

图 2-5-3　“电源选项”窗口

(2) 在“电源选项”窗口中选中“首选计划”下的“节能”单选按钮即可。

2　调整关闭显示器的时间

当计算机处于闲置状态时,默认会自动关闭显示器,从而帮助用户节省电能。如果要更改关闭显示器的时间或从不关闭显示器,则需要重新调整关闭显示器的时间。

(1) 打开“电源选项”窗口,如图 2-5-3 所示。而后单击左侧窗格中的“选择关闭显示器的时间”链接,打开“编辑计划设置”窗口,如图 2-5-4 所示。

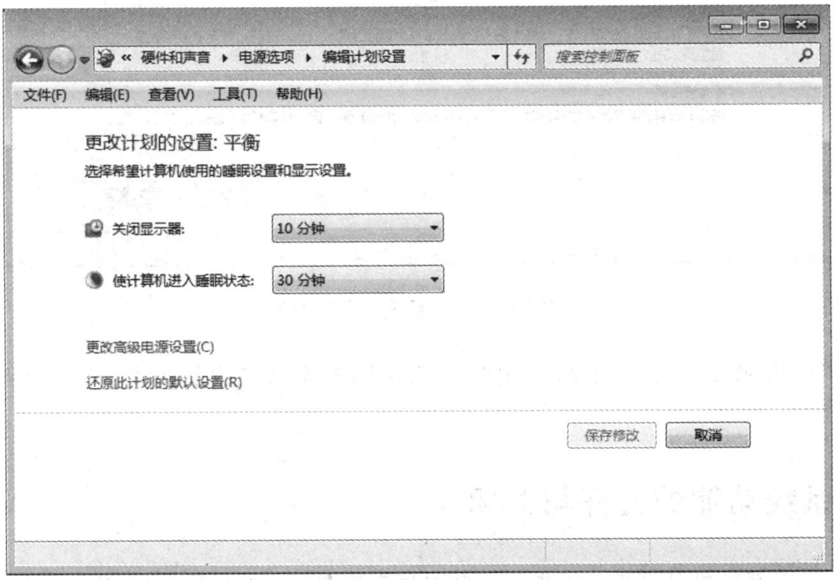

图 2-5-4　编辑计划设置

(2) 在“关闭显示器”的下拉列表框中选择要关闭显示器的时间,而后单击“保存修改”按钮即可。

3 调整计算机进入睡眠状态的时间

长时间不使用计算机时,可以将其设置为在闲置一段时间后自动进入睡眠状态。当再次使用计算机时,将其从睡眠中唤醒即可,方便用户操作。

(1) 打开“电源选项”窗口,如图 2-5-3 所示。而后单击左侧窗格中的“更改计算机睡眠时间”链接,打开“编辑计划设置”窗口,如图 2-5-4 所示。

(2) 在“使计算机进入睡眠状态”下拉列表框中选择计算机进入睡眠的时间,而后单击“保存修改”按钮即可。

4 选择电源按钮功能

在计算机按下电源按钮时,系统默认执行关机操作,除此之外,还可以设置为“睡眠”或“休眠”,也可不执行任何操作。

(1) 打开“电源选项”窗口,如图 2-5-3 所示。而后单击左侧窗格中的“选择电源的按钮功能”链接,打开“系统设置”窗口,如图 2-5-5 所示。

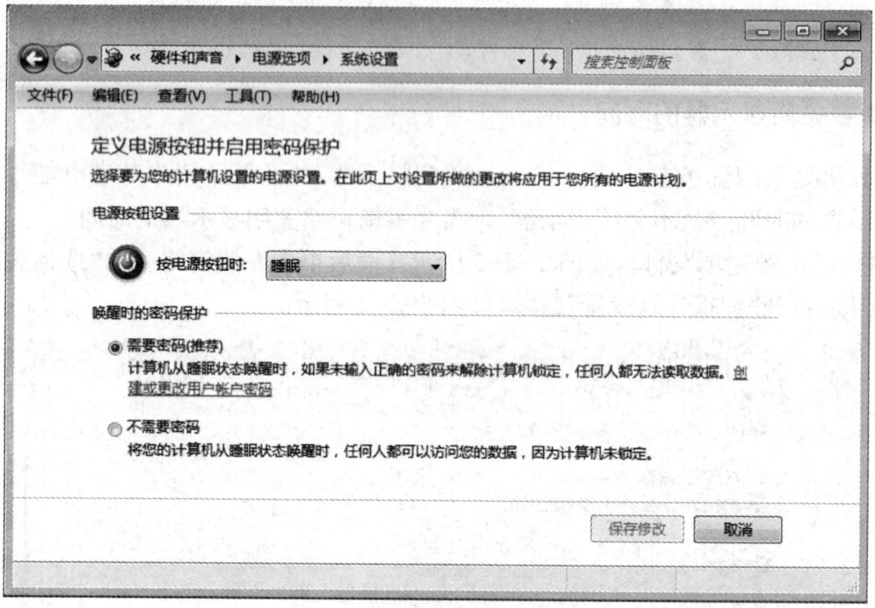

图 2-5-5 “系统设置”窗口

(2) 在“按电源按钮时”的下拉列表框中选择用户希望的设置,而后单击“保存修改”按钮即可。

2.5.3 系统功能的打开与关闭

Windows 7 系统功能丰富,自带有很多工具和组件,比如 Windows Media Player、扫雷、纸牌等内置小游戏。不过对于有些用户来说，可能有部分 Windows 7 自带的系统组件和工具平时很少用到，如果可以删除这些长期不用的 Windows 7 系统自带的工具和组件，就能释放一些系统空间，而对于另外一部分用户来说，则需要增加某些系统功能。

在“控制面板”中选择“程序”，在随后出现的“程序”窗口中选择“打开或关闭 Windows 功能”，如图 2-5-6 所示。则此时弹出“Windows 功能”窗口，如图 2-5-7 所示。在该窗口中的复选框中勾选或取消勾选，可以对 Windows 自带的功能、组件及程序进行添加或关闭的操作。

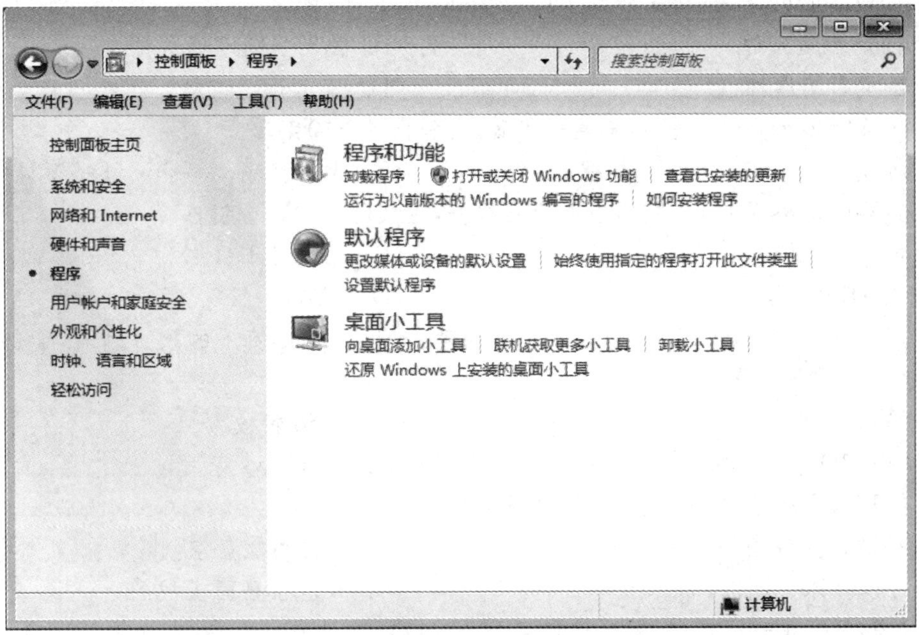

图 2-5-6　“程序”窗口

图 2-5-7　Window 功能窗口

习 题

一、单项选择题

1. Windows 7 操作系统共包含(　　)个版本。

A. 4　　B. 5　　C. 6　　D. 7

2. 在 Windows 7 中,按压键盘上的〈Windows 徽标〉将(　　)。

A. 打开选定文件　　B. 关闭当前运行程序

C. 显示系统属性　　D. 显示开始菜单

3. 在 Windows 7 中右键单击某对象时,会弹出(　　)菜单。

A. 控制　　B. 快捷　　C. 应用程序　　D. 窗口

4. 在 Windows 7 中,要关闭当前应用程序,可按(　　)组合键。

A. 〈Alt〉+〈F4〉　　B. 〈Shift〉+〈F4〉

C. 〈Ctrl〉+〈F4〉　　D. 〈Alt〉+〈F3〉

5. (　　)是 Windows 7 推出的第一大特色,它就是最近使用的项目列表,能够帮助用户迅速地访问历史纪录。

A. 跳转列表　　B. Aero 特效

C. Flip 3D　　D. Windows 家庭

6. 在 Windows 系统中,“回收站”的内容(　　)。

A. 将被永久保留　　B. 不占用磁盘空间

C. 可以被永久删除　　D. 只能在桌面上找到

7. 在资源管理器窗口中,若要选定多个不连续的文件或文件夹,需在按(　　)+单击。

A. 〈Tab〉　　B. 〈Shift〉　　C. 〈Alt〉　　D. 〈Ctrl〉

8. 在 Windows 7 的资源管理器窗口,以下方法中不能新建文件夹的是(　　)。

A. 执行“文件/新建/文件夹”命令　　B. 从快捷菜单选择“新建/文件夹”命令

C. 执行“组织/布局/新建”命令　　D. 点击“新建文件夹”命令按钮

9. 在 Windows7 中选择全部文件夹或文件的快捷键是(　　)。

A. 〈Shift〉+〈A〉　　B. 〈Ctrl〉+〈A〉

C. 〈Shift〉+〈S〉　　D. 〈Ctrl〉+〈S〉

10. Windows 7 的资源管理器窗口,如果希望显示经典风格的“文件”菜单,可按(　　)。

A. 〈Shift〉　　B. 〈Ctrl〉　　C. 〈Alt〉　　D. 〈F1〉

11. 在 Windows 7 的资源管理器窗口中,利用导航窗格可以快捷地在不同的位置之间进行浏览,但该窗格一般不包括(　　)部分。

A. 收藏夹　　B. 库　　C. 计算机　　D. 网上邻居

12. 在 Windows 7 的下列操作中,不能创建应用程序快捷方式的操作是(　　)。

A. 直接拖曳应用程序到桌面　　B. 在对象上单击鼠标右键

C. 用鼠标右键拖动对象　　D. 在目标位置单击鼠标左键

13. 若要快速查看桌面小工具和文件夹，而又不希望最小化所有打开的窗口，可以使用(　　)功能。

A. Aero Snap　　B. Aero Shake　　C. Aero Peek　　D. Flip 3D

14. 使用(　　)功能可以快速查看其他打开的窗口，而无须在当前正在使用的窗口外单击。

A. Aero Snap　　B. Aero Shake　　C. Aero Peek　　D. Flip 3D

15. 使用(　　)功能可以让两个窗口平分整个屏幕的面积，并左右排列在一起。

A. Aero Snap　　B. Aero Shake　　C. Aero Peek　　D. Jump List

16. 如果只希望保留当前正在使用的窗口，而又不希望逐个最小化所有其他打开的窗口，可以使用(　　)功能。

A. Aero Snap　　B. Aero Shake　　C. Aero Peek　　D. Flip 3D

17. 在 Windows 7 的休眠模式下，系统的状态是(　　)的。

A. 保存在U盘中　　B. 保存在硬盘中　　C. 保存在内存　　D. 不被保存

18. (　　)不是可选用的桌面上3种窗口排列形式之一。

A. 层叠　　B. 透明显示　　C. 堆叠显示　　D. 并排显示

19. Windows 7 的桌面主题注重的是桌面的(　　)。

A. 颜色　　B. 显示风格　　C. 局部个性化　　D. 整体风格

20. 桌面图标实质上是(　　)。

A. 程序　　B. 文本文件　　C. 快捷方式　　D. 文件夹

21. Windows 7 资源管理器窗口要显示菜单栏，可以按(　　)。

A. 〈Alt〉　　B. 〈Ctrl〉　　C. 〈Shift〉　　D. 〈F1〉

22. Windows 7 系统通用桌面图标有5个，但不包含(　　)。

A. 计算机　　B. 用户的文件　　C. 控制面板　　D. IE 浏览器

23. 在资源管理器上，用鼠标左键将应用程序文件拖曳到桌面的结果是(　　)到桌面。

A. 复制该程序文件　　B. 移动该程序文件　　C. 生成快捷方式　　D. 没任何内容

24. 如果要暂时离开计算机且不希望让别人使用计算机时，可以选择(　　)。

A. 关机　　B. 重新启动　　C. 睡眠　　D. 锁定

25. 如果要新增或删除程序，可以在控制面板上选用(　　)功能。

A. 系统和安全　　B. 硬件和声音

C. 程序　　D. 外观及个性化

二、多项选择题

1. 以下 Windows 7 版本中，不能支持 Aero 特效的有(　　)。

A. Windows 7 Starter　　B. Windows 7 Home Basic

C. Windows 7 Home Premium　　D. Windows 7 Ultimate

2. 在开始菜单“搜索”框中一经键入搜索项文本，被搜索对象的(　　)中的任何文字与搜索项匹配就会被作为搜索结果显示。

A. 标题　　B. 内容　　C. 属性　　D. 图片

3. 在 Windows 7 中，可通过(　　)来关闭窗口。

A. 单击窗口右上角的“关闭窗口”按钮　　B. 按快捷键〈Alt〉+〈Tab〉

C. 按快捷键〈Alt〉+〈F4〉　　D. 按快捷键〈Alt〉+〈F5〉

4. Windows 7 的新功能包括(　　)。

A. 更适合便携式计算机　　B. 跳转列表

C. 更易于使用 Windows 的方式　　D. 更好的设备管理

5. 下列属于文件列表排列方式的有(　　)。

A. 名称　　B. 修改日期　　C. 类型　　D. 大小

三、填空题

1. 在 Windows 7 中,通过 Aero ________ 功能,可以直观看到每个窗口的大小和相对位置。

2. 在 Windows 7 中,通过 Aero ________ 功能,可以在垂直方向上最大化,水平方向保持不变。

3. 在 Windows 7 中,网络设置引入了一项新功能,即________,可以使拥有多台电脑的家庭更方便地共享视频、音乐、文档以及打印机等。

4. 在 Windows 7 中,借助________,可以快速找到最近使用的文件。

5. 按 ________ 可以将当前活动窗口的界面录入剪贴板。

6. 在 Windows 7 中,按〈Windows 徽标〉+________ 可快速打开投影管理窗口。

7. Windows 7 启动后,系统进入全屏幕区域,整个屏幕区域称为________。

8. 在 Windows 7 的默认设置中,当用户打开多个窗口时,一定会在任务按钮区组合为一个________。

9. Windows7 可以设置桌面图标的大小,除了选择“查看/大(中、小)图标”命令外,还可以在桌面任何位置采用〈Ctrl〉+________鼠标滚轮的方法自由缩放设置。

10. 在 Windows7 中,各个应用程序之间可通过________交换信息。

第3章 字处理软件 Word 应用

文字处理是办公自动化的最基本功能，字处理软件是办公软件的一种，一般用于文字的格式化和排版，文字处理软件的发展和文字处理的电子化是信息社会发展的标志之一。

现有的中文文字处理软件主要有微软公司的 Word、金山公司的 WPS 和开源软件 Open Office 等。本章将以国内外使用最为广泛的 Microsoft Word 为例，介绍文字处理软件的使用方法。具体版本使用 Microsoft Office 办公软件系列中的 Word 2010。

3.1 Word 2010 概述

Word 2010 是 Microsoft 公司开发的 Office 2010 办公组件之一。Word 的重要版本有：1989 年推出的 Word 1.0 版、1994 年推出的 Word 6.0 版、1995 年推出的 Word 95 版（又称作 Word 7.0）、1997 年推出的 Word 97 版、2000 年推出的 Word 2000 版、2003 年推出的 Word 2003 版、2007 年推出的 Word 2007 版、2010 年推出的 Word 2010 版等。Microsoft Word 2010 可创建专业水准的文档，可以更加轻松地与他人协同工作，并可在任何地点访问你的文件。即便是使用 Word 2010 进行文字处理的初学者，也能快速理解使用。

3.1.1 Word 2010 的启动和退出

启动和退出 Word 2010，这是使用 Word 2010 编辑文档的前提条件。单击任务栏中的“开始”按钮，在弹出的“开始”菜单中选择“所有程序”然后选择“Microsoft Office”然后选择“Microsoft Word 2010”选项，就可以启动 Word 2010 了。

Microsoft Office 2010 版的程序窗口较早期版本发生了明显的变化，图 3-1-1 为 Word 2010 的窗口界面。

完成对文档的编辑处理后可退出 Word 文档。右击文档标题栏，在弹出的控制菜单中选择“关闭”菜单命令，或者点击窗口右上角关闭按钮☒即可退出。

3.1.2 Word 的界面组成

Word 2010 界面内容丰富，其中比较重要的组成部分有如下几项。

1 选项卡

启动 Word 2010，可以看到它没有菜单。那些看起来像菜单的词，如“开始”“插入”等，实际上是选项卡名称。单击任意一个，下面就会显示不同的页面，即选项卡。选项卡所在的区域为功能区(Ribbon)。如图 3-1-1 显示的就是“开始”选项卡。选项卡上的命令被划分为组。例如，开始选项卡分为“剪贴板”“字体”“段落”“样式”“编辑”5 个组。

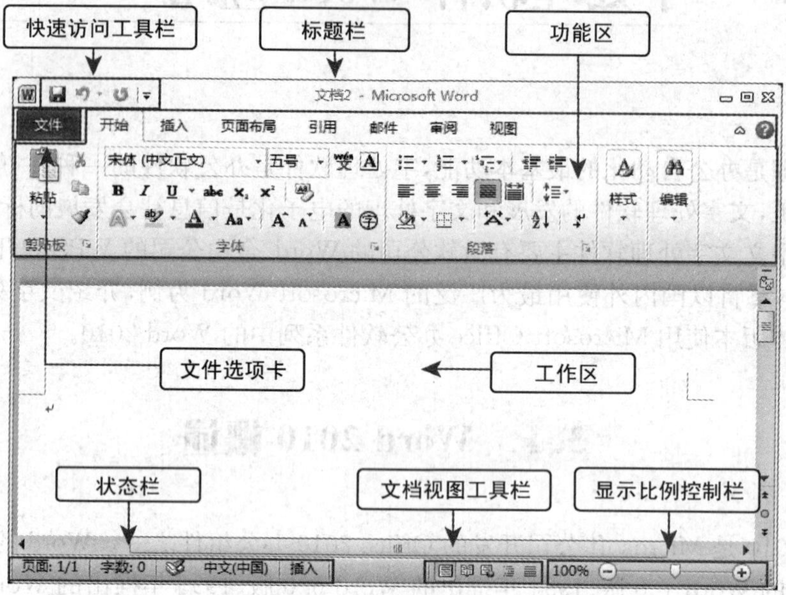

图 3-1-1 Word 2010 的窗口界面

大部分选项卡是一直可用的，比如“开始”和“视图”。也有一些选项卡只有当进行某种处理时才会出现，这些选项卡称为上下文选项卡。例如，使用表格时，会有“设计”与“布局”选项卡出现在选项卡名称区域的最后。当移动光标到表格之外时，这些选项卡也随之消失。

2 快速访问工具栏

紧挨着控制菜单按钮右侧的几个按钮即是快速访问工具栏。默认包含了“保存”“撤销”“恢复”等最基本的 Word 命令按钮。点击最右侧的按钮可以自定义快速访问工具栏上的按钮。

3 状态栏

状态栏位于 Word 2010 窗口底部，左侧显示当前页号和总页数、文档总字数、拼写和语言检查、所使用的语言等编辑信息。右侧为视图快捷方式和显示比例滑块。它们的使用将会在本章后面几节中进行介绍。右击状态栏可以打开自定义状态栏菜单，可自行定义状态栏的显示内容。

4 Backstage 视图

在 Word 2010 中，单击选项卡名称区域左侧深色背景的“文件”选项卡，出现的页面上集中了所有与文件管理有关的操作命令。该页面称作 Backstage 视图。

要从 Backstage 视图返回，可以按键盘上的〈Esc〉，或者点击其他选项卡标签。

3.1.3　打开 Word 文档

1　在资源管理器中打开文档

如果电脑中的 Word 文档已经正确地和 Word 2010 关联，那么在资源管理器中双击要打开的 Word 文档，就可以打开 Word 2010，并将该文档在 Word 2010 中正确地显示出来。

2　打开最近使用的文档

如果最近在 Word 2010 中查看或编辑了某个 Word 文档，那么它将会显示在最近使用的文档列表中。要打开一个最近使用过的文件，可以点击“文件”选项卡打开 Backstage 视图，点击“最近所用文件”菜单项，右侧就会出现最近使用的文档列表，如图 3-1-2 所示。文档列表中每个文档右边有个图钉图标，单击该图钉图标，可以将相应的文件固定在列表中，即使最近打开了其他文档。

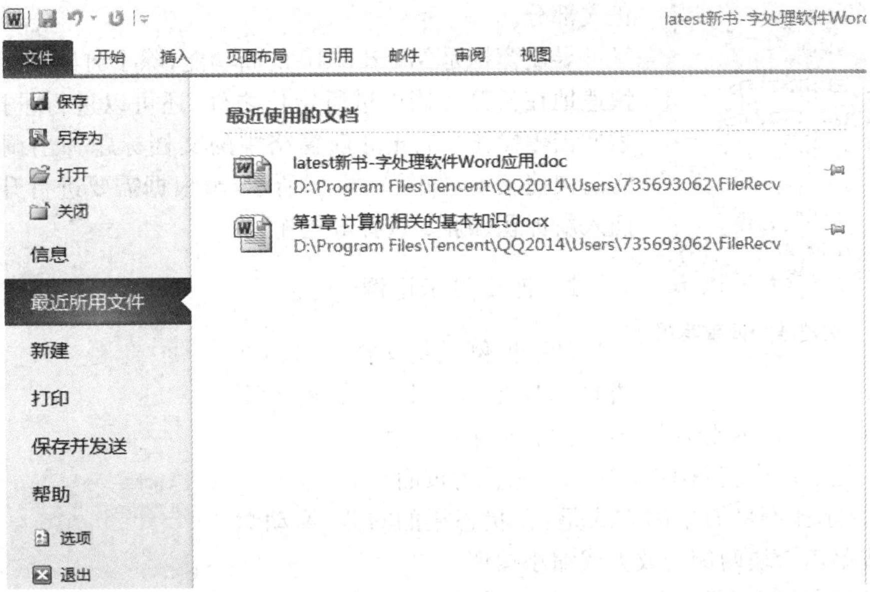

图 3-1-2　最近使用的文档列表

3　使用打开对话框

如果想要使用的文件没有出现在最近使用的文档列表中，那么使用打开对话框来定位并选择它。点击“文件”选项卡打开 Backstage 视图，点击“打开”菜单项，然后导航到包含该文件的文件夹，点击选择想要的文件，并单击打开按钮，或者双击想要打开的文件。

若想要同时打开多个文件，可在打开对话框中使用〈Ctrl〉或〈Shift〉选择多个文件。但这仅适用于同一个文件夹下的多个文件。

3.1.4 查看 Word 文档

1 显示和隐藏屏幕元素

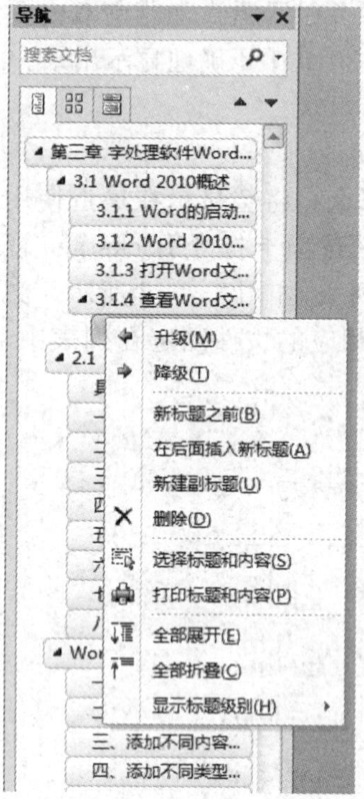

图 3-1-3 文档结构调整菜单

如果用户仅仅只是想查看 Word 文档，那么此时绝大部分选项卡功能都不需要。我们可以将阅读界面上大部分不需要的元素关闭或不显示，以获得最佳显示效果。

“视图”选项卡中，有几个打开/关闭特殊元素的复选框。

(1) 标尺：该选项显示穿过文档和两侧的水平/垂直标尺，具有标记页边距、缩进、制表符、停止位等功能。

(2) 网格线：一个不可打印的正方形网格，填充边框内的区域，有助于更加精确地将文档中的图形对象对齐。

(3) 导航窗格：文档标题的大纲，以单独的窗格出现在正文文档的左侧，可以单击文档结构图中的标题，然后跳转到文档正文部分。

导航窗格是 Word 2010 的新功能，除了可以使用导航窗格快速地在长篇文档中进行定位之外，还可以进行重排结构、搜索文档等操作。右击导航窗格中的文档标题弹出调整文档结构的快捷菜单，如图 3-1-3 所示，可根据需要进行升级、降级、插入新标题、删除、选择等操作。

2 改变显示比例

显示比例是指文档窗口内文档的大小，它仅仅是屏幕设置，不影响打印版本。显示比例百分比越高，显示内容就越大。显示比例越低，显示内容就越小，但能看到完整的页面。

调整显示比例最简单的方式是：在状态栏的右侧，拖动缩放滑块，或单击滑块两侧的放大或缩小按钮。

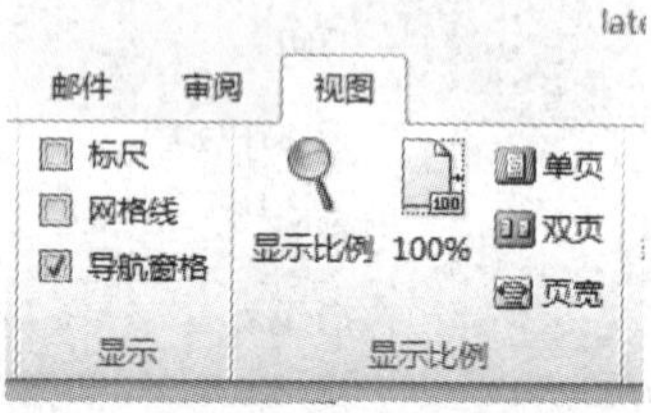

图 3-1-4 显示比例调整选项

也可以通过“视图”选项卡来调整显示比例，如图 3-1-4 所示。“单页”“双页”，以及“页宽”按钮，这些名字也说明了它们的作用。单击“显示比例”按钮，打开显示比例对话框，可以输入一个确切的显示比例百分比数值。

3 阅读版式视图

如果你觉得上述调整太过麻烦的话，你可以在状态栏的右侧找到一个像翻开的书一样的图标并点击；或者进入“视图”选项卡，在“文档视图”组中点击“阅读版式视图”按钮，就会进入阅读版式视图，这种视图里，字体较大，功能区和其他屏幕元素隐藏起来。可以使用左右箭头键或拖动滚动条在页面间移动。

4　显示多个文档和窗口

Word 2010 允许在不同的窗口打开多个文档。默认情况下，仅仅显示一个窗口，但用户可以重新排列窗口，以便同时看到几个不同的窗口。这些操作可以在“视图”选项卡“窗口”组中找到。

(1) 新建窗口：打开一个包含当前文档副本的新窗口。副本是关联的，当改动其中一份副本时，其他副本自动变化。这样用户就可以使用多个副本同时查看文档的多个部分。

(2) 拆分：将当前窗口拆成两部分，并在拆分的每一个部分提供单独的滚动条，这样不需要同时打开两个窗口，也可以查看文档的两个不同部分。

(3) 全部重排：重新排列所有打开的文档窗口，以便使每个窗口占据相等的屏幕空间。

3.2　创 建 文 档

3.2.1　新建文档

当 Word 2010 开始运行的时候，窗口会显示一个空白文档，让用户去编辑。空白文档使用各种常规设置，即五号字体，上下页边距 2.54 厘米，左右页边距 3.17 厘米。用户也可以另外创建一个新的文档。常见方法有如下几种。

(1) 新建空白文档。要创建一个新的空白文档，可以打开 Backstage 视图，点击“新建”命令，打开如图 3-2-1 所示窗口，然后点击空白文档模板即可新建空白文档。

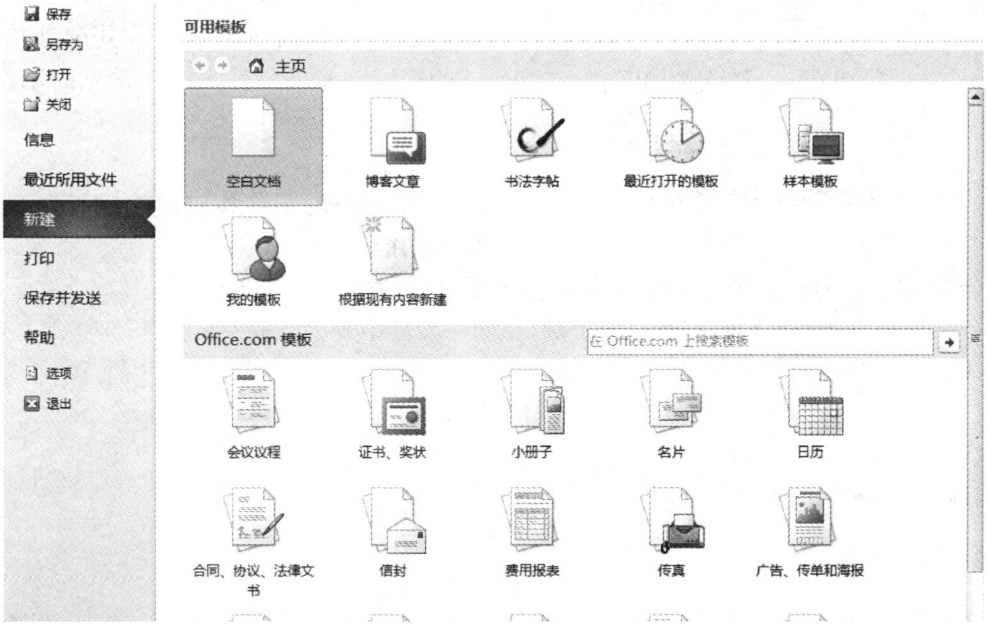

图 3-2-1　新建文档

(2) 基于模板创建文档。除了可以创建基本的空白文档模板外，Word 2010 还提供了一系列的专业模板，如简历、名片等等。可用模板的上面部分是已经在本地硬盘上存在的模板，下面部分是需要联网下载到本地的 Office. com 模板。选中合适的模板，然后单击右侧的“创建”按钮即可以此模板为基准创建新的文档。

3. 2. 2　输入和编辑文本

1　字符、符号的输入和删除

在编辑状态下，文档中会显示一个闪烁的垂直的小竖线，称为插入点，即光标。用户键入的文本总是出现在光标的位置。当文档中键入更多的文本时，光标也会随之后移，出现在输入的内容之后。可以通过鼠标点击改变光标的位置。

Word 文档每行输入到最右端后，继续输入的文本会自动换行，在下一行显示。

大部分常见的字符和文字都可以通过键盘和输入法进行输入。但是也有一些字符，如版权符号©、商标符号®、长划线—、左右箭头←→、双向箭头⇔、省略号……，在文档中也经常使用，但是直观上看不出来如何通过键盘进行输入。

要输入这些符号，可以在“插入”选项卡中单击“符号”按钮，打开一些常见符号的下拉列表。如果想要的符号没有出现在该列表中，单击“其他符号”命令，打开“符号”对话框，如图 3-2-2 所示。在这里，可以从任何已经安装的字体中，选择想要的符号，包括一些键盘不能键入的可选字符。比如带有强调符号的字母。

图 3-2-2　符号对话框

对话框中还有一个特殊字符选项卡，是一些最常见的排版字符，以及其键盘快捷方式的提示。如果要键入一个常见的字符，从特殊字符选项卡中查找要比在所有字体字符中查找容易。

除此之外，某些按键或按键组合有着特殊的功能。

〈Enter〉：按下此键，插入一个段落标记，开始新的段落。

〈Shift〉＋〈Enter〉：同时按下这两个键，在同一段落中开始新的一行。

〈Ctrl〉＋〈Enter〉：同时按下这两个键，开始新的页面。

〈Tab〉：按下此键：移动到下一个制表符停止位的位置。

〈Backspace〉：按下此键，删除光标左侧的单个字符。

〈Delete〉：按下此键，删除光标右侧的单个字符。

2　选择文本

像大多数应用程序一样，Word 2010 使用先选择然后操作的工作方式。首先，选择文本或其他对象，然后通过发布命令对这些选择的内容实施操作。

在 Word 中，有很多选择文本的方法。最基本的方法是：将光标定位在文档中，选定范围的起始位置；按住鼠标左键不放，拖动鼠标至终止位置；松开鼠标左键，完成文本选择。

可以使用鼠标和键盘的组合，来快速选择一定数量的文本或对象。

(1) 想要选择整篇文档，可以使用〈Ctrl〉+〈A〉快捷键，或三击文档的左边界空白处。

(2) 要选择某些连续的文字，首先在文字的开始位置前面点击，然后按住〈Shift〉的同时，在文字区域的结束点后面点击。

(3) 如果要选择多块不连续的文字，首先正常选择第一块文字，然后按住〈Ctrl〉的同时，拖动鼠标选择额外的内容。

当选择 Word 中的某些文字或对象时，且鼠标悬停在选择的区域，会出现一个半透明的微型工具栏，如图 3-2-3 所示，这个悬浮的工具栏可以让用户应用一些最常见的相关操作命令。这些命令也都可以在功能区找到，但是使用微型工具栏，鼠标可以不需要移动较长的距离到功能区。

图 3-2-3　微型工具栏

3　查找与替换

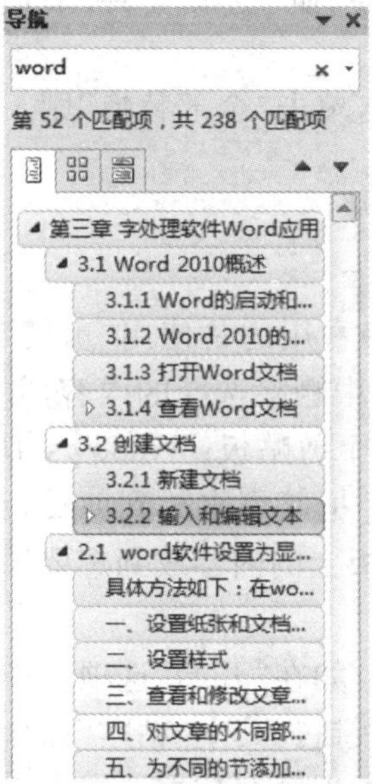

图 3-2-4　利用导航窗格实现搜索

Word 中的查找功能，可以帮助用户定位特定文本字符串的出现位置。在开始选项卡编辑组中，单击查找命令，或者按〈Ctrl〉+〈F〉，将打开导航窗格，在搜索文档框中，键入想要查找的文本后回车，搜索结果将突出显示，如图 3-2-4 所示。

在“开始”选项卡“编辑”组中，单击“替换”命令，打开“查找与替换”对话框，如图 3-2-5 所示。在“查找内容”框中，键入要搜索的文本，在“替换为”框中，键入替换文本后，单击“查找下一处”，来查找出现字符串的第一个位置，然后单击“替换”按钮来替换这个位置，或者单击“查找下一处”，跳过这个位置。

如果你有确切的把握，可以单击“全部替换”按钮，一次性替换所有查找到的位置。但是要注意，如果存在一些并不想要替换的位置，那么可能会出现不可预测的后果。

除了可以查找文本字符串之外，查找与替换功能也可以查找某种特定的格式，或者某个非打印的符号，如段落标记等。操作步骤如下：

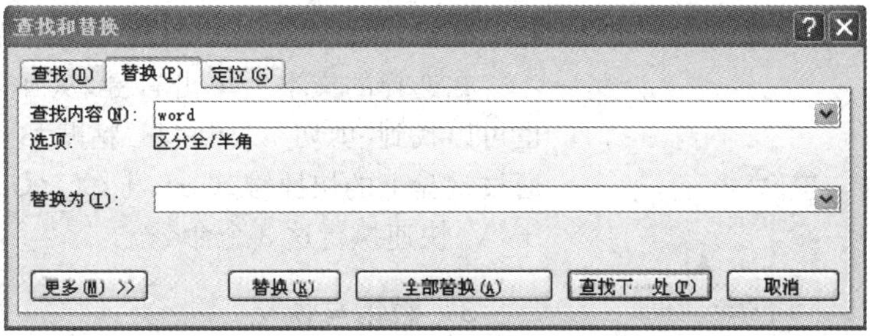

图 3-2-5　“查找与替换”对话框

(1) 在“查找与替换”对话框中，确保额外控制选项被显示。如果它们没有被显示，那么单击“更多”按钮，显示这些额外的控制选项。

(2) 在“查找内容”框中单击，放入插入点。

(3) 单击“格式”按钮，打开菜单，选择想要指定的格式类型。或者单击“特殊格式”按钮，选择要查找的特殊格式。

(4) 重复上一步骤，为查找的内容指定更多的规则或输入更多的特殊字符。

(5) 单击“替换”按钮或“查找下一处”等按钮进行正常的查找和替换操作。

【例 3-1】 打开教学素材下的文档 3-1. doc，将文中所有“人”字及其后任意字符的格式修改为“绿色、加粗倾斜”。

操作步骤如下。

(1) 单击“开始”选项卡“编辑”组中的“替换”命令，打开“查找与替换”对话框，单击“更多”按钮，在“查找内容框”中输入“人”。

(2) 单击“特殊格式”按钮，选择任意字符，在“人”后将插入“^?”。

(3) 将光标定位在“替换为”文本框中，单击“格式”按钮中的“字体”命令，在“字体”对话框中选择绿色倾斜加粗，单击“确定”按钮返回“查找与替换”对话框。

(4) 单击“替换”以及“查找下一处”可逐个观察文字的替换情况，单击“全部替换”则一次替换全部需替换的内容。

4 移动与复制文本

Word 2010 中，有很多种方式可以完成移动与复制文本操作，最常用的是使用“剪切”“复制”和“粘贴”命令。“剪切”和“复制”非常相似。“剪切”是从文档中删除选择的内容，并把删除的内容放到剪贴板上(剪贴板是一个隐藏的保存区域，存在两个剪贴板：Windows 剪贴板和 Office 剪贴板)。“复制”则是在原始位置保留选择的内容，并把其副本放到剪贴板上。执行完“剪切”和“复制”命令后，就可以使用“粘贴”命令，把剪贴板上的内容放到想要插入的位置。

“剪切”“复制”和“粘贴”3 个命令，可以在 Word 中许多地方找到，如在“开始”选项卡中“剪贴板”区域，包括“剪切”命令按钮、“复制”命令按钮、“粘贴”命令按钮。其中“粘贴”命令按钮分为上下两个部分。单击上半部分则直接粘贴 Windows 剪贴板中已有数据。当点击“粘贴”命令按钮的下半部分时，会弹出一个下拉列表，可以从中选择粘贴对象的方式，如图 3-2-6所示，鼠标悬停在每个粘贴选项时可以预览不同的粘贴效果。

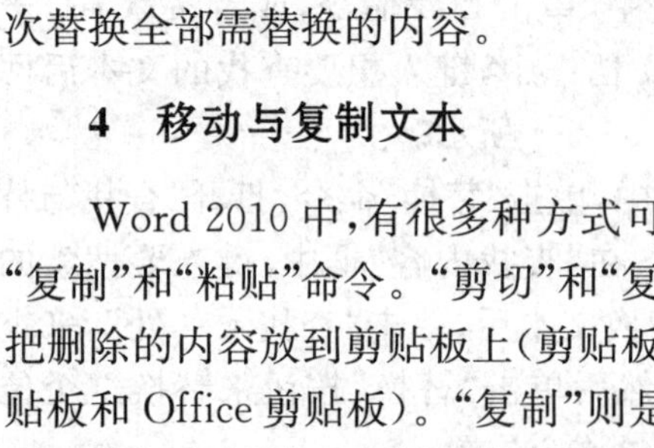

图 3-2-6 粘贴选项

粘贴动作完成后，在粘贴对象旁边会出现悬浮的粘贴图标，单击此图标可以选择其他的粘贴方式。

在选择的文本上单击右键，从弹出的快捷菜单中也可以找到“剪切”“复制”和“粘贴”3 个命令。还可以通过键盘上的快捷键〈Ctrl〉+〈X〉〈Ctrl〉+〈C〉〈Ctrl〉+〈V〉快速执行这 3 个命令。

5 撤销与恢复

任何时候，执行了错误的操作，如无意间删除或重写了某些内容，都可以使用 Word 的撤销功能，来轻松恢复它。要执行撤销，可按下〈Ctrl〉＋〈Z〉，或者点击快速访问工具栏中的“撤销”按钮 。

当撤销一个或多个操作时，快速访问工具栏中的恢复按钮变得可用。它可以恢复之前的撤销操作。恢复功能的快捷键是〈Ctrl〉＋〈Y〉。

3.2.3　保存文档

及时保存文档可以避免因为意外断电或程序不响应而丢失工作文件，要养成经常保存的好习惯。

1　保存和另存为

打开 Backstage 视图，点击“保存”命令或“另存为”命令，即可实现保存。这两个命令的不同在于：“保存”命令可将编辑后的文件以原文件名保存，而“另存为”命令可以以新文件名或者新的文件位置、新的文件类型保存文件副本。新文档第一次执行保存操作时系统将打开“另存为”对话框。

2　更改保存位置

在打开的“另存为”对话框中，你可以选择一个本地的文件夹作为保存位置，键入文件名，选择文件类型，然后单击“保存”按钮。

除了可以将文件保存到本地之外，你也可以选择保存到一个网络位置。Backstage 视图中，选择“保存并发送”命令，然后点击“保存到 Web”命令，可以将文件保存到 One Driver 云，或点击“保存到 Share Point”，将文件保存到 Share Point 网站。

3　选择文档保存类型

Word 2010 的文件格式和早期的 Word 2003 及以前的版本保存的文件格式有着较大的不同，因此新的格式并不能与早期的 Word 版本兼容。因此，为文档保存选择一个恰当的保存类型是非常重要的。常见的类型有如下几种。

(1) Word 文档：扩展名为. docx，这是 Word 2010 的默认格式，支持 Word 2010 的所有最新特征。

(2) Word 97 至 Word 2003 文档：扩展名为. doc，向后兼容文档格式，可与早期的 Word 版本交换文档。注意，如果当前文档中的某些格式无法保存在早期的文档类型中，会弹出 Microsoft Word 兼容性检查器窗口进行提示。当使用 Word 2010 打开早期版本创建的文档时，在文档标题栏上会显示兼容模式的字样，此时 Word 2010 仅显示早期版本中支持的功能选项。

(3) PDF 文档：扩展名为. pdf，便携式文档格式，是由 Adobe Systems 用于与应用程序、操作系统、硬件无关的方式进行文件交换所发展出的文件格式。

4　设置文件保存选项

在 Windows 7 中，Word 2010 的默认保存位置为“文档”文件夹，默认保存类型为“Word 文档”，如果想换一个默认保存位置和类型，可以打开 Backstage 视图，点击“选项”命令，在弹出的对话框中选择“保存”，如图 3-2-7 所示，打开“将文件保存为此格式”下拉列表，即可选择一种新的默认保存类型；在“默认文件位置”框中，键入默认保存位置的路径，或者使用“浏览”按钮来定位它。然后点击“确定”按钮，关闭 Word 选项对话框。新的设置就会生效。

图 3-2-7　设置文件保存选项

在上述 Word 选项对话框中，还可以设置自动恢复时间间隔，只需要在保存自动时间间隔之后的时间选择下拉列表中选择或输入一个合适的时间即可，你可以取消前面的“√”关闭该功能，从而 Word 永远不会自动保存每个文件的临时备份。

3.3 格式化文档

3.3.1 字符格式

字符格式适用于文本的各个字符，包括字体类型、大小、效果、底纹等等。

1 字体设置

新建的空白文档中，中文默认字体为宋体，英文为 Calibri，字体大小为五号，颜色默认为自动。它们是清晰易读的字体，适用的文档范围也很广泛。你也可以在创建文档的过程中随时改变任意或所有文字的字体。

改变字体，首先要选中需要改变字体的文本块，然后从“开始”选项卡的“字体”下拉列表中选择一种字体。字体大小的调整也类似。要修改字体颜色，需要点击A右侧的箭头，打开字体颜色下拉列表。选择合适的颜色即可。

点击图标 B 可以将选中的文本加粗、I 可以将选中的文本倾斜、而 U 可以在选中的文本下面加上一条下划线。点击该图标右边的小箭头，还可以在弹出的下拉列表中选择下划线类型。

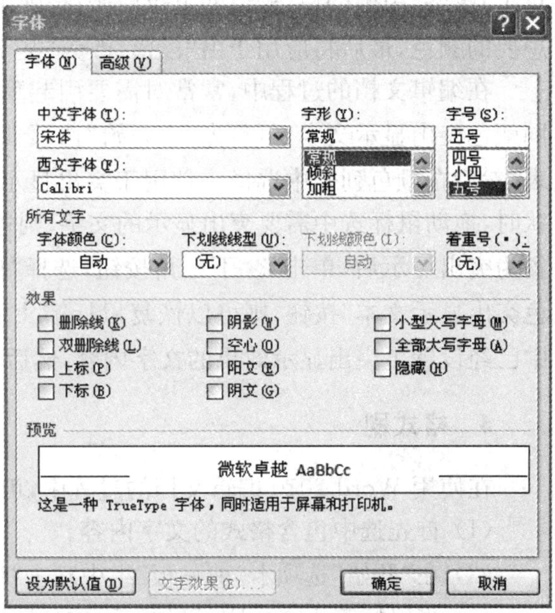

图 3-3-1　字体设置对话框

上述操作也可以在选择文本后浮现的微型工具栏上进行操作。

另外，点击“开始”选项卡中“字体”组右下角的对话框启动图标，可以打开“字体”对话框，如图 3-3-1 所示。或者使用快捷键〈Ctrl〉+〈D〉。字体对话框里面包含各种设定字符格式的选项，不仅有字体和字号，还包括各种属性，如加粗、倾斜、下划线、删除线，以及字符间距等。

通过点击“字体”对话框中的“高级”选项卡，可以找到字符间距的设置。间距的类型有“标准”“加宽”“紧缩”三大类型，每种类型都可以指定一个精确的数值。选择或输入一个合适的间距，单击“确定”，完成字距调整。

2　文字效果

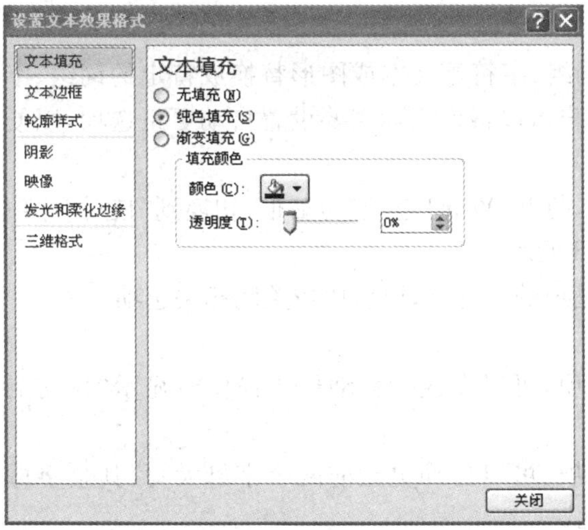

图 3-3-2　设置文本效果格式对话框

在 Word 2010 中，不使用艺术字就可以对文字进行设置阴影、映像、发光等特殊文字效果。首先选中文字，打开“字体”对话框。

在字体选项卡中我们可以对字体、字形、字号进行设置，点击下方的“文字效果”。注意该选项在兼容模式下不可用。

在弹出的“设置文本效果格式”对话框中可以设置阴影效果、透明度、大小、角度、距离等，如图3-3-2所示。

除此之外，点击“开始”选项卡上的A按钮，也可以在弹出的下拉菜单中快速设置文字效果。

3 字符边框底纹和突出显示

点击"开始"选项卡上的按钮,可以快速地为选择的文字加上底纹。在 Word 2007 及以上版本中,字体中的字符底纹默认的颜色为灰色,并且此功能不像修改字体颜色那样拥有下拉箭头可以直接单击修改,将默认的灰色改为其他颜色,可以先选中要修改底纹的文字,点击"段落"组中的旁边的下拉箭头,在弹出来的"边框和底纹"对话框中,选中底纹,修改想要的颜色,最后将应用于由"段落"改为"文字",最后确定即可。

在编辑文档的过程中,常常对需要引起重点关注的文字用不同颜色标识出。要使用不同颜色突出显示文本,可首先在"开始"选项卡"字体"组中单击下三角按钮,弹出颜色列表,然后在颜色列表中选择一种用于突出显示文本的颜色。当鼠标指针将变成荧光笔的形状时,拖动鼠标选中需要突出显示的文字,则这些文字将添加彩色背景。将所有目标文字设置为突出显示后,单击下三角按钮,选择"停止突出显示"命令,或者直接单击"以不同颜色突出显示文本"按钮,则可以恢复鼠标箭头形状。当不再需要突出显示文本时,则可以选中已经设置了突出显示效果的文字内容,然后单击下三角按钮,选择"无颜色"选项即可。

4 格式刷

在使用 Word 2010 编辑文档的过程中,可以借助格式刷快速重复设置相同格式。

(1) 首先选中包含格式的文字内容。

(2) 在"开始"选项卡"剪贴板"组中双击"格式刷"按钮 格式刷。

(3) 当鼠标箭头变成刷子形状后,按住左键拖选其他文字内容,则格式刷经过的文字将被设置成格式刷记录的格式。

(4) 松开鼠标左键后再次按住左键拖其他文字内容,将再次重复设置格式。

(5) 完成后单击"格式刷"按钮即可取消格式刷状态。

若步骤(2)中是单击"格式刷"按钮,则选中的格式仅适用一次。

5 自动更正和自动套用格式

在 Word 中可以使用"自动更正"功能将词组、字符等文本或图形替换成特定的词组、字符或图形,从而提高输入和拼写检查效率。用户可以根据实际需要设置自动更正选项,以便更好地使用自动更正功能。

首先单击"文件"选项卡,点击"选项"命令,打开"Word 选项"对话框,切换到"校对"选项卡,然后单击"自动更正选项"按钮,如图 3-3-3 所示。

用户可以根据实际需要选取或取消相应选项的复选框,以启用或关闭相关选项。

"自动更正"页中重要选项的含义如下。

(1) 显示"自动更正选项"按钮:选中该选项,可以在执行自动更正操作时显示"自动更正选项"按钮。

(2) 更正前两个字母连续大写:选中该选项,可以自动更正前两个字母大写、其余字母小写的单词为首字母大写,其余字母小写的形式。

(3) 句首字母大写:选中该选项,可以自动更正句首的小写字母为大写字母。

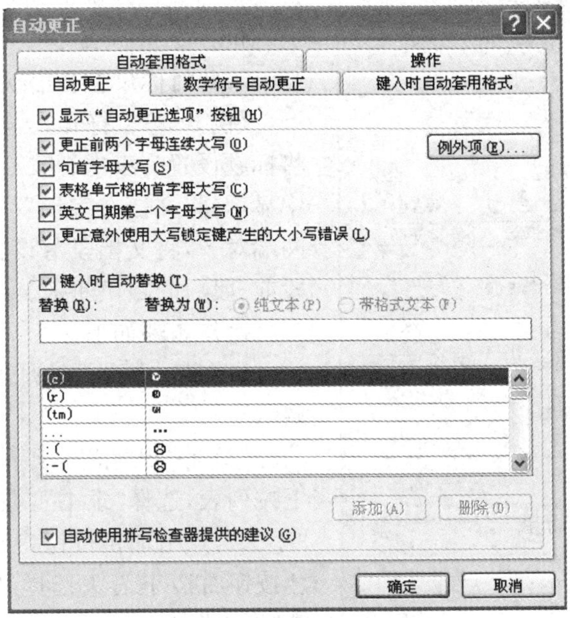

图 3-3-3　“自动更正”对话框

(4) 表格单元格的首字母大写:选中该选项,自动将表格中每个单元格的小写字母更正为大写字母。

(5) 英文日期第一字母大写:选中该选项,自动将英文日期单词的第一个小写字母更正为大写字母。

(6) 更正意外使用大写锁定键产生的大小写错误:选中该选项,自动识别并更正拼写中的大写错误。

6　清除文本格式

在实际工作当中,常常需要将已经设置的文本格式全部清除。选中需要清除文本格式的文本块。然后在“开始”选项卡的“字体”分组中单击“清除格式”按钮。或者使用组合键〈Ctrl〉+〈空格〉。

3.3.2　段落格式

段落格式通常包括设置文本、段落缩进、行距和段间距、居中和对齐等。在 Word 2010 中,与段落格式设置相关的命令是在“开始”选项卡的“段落”组中。

1　段落缩进

在排版时经常会使用到段落缩进,在 Word 2010 中,我们可以在图 3-3-4 所示的“段落”对话框中“缩进”部分,调整左侧和右侧整体缩进的大小,还可以在“特殊格式”下拉列表中,设置首行的缩进大小。

除此之外,在水平标尺上,有 4 个段落缩进滑块:首行缩进、悬挂缩进、左缩进以及右缩

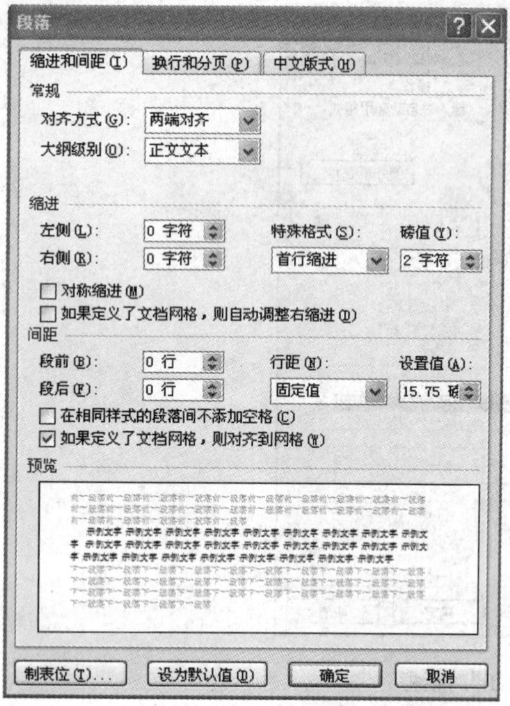

图 3-3-4 “段落”对话框

进。按住鼠标左键拖动它们即可完成相应的缩进，如果要精确缩进，可在拖动的同时按住〈Alt〉，此时标尺上会出现刻度。

【例 3-2】 打开教学素材中文档 3-2. doc，将标题设置为隶书、小二号字、加粗、红色字、居中显示；将文档文字设置为楷体、四号字、斜体、两端对齐，将文档段落设置为首行缩进 1 厘米，段前、段后间距 1 厘米。

操作步骤如下。

(1) 选中标题“亚洲金融危机及其对中国的启示”。

(2) 在“开始”选项卡“字体”组中找到字体下拉列表，选择“隶书”，在字号下拉列表中选择“小二”，点击加粗按钮将文本加粗，点击字体颜色按钮右边小箭头选择红色，在“段落”组中点击“居中”按钮。

(3) 选中正文文字。

(4) 在“开始”选项卡“字体”组中找到字体下拉列表，选择“楷体”，在字号下拉列表中选择“四号”，点击倾斜按钮将文本改成斜体，在“段落”组中点击“两段对齐”按钮。

(5) 点击“段落”组右下角的小箭头打开“段落”对话框，特殊格式下拉列表中选择“首行缩进”。段前、段后文本框中分别输入“1 厘米”。

2 行距和段间距

段间距是指两个相邻段落之间的距离；而行间距则是指文档中行与行之间的距离。恰当地进行设置段间距和行间距，能够使文档版面更加美观，方法如下：

将光标置于该段落的任意位置，单击“段落”选项组右下方的按钮，将打开“段落”对话框，如图 3-3-4 所示。在此对话框中“段前”和“段后”微调框中，分别单击微调按钮或者输入具体的数值可以设置段前段后间距。

在“行距”下拉列表中选择合适的选项，并根据选择在设置值中输入数值修改行距。行距的设置也可以点击“段落”组中的按钮快速进行设置。

3 居中和对齐

首先选中需要设置对齐方式的段落，然后在“开始”功能区的“段落”分组中分别单击“左对齐”按钮、“居中对齐”按钮、“右对齐”按钮、“两端对齐”按钮和“分散对齐”按钮设置不同对齐方式，如图 3-3-5 所示。

也可以在打开的“段落”对话框中单击“对齐方式”下拉列表，然后在“对齐方式”下拉列表中选择合适的对齐方式。

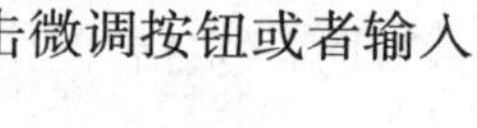

图 3-3-5 对齐方式按钮

4　使用制表位

在打开的“段落”对话框中单击“制表位”按钮，则打开“制表位”对话框，在制表位列表框中选中特定制表位，然后在“制表位位置”编辑框中输入制表位的位置数值；调整“默认制表位”编辑框的数值，以设置制表位间隔；在“对齐方式”区域选择制表位的类型；在“前导符”区域选择前导符样式。设置完毕单击“确定”按钮即可。

5　首字下沉

将光标移动到需要设置首字下沉或悬挂的段落中，然后单击“插入”选项卡，在“文本”组中单击“首字下沉”按钮。接着在下拉菜单中选择“下沉”或“悬挂”选项，就可以实现首字下沉或首字悬挂的效果了。若在“首字下沉”菜单中选择“首字下沉选项”命令，将弹出“首字下沉”对话框。选中“下沉”或“悬挂”选项，然后可以分别设置字体或下沉的行数，最后单击“确定”按钮即可。

6　项目符号和编号列表

键入有规律的文本时往往自动创建项目符号和编号列表，也可以快速给现有文本行添加项目符号或编号。

键入 *（星号）开始项目符号列表，或键入 1 开始编号列表，然后按〈空格〉或〈Tab〉。再键入所需的文本，按〈Enter〉添加下一个列表项。Word 会自动插入下一个项目符号或编号。要完成列表，请按两次〈Enter〉，或按〈Backspace〉删除列表中的最后一个项目符号或编号。

如果项目符号和编号不能自动开始，可以选择要向其添加项目符号或编号的项目，然后在“开始”选项卡上的“段落”组中，单击“项目符号”按钮或“编号”按钮。

如果要更改列表与边距之间的缩进量，注意不要使用〈Tab〉或“增加缩进量”按钮。这样会创建新列表级别，因此尽管列表看起来没有问题，但当尝试创建新列表时，所有级别都将混在一起。应右键单击列表，然后单击“调整列表缩进”。在出现的对话框中，可以更改项目符号或编号及文本的缩进量。

7　边框与底纹

通过在 Word 2010 文档中插入段落边框，可以使相关段落的内容更加醒目，从而增强 Word 文档的可读性。在默认情况下，段落边框的格式为黑色单直线。用户可以设置段落边框的格式，使其更美观。

在 Word 2010 档中设置段落边框格式的步骤如下。

(1) 在“开始”功能区的“段落”分组中单击“边框”下拉三角按钮，并在打开的菜单中选择“边框和底纹”命令，如图 3-3-6 所示。

(2) 在打开的“边框和底纹”对话框中，分别设置边框样式边框颜色以及边框的宽度。

(3) 单击“应用于”下拉三角按钮，在下拉列表中选择“段落”选项，并单击“选项”按钮。打开“边框和底纹选项”对话框，在“距正文边距”区域设置边框与正文的边距数值，并单击“确定”按钮。

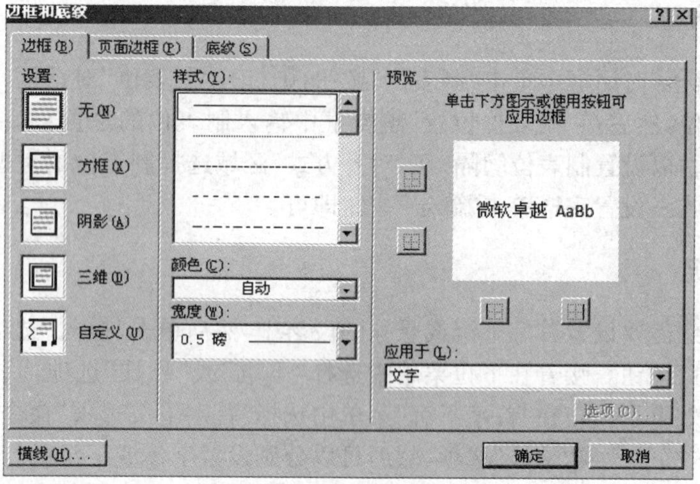

图 3-3-6　边框与底纹对话框

(4) 返回“边框和底纹”对话框,单击“确定”按钮。返回 Word 2010 文档窗口,选中需要插入边框的段落,插入新设置的边框即可。

(5) 打开“底纹”选项卡,可以设置选中段落的背景颜色或图片。

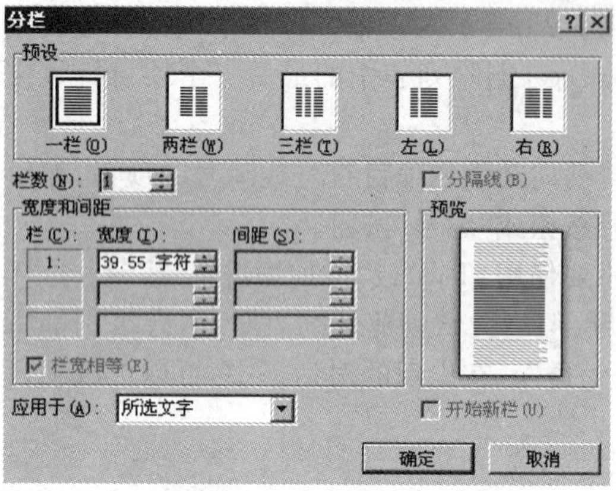

图 3-3-7　“分栏”对话框

8　分栏

对文档(或某些段落)进行分栏,需要打开“页面布局”选项卡,点击“分栏”按钮并选择合适的分栏数,或者点击“更多分栏”打开“分栏”对话框,如图 3-3-7 所示,进行更详细的设置,然后点击“确定”,Word 文档就会在适当的位置自动分栏。

若希望某一内容出现在下栏的顶部,则可用插入分栏符的方法实现,将插入点置于另起新栏的位置打开“页面布局”选项卡,单击“分隔符”,选择“分栏符”,单击“确定”按钮。

3.3.3　样式

样式是一种格式定义,简单地说,样式就是格式的集合。通常所说的“格式”往往指单一的格式。例如,“字体”格式、“字号”格式等。每次设置格式,都需要选择某一种格式,如果文字的格式比较复杂,就需要多次进行不同的格式设置。而样式作为格式的集合,它可以包含几乎所有的格式,设置时只需选择一下某个样式,就能把其中包含的各种格式一次性设置到文字和段落上。

样式可以应用于文本以保持文档的一致性。应用某种样式的文本,当样式修改后,所有基于该样式的文本都会自动进行更改。除此之外,样式还可以控制大纲组织结构、目录和管理文档。

1　快速样式

开始选项卡中，有一个称为快速样式集的样例菜单，如图 3-3-8 所示。不用打开菜单，就可以看到选项卡中第一行的样式，单击相应的样式按钮就可以使用该样式。如果用户想使用的样式没有出现，可以单击下拉箭头打开整个菜单进行选择。

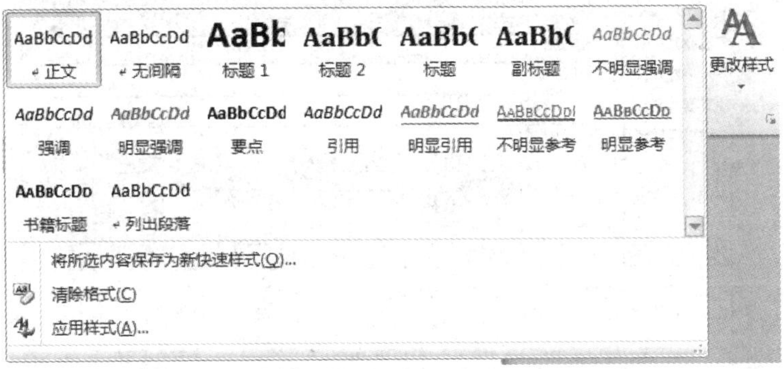

图 3-3-8　快速样式集

当鼠标掠过各种样式时，文档中的文本就会显示该样式的一个预览，可以在应用该样式前查看该样式的效果。

2　样式窗格

快速样式集中的样式有限，更复杂的样式操作要在样式窗格中完成。

单击“开始”选项卡“样式”区域右下角的样式对话框启动图标，可以打开样式窗格。它可以停靠，如图 3-3-9 所示。也可以拖动到任意位置作为浮动窗口。

要查看每种样式的定义，只要把鼠标放在该样式上就可以了。

在样式窗格中，每种样式都有自己的下拉列表，右击样式名称或指向它单击其右出现的下拉箭头，就可以打开样式下拉列表，需要注意其中几个重要的选项。

（1）更改样式名以匹配所选内容：修改后的样式和当前选择的文本样式一致。

（2）修改：打开修改样式对话框，用户可以在其中对样式进行编辑。

（3）从样式库中删除：把样式从开始选项卡上的列表中删除，但仍保留在样式窗格中。

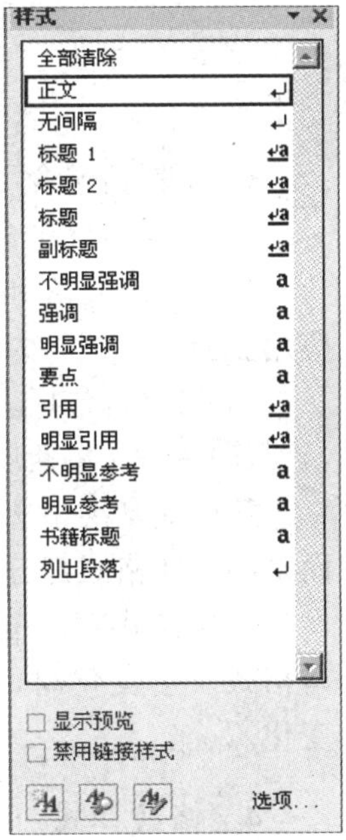

图 3-3-9　样式窗格

3　新建样式

样式窗格左下角第一个按钮可实现新建样式。默认新建的样式是以光标插入点所在位置使用的样式作为基础建立的。因此,也可以先选定要作为新建样式基础的文本之后,然后再点击该按钮。

点击该按钮后,将打开一个“根据格式设置创建新样式”对话框,如图 3-3-10 所示。在名称输入框中为新样式键入名称。从样式类型列表中选择一种样式类型。在该对话框中,可以改变所选类型的相应格式。

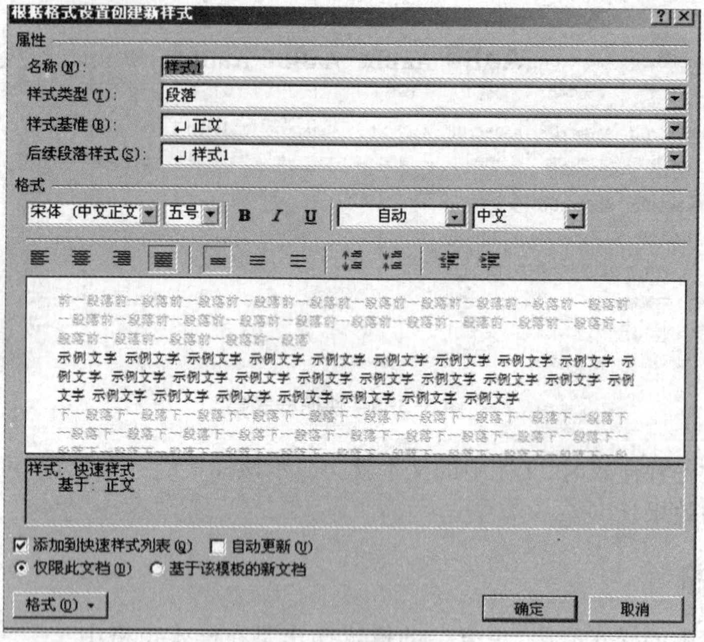

图 3-3-10 “根据格式设置创建新样式”对话框

(1) 段落:包含了段落级的格式,还有应用于整个段落的字符级格式。

(2) 字符:仅包含字符级的格式。

(3) 链接段落和字符:包含段落级和字符级格式,并能以段落级和字符级样式进行应用。

(4) 表格:包括表格特有的格式,以及段落和字符格式的元素,应用于表格的单元格。

(5) 列表:包括项目符号和编号列表特有的格式。

从样式基准中选择一个基准样式。新样式中没有定义的格式都是从这个基准样式复制而来的。在格式部分中分别为选择的不同样式类型设置格式。

新建样式对话框的下方有个自动更新选项。当该选项选中时,当应用某种样式的文本格式发生变化时,该样式也会发生改变。文档所有应用该样式的文本格式同时都会变化。

4 修改样式

样式集中的各种样式可以重新定义。右击要更改的样式选择“修改”,打开“修改样式”对话框。修改样式对话框和新建样式对话框基本相同,按照上一节的方式进行修改即可。

在确保自动更新选项关闭的情况下，用户可以手动格式化文本，如果想将格式化后的文本格式反馈到某种已经定义的样式中，可以在样式窗格中某种样式上点击右键，然后选择更新样式名称以匹配所选内容。

5　复制和清除样式

按照下述操作可以实现把样式从一个文档传递到另外一个文档或模板。

打开样式窗格，然后单击下方的“管理样式”按钮，打开“管理样式”对话框。

(1) 单击“导入/导出”按钮，打开管理器对话框。

(2) 单击样式选项卡，当前文档中使用的样式都出现在左边，而当前模板中的样式都出现在右边。也可以分别单击关闭按钮，然后点击选择想要在之间复制样式的两个文档。

(3) 选择在左边的样式，然后单击复制按钮，把该样式复制到右边列表。

应用某种样式的文本，经过手动修改格式后，可以使用“清除样式恢复到某种格式”。

若要清除所有手动格式和删除所有样式，使文本恢复到普通段落样式，可以使用样式窗格列表中的“全部清除”。

只清除文本中的手动格式，只保留样式格式，可以在样式窗格中选择样式名称，再单击“重新应用”。或者打开“快速样式集菜单”并单击“清除格式”。

【例 3-3】 教学素材中有两个文件 3-3-1. doc 和 3-3-2. doc，请以 3-3-1. doc 中第三段文本为基础，新建一个名为“我的样式”的新样式，并将该样式复制到 3-3-2. doc 中。

操作步骤如下。

(1) 选中 3-3-1. doc 中第三段文字，点击“开始”选项卡“样式”组右下角箭头，打开“样式”框。

(2) 点击“新建样式”按钮，在弹出的“根据格式设置创建新样式”对话框中名称后输入“我的样式”，点击确定。

(3) 单击“管理样式”按钮，打开“管理样式”对话框。

(4) 单击“导入/导出”按钮，打开管理器对话框。

(5) 单击样式选项卡，在右侧先单击“关闭文件”按钮，接着点击“打开文件”按钮打开 3-3-2. doc。

(6) 左侧选中“我的样式”，并点击“复制”。

(7) 关闭对话框，如提示保存文件的时候选择保存。

3.3.4　图文混排

1　表格

表格是由行和列构成的网格，行列交汇形成单元格。每个单元格是一个独立区域。表格最常见的作用是以表格布局形式组织多个数据，适用于多种场合，如图 3-3-11 所示的表格。

姓　　名		出生年月		性　　别	
政治面貌		民　　族			
最终学历(学位)		授予单位		授予时间	
参加工作时间			高校教龄		
专业技术职务			行政职务		
电　　话	办：		宅：		
传　　真			邮　　编		
联系地址					

图 3-3-11　表格实例

1）插入表格

单击"插入"选项卡中的"表格"按钮就可以打开表格下拉菜单。最上面是一项由若干个方格组成。在这些方格上移动鼠标选择所需行列数目。按下鼠标时，Word 就会按照上述指定行列数目在文档中建立一个新表格。

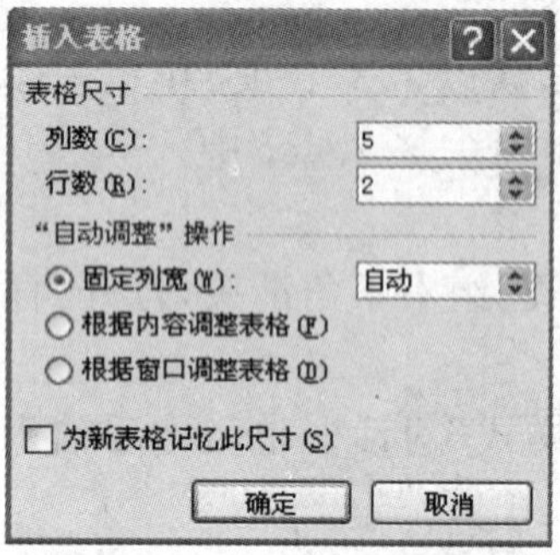

图 3-3-12　"插入表格"对话框

上述方式创建的表格最大为 13 列 11 行，若要创建更大的表格，则需要使用表格菜单的另一项"插入表格"选项。点击后，将打开"插入表格"对话框，如图 3-3-12 所示。分别在行数和列数框中输入所需行列数目。单击"确定"即可创建一个新表格。

2）编辑表格

单击单元格就可以在单元格中键入数据，按下〈Tab〉，光标会移动到相邻的单元格中，按下〈Shift〉+〈Tab〉，光标会移动到相邻的上一个单元格中。

在格式化或更改单元格前，都需要先选中该单元格。将鼠标指针定位在单元格的左下角，待鼠标指针变成黑色斜箭头时，单击单元格即可选中。在多个连续的单元格上拖动鼠标，即可选中多个单元格。将鼠标定位在表格中某行的左方或某列的上方，当鼠标形状为黑色箭头时点击，可选中该行或该列。要选择整个表格，可以点击表格左上角的表格选择器图标⊞。

要在一个表格中插入新行或列，先在待插入行或列位置的相邻行或列中点击右键，然后指向"插入"并单击最符合要求的选项。这些选项也可在布局选项卡中找到，如图 3-3-13 所示。

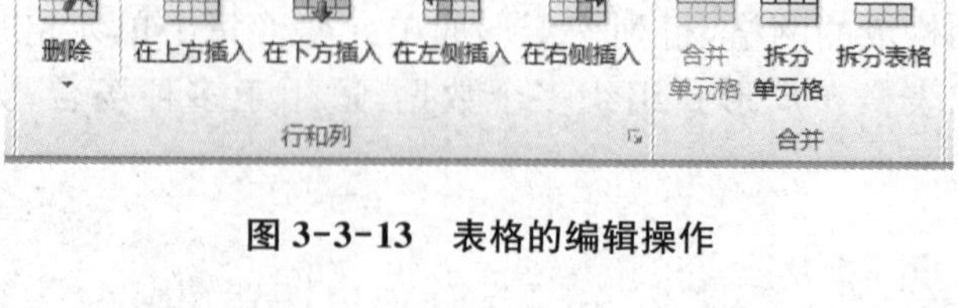

图 3-3-13　表格的编辑操作

要插入单元格，则在右键快捷菜单中选择“插入”后选择“插入单元格”选项。在弹出的插入单元格对话框中，单击需要的插入类型，然后单击“确定”即可。

要删除行、列或某个单元格，首先需要先选择要删除的内容，然后单击右键，选择需要的删除选项，如“删除行”“删除列”“删除单元格”。这些选项也可以在“布局”选项卡的“删除”下拉菜单中找到。如果选择的是“删除单元格”，会弹出“删除单元格”对话框。在对话框中，可以选择剩下的单元格如何移动。

要删除整个表格，首先选择该表格，然后在布局选项卡中单击“删除”按钮，选择“删除表格”即可。

默认生成的表格行列单元格数目相同，使用合并和拆分单元格可以创建各种有趣的表格。

要合并两个或多个单元格，先选中这些单元格，然后单击“布局”选项卡中的“合并单元格”按钮，或鼠标右键单击所选对象，然后选择“合并单元格”。

拆分单元格相对稍麻烦一点，首先单击要拆分的单元格，然后在“布局”选项卡中选择“拆分单元格”按钮，或者鼠标右键单击要拆分的单元格，然后选择“拆分单元格”。在弹出的“拆分单元格”对话框中，键入要将所选单元格拆分成的行数和列数。然后点击“确定”即可完成拆分。

将鼠标放在表格的行或列边线上进行拖曳，可以改变行高或列宽。

使用表格样式可以快速制作出漂亮的表格。首先单击任意单元格。然后单击“设计”选项卡。鼠标指向“表格样式”列表中样式，可以实时预览实际效果。确定使用哪种样式后单击该样式即可。我们还可以单击下拉箭头，在更详细的表格样式列表中选择合适的样式。

【例 3-4】 打开教学素材中文档 3-4. doc，以最后一段的数据为基础，建立一个大小合适的表格，并使用一种表格样式。

操作步骤如下。

(1) 选中最后一段数据，打开“插入”选项卡中表格下拉列表并点击“文本转换成表格”。

(2) 检查弹出的对话框中参数是否正确，并点击确定。

(3) 在“设计”选项卡的“表格样式”组中点击选择一种合适的表格样式。

2　图片

1) 插入图片

在“插入”选项卡下的“插图”组中单击“图片”按钮，会弹出“插入图片”对话框，在本地磁盘中选择自己所需的图片后，单击“插入”按钮即可。这种方式插入的图片不受原文件位置的影响，即使原文件位置有变化图片仍存在于文档中。

2) 图片环绕

环绕决定了图形之间以及图形和文字之间的交互方式。

点击选择图片，功能区将多出“图片工具”选项卡组，单击“格式”选项卡的“排列”组中的“位置”或“自动换行”按钮，可以设置图形的环绕方式，如图 3-3-14 所示。

Word 提供了 7 种环绕方式，可根据自己的需要选择想要的方式。点击“其他布局选项”，会弹出“布局”对话框，在该对话框下也可以选择某种环绕方式。还可以对每种环绕方

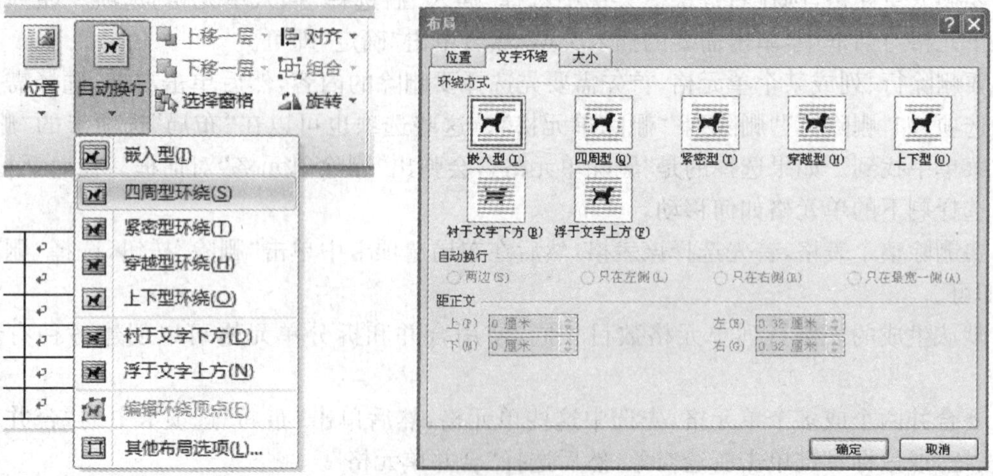

图 3-3-14 图片环绕方式

式进行更详细的设置。

3）拖动和微移图片

拖动图形可以移动其位置，但是“嵌入型”环绕方式的图片只能放置在段落标记处，其他环绕方式的图形可以拖放到任何位置。

单击“视图”选项卡中“显示”组的“网格线”方框，可以打开 Word 内置的网格，此时按住〈Alt〉或方向键移动图片，可以微调图片的位置。按住〈Ctrl〉可以更小幅度地移动图片。

4）调整大小

调整图片大小，可以在“格式”选项卡的“大小”组中直接键入所需图片大小。单击图片时，在图片四周会出现 8 个大小控制手柄，当鼠标指针移动到其中一个手柄上时，鼠标指针会变成双向箭头形式，拖动鼠标指针，直到调整到满意的大小释放鼠标也可调整图片大小。按住〈Ctrl〉可以对称的改变图片大小。

5）裁剪图片

单击“格式”选项卡的“大小”组中的“裁剪”按钮后，同上个步骤，图片四周会出现 8 个裁剪手柄，将鼠标移动到任意一个手柄上进行拖动，线框内的部分即留下的图形部分，线框外的即被删除的部分。拖动完毕后按〈Enter〉即完成裁剪。

3 文本框

文本框也是 Word 中常使用的组件。要在 Word 中插入文本框，首先要选择“插入”选项卡。在“文本”组中点击“文本框”按钮。这时会列出系统内置的一些文本框，选择你需要的一种文本框。点击文本框以后，此时的文本框处于编辑状态，在此你可以输入你的内容。

在默认情况下，文本框有一个黑色的边框。要改变它的样式和颜色。首先选中这个文本框，则会出现“绘图工具”选项卡组，选中“格式”选项卡，点击“形状轮廓”按钮弹出的菜单可以设置文本框的边线颜色、粗细和样式。

4　艺术字

艺术字可以让文档更加有艺术性或者美观，插入艺术字时，首先在“插入”功能区找到“艺术字”。在艺术字选择区域选择我们需要的样式。在“艺术字设置”窗口，输入文本，即需要显示的内容，并设置字符大小等要素。

5　形状

使用形状可以在 Word 文档中创建一个自定义的图形。

点击“插入”选项卡，在“插图”组中点击“形状”按钮，可在弹出的下拉菜单中选择一个想要绘制的形状，此时 Word 文档中会出现我们选择的形状。可以通过鼠标的拖动来移动图形的位置，图形的大小可以通过拖动进行调整，可以简单调节图形的形状变化，也可以调整图形的角度或方向。和文本框类似，功能区会出现“绘图工具”选项卡组，选中“格式”选项卡，可以通过工具栏的按钮来调节边线、填充内容，还可以进行细节的编辑。

6　公式

切换到“插入”功能区，在“符号”分组中单击“公式”下拉三角按钮，可以在打开的内置公式列表中选择需要的公式。当计算机处于联网状态下，如果在 Word 2010 提供的内置公式中找不到用户需要的公式，则可以在公式列表中指向“Office. com 中的其他公式”选项，并在打开的来自 Office. com 的更多公式列表中选择所需的公式

点击“插入新公式”可以自己编辑一个自定义公式。

所编辑的公式主要有两种，分别是专业型和线性公式。这两种公式在显示上有一定的差别。专业型公式是居中的，而线性公式是嵌入文本中的，相对于专业型公式，其公式内容大小要小些，对比较为明显。当你选中一个公式时点击右侧出现的箭头，在弹出来的菜单中可以改变公式的类型。

7　Smart Art

在 Word 2010 中提供了 Smart Art 图形功能，Smart Art 图形比自选图形要强大得多，提供了一些模板，如列表、流程图、组织结构图和关系图，利用 Smart Art 图形可以轻松地创建复杂的形状。

首先，在“插入”选项卡中的“插图”组中单击 Smart Art 按钮，在弹出的“选择 Smart 图形”窗口中选择需要的 Smart Art 图形样式，单击“确定”按钮，在 Word 文档中会出现所选的 Smart Art 类型的图形，并出现“Smart Art 工具”的选项卡组，分别单击 Smart Art 图形中的文本占位符，并分别输入需要的内容。可以在“文本窗格”中使用回车添加新条目，输入需要添加的项目内容，在形状中即显示输入的内容。

8　文档部件

在 Word 中输入文章，经常遇到一种反复输入的句了或者段落，我们可以利用 Word 中的文档部件，将经常用到的大段文字存储为文档部件，然后通过文档部件的插入来快速录入重复的文字。

首先选中一段经常需要输入的大段文字，然后选择“插入”选项卡，点击“文档部件”图标，在文档部件的下拉菜单中，选择“将所选内容保存到文档部件库”，弹出“新建构建基块”对话框，点击“确定”按钮，就保存了一个文档部件。

要快速地插入已创建的文档部件，只需把光标放到想要输入这段文字的地方，然后选择“插入”选项卡，点击“文档部件”图标，在文档部件的下拉菜单中，点击刚才保存的部件，直接单击就可以了。

9 图表

Word 2010 文档中的图表功能相对于 Word 2003 的图表工具 Microsoft Graph 而言，应用更灵活，功能更强大。要想充分发挥图表功能，用户应当在 Word 2010 文档中创建图表，而不是在 Word 97 至 Word 2003 兼容文档中使用图表功能。

在 Word 2010 文档中创建图表的步骤如下：

首先，切换到“插入”选项卡。其次，在“插图”分组中单击“图表”按钮，打开“插入图表”对话框，在左侧的图表类型列表中选择需要创建的图表类型，在右侧图表子类型列表中选择合适的图表，并单击“确定”按钮，在并排打开的 Word 窗口和 Excel 窗口中，用户首先需要在 Excel 窗口中编辑图表数据。在编辑 Excel 表格数据的同时，Word 窗口中将同步显示图表结果。最后，完成 Excel 表格数据的编辑后关闭 Excel 窗口，在 Word 窗口中可以看到创建完成的图表。

3.4 排版输出

3.4.1 文档排版

1 页面设置

页面格式适用于整个页面。点击“页面布局”选项卡，点击“页面设置”组右下角的对话框启动按钮，将显示“页面设置”对话框，如图 3-4-1 所示。

“页边距”选项卡中可以调整每页空白处的大小，“纸张”选项卡可以设置文档页面所使用的纸张大小，通常纸张大小都用 A4 纸，所以可采用默认设置。有时也会用 B5 纸，只需从“纸张大小”中选择相应类型的纸即可。选择“文档网格”选项卡，可以设置每页的行数和每行的字符数。这样，文字的排列就均匀清晰了。

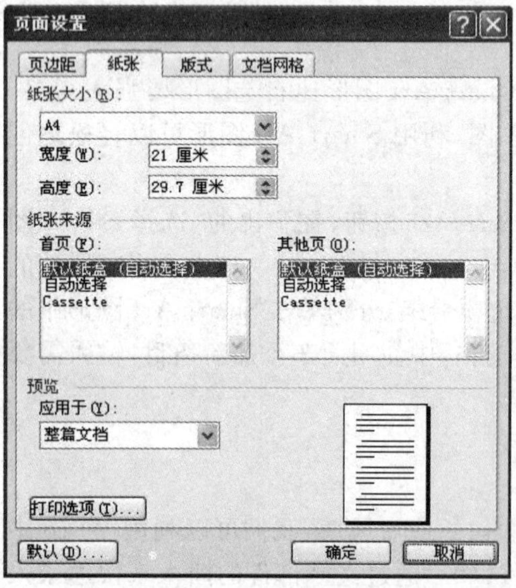

图 3-4-1 “页面设置”对话框

2　分隔符

1）分页符

当文本或图形等内容填满一页时，Word会插入一个自动“分页符”并开始新的一页。如果要在某个特定位置强制分页，可插入手动“分页符”，这样可以确保章节标题总在新的一页开始。首先，将插入点置于要插入“分页符”的位置，然后打开“页面布局”选项卡，单击“分隔符”，选择“分页符”，然后“确定”。

2）分节符

节是一段连续的文档块，同节的页面拥有同样的边距、纸型或方向、打印机纸张来源、页面边框、垂直对齐方式、页眉和页脚、分栏、页码编排、行号及脚注和尾注。如果没有插入分节符，Word默认一个文档只有一个节，所有页面都属于这个节。使用分节符可以改变文档中一个或多个页面的版式或格式。例如，可以分隔文档中的各章，以便每一章的页码编号都从1开始。也可以为文档的某节创建不同的页眉或页脚。

分节符控制它前面的文本节的格式。删除某分节符会同时删除该分节符之前的文本节的格式。该段文本将成为后面的节的一部分并采用该节的格式。例如，如果用分节符分隔了文档的各章，然后删除了第二章开头处的分节符，则第一章和第二章将位于同一节中并采用以前仅第二章使用的格式。

可以插入的分节符有如下几种类型：

(1) 下一页：用于插入一个分节符并在下一页开始新的节。这种类型的分节符尤其适用于在文档中开始新章。

(2) 连续：用于插入一个分节符并在同一页上开始新节。连续分节符适用于在一页中实现一种格式更改，如更改列数。

(3) “偶数页”或“奇数页”：用于插入一个分节符并在下一个偶数页或奇数页开始新节。

3　目录

将光标移动到你想创建目录的页面，打开Word 2010的“引用”选项卡，单击“目录”按钮在弹出的下拉菜单中选择“插入目录”，随后可以看到图3-4-2所示的对话框。设置完毕后点击“确定”按钮即可插入目录。

如果对文章内容进行了修改，文档中的内容或页码有变化时，想相应地修改目录的话，可在目录中的任意位置单击右键，选择“更新域”命令，显示“更新目录”对话框。如果只是页码发生改变，可选择“只更新页码”。如果有标题内容的修改或增减，可选择“更新整个目录”。

【例3-5】　打开教学素材中文档3-5.doc，在第一页中为该文档插入目录，要求目录独占一页，并且目录中仅包含正文中样式为标题1和标题2的文本。

操作步骤如下。

(1) 点击文档第一个字符前区域，将光标定位在文档起始处。

(2) 点击“插入”选项卡中“页面”组“空白页”按钮，插入一个空白页。

(3) 重新定位到空白页起始处，点击“引用”选项卡“目录”组中“目录”按钮，在下拉列表

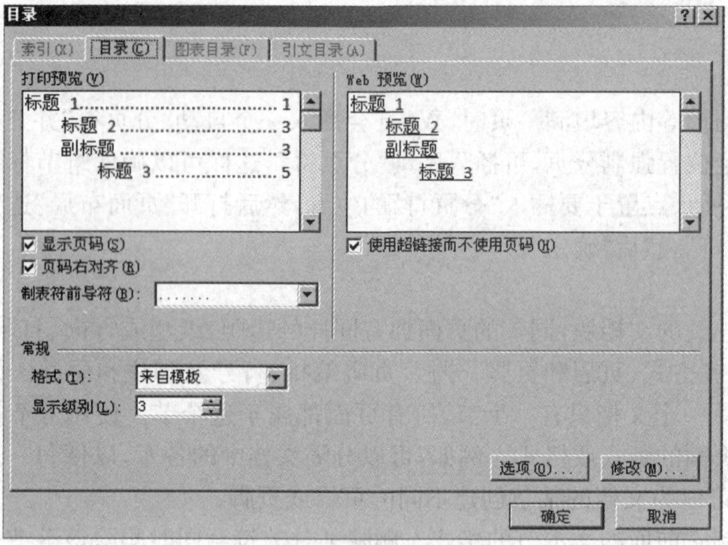

图 3-4-2 “目录”对话框

中选择“自定义目录”。

(4) 点击“选项”按钮,在打开的“目录选项”对话框中取消勾选大纲级别,并将标题三后面的目录级别文本框中的内容清除。

(5) 点击“确定”关闭目录选项对话框,继续点击“确定”关闭目录对话框。

4 题注和交叉引用

针对图片、表格、公式一类的对象,为它们建立的带有编号的说明段落,即称为“题注”。如本章每幅配图下方的“图”开始的文字就称为题注,通俗的说法就是插图的编号。为插图编号后,还要在正文中设置引用说明。很显然,引用说明文字和图片是相互对应的,这一引用关系称为“交叉引用”。

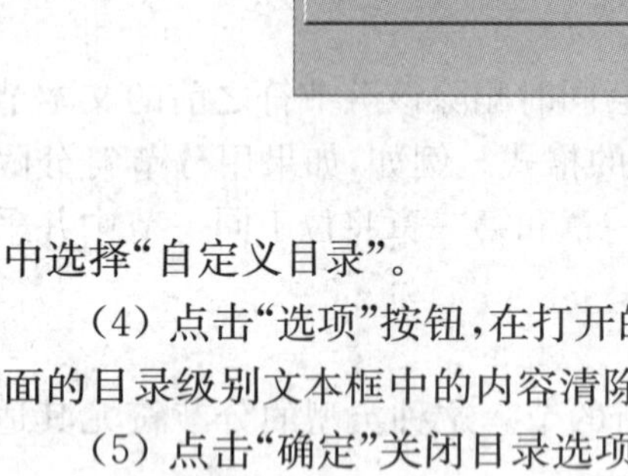

图 3-4-3 “题注”对话框

选择要为之设置题注的对象,打开“引用”选项卡,选择“插入题注”,随后可以看到如图 3-4-3 所示的“题注”对话框的界面。

在“题注”一栏显示的是插入后的题注的内容。“标签”下拉菜单可以用于选择题注的类型。例如,如果插入的是图片,可以选择“图表”,或者根据插入的内容类型选择“表格”“公式”。如果觉得 Word 自带的几种标签类型不太贴切,单击“新建标签”按钮即可新建自己需要内容的标签。随后可以在“位置”下拉菜单选择题注出现的位置,可选的位置是项目的上方或下方,可以根据实际需要选择。单击“确定”,Word 就会自动为我们创建好题注。需要在两张图片中增加图片,那么只要所有图标都使用题注的方式进行了标识,那么新插入的图片以及后面图片的题注中的图片编号都会被自动更新。

如果是表格需要插入题注，只需要选中整个表格，然后使用同样的选项。

5　大纲视图

“大纲视图”主要用于设置 Word 2010 文档的设置和显示标题的层级结构，并可以方便地折叠和展开各种层级的文档。大纲视图广泛用于 Word 2010 长文档的快速浏览和设置中。

点击状态栏右侧的图标，或者“视图”选项卡中的“大纲视图”按钮即可进入大纲视图模式。此时默认选择“大纲”选项卡，如图 3-4-4 所示。

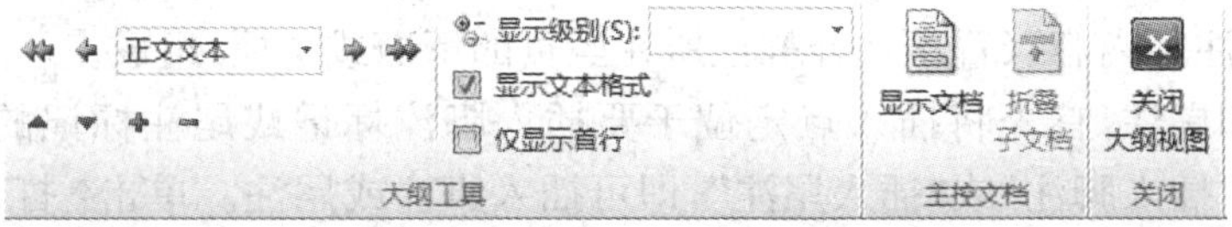

图 3-4-4　大纲工具

如果想将选中的标题文字改动级别，可以利用“大纲工具”中的升降级按钮。也可以利用拖动标题前面的符号的方法来实现：如果想将标题级别降至较低级别，向右拖动符号；如果想将标题升级至较高级别，请向左拖动符号。

如果向上或向下拖动符号，可以实现文档内容的移动，且该标题的从属标题和文字将也随之移动。也可以单击工具栏中的“上移”或“下移”按钮，把光标所在的段落标题上移或下移一个位置。

在建立满意的大纲级别后，切换到普通视图或页面视图以添加详细的正文内容。

6　页眉和页脚

单击“插入”选项卡，在“页眉和页脚”区单击“页眉”按钮，即可在“页眉”列表中选择合适的页眉样式，点击后进入“页眉和页脚”编辑状态。此时，默认使用“设计”选项卡，如图 3-4-5所示，可以分别点击“页眉”“页脚”和“页码”，来设置它们的样式。

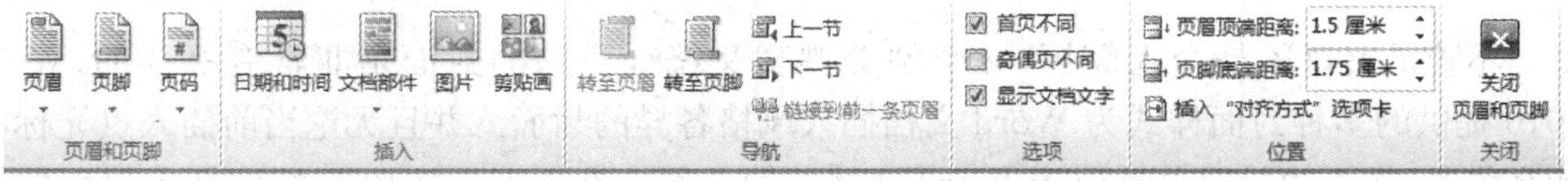

图 3-4-5　“页眉与页脚设计”选项卡

若想对页面设置不同的页眉页脚，必须将文档分为多个节。“设计”选项卡上有一个“链接到前一条页眉”按钮，单击这个按钮使之背景变深，表示本节的页眉与前一节相同，若各节的页眉互相独立，需要把这个按钮调整为“弹起”状态，然后修改页眉。“首页不同”复选框选中时，第一页页眉页脚和其他部分独立，“奇偶页不同”选中时，奇偶页的页眉页脚可以独立编辑。

【例 3-6】　在页面顶端（页眉）居中位置插入当前日期，给文档加入页脚右对齐显示“？/?”形式的页脚。（两个？分别表示页码和总页数）

操作步骤如下。

(1) 点击"插入"选项卡中"页眉页脚"组中"页码"按钮,在下列列表中选择"页面底端"。

(2) 在二级菜单中选择"加粗显示的数字 3"。

7 脚注和尾注

脚注和尾注可以对文档或文档中的某些内容作注释加备注。在同一文档中可以既有脚注,又有尾注。一般脚注是对某一页有关内容的解释,常放在该页的底部;尾注常用来标明引文的出处或对文档内容的详细解释,一般放在文档的最后。

脚注和尾注都有两个部分:"注释标记"(一般以上标的形式紧跟在要注释的内容后面)和"标记所指的注释内容"(置于注释标记所在当页的下面或文尾)组成。

插入脚注和尾注,首先将插入点定位于要插入脚注标记或尾注标记的位置,单击"引用"选项卡中的"插入脚注"或"插入尾注",即可插入脚注或尾注。单击打开"脚注和尾注"对话框,可以在编号格式栏中确定文档中显示注释标记的方式:自动编号还是自定义标记。若选择自定义标记,则可以键入作为注释标记的字符,或在单击"符号"按钮后,在"符号"对话框选择某一符号,将它作为自定义的注释标记。

在页面视图下,在脚注和尾注的实际位置可以直接看到注释的内容,将插入点定位于该处可以对其进行编辑。

8 背景与边框

用户可以在 Word 2010 文档中设置普通的线型页面边框和各种图标样式的艺术型页面边框,使 Word 2010 文档更富有表现力。

在 Word 2010 文档中设置背景和页面边框的步骤如下。

首先切换到"页面布局"选项卡。在"页面背景"分组中单击"背景"可以在弹出的下拉菜单中选择并设置页面背景颜色。单击"页面边框"按钮,将打开"边框和底纹"对话框。切换到"页面边框"选项卡,然后在"样式"列表或"艺术型"列表中选择边框样式,并设置边框宽度。

9 封面

不管是书籍还是个人简历,一个精美漂亮又符合主题的封面是非常有必要的,Word 2010 提供的多种封面样式为 Word 文档插入风格各异的封面。并且无论当前插入点光标在什么位置,插入的封面总是位于 Word 文档的第 1 页。在 Word 2010 文档中插入封面的步骤如下:

首先,切换到"插入"功能区;其次,在"页"分组中单击"封面"按钮;最后,在打开的"封面"样式库中选择合适的封面样式即可。

3.4.2 文档审阅

当文档基本定稿之后,你可能对文档进行统计检查,如了解文档字数是否符合规范,或者可能将文档交给他人进行阅读或编辑,此时需要清楚地知道是否允许他人修改、哪个人进行了什么修改,或者别人可以给出哪些有用的评论。这些功能都集中在"审阅"选项卡中,如

图 3-4-6 所示。

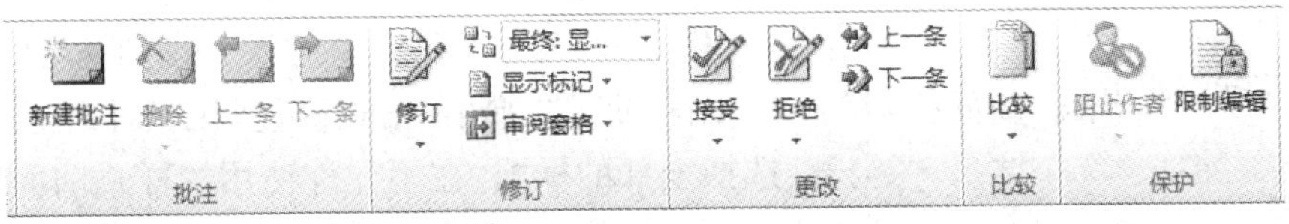

图 3-4-6　“审阅”选项卡

1　批注

批注可以插入到文档的任意位置，包括正文、标题、页脚、脚注、尾注等等。基于是否使用批注框，批注将会出现在批注框中或显示在审阅窗格中。

创建批注的步骤如下。

(1) 选择想要做批注的文字，或将光标放在想要显示批注标记的位置。

(2) 在“审阅”选项卡中，点击“新建批注”按钮，即显示一个批注框(如果选择使用批注框)。

(3) 输入批注，然后在它之外单击以接受该批注。

当打开批注框时，可以直接在批注框中查看和编辑批注。如果要删除批注，在文字中右击批注的指示符，然后选择“删除批注”命令。想要删除全部批注，单击“审阅”选项卡“批注”组里“删除”按钮下面箭头弹出菜单，选择“删除文档中的所有批注”即可。

2　修订模式

修订模式可以标记插入内容、删除内容、移动和格式化更改。单击“审阅”选项卡中的“修订”按钮可以打开或关闭修订模式。在修订模式下，对文档的所有更改都将被 Word 2010 所记录，并通过特殊颜色的字体和符号显示在原文档上。

使用“更改”组中的“上一条”“下一条”按钮可以在每处修订间移动。

想要接受或拒绝个别修订，移动到它所在的位置或选择它，然后单击“审阅”选项卡中的“接受”或“拒绝”按钮即可。如果选择“接受”，修订将嵌入到文档中，并将修订标记删除，如果选择了“拒绝”，会重新恢复原来的文字，而且修订标记也会被删除。

想要在整个文档中接受所有的修订，打开“接受”按钮的下拉菜单，选择“接受所有修订”。如果拒绝整个文档中进行任何修订，打开“拒绝”按钮的下拉菜单，选择“拒绝所有修订”。

3　字数统计

点击校对组中的字数统计命令，会打开一个字数统计对话框。里面给出了当前文档的各种统计信息，如总字数、页数、行数、段落数等等。

4　文档保护

在 Word 2010 中，若要对自己的文档进行加密，或者根据浏览者不同，对文档的修改也有一定的限制，或利用 Word 文档记录一些密码或者希望一段时间就取消的资料，或者只允许指定的用户查看文档内容，可以使用 Word 提供的各种保护措施。

在“文件”选项卡点击“信息”命令，选择“权限”，我们可以看到，有 5 种保护措施。其中

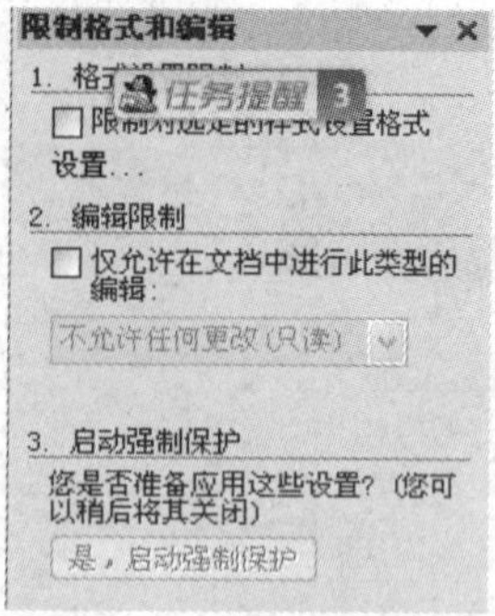

图 3-4-7 限制格式和编辑

比较重要的一种是“限制编辑”。这个功能同时可以在“审阅”选项卡中找到。点击后的界面如图 3-4-7 所示。

(1) 第一项“格式设置限制”，在“限制对选定的样式设置格式”前面打对勾，再点击“设置”，弹出“格式设置限制”对话框。

• 全部：选择全部的样式，在不允许使用的样式前面取消勾选。在这些列表里面没有“正文”样式。因为无法拒绝对“正文”样式的访问。

• 推荐的样式：如果列表中包含的样式太多，我们可以选择“推荐的样式”，然后根据需要添加或删除样式。

• 无：如果样式列表的范围太大，选择“无”，然后指选择允许的样式剩余的“格式”下面的 3 个选项。

(2) 第二项“编辑限制”，可以选择用户只能进行哪些编辑。

点击“是，启动强制保护”即可应用上述设置，此时将弹出一个对话框，提示设置密码，输入密码后点击确定，保护生效。

要想解除上述限制，需要单击“解除保护”按钮，并输入之前设置的密码。

5 比较文档

当多人操作同一个文档的副本时，如没有使用修订模式，独立地进行了更改。在这种情况下，需要将这两个版本的文档比较，并将两者的修改合并到一个原版副本中去。

用来比较两个文档的一种方法是在各自的窗口中并排查看它们，可以选择将滚动锁定到一起。这样滚动查看一个窗口时，另一个也会滚动到相应的位置。

点击“比较”组中的“比较”按钮，会弹出一个下拉菜单，点击“比较”，在弹出的“比较”对话框中，分别在原文档和修订过的文档中选择要比较的两个文档。点击“确定”，这两个文档会立即并排显示。

在默认情况下，两个窗口会被设置为同步滚动，想要关掉这种设置，在“视图”选项卡中，单击“同步滚动”按钮即可。

想要将两个文档合并，做法和“比较”基本一致，不同在于弹出下拉菜单时，选择的是“合并”而不是“比较”。

3.4.3 文档打印

Word 2010 中，和打印相关的操作可以通过单击“文件”选项卡中的“打印”命令，打开打印页面完成。

1 快速打印

在打印页面中直接点击“打印”按钮，整个活动文档将按照默认的设置在打印机中打印一份。

在 Windows 中，浏览到包含要打印文档的文件夹，选择一个或多个文档，在文档上单击右键，并选择“打印”。文档将在 Word 中打开，打印，然后再关闭。此时进行的操作也是快速打印操作，使用默认的配置打印选中的文档。

2　打印设置

打印页面设置可以直接在“打印”按钮旁边的下拉列表里逐项选择，常用的几个设置如下。

(1) 份数：默认打印 1 份，这里可以键入一个数值，或者使用箭头按钮增大或减小当前值。

(2) 打印机：页面中显示的是默认打印机。想要选择不同的打印机，打开下拉列表，然后从中选择合适的一个。单击打印机属性，可以对选中的打印机进行更详细的设置。

(3) 页面范围：你可以在下拉列表中，选择打印当前文档中全部页面或当前页面，也可以在下面的文本框中输入一个打印的页码范围。

(4) 双面打印：你可以选择每张纸只打印一面，也可以选择双面打印。

(5) 逐份打印：你可以选择打印完一份然后打印下一份，或是同一页全部打印完之后再打印下一页。

接下去的选项是对打印页面进行设置，这些设置也可以单击“页面设置”选项，打开“页面设置”对话框，设置页边距、纸张、纸张来源、版式和文档网格等打印参数。

3　打印预览

打印预览功能可以在屏幕上显示打印输出在纸张上的输出样子，以帮助用户节省纸张。对于捕捉不因人注意的分页、分栏的不均衡、对象位置的不正确等等，都有着强大的诊断功能。

打印预览显示在打印页面的右侧，如图 3-4-8 所示，可通过右下角的滑块调整预览时的

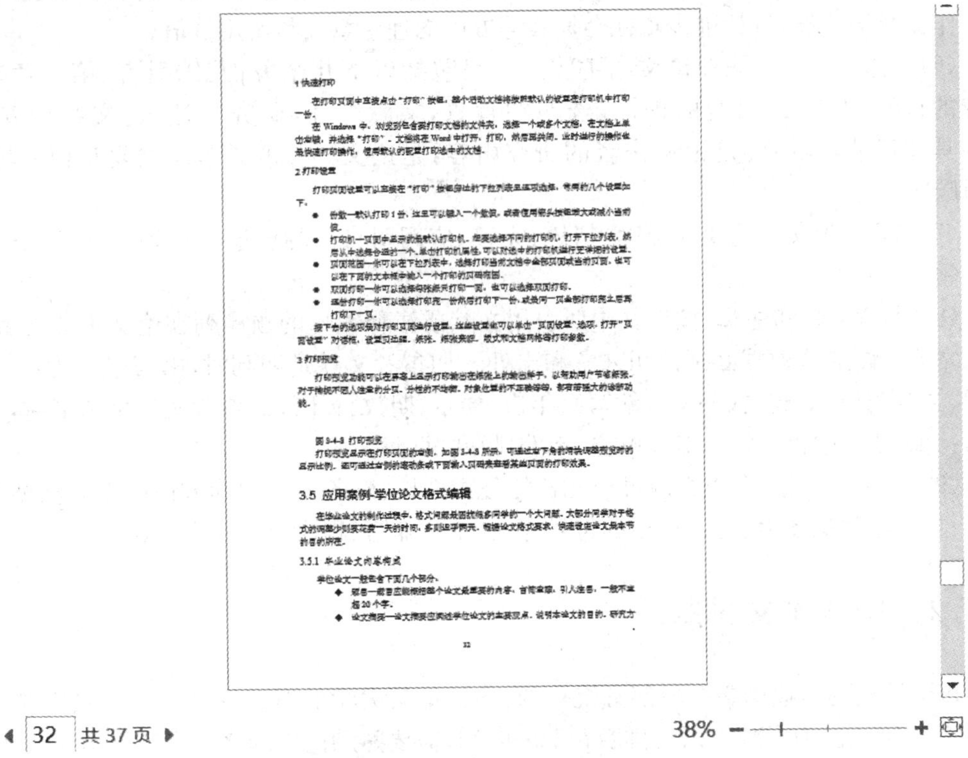

图 3-4-8　打印预览

显示比例。还可通过右侧的滚动条或下面输入页码来查看某些页面的打印效果。

3.5 应用案例——学位论文格式编辑

在毕业论文的制作过程中，格式问题是困扰很多同学的一个大问题。大部分同学对于格式的调整少则要花费一天的时间，多则近乎两天。根据论文格式要求，快速设定论文是本节的目的所在。

3.5.1 毕业论文内容构成

学位论文一般包含下面几个部分。

(1) 题目：题目应能概括整个论文最重要的内容，言简意赅，引人注目，一般不宜超20个字。

(2) 论文摘要：论文摘要应阐述学位论文的主要观点。说明本论文的目的、研究方法、成果和结论。尽可能保留原论文的基本信息，突出论文的创造性成果和新见解。而不应是各章节标题的简单罗列。论文摘要以500字左右为宜。

(3) 关键词：关键词是能反映论文主旨最关键的词句，一般3～5个。

(4) 目录：目录既是论文的提纲，也是论文组成部分的小标题，应标注相应页码。

(5) 引言：引言内容应包括本研究领域的国内外现状，本论文所要解决的问题及这项研究工作在经济建设、科技进步和社会发展等方面的理论意义与实用价值。

(6) 正文：正文是毕业论文的主体。一般包括以下几个方面：①引言(第1章)，包括研究的目的和意义，问题的提出，选题的背景，文献综述，研究方法，论文结构安排等。②各具体章节，本部分是论文作者的研究内容，是论文的核心。各章之间互相关联，符合逻辑顺序。

(7) 结论：论文结论要求明确、精炼、完整，应阐明自己的创造性成果或新的见解，以及在本领域的意义。

(8) 参考文献和注释：按论文中所引用文献或注释编号的顺序列在论文正文之后，参考文献之前。图表或数据必须注明来源和出处。如参考文献是期刊时，书写格式为：[编号]、作者、文章题目、期刊名(外文可缩写)、年份、卷号、期数、页码；如参考文献是图书时，书写格式为：[编号]、作者、书名、出版单位、年份、版次、页码。

(9) 附录：包括放在正文内过分冗长的公式推导、以备他人阅读方便所需的辅助性数学工具、重复性数据图表、论文使用的符号意义、单位缩写、程序全文及有关说明等。

3.5.2 毕业论文排版

每个学校的毕业论文一般都有统一的格式，如某大学的毕业论文正文格式编排要求如图3-5-1所示。为了减少论文排版花费的时间，需要熟悉论文的格式设置流程。

	示　例	要　求
各章标题	第 1 章×××	黑体，三号，加粗居中，单倍行距，段前 24 磅，段后 18 磅，章序号与章名间空一个字符
一级节标题	1.3××××	黑体，小三号，顶左，单倍行距，段前 24 磅，段后 6 磅，序号与题名间空一个字符
二级节标题	1.3.1×××	黑体，四号，顶左，单倍行距，段前 12 磅，段后 6 磅，序号与题名间空一个字符
三级节标题	1.3.1.1×××	黑体，小四顶左，单倍行距，段前空 12 磅，段后空 6 磅，序号与题名间空一个字符
段落文字	××××××× ××××××× ×××××××	宋体，小四号，(英文用 Times New Roman 体小四号)，两端对齐书写，段落首行左缩进 2 个汉字符。行距 20 磅(段落中有数学表达式时，可根据表达需要设置该段的行距)，段前段后 0 磅

图 3-5-1　某大学毕业论文正文格式编排要求

1　页面设置

写文章前，不要急于动笔，先要找好合适大小的"纸"，这个"纸"就是 Word 中的页面设置。很多人习惯先录入内容，最后再设纸张大小。由于 Word 中默认使用 A4 纸，如果改用 B5 纸，就有可能使整篇文档的排版不能很好地满足要求。所以，先进行页面设置，可以直观地在录入时看到页面中的内容和排版是否适宜，避免事后的修改，图 3-5-2 中设置页面时设置上下页边距为 3.8 cm，左右为 3.2 cm，页眉页脚 3.0 cm，单倍行距。在页面设置中调整字与字、行与行之间的间距，即使不增大字号，也能使内容看起来更清晰。

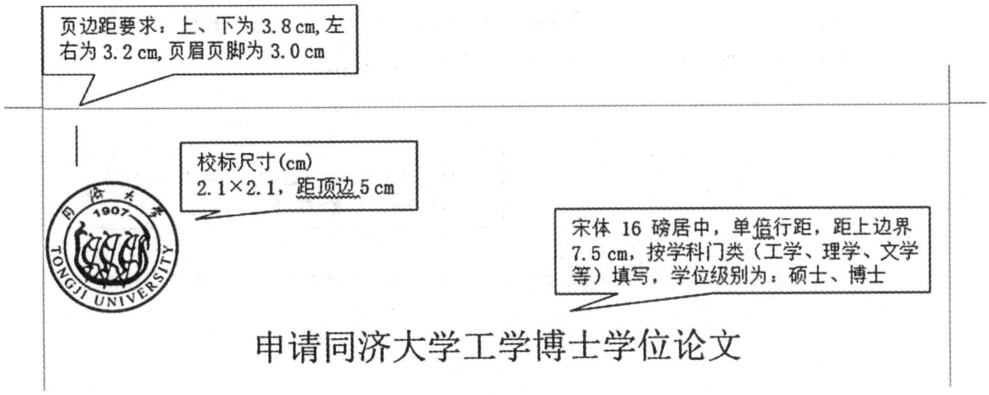

图 3-5-2　页面设置示例

2　定义样式

不要急于录入文字，动笔之前需要指定一下文字的样式。通常，很多人都是在录入文字后，用"字体""字号"等命令设置文字的格式，用"两端对齐""居中"等命令设置段落的对齐，但这样的操作要重复很多次，而且一旦设置得不合理，最后还要一一修改。尽管可以用“格式刷”将修改后的格式一一刷到其他需要改变格式的地方。然而，如果有几十个、上百个这样的修改，也得刷上几十次、上百次，使用了样式就不必有这样的担心。

在通常情况下，我们只需使用 Word 提供的预设样式就可以了，如果预设的样式不能满足要求，只需略加修改即可。

“正文”样式是文档中的默认样式，新建的文档中的文字通常都采用“正文”样式。很多其他的样式都是在“正文”样式的基础上经过格式改变而设置出来的，因此“正文”样式是 Word 中的最基础的样式，不要轻易修改它，一旦它被改变，将会影响所有基于“正文”样式的其他样式的格式。

“标题 1”至“标题 9”为标题样式，它们通常用于各级标题段落，与其他样式最为不同的是标题样式具有级别，分别对应级别 1～9。这样，就能够通过级别得到大纲和目录，论文用到的部分样式效果如图 3-5-3 所示。

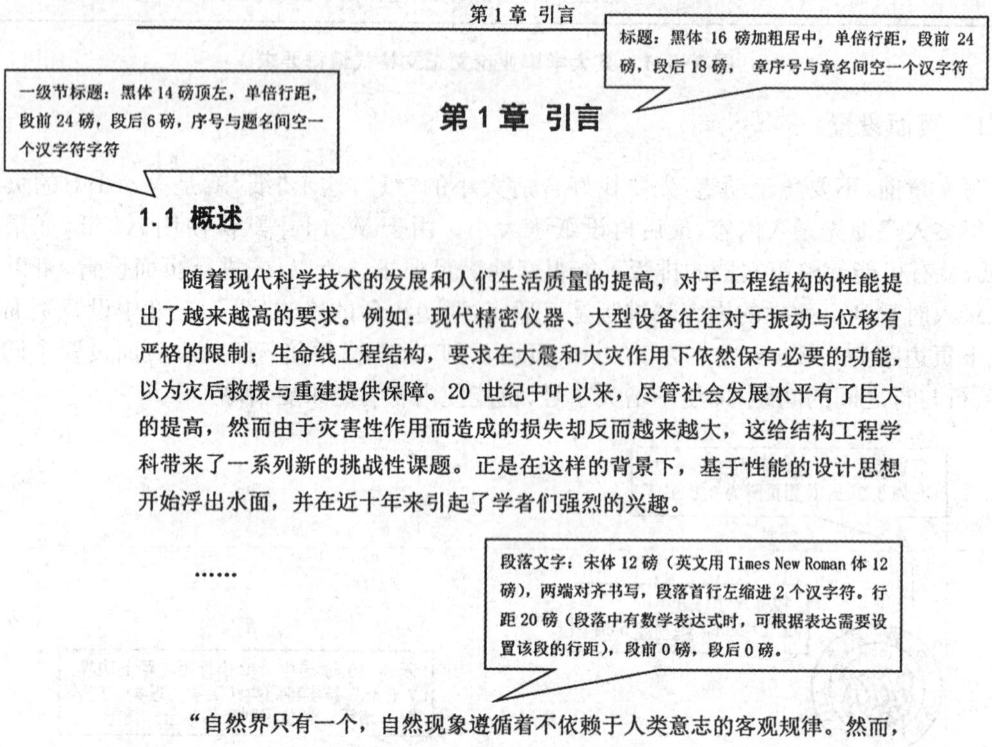

图 3-5-3　论文用到的部分样式效果

毕业论文中可能用到的样式主要有如下几种。

(1) 对于文章中的每一部分或章节的大标题，采用“标题 1”样式，章节中的小标题，按层次分别采用“标题 2”至“标题 4”样式。

(2) 文章中的说明文字，采用“正文首行缩进 2”样式。

(3) 文章中的图和图号说明，采用“注释标题”样式。

规划结束之后，即可录入文字了。录入文字，同时设置该部分文字所用的样式。

3　参考文献

参考文献的标注原本不是一件麻烦的事情，但是对参考文献编号后就成了一件麻烦的事情，手工维护这些编号是一件费力而且容易出错的事情，可以让 Word 自动维护这些编号。

我们要为参考文献指定编号，可以使用编号列表实现。然后光标放在引用参考文献的地方，选择“插入”选项卡，点击“交叉引用”，从“交叉引用”对话框中选择正确的对应参考文献，确定后 Word 就在光标的地方插入了参考文献的编号，参考文献的示例如图 3-5-4 所示。

参考文献

标题：黑体 16 磅加粗居中，单倍行距，段前 24 磅，段后 18 磅；宋体 10.5 磅（英文用 Times New Roman 体 10.5 磅），行距 16 磅，段前段后 0 磅

参考文献

[1] Elishakoff I., Ren Y. J. & Shinozuka M, Variational principles developed for and applied to analysis of stochastic beams[J]. Journal of Engineering Mechanics, 1996,Vol.122 (6): 559～565

[2] 吕西林，金国芳，吴晓涵. 钢筋混凝土结构非线性有限元理论与应用[M].上海：同济大学出版社，1997

[3] 陈建军，车建文，陈勇. 具有频率和振型概率约束的工程结构动力优化设计[J]. 计算力学学报，2001，Vol. 18（1）:74-80

[4] 陈景润. 组合数学[M]. 郑州：河南科学技术出版社，1985

[5] 丁光莹. 钢筋混凝土框架结构非线性反应分析的随机模拟分析[D]. 上海：同济大学土木工程学院，2001

[6] 丁义明, 方福康, 范文涛. 离散动力系统的密度演化方法. //许国志. 系统科学与工程研究[M]. 上海: 上海科技教育出版社, 2000:62-77

图 3-5-4　参考文献示例

4　查看和修改大纲级别

通常论文比较长，定位会比较麻烦。采用样式之后，由于“标题 1”至“标题 9”样式具有级别，一旦正确地使用样式设置了文本，那么它们本身已经正确设定了大纲级别。此时可以在导航窗格中方便地进行查看和定位。

对于没有正确设置大纲级别的文本，可以进入大纲视图。按照 3.4.1 节的介绍，进行大纲级别设置。返回页面视图编辑状态，可以在导航窗格中查看修改后的级别是否正确。

5　分节

文章的不同部分通常会另起一页开始，很多人习惯用加入多个空行的方法使新的部分另起一页，这是一种错误的做法，会导致修改时的重复排版，降低工作效率。正确的做法是插入分节符，将不同的部分分成不同的节，这样就能分别针对不同的节进行设置。

定位到第二部分的标题文字前，选择“分节符”类型中的“下一页”，并单击“确定”按钮，就会在当前光标位置插入一个不可见的分节符，这个分节符不仅将光标位置后面的内容分为新的一节，还会使该节从新的一页开始，实现既分节又分页的功能。

用同样的方法可以实现对文章的其他部分分节。

对于封面和目录，同样可以用分节的方式将它们设在不同的节。

如果要取消分节，只需删除分节符即可。在段落标记和分节符之间单击，按〈Delete〉即可删除分节符，并使分节符前后的两节合并为一节。

6 添加页眉

利用“页眉和页脚”设置可以为文章添加页眉。通常文章的封面和目录不需要添加页眉，只有正文开始时才需要添加页眉，因为前面已经对文章进行分节，所以很容易实现这个功能。设置页眉和页脚时，最好从文章最前面开始，这样不容易混乱。定位到文档开始处，进入“页眉和页脚”编辑状态。

注意在页眉的左上角显示有“页眉 - 第 1 节 -”的提示文字，表明当前是对第 1 节设置页眉。设置完毕后，单击“下一节”按钮，进入并设置下一节的页眉。

注意页眉的右上角显示有“与上一节相同”提示，因此不要急于设置。单击“设计”选项卡上有一个“链接到前一条页眉”按钮。这时页眉右上角的“与上一节相同”提示消失，表明当前节的页眉与前一节不同。此时再在页眉中输入文字，后面的其他节无须再设置页眉，因为后面节的页眉默认与前一节相同。如果要修改后面节的页眉，继续刚才的设置即可。

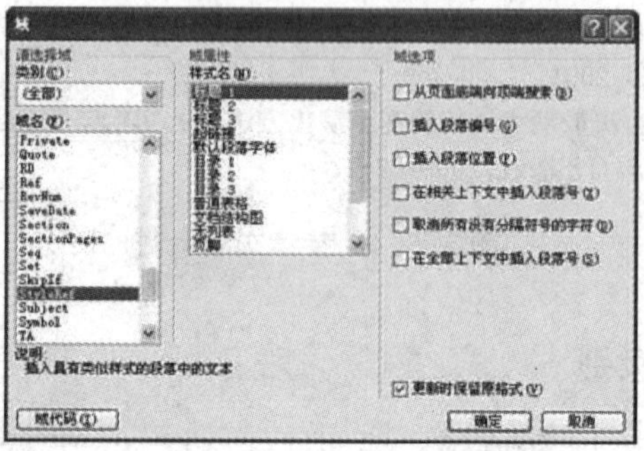

图 3-5-5 “域”对话框

使用打印预览可以查看各页页眉的设置情况。

利用插入域的方法，可以使页眉自动采用该节的标题。只需定位到页眉中，选择“插入”选项卡中“文档部件”按钮，在下拉菜单中选择“域”命令，显示“域”对话框，如图 3-5-5 所示。

注意到每一章的标题的样式，可以用一个域引用该样式，这样就能自动根据当前节的样式显示它所对应的文字内容，无须反复录入。

在“域名”中选择“StyleRef”域，并在“样式名”中选择页眉内容在节中的样式，单击“确定”按钮后，即可将本节指定样式对应的文字插入页眉。

在文档的首页页眉中会注意到，虽然没有文字，却保留了一条水平线。可以去除这条多余的水平线。定位到文档开始位置，在页眉处双击即可快速进入页眉和页脚编辑状态。要成功去除页眉中的水平线，必须先选中页眉中的段落标记，如图 3-5-6 选中段落标记所示。

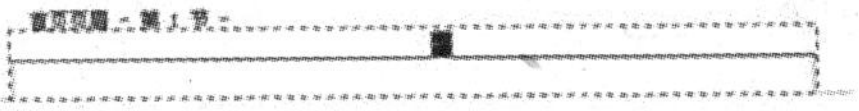

图 3-5-6 选中段落标记

打开“边框和底纹”对话框，在预览中可以看到段落底部添加了一条水平线，页眉中的水平线实际上是用段落的下边框线制作出来的。在左侧的“设置”中选择“无”，即可去除段落边框，从而使页眉中的水平线消失。

7 添加页码

通常很多人习惯使用“插入”选项卡“页码”命令插入页码，这样得到的页码，将会在封面和目录处都添加页码。而现在希望封面和目录没有页码，从目录之后的内容再添加页码，并且页码要从 1 开始编号。这同样要得益于分节的设置。

进入“页眉和页脚”编辑状态，显示页脚区域，定位光标到需要添加页码的部分开始第一页的页脚区域，这时再插入页码，就能让页码只出现在当前节及其后的其他节。

在杂志和书中，目录和章节可以分别采用不同类型的页码。例如，目录的页码用罗马数字Ⅰ、Ⅱ、Ⅲ、Ⅳ等，章节的页码用阿拉伯数字 1，2，3 等。要实现这样的页码编排，同样要借助分节来实现，使得目录和不同章位于不同的节中，同时要使得使用不同页码字符的节“链接到上一节页眉”处于未选中状态。

单击“页码”下拉菜单中“设置页码格式”按钮，显示“页码格式”对话框，可设置页码的格式和起始编号，如图 3-5-7 所示。

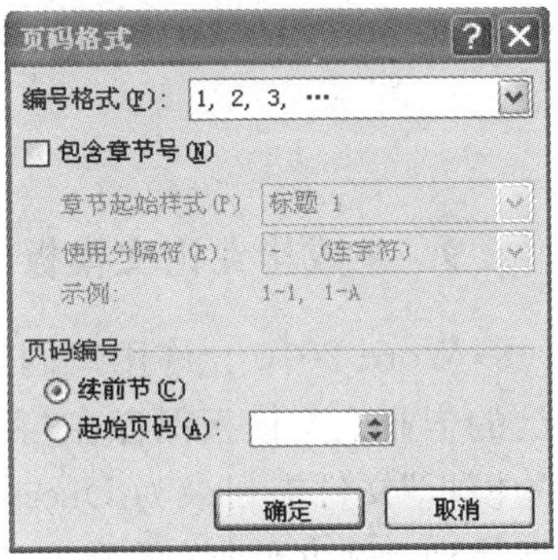

图 3-5-7 “页码格式”对话框

对于目录，在“数字格式”中选择罗马数字格式“Ⅰ，Ⅱ，Ⅲ，…”，在“页码编号”中选择“起始页码”为“Ⅰ”。单击“确定”按钮结束设置。对于正文，在“数字格式”中选择“1，2，3，…”，在“页码编号”中选择“起始页码”为“1”。设置完毕，后面的所有节都会延续页码的设置和编号。

8 添加目录

最后可以为文档添加目录。要成功添加目录，应该正确采用带有级别的样式，如“标题 1”至“标题 9”样式。尽管也有其他的方法可以添加目录，但采用带级别的样式是最方便的一种。

在图 3-4-2 “目录”对话框所示的“目录”对话框中，“显示级别”可指定目录中包含几个级别，从而决定目录的细化程度。这些级别是来自“标题 1”至“标题 9”样式的，它们分别对应级别 1～9。如果要设置更为精美的目录格式，可在“格式”中选择其他类型。通常用默认的“来自模板”即可。目录是以“域”的方式插入到文档中的，因此会显示灰色底纹，可以进行更新。论文目录示例如图 3-5-8 所示。

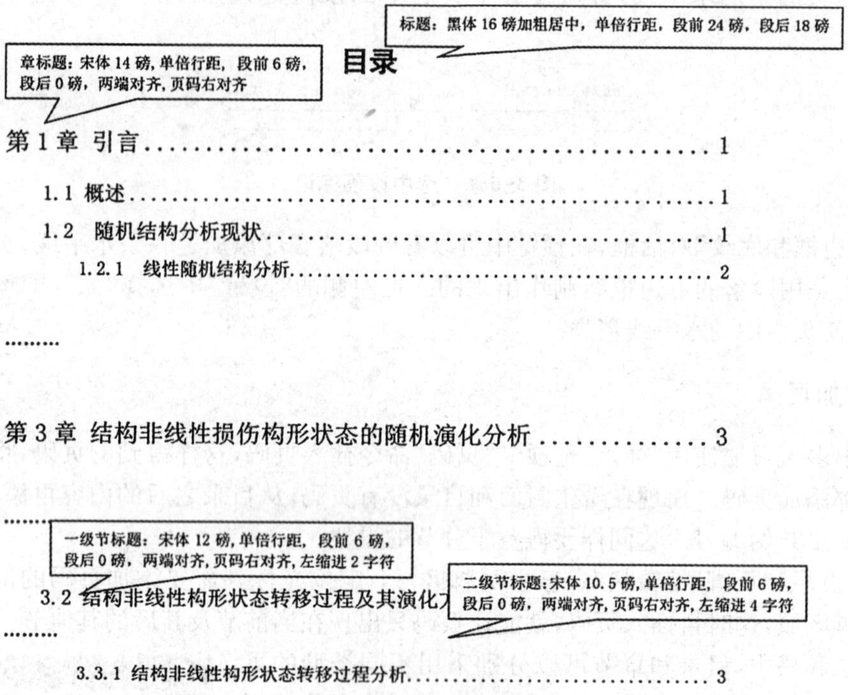

图 3-5-8 论文目录示例

9 生成毕业论文模板

Word 2010 允许用户创建自定义的 Word 模板，以适合实际工作需要。用户可以将自己的毕业论文模板保存在“我的模板”文件夹中，以便随时使用。在 Windows7 系统中，“我的模板”文件夹目录为 Users\Administrator\AppData\Roaming\Microsoft\Templates。要想找到上述文件夹，必须在当前系统中允许显示隐藏文件和文件夹。

毕业论文格式设置完毕后，打开“另存为”对话框，选择“保存位置”为 Users\Administrator\AppData\Roaming\Microsoft\Templates 文件夹，然后单击“保存类型”下拉三角按钮，并在下拉列表中选择“Word 模板”选项。在“文件名”编辑框中输入模板名称，并单击“保存”按钮即可。

要使用该模板，在新建文档时在模板列表可以看到新建的自定义模板，选中该模板并单击“确定”按钮即可以该模板新建一个文档。

习 题

一、判断题

1. Word 2010 中状态栏内容可自己定义。 （ ）

2. 文档最多可以分为24栏。 (　　)

3. 〈Ctrl〉+〈O〉为新建文档命令。 (　　)

4. 选择文本后，按〈F2〉，然后在目标位置处按〈Enter〉可以移动选择的文本。 (　　)

5. Word 2010中，不能创建“书法字帖”文档类型。 (　　)

6. Word 2010中不能插入剪贴画。 (　　)

7. 插入艺术字即能设置字体，又能设置字号。 (　　)

8. 页边距可以通过标尺设置。 (　　)

9. Word 2010所编辑的公式分为专业型和线性公式 (　　)

二、单项选择题

1. 一般情况下，输入了错误的英文单词时，Word 2010会(　　)。

A. 自动更正　　B. 在单词下加绿色波浪线

C. 在单词下加红色波浪线　　D. 无任何措施

2. 在Word 2010操作中，鼠标指针位于文本区(　　)时，将变成指向右上方的箭头。

A. 右边的文本选定区　　B. 左边的文本选定区

C. 下方的滚动条　　D. 上方的标尺

3. 在Word 2010操作中，选定文本块后，鼠标指针变成箭头形状，(　　)拖动鼠标到需要处即可实现文本块的移动。

A. 按住〈Ctrl〉　　B. 按住〈Esc〉　　C. 按住〈Alt〉　　D. 无须按键

4. 在Word 2010中，查找操作(　　)。

A. 可以无格式或带格式进行，还可以查找一些特殊的非打印字符

B. 只能带格式进行，还可以查找一些特殊的非打印字符

C. 搜索范围只能是整篇文档

D. 可以无格式或带格式进行，但不能用任何通配符进行查找

5. Word 2010的文档中可以插入各种分隔符，以下一些概念中错误的是(　　)。

A. 默认文档为一个“节”。若对文档中间某个段落设置过分栏，则该文档自动分成了三个“节”

B. 在需要分栏的段落前插入一个“分栏符”，就可对此段落进行分栏

C. 文档的一个节中不可能包含不同格式的分栏

D. 一个页面中可能设置不同格式的分栏

6. Word 2010不可以只对(　　)改变文字方向。

A. 表格单元格中的文字　　B. 图文框

C. 文本框　　D. 选中的几个字符

7. 在Word 2010中对表格进行拆分与合并操作时，(　　)。

A. 一个表格可拆分成上下两个或左右两个

B. 对表格单元格的合并，可以左右或上下进行

C. 对表格单元格的拆分要上下进行，合并要左右进行

D. 一个表格只能拆分成左右两个

8. 在Word 2010中，“目录”所在的选项卡是(　　)。

A. 插入　　B. 审阅　　C. 页面布局　　D. 引用

9. 下列不属于 Word 2010 文本效果的是(　　)。

A. 三维　　B. 发光　　C. 阴影　　D. 轮廓

10. 如何在改变表格中某列宽度的时候,不影响其他列的宽度(　　)。

A. 直接拖动某列的右边线

B. 直接拖动某列的左边线

C. 拖动某列右边线的同时,按住〈Shift〉

D. 拖动某列右边线的同时,按住〈Ctrl〉

11. 要想自动生成目录,一般应在文档中包含(　　)样式。

A. 表格　　B. 标题　　C. 页眉页脚　　D. 批注

三、多项选择题

1. 要对 Word 2010 文档的每一页加上页码,正确的说法有(　　)。

A. 可以利用"页眉和页脚"命令加上页码

B. 页码必须从 1 开始编号

C. 无需对每一页都使用"页眉和页脚"命令来设置

D. 页码既可以出现在页脚上,也可以出现在页眉上

2. 对于 Word 2010 的图片操作,下列说法不正确的有(　　)。

A. 在文档中插入的剪贴画是位图文件格式,可以取消图形对象的组合

B. 在文档中插入的剪贴画是图元文件格式,不可以取消图形对象的组合

C. 在文档中插入的图片只能浮动于文字之上

D. 在文档中插入的浮动图片可以改为嵌入图片

3. 以下可以全选文档的有(　　)。

A. 〈Ctrl〉+〈A〉　　B. 双击文档

C. 按住〈Shift〉不放,拖动鼠标　　D. 〈F8〉

E. 按住〈Ctrl〉不放,在文档编辑区左侧空白处单击

F. 在开始选项卡,编辑功能区中点击"选择"/"全选"

4. 在 Word 2010 中对保存过的文档可以"另存为"的有(　　)。

A. F12　　B. "文件"/"另存为"

C. 〈Ctrl〉+〈S〉　　D. 单击快速访问工具栏上的保存按钮

5. 退出 Word 2010 程序的方法有(　　)。

A. 〈Alt〉+〈F4〉　　B. 〈Ctrl〉+〈W〉

C. 右击标题栏,单击关闭　　D. 双击标题栏

E. 单击标题栏右侧"X"按钮　　F. 双击控制图标的"W"

四、填空题

1. 在 Word 2010 中,利用水平标尺可以设置段落的________格式。

2. 在 Word 2010 中一种选定矩形文本块的方法是按住________的同时用鼠标拖曳。

3. 在 Word 2010 功能区中按________可以显示所有功能区的快捷键提示,按________

键可以退出键盘快捷方式提示状态。

4. 将表格中多个单元格变为一格应选________命令，将一个表分成多个表，可以用表格中的________命令。

5. 比较不同版本的文档，需要在________选项卡下选择________命令。

6. 所有的特殊符号都可通过菜单________/符号命令打开的对话框来输入。

7. ________位于 Word 窗口的最下方，用来显示当前正在编辑的位置、时间、状态等信息。

8. Word 2010 创建文件默认扩展名为________。

第 4 章　电子表格软件 Excel 应用

电子表格处理软件 Excel 是进行数据处理的应用软件，它的主要功能是制作表格，帮助人们快速方便地输入和编辑数据，进行各种数据处理、分析和管理，并且具有强大的制作图表功能等，是目前最流行的电子表格处理软件之一，也是 Microsoft Office 软件中的一个重要组件。Excel 的应用领域主要包括办公、财务计算、统计、科学计算等几个方面。

本章以 Excel 2010 为平台，重点介绍电子表格的数据处理功能，包括工作表的创建与编辑，公式和函数的使用，单元格格式设置及工作表的格式化，单元格的绝对引用与相对引用，建立图表分析数据、数据排序、筛选、分类汇总和数据透视表的操作等。Excel 2010 的窗口界面和 Word 2010 的窗口界面风格一致。

4.1　Excel 2010 概述

4.1.1　Excel 的启动和退出

启动 Excel 的方法与启动其他 Office 组件程序类似，一般有以下 3 种方法。

(1) 从开始菜单启动：单击开始按钮，在弹出的菜单中选择所有程序，找到 Microsoft Office 选项并展开它，单击其中的 Excel 2010 选项。

(2) 通过打开 Excel 文档启动：在计算机中找到并双击一个已经存在的 Excel 文档(扩展名为. xlsx)，即可启动 Excel 2010。

(3) 从桌面快捷方式启动：如果桌面上有 Excel 2010 的快捷图标，双击该图标即可启动 Excel 2010。

退出 Excel 2010 的方法与退出 Office 组件程序类似，首先应保存文档，然后采用以下几种方法之一退出。

(1) 直接关闭：单击窗口右上角的“关闭”按钮，退出 Excel。

(2) 双击关闭：双击窗口左上角的控制菜单按钮，退出 Excel。

(3) 菜单关闭：单击“文件”菜单，在展开的下拉菜单中，选择“退出”选项。

4.1.2　Excel 的窗口组成

启动 Excel 2010 后将打开 Excel 的工作窗口，Excel 2010 的窗口主要由标题栏、功能区、编辑栏、工作表编辑区、状态栏等部分组成，如图 4-1-1 所示。

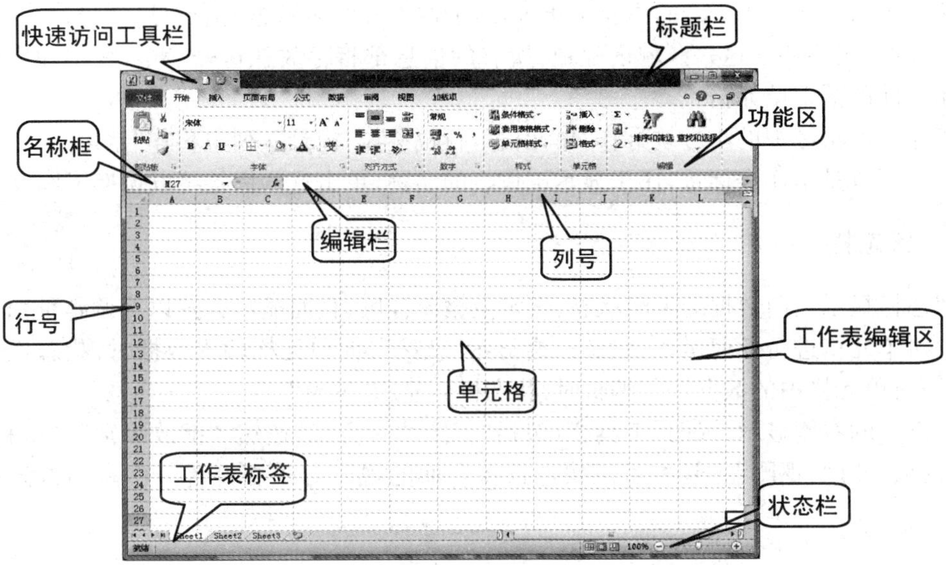

图 4-1-1　Excel 窗口的组成

1　标题栏

标题栏位于窗口最上方，用于显示当前工作簿和窗口名称。标题栏左侧是快速访问工具栏，默认的快速访问工具栏包含保存、撤销和恢复等命令按钮。

2　功能区

功能区由各种选项卡和包含在选项卡中的各种命令按钮组成，在默认情况下，功能区由开始、插入、页面布局、公式、数据、审阅、视图和加载项 8 个选项卡组成。每个选项卡中包括多个选项组，如开始选项卡中包括剪贴板、字体、对齐方式等选项组，每个选项组中又包含若干个相关的命令按钮。

某些选项组的右下角有个图标，单击此图标，可以打开相关的对话框；某些选项卡只在需要使用时才显示出来，如在图表工具下会增加设计、布局和格式 3 个选项卡，这些选项卡为操作图表提供了更多适合的命令。

3　编辑栏

编辑栏位于功能区的下方，工作表编辑区的上方，由名称框、工具按钮和编辑区 3 部分组成。名称框用于显示所选单元格或单元格区域的名称，如果单元格还未命名，则名称框显示该单元格的地址名称，使用名称框可以快速转到目标单元格中。

编辑区用于向活动单元格中输入、修改数据或公式。用户输入的数据，会在该单元格与编辑区中同时出现。√为确认按钮，用于确认输入的内容；×为取消按钮，用于取消本次输入的内容；fx为插入函数按钮，在输入公式和函数时使用。

4 工作表编辑区

工作表编辑区是Excel的主要工作区，用于输入和编辑数据，由行号、列号、单元格等组成，表格的编辑主要在这一区域内完成，所有的信息都将存放在这张表中，其中加亮的单元格表示当前的活动单元格。

工作表编辑区中的小方块称作“单元格”，行也称作“记录”，列也称作“字段”。工作表编辑区的左下方是工作表标签，用于显示工作表的名称，单击这些标签可以切换工作表。

5 状态栏

状态栏显示当前数据的编辑状态、选定数据统计区、页面显示方式以及调整页面显示比例等。对单元格进行任何操作，状态栏会显示“就绪”；向单元格输入数据时，状态栏会显示“输入”；对单元格中的数据进行编辑时，状态栏会显示“编辑”。

状态栏的右侧显示“视图”工具栏，包括“视图快捷方式”按钮、“缩放级别”按钮和“显示比例”区域，使用“视图”工具栏可以快速选择合适的视图方式和设置工作表编辑区的显示比例。

4.1.3 工作簿、工作表和单元格

1 工作簿

工作簿就是一个Excel文件，是工作表的集合体，其扩展名为.xlsx，主要用于存储和处理数据。每一个工作簿中至少要包含一张工作表，最多可以包含255张工作表。在默认情况下，一个新的工作簿有3个工作表，分别是Sheet1、Sheet2、Sheet3。工作表的名字以标签形式显示在工作簿窗口的底部，单击标签可以进行工作表的切换。若要查找的工作表不可见，可通过左侧的标签移动按钮将其移动到显示的标签中。

2 工作表

工作表是显示在工作簿窗口中的表格，是工作簿的基本组成单位，用于对数据进行组织和分析。Excel 2010的一个工作表可以由1 048 576行和16 384列，行的编号为1～1 048 576；列的编号从左到右依次用字母A～XFD表示。按〈Ctrl〉+〈↓〉，可以选择最后一行；按〈Ctrl〉+〈→〉，可以选择最后一列。每一个行和列的坐标所组成的矩形称为单元格。

3 单元格

单元格是工作表中的最小的单位，工作表中每个行列交叉处即为一个单元格，在单元格内可以输入并保存各种数据。每个单元格由所在的列号和行号来标识，以指明单元格在工作表中所处的位置和名称，如A1单元格，表示位于表中第A列、第1行。由于一个工作簿可以有多个工作表，为了区别不同工作表的单元格，可在单元格地址前加上工作表名称加以区别，如Sheet3！A1表示该单元格为Sheet3工作表中的A1单元格。

4.2　Excel 的基本操作

4.2.1　工作簿的建立与管理

当启动 Excel 2010 时，系统会自动创建一个新的工作簿，默认名称为“工作簿 1”。用户还可以在任何时候新建工作簿。

1　创建工作簿

创建工作簿也就是新建一个 Excel 文件，如果已经启动了 Excel 2010，可以通过下面几种方法创建新工作簿。

(1) 使用“文件”选项卡，单击“新建”命令，在“可用模板”下，选择“空白工作簿”，然后单击右侧的“创建”按钮，如图 4-2-1 所示。

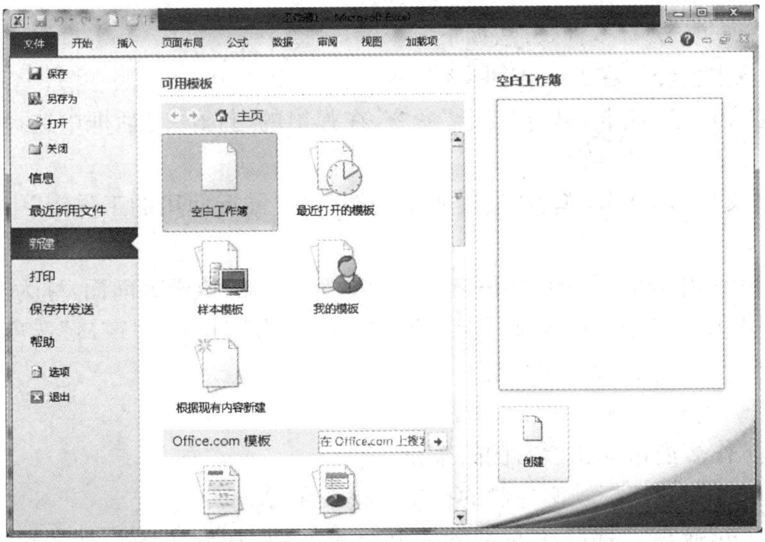

图 4-2-1　选择“新建”命令创建工作簿

(2) 如果要创建的工作簿的格式和现有某个工作簿相同或类似，则可基于该工作簿创建，然后在其基础上修改即可。

选择“文件”选项卡，单击“新建”命令，在“可用模板”下，选择“根据现有内容新建”，在弹出的“根据现有工作簿新建”对话框中，选择现有的工作簿文件，然后单击“新建”按钮。

(3) Excel 2010 内置了一些模板文件，这些文件中已经设置好了一定的格式，用户直接将其下载下来，将其中的一些信息修改为实际需要的信息，即可快速完成表格的制作，并且其效果更专业。

选择“文件”选项卡，单击“新建”命令，在“可用模板”下，单击“样板模板”，在列出的模板中选择一个所需要的模板，在右侧会显示该模板的预览图，单击“创建”按钮，即可根据选择的模板新建一个工作簿。若要获得更多工作簿模板，还可以使用 Office.com 提供的模板，选择模板之后，Excel 会自动下载并打开此模板。

2 保存工作簿

在工作簿的使用过程中，需要及时保存工作簿文件，以避免数据的意外丢失。保存工作簿文件时需要指定工作簿名称、格式和保存的位置这 3 条信息。

(1) 单击快速访问工具栏中的“保存”按钮，或选择“文件”选项卡中的“保存”选项，也可以使用〈Ctrl〉+〈S〉组合键，都可以保存工作簿。

(2) 如果是第一次保存该文件，则会弹出“另存为”对话框。在“保存位置”下拉列表中选择文件的保存位置，在“文件名”文本框中输入文件的名称，然后单击“保存”按钮，即可保存该工作簿。保存完成后，在标题栏中将会显示保存的工作簿名称。

(3) 初次保存工作簿之后，在保存为原有工作簿之外，还可以以其他文件名保存，即另存为工作簿。选择“文件”选项卡中的“另存为”命令，弹出“另存为”对话框，输入新的文件名，单击“保存”按钮。

3 打开和关闭工作簿

打开工作簿的方法有多种，方法如下。

(1) 直接双击已经存在的工作簿文件。

(2) 选择“文件”选项卡，单击“打开”命令，在弹出的“打开”对话框中选择需要打开的工作簿文件。

(3) 选择“文件”选项卡，单击“最近所用文件”，在“最近使用的工作簿”中选择需要打开的工作簿文件。

在 Excel 2010 中，可以同时打开多个工作簿，后打开的位于最前面，称为当前工作簿，只有一个当前工作簿。多个工作簿文件可以通过“视图”选项卡中的“窗口”选项组中选择合适的方式排列，或切换当前工作簿窗口。

关闭工作簿的方法也有多种，方法如下：

(1) 单击工作簿窗口标题栏右侧的按钮。

(2) 双击工作簿窗口标题栏左侧的控制菜单按钮。

(3) 单击工作簿窗口标题栏左侧的控制菜单按钮，在弹出的快捷菜单中单击“关闭”命令。

(4) 选择“文件”选项卡，单击“退出”命令。

在关闭工作簿之前，如果所编辑的文件没有保存，系统会弹出保存提示对话框，分别有 3 个按钮：单击“保存”按钮，保存当前修改的内容并关闭工作簿；单击“不保存”按钮，则不保存当前修改的内容并关闭工作簿；单击“取消”按钮，不关闭工作簿，返回界面继续编辑。

4 设置工作簿

用户除了使用默认的工作簿设置外，还可以根据自己的实际情况自定义工作簿的设置。设置的方法是选择“文件”选项卡，单击“选项”命令，在弹出的“Excel 选项”对话框中进行选择并设置。一些设置选项举例如下。

(1) 默认情况下，一个新工作簿包含 3 个工作表。如果希望改变包含的工作表的个数，可以选择“常规”选项面板，在“包含的工作表数”选框中输入数字即可，最多有 256 张工作表。

(2) 当选择“保存”选项面板时，可以修改文件保存的格式和保存自动恢复信息时间间隔、自动恢复文件位置等信息。

(3) 当选择“高级”选项面板时，可以在“此工作簿的显示选项”组合框中取消“显示水平滚动条”“显示垂直滚动条”等复选框；可以在“此工作表的显示选项”组合框中取消“显示网格线”等复选框。

(4) 根据自己的使用习惯，自定义功能区和快速访问工具栏。工作簿的其他一些属性包括大小、作者、创建日期、标题、备注等信息，有些信息是由系统自动生成的，如大小、创建日期、修改日期等，有些信息是可以修改的，如作者、标题等，修改信息的方式是：选择“文件”选项卡，选择“信息”选项，窗口的右侧是此工作簿的信息，包括基本属性、相关日期、相关人员等，在“标题”文本框中单击输入标题名称可以修改标题，在“作者”文本框单击输入作者名称可以修改作者。

4.2.2　工作表的创建和编辑

工作表是存储和处理数据的表格，一张或多张工作表构成一个工作簿。每张工作表由工作表标签标识，当前被选中的工作表称为当前工作表，可以通过单击不同的工作表标签进行工作表之间的切换，上浮且呈白色显示的标签为当前工作表，当前工作表只有一个。

1　添加新工作表

如果需要使用更多的工作表，则可插入新的工作表。插入工作表的方法如下：

(1) 单击工作表标签中的“插入工作表(Shift+F11)”按钮，在现有工作表之后插入一张空白工作表。

(2) 在工作表标签区右击，在弹出的快捷菜单中选择“插入”命令，在“插入”对话框中，选择“工作表”选项。

(3) 在“开始”选项卡中，单击“单元格”选项组中的“插入”下拉菜单，在弹出的下拉列表中选择“插入工作表”命令。

2　选择单个或多个工作表

单击工作表的标签即可选择单个工作表。如果要选定连续的一组工作表，需要选中起始工作表标签，同时按住〈Shift〉选中最后工作表标签。如果要选择不连续的多个工作表，则需要选中第一个工作表标签，同时按住〈Ctrl〉选择其他工作表标签。如果选择全部工作表，则右击工作表标签，在快捷菜单中选择“选定全部工作表”命令。选定多个工作表以后，可以为多个工作表同时输入数据或设置标题。

3　删除工作表

删除工作表的方法有以下两种。

（1）在要删除的工作表的标签上右击，在弹出的快捷菜单中选择“删除”命令。

（2）选择“开始”选项卡“单元格”组中的“删除”下拉按钮，在弹出的下拉列表中选择“删除工作表”命令。

如果被删除的工作表中含有数据，在删除时会弹出一个提示框，提示用户是否永久删除这些数据。删除工作表是永久性的，该命令的效果不能被撤销。

4 重命名工作表

每个工作表都有自己的名称，默认情况下以 Sheet、Sheet2、Sheet3 等命名工作表，用户可以对工作表进行重命名操作，以便更好地管理工作表。重命名的方法有以下 3 种。

（1）双击要重命名的工作表的标签（此时该标签以高亮显示），输入新的工作表名，按〈Enter〉确认。

（2）右击要重命名的工作表的标签，在弹出的快捷菜单中选择“重命名”命令，此时工作表标签会高亮显示，在标签上输入新的标签名。

（3）选择“开始”选项卡“单元格”组中的“格式”下拉按钮，在弹出的下拉列表中选择“重命名工作表”命令。

5 显示和隐藏工作表

在实际应用中，可以将 Excel 工作表隐藏起来，在需要的时候再将工作表显示出来。

（1）隐藏工作表。右击工作表标签，在弹出的快捷菜单中选择“隐藏”命令，当前所选的工作表即被隐藏起来。

（2）显示工作表。在任意一个标签上右击，在弹出的快捷菜单中选择“取消隐藏”命令，在“取消隐藏”对话框中选择要取消隐藏的工作表名称，单击“确定”按钮，隐藏的工作表即被显示出来。

6 移动和复制工作表

在工作中，经常需要在一个工作簿或不同工作簿之间移动或复制工作表。

（1）在同一个工作簿中移动工作表的方法有以下两种。

第一种：直接拖曳法。选择要移动的工作表的标签，按住鼠标左键拖曳到新的位置，释放鼠标左键，工作表即被移动到新的位置。

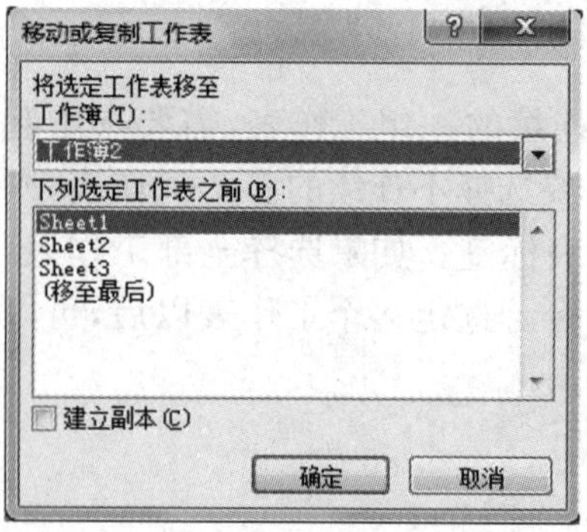

图 4-2-2　移动或复制工作表

第二种：使用快捷菜单法。在要移动的工作表标签上右击，在弹出的快捷菜单中选择“移动或复制”命令，在“移动或复制工作表”对话框中选择要插入的位置，单击“确定”按钮。

（2）在不同工作簿之间移动工作表，要求这些工作簿必须是打开的。具体的操作步骤如下：在要移动的工作表标签上右击，在弹出的快捷菜单中选择“移动或复制”命令，在“移动或复制工作表”对话框中，在“将选定工作表移至工作簿”下拉列表中选择要另外一个已经打开的工作簿，单击“确定”按钮，如图 4-2-2 所示。

(3) 在一个或多个工作簿中复制工作表，有以下两种方法。

第一种：使用鼠标复制。与移动工作表的鼠标拖曳方法相似，只是在拖曳鼠标的同时按住〈Ctrl〉即可。

第二种：使用快捷菜单复制。选择要复制的工作表，在工作表标签上右击，在弹出的快捷菜单中选择“移动或复制”命令，在“移动或复制工作表”对话框中选择要复制的目标工作簿和插入的位置，然后选中“建立副本”复选框，单击“确定”按钮，如图 4-2-2 所示。

7　工作表标签颜色

在默认情况下，工作表标签的颜色是白色，用户可以根据需要对标签的颜色进行设置，以便区分不同的工作表。选中“开始”选项卡的“单元格”组中的“格式”下拉列表中的“工作表标签颜色”命令，或者在工作表标签上右击，在弹出的快捷菜单中选择“工作表标签颜色”命令，然后选择需要的颜色即可。

4.2.3　单元格的基本操作

单元格是工作表中行列交汇处的区域，可以向单元格中输入数值、文字和公式等数据，并可以对其格式进行设置。单元格是 Excel 编辑数据的基本元素。

1　选择单元格或单元格区域

要对单元格进行编辑操作，必须先选择单元格或单元格区域。在 Excel 中，由若干个连续的单元格构成的矩形区域称为单元格区域。单元格区域用其对角线的两个单元格来标识。例如，从“A1”到“D7”单元格组成的单元格区域用“A1:D7”来标识。单元格的各种选取方法如表 4-1 所示。

表 4-1　选取单元格及单元格区域的方法

选取区域	操作方法
单元格	单击该单元格
非连续单元格	〈Ctrl〉＋单击单元格
连续单元格区域	单击区域左上角单元格，拖曳至右下角(或按住〈Shift〉再单击右下角单元格)
不连续单元格区域	先选定一个区域后，按住〈Ctrl〉，再选定其他区域
整行或整列	单击行号或列标
整个工作表	单击工作表左上角行列交叉处按钮或按〈Ctrl〉＋〈A〉(将光标定位在空白处)

2　命名单元格或区域

为了方便记忆，可以为单元格或单元格区域命名。命名的方法有 3 种。

(1) 选中单元格或单元格区域，然后直接在编辑栏左侧的名称框中输入名称，按回车键确认。

(2) 选中单元格或单元格区域后右击，在弹出的快捷菜单中选择“定义名称”命令。

(3) 选中要命名的单元格或单元格区域，选择“公式”选项卡中“定义的名称”组中“定义名称”命令，在打开的“新建名称”对话框中输入名称，也可更改选择的区域。

单元格或单元格区域命名后，在名称框的下拉列表中就会显示该名称。在使用时，在名称框下拉列表中选择该名称，即可完成对单元格或区域的选取。如果该区域都是由数值型数据组成的，还可以作为函数的参数直接调用。

3 插入、删除和清除单元格

(1) 插入单元格。右键单击活动单元格，在弹出的快捷菜单中选择“插入”命令，在弹出的“插入”对话框中，选择“活动单元格右移”或“活动单元格下移”选项，单击“确定”按钮，即可在当前位置插入空白单元格，原位置数据右移一列或下移一行。除了右键菜单，也可以通过“开始”选项卡中的“插入”命令插入空白单元格。

(2) 删除单元格。与插入单元格类似，右键单击需要删除的单元格或单元格区域，在弹出的快捷菜单中选择“删除”命令，在弹出的“删除”对话框中，选择“右侧单元格左移”或“下方单元格上移”单选项，最后单击“确定”按钮。除了通过右键菜单，也可以通过“开始”选项卡，单击“单元格”组中的“删除”下拉按钮，在弹出的下拉菜单中选择“删除单元格”命令。

(3) 清除单元格。清除单元格即是删除单元格内容(公式和数据)、格式(包括数字格式、条件格式和边框)以及任何附加的批注。具体的操作步骤为：选择要清除内容的单元格，在“开始”菜单选项卡中，单击“编辑”组中“清除”按钮，在弹出的下拉菜单中选择“全部清除”命令。注意，如果选定单元格后按〈Delete〉，则仅清除该单元格的内容，而不清除单元格的格式或批注。清除单元格内容、格式、批注与全部清除类似。

4 移动和复制单元格

在 Excel 中，可以将选中的单元格移动或复制到同一个工作表的不同位置、不同的工作表或者不同的工作簿中，通常可以通过剪贴或鼠标拖动两种方式来移动或复制单元格。

1) 利用剪贴板移动和复制单元格

(1) 移动单元格。选择要移动的单元格或单元格区域，单击“开始”选项卡的“剪贴板”组中的“剪切”命令或[按〈Ctrl〉+〈X〉组合键]，选中要移动到的目标位置，单击“剪贴板”组中的“粘贴”按钮或[按〈Ctrl〉+〈V〉组合键]。

(2) 复制单元格。选择要复制的单元格或单元格区域，单击“开始”选项卡的“剪贴板”组中的“复制”命令或[按〈Ctrl〉+〈C〉组合键]，在目标位置执行“粘贴”命令或[按〈Ctrl〉+〈V〉组合键]。

注意：单元格的移动和复制操作包括数据内容、格式、批注等全部信息；粘贴数据时，不需选取整个区域，只需选取目标区域左上单元格，以免目标区域和原区域不符。

2) 利用鼠标移动和复制单元格

选择单元格或单元格区域，将鼠标指针移动到所选单元格的边框线上，当指针变成✥形状时按下鼠标左键拖动到目标位置，完成移动单元格操作。如果在拖动鼠标的同时按住〈Ctrl〉，则完成复制单元格操作。

5 调整单元格

通常单元格的大小是由 Excel 默认设置的，根据需要可以对单元格进行调整，以便所有单元格的内容都显示出来。

1）合并单元格

合并单元格是将两个或多个单元格合并为一个单元格。选中要合并的单元格区域，单击“开始”选项卡“对齐方式”组中的“合并后居中”按钮旁的下拉按钮，在弹出的下拉菜单中选择相应的命令即可合并单元格。

2）设置行高和列宽

（1）手动调整。将光标移动到行号或列标的间隔处，当鼠标指针变为“↔”或“↕”形状时按住鼠标左键不放，拖动到合适的位置后释放鼠标左键即可。

（2）精确调整。右键单击需要调整的行或列，在弹出快捷菜单中单击“行高”或“列宽”命令，在弹出的对话框中输入精确的数值。也可以选择“开始”选项卡的“单元格”组中 “格式”下拉列表中的“行高”或“列宽”命令，然后在相应的对话框中输入数值。

（3）自动调整。选择需要调整的行或列，在“开始”选项卡中，在“单元格”组中的“格式”下拉列表中选择“自动调整行高”或“自动调整列宽”命令，则相应单元格的高度或宽度会根据内容调整到最合适的行高或列宽。

3）插入或删除行与列

（1）插入行或列。选中要插入的行或列位置，在“开始”选项卡中，单击“单元格”组中的“插入工作表行”或“插入工作表列”命令，就会在当前行或列的上面或左边插入行或列；也可以单击鼠标右键，在弹出快捷菜单中选择“插入”命令。

（2）删除行或列。选中想要删除的行或列，在“开始”选项卡中，单击“单元格”组中的“删除工作表行”或“删除工作表列”命令；也可以单击鼠标右键，在弹出的快捷菜单中单击“删除”命令。

4）隐藏或显示行与列

（1）设置隐藏。选择需隐藏的行或列，在“开始”选项卡中，单击“单元格”组中的“隐藏和取消隐藏”下拉菜单中的“隐藏行”或“隐藏列”命令；也可以往上拖动行分割线或往左拖动列分割线，当拖动到行高为 0、列宽为 0 时，也可隐藏行或列。

（2）取消隐藏。选择包含隐藏行的上下行或隐藏列的左右列，在“开始”选项卡中，单击“单元格”组中的“隐藏和取消隐藏”下拉菜单中的“取消隐藏行”或“取消隐藏列”；也可以将鼠标指针指向隐藏行的行号或隐藏列的列号，当指针变为“⇹”时，从左至右或从上到下拖动鼠标（或双击鼠标），也可以取消隐藏。

4.2.4　输入和编辑数据

在单元格中可以输入各种类型的数据，常见的数据类型有文本、数字、日期和时间等。输入不同的数据类型，其显示方式将各不相同。在默认情况下，输入文本的对齐方式为左对齐，输入数字的对齐方式为右对齐。输入的日期和时间若不是 Excel 中的日期和时间格式，Excel 将不能识别其显示结果。

输入数据的常用方法有以下 3 种。

（1）选择单元格输入。选择需要输入数据的单元格，然后直接输入数据，完成后按〈Enter〉〈Tab〉或单击其他单元格。

(2) 双击单元格输入。双击需要输入数据的单元格，将光标插入到其中，然后在单元格中输入数据，完成后按〈Enter〉〈Tab〉或单击其他单元格。

(3) 在编辑栏中输入。选择单元格，然后在编辑栏中输入文本，单元格也会跟着自动显示输入的数据。

在单元格输入数据后，按〈Enter〉后自动将光标定位到所选单元格的下一行单元格，按〈Tab〉自动将光标定位到所选单元格右侧的单元格。

1 数据类型

1) 输入文本型数据

文本型数据包括汉字、英文字母、数字和符号等。输入文本型数据时，系统会自动识别文本类型，并将文本对齐方式设置为左对齐。当数字作为文本型数据输入时，如邮政编码、身份证号、电话号码等，在数字字符前加一个英文输入状态下的单引号，再输入数字字符。例如，输入邮政编码“201620”的数字字符串，则应输入“ '201620”，这样在单元格的左上方会有绿色三角显示；还可以先选定空单元格，将其格式设置为“文本格式”，使得以后输入的数字以文本格式显示。

如果单元格列宽容纳不下文本字符串，则占用相邻的单元格，若相邻的单元格已有数据，将截断显示。被截断不显示的部分仍然存在，只需改变列宽即可显示出来。

如果在单元格中输入的是多行数据，在换行处按〈Alt〉+〈Enter〉组合键，可以实现换行。或者通过设置单元格格式的“自动换行”，换行后在一个单元格中将显示多行文本。

2) 输入数值型数据

数值型数据可以是整数、小数或科学计数(如 1.23E+15)，在数值中可以出现的数字符号包括小数点、负号、百分号、千分位符(即逗号)、指数符号、美元符号等。输入分数时，为了与日期型数据区分，需要在分数前加上一个“0”和一个空格；如果输入以 0 开头的数字串，系统将自动省略 0；如果输入的数值位数超过 11 位，则会用科学计数法显示该数据。当单元格数据的数字格式超过列宽时，单元格可能显示“#####”，要查看所有数字，必须增加其列宽。

3) 输入日期型数据

Excel 内置了一些日期和时间格式，当输入的数据与这些格式相匹配时，将它们处理成日期或时间，并自动右对齐。也可以通过设置单元格格式输入多种不同类型的日期和时间格式。

输入日期时通常用左斜线“/”或短线“-”分隔日期的年、月、日，输入时间通常用冒号“:”分隔小时、分、秒。系统默认的是按 24 小时制输入，如果要按 12 小时制输入时间，需要在时间后空一格再加上“AM”或“PM”字样表示上午或下午。如果要输入当前日期，按〈Ctrl〉+分号，如果要输入当前时间，按〈Ctrl〉+〈Shift〉+分号。

如果要使输入的日期或时间以其他格式显示，需要设置单元格格式。右键单击选中的日期或时间，在快捷菜单中单击“设置单元格格式”命令，在“设置单元格格式”对话框中单击“数字”选项卡的“日期”或“时间”选项，在右侧的“类型”列表框中选中一种日期或时间格式。

注意：若单元格中首次输入的是日期，则单元格就自动格式化为日期格式，以后如果输入一个普通数值，系统仍然会换算成日期显示。

2　为单元格添加批注

批注是附加在单元格中的，它是对单元格内容的注释。使用批注可以使工作表的内容更加清楚明了。其操作包括如下几种。

（1）添加批注。右键单击要添加批注的单元格，在弹出的快捷菜单中单击“插入批注”命令，此时在该单元格右侧会出现批注编辑框，在批注框中根据实际情况输入批注内容。

（2）显示或隐藏批注。单元格添加批注后，会在该单元格的右上角出现一个小红三角，该小红三角称为批注标记。将鼠标移到该单元格时，批注内容会显示，鼠标移开批注被隐藏。若要永久显示批注，右键单击单元格，选择“显示/隐藏批注”命令。若要取消永久显示批注，右键单击单元格，选择“隐藏批注”命令。

（3）编辑批注。右键单击含有批注的单元格，在快捷菜单中选择“编辑批注”命令，此时批注框被激活，可修改批注内容。

（4）删除批注。右键单击含有批注的单元格，在快捷菜单中选择“删除批注”命令，可将批注删除。

（5）复制批注。选择含有批注的单元格，在“开始”选项卡的“剪贴板”组中选择“复制”命令，然后选择目标单元格，在“剪贴板”组中选择“选择性粘贴”命令，在“选择性粘贴”对话框中选择“批注”单选按钮。

（6）设置批注格式。在批注处于显示状态时，将鼠标移到批注框的边框，选中该批注框的边框，右键单击，在快捷菜单中选择“设置批注格式”命令，可打开带有“字体”“大小”“颜色与线条”“属性”等 8 个选项卡的对话框。如图4-2-3(a)所示。

注意：如果在没有选中批注框的边框时右击，快捷菜单中的“设置批注格式”命令打开的“设置批注格式”对话框中只有“字体”选项卡，如图 4-2-3(b)所示。

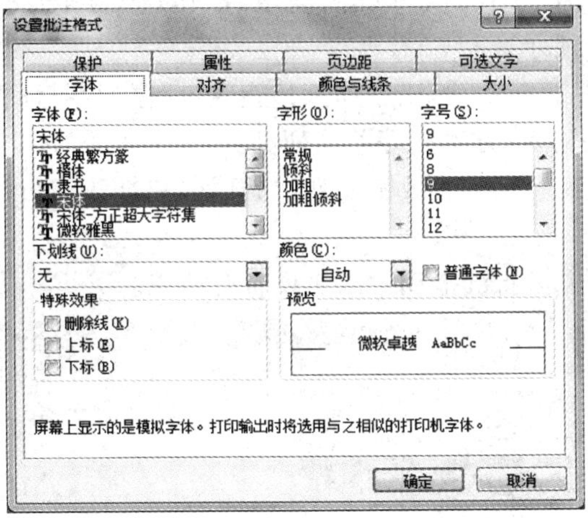

(a)

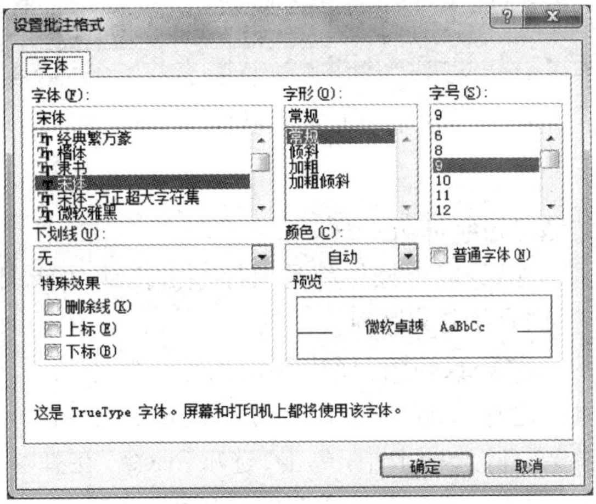

(b)

图 4-2-3　设置批注格式

3　自动填充数据

为了提高输入数据效率，减少输入错误率，Excel 提供了快速输入数据的功能。自动填充帮助输入有规律的数据,如等差数列、等比数列、系统内置序列等,这一功能主要通过"填充柄"来完成。填充柄是位于当前活动单元格右下角的黑色方块,光标移至其上时会变为黑色加号"+"形状,用鼠标拖动或者双击它可进行填充操作。

1) 记忆式输入文本

Excel 会记忆已经输入的文本数据,当再次遇到需要输入相同文本时,会自动显示出数据,以便实现快速输入。如果欲输入的数据项与给出的数据项相同,按〈Enter〉就可以完成输入;否则,直接输入后面欲输入的数据。

2) 相同数据的自动填充

同行或同列的多个单元格中要输入相同的数据,可以通过填充柄快速输入。选择要复制的单元格,将光标移到填充柄,按住鼠标左键不放,拖动至所需位置,释放鼠标左键,拖动所经过的单元格都将被初始值所填充。

3) 序列数据的填充

(1) 数字序列。数字序列通过填充柄填充时默认是复制。如果在拖动时按住〈Ctrl〉,这时拖动所经过的单元格被初始值连续自动加 1。

(2) 等差序列:①通过填充柄输入。在单元格中依次输入具有等差规律的前几个数据,选中单元格区域,按住鼠标左键拖动填充柄至所需单元格,释放鼠标。②通过"序列"对话框输入。在单元格中输入等差序列的起始数据,选中需要输入等差序列的单元格区域,在"开始"选项卡"编辑"组中单击"填充"下拉按钮,在弹出的下拉菜单中单击"系列"命令。在弹出的"序列"对话框中进行相应选择,输入"步长"值,单击"确定"按钮,如图 4-2-4 所示。

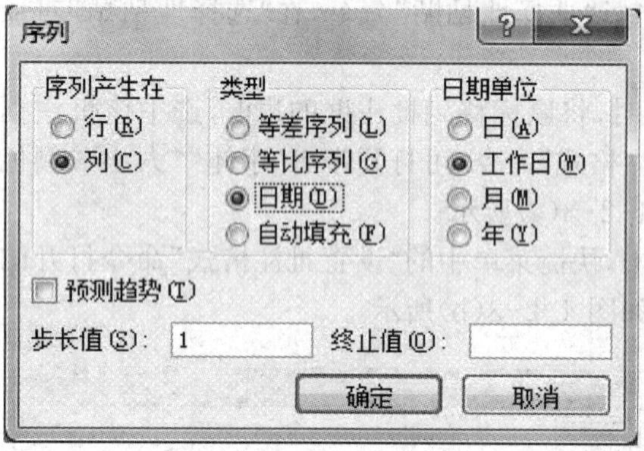

图 4-2-4 序列对话框

(3) 等比序列。只能通过"序列"对话框输入,方法同等差系列。

(4) 非数字序列,如日期、星期等。方法与填充数字序列一样。

注意:以上操作都是鼠标左键拖动,如果用鼠标右键拖动可以实现所有填充。

4) 自定义序列

在 Excel 中已经内置定义了一些序列,除此之外,Excel 也支持用户自定义序列。在"文件"选项卡中,单击"选项"命令,在弹出的"Excel"选项对话框中切换到"高级"选项卡,单击"编辑自定义列表"按钮。在"自定义序列"对话框中输入自定义填充序列项目,各项目之间按〈Enter〉隔开,输入完成后单击"添加"按钮,单击"确定"按钮返回,如图 4-2-5 所示。

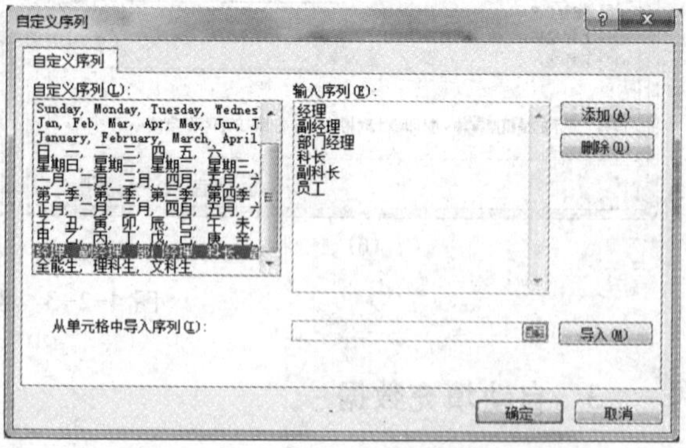

图 4-2-5 自定义序列对话框

4.3　公式与函数

Excel 具有强大的数据分析与处理功能，其中公式和函数提供了强大的计算能力，为用户分析和处理工作表中的数据提供了很大的方便。

4.3.1　公式的使用

公式是以“=”开始的一个表达式，由各种运算符、数据、函数、单元格引用等组成。在 Excel 中利用公式可以对表格中的各种数据进行快速的运算。

1　输入公式

公式可以在编辑栏或单元格中输入，输入公式都是以“=”开始的，然后再输入运算项和运算符，输入完毕按下〈Enter〉后，计算结果就会显示在单元格内。公式中使用到的单元格名称可以通过手动输入和使用鼠标辅助输入两种方法输入。

例如：在 D2 中计算单元格 A2、B2 和 C2 中数据的和，可以在 D2 单元格中输入公式“=A2+B2+C2”，在输入单元格名称时也可以用鼠标单击该单元格，输入完毕按“√”按钮或按〈Enter〉后，计算结果就会在 D2 单元格中显示，而公式本身只在该单元格的编辑栏中显示，表示数据的来源。为了方便检查公式的正确性，可以通过选择“公式”/“公式审核”/“显示公式”将公式显示在单元格中。

单元格中的公式可以像其他数据一样进行编辑，包括修改、移动、复制、删除等。公式的复制可以通过两种方法来实现，一种方法是拖动填充柄将公式复制到鼠标经过的单元格中，另一种方法是使用选择性粘贴“公式”。选中公式所在的单元格，按〈Delete〉将同时删除该单元格中的公式和数据，通过复制粘贴“值”的方式在删除公式的同时可以保留数据。

2　运算符

运算符用于指定公式中数据执行的计算类型，包含 4 种类型，分别是算术运算符、字符运算符、关系运算符和引用运算符。表 4-2 列出了 Excel 中的运算符。

表 4-2　Excel 中的运算符

类型	运　算　符	含　　义
算术运算符	+，-，*，/，%，^，()	基本的数学运算，如加、减、乘、除、百分号、乘方和圆括号
字符运算符	&	将两个文本值连接起来产生一个连续的文本值
关系算术符	=，=>，>=，<=，<，<>	比较两个数值，并产生逻辑值 TRUE 或 FALSE
引用运算符	:（冒号） ,（逗号） （空格）	区域运算符“:”生成对两个引用之间所有单元格的引用 联合运算符“,”将多个引用合并为一个引用 交集运算符“ ”产生对两个引用共有的单元格的引用

不同的运算符具有不同的运算级别，如果一个公式中同时包含多个运算符，则计算时会按照运算符优先级的顺序进行。Excel 对运算符的优先级做了规定：算术运算符从高到低分 3 个级别，百分号和乘方、乘和除、加和减。关系运算符优先级相同，引用运算符优先级相同。4 类运算符优先顺序由高到低依次为引用运算符、算术运算符、字符运算符、关系运算符。如果想改变公式中的运算优先级，可以使用括号“()”实现。

4.3.2 单元格的引用

在公式中使用某单元格中的数据，Excel 中称为单元格的引用。例如，C1 单元格的公式为：=A1+B1，表示 C1 单元格数据是 A1 单元格和 B1 单元格数据的和，其中 A1 和 B1 称为单元格的引用。

在 Excel 工作表中，单元格引用的作用在于标识工作表上的单元格和单元格区域，并指明使用数据的位置。在公式中不但可以引用同一工作表中的单元格，也可以引用不同工作表中的单元格以及不同工作簿中的单元格。引用单元格数据后，公式的运算值将随着被引用的单元格的数据变化而变化，当被引用的单元格数据被修改后，公式的运算值也将自动修改。

在引用单元格区域时，可以用到引用运算符冒号“:”和逗号“,”。若有单元格区域“A1:C4”，则表示以 A1 单元格与 C4 单元格为顶点的一个矩形区域。若有单元格区域“A1,C4”，则表示只有 A1 单元格与 C4 单元格的区域。空格运算符的含义是求前后两个单元格区域的交集。

单元格的引用有 3 种方法：相对引用、绝对引用和混合引用。

1 相对引用

相对引用是指单元格的引用会随公式所在单元格的位置的改变而改变。复制公式时，系统不是把原来的单元格地址原样照搬，而是根据公式原来的位置和复制的目标位置来推算公式中单元格地址相对原来位置的变化。也就是说，当复制一个包含有相对引用的公式时，公式中的相对引用会自动调整，保持与结果单元格的相对关系不变。在默认情况下，公式使用的是相对引用。单元格相对引用地址用列标加行号表示，如 A1、C3 等都是相对引用地址。

2 绝对引用

绝对引用是指单元格的引用不会随公式所在单元格的位置的改变而改变。在复制公式时，无论如何改变公式的位置，绝对引用单元格的地址都不会改变。绝对引用的表示形式是在列标和行号前加“$”符号，如 C1 单元格的绝对引用形式是 $C$1。按〈F4〉可使单元格地址在相对引用、绝对引用与混合引用之间进行切换。

3 混合引用

混合引用是指相对引用与绝对引用同时存在于一个单元格的地址引用中。当需要固定行引用而改变列引用，或者固定列引用而改变行引用时，就需要混合引用，即相对引用部分发生变化，绝对引用部分不变，如 $B2、B$2 等都是混合引用。

4 不同工作表中单元格的引用

若在公式或函数中使用了同一工作簿不同工作表中的数据，则除了指明单元格的引用地址外，还必须指明工作表的名称，格式为：工作表名！单元格地址。在单元格前加上工作表名，并使用“!”为工作表分隔符。

5　不同工作簿中单元格的引用

若引用其他工作簿文件中的数据，则应指明工作簿名称，用一对中括号作为工作簿分隔符，其一般格式为[工作簿文件名]工作表名！单元格地址。一般情况下，在引用不同工作簿中的单元格时，应该将相关的工作簿文件打开。

4.3.3　函数的使用

函数是一些预定义的公式，通过使用一些被称为参数的特定数值，按特定的顺序或结果执行计算，然后把计算的结果返回给用户。利用公式可以计算一些简单的数据，而利用函数则可以很容易地完成各种复杂数据的处理工作，并简化公式的使用。

1　函数分类

Excel 提供了大量的内置函数，在“插入函数”对话框中可以查找到。按函数的功能，主要包括：数学与三角函数、文本函数、逻辑函数、日期和时间函数、财务函数、统计函数、查找和引用函数、数据库函数、信息函数等，各类函数的具体作用如表 4-3 所示。

表 4-3　函数分类与作用

类　型	作　　用
数学与三角函数	用于计算数学与三角方面的数据，其中三角函数采用弧度为单位
文本函数	用于处理公式中的文本字符串，如 LOWER 函数可将文本字符串的所有字母转换为小写；TEXT 函数可将数值转换为文本等
逻辑函数	用于测试是否满足某个条件，并判断逻辑值，这类函数只有 6 个，其中 IF 函数使用非常广泛
日期和时间函数	用于分析或处理与日期和时间有关的值，如 NOW 函数可以返回当前系统的时间等
财务函数	用于进行财务方面的计算，如 DB 函数可返回固定资产的折旧值，IPMT 函数可返回投资回报的利息部分等
统计函数	用于统计分析一定范围内的数据，如 SUM 函数可统计多个数据的总和，MAX 函数可返回一组数值中的最大值等
查找和引用函数	用于查找或引用列表或表格中的指定值，如 VLOOKUP 函数可在表格区域的最左列查找指定的值，并返回区域中与找到单元格位于相同行不同列的值等
信息函数	用于帮助鉴定单元格中数据所属的数据类型或单元格是否为空等
数据库函数	用于对存储在数据清单中的数值进行分析，判断其是否符合特定的条件等

2　函数结构

一个完整的函数表达式结构以等号“=”开始，后面紧跟函数名称和左右圆括号，括号内是以逗号分隔的函数参数，一般形式为：=函数名(参数 1，参数 2，参数 3，…)。

函数名称可以描述函数的功能，通常是其对应功能的英文单词缩写。函数参数必须放在括号内，有些函数没有参数，但是括号不能省略，如=TODAY()；有些函数有多个参数，参数之间用逗号间隔；有些函数没有明确规定函数的个数，如 SUM 和 AVERAGE。函数参数的类型主要有常量、逻辑值、单元格或区域引用、自定义名称、其他函数式等。函数中所有的符号必须是英文状态下输入的符号。

例如：=SUM(A3:B5)，SUM 是函数名，说明函数要执行求和运算，区域 A3:B5 是一个参数，说明是区域引用。如果对该区域利用名称框定义了一个名称为 AA，那么此处的参数就可以直接用名称来代替，即=SUM(AA)，也能求出区域 A3:B5 的总和。

3　输入函数

在工作表中使用函数计算数据时，首先要将函数输入单元格。输入函数的方法有手工输入和通过函数向导输入两种方法。

1）手工输入

如果用户对函数非常熟悉，按照函数的结构，直接手动将函数表达式输入到相应的单元格中，如=AVERAGE(B1:B4)，输入完成后，按〈Enter〉确认。也可以在编辑栏中输入函数，输入完成单击编辑栏上的“输入”按钮✓或按〈Enter〉。

在采用手工输入函数时，建议切换到英文状态下进行，以免出现输入字符的错误。手工输入函数时，不需要考虑函数名的大小写问题，输入完成并确认后，Excel 会自动将函数名称转换成大写格式。

2）快捷按钮输入

对于一些常用的函数式，如求和(SUM)、求平均(AVERAGE)、计数(COUNT)、求最大值(MAX)、求最小值(MIN)等，可以利用功能选项卡中的快捷按钮来实现输入。下面以求和为例，介绍通过快捷按钮插入函数的方法。

(1) 利用“开始”选项卡的快捷按钮。选中需要求和的单元格区域，单击“开始”选项卡的“编辑”组中的“自动求和”下拉按钮，在弹出的下拉菜单中选择“求和”命令。

(2) 利用“公式”选项卡的快捷按钮。选中需要显示求和结果的单元格，然后切换到“公式”选项卡。在“函数库”组中单击“自动求和”下拉按钮，在弹出的下拉菜单中单击“求和”命令，然后拖动鼠标选中作为参数的单元格区域，按下〈Enter〉即可将计算结果显示到该单元格中。

3）插入函数输入

如果对于函数不熟悉，那么使用“插入函数”对话框有助于函数的输入，可以免于输入错误，而且在插入过程中均有提示。具体操作方法如下：

选中需要显示求和结果的单元格，单击编辑栏中的“插入函数”按钮 f_x。弹出“插入函数”对话框，选中需要的函数，如“SUM”求和函数，单击“确定”按钮。弹出“函数参数”对话框，输入需要的函数参数，单击“确定”返回工作表。

4　嵌套函数

在某些情况下，可能需要将某函数作为另一函数的参数使用，如函数表达式“=IF(AVERAGE(A2:A5)>100, SUM(B2:B5),0)”，AVERAGE 和 SUM 两函数作为参数嵌套在 IF 函数中。该表达式的意义为：如果 A2:A5 单元格区域的数据平均值大于 100，返回单元格区域B2:B5的求和结果,否则返回0。

当嵌套函数作为参数使用时,它返回的数据类型必须与参数使用的数据类型相同。例如,如果参数返回一个TRUE或FALSE逻辑值,那么嵌套函数也必须返回一个TRUE或FALSE逻辑值,否则将显示错误信息#VALUE!。

嵌套函数一般通过手动输入,输入时可以利用鼠标辅助引用单元格。

5 常用函数

在此只列举部分常用函数,对函数的功能不作详细解释,联机帮助中有非常详尽的函数功能描述、语法、示例等,可以通过联机帮助学习函数的使用。

(1) SUM(number1,number2,…):返回某一单元格区域中所有数字之和。

(2) PRODUCT(number1,number2,…):将所有参数的数字相乘,并返回乘积。

(3) INT(number):将数字向下舍入到最接近的整数。

(4) ROUND(number,num_digits):返回某个数字按指定位数取整后的数字。

(5) AVERAGE(number1,number2,…):返回参数中数值的平均值。

(6) COUNT(number1,number2,…):计算参数中数值数据的个数。

(7) COUNTA(number1,number2,…):计算参数中非空单元格的个数。

(8) MAX(number1,number2,…):返回参数中数值的最大值。

(9) MIN(number1,number2,…):返回参数中数值的最小值。

(10) NOT(logical):对参数值求反。

(11) AND(logical1,logical2,…):当所有参数的逻辑值为真时,返回TRUE。

(12) OR(logical1,logical2,…):参数中任何一个参数逻辑值为TRUE即返回TRUE。

(13) IF(logical_test,value_if_true,value_if_false):执行真假判断,根据逻辑计算的真假值,返回不同结果。

(14) COUNTIF(range,criteria):返回某个区域中满足给定条件的单元格的个数。

(15)COUNTIFS(range1,criteria1, range2,criteria2, …):返回对多个不同区域中满足多个不同条件的单元格的个数。

(16) NOW():返回当前日期和时间。

(17) TODAY():返回当前日期。

(18) RANK(number,ref,order):返回一个数值在一组数值中的排位。

(19) VLOOKUP(lookup_value,table_array,col_index_num,range_lookup):搜索表格区域首列满足条件的元素。

(20) DMAX(database,field,criteria):返回列表中满足指定条件的最大数值。

(21) DAVERAGE(database,field,criteria):返回列表中满足指定条件的数字平均值。

6 函数使用举例

【例4-1】 嵌套IF函数。根据库存情况填写补充提示列的内容,库存数低于30时提示“补货”,大于等于30且小于50时提示“准备”,大于等于50且小于等于60时提示“下单”,大于60时提示“充足”,如图4-3-1所示。

操作步骤如下。

	A	B	C	D
1	编号	品名	库存	补充提示
2	A001	茄克	20	
3	A002	茄克	86	
4	A003	风衣	70	
5	A004	茄克	48	
6	A005	茄克	33	
7	A006	棉衣	56	
8	A007	茄克	29	
9	A008	茄克	56	

	A	B	C	D
1	编号	品名	库存	补充提示
2	A001	茄克	20	补货
3	A002	茄克	86	充足
4	A003	风衣	70	充足
5	A004	茄克	48	准备
6	A005	茄克	33	准备
7	A006	棉衣	56	下单
8	A007	茄克	29	补货
9	A008	茄克	56	下单

图 4-3-1　库存情况补充提示

(1) 选中 D2 单元格(第一个商品的补充提示)。

(2) 单击“插入函数”按钮,弹出“插入函数”对话框,从“选择函数”列表框中选中 IF 函数,单击“确定”按钮进入 IF 函数的“函数参数”对话框。

(3) 在第一个参数 Logical_text 文本框中,输入第一层条件:C2＜30(即第一个商品的库存小于 30),在第二个参数 Value_if_true 文本框中,输入文本"补货"(光标离开双引号会自动添加),完成第一层条件的设置,如图 4-3-2(a)所示。

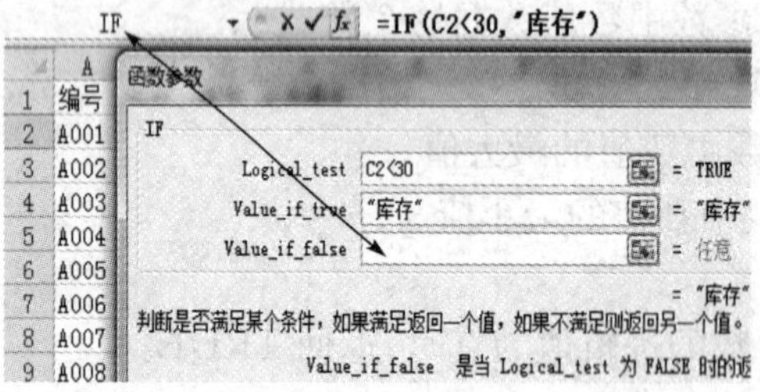

(a) 第一层条件

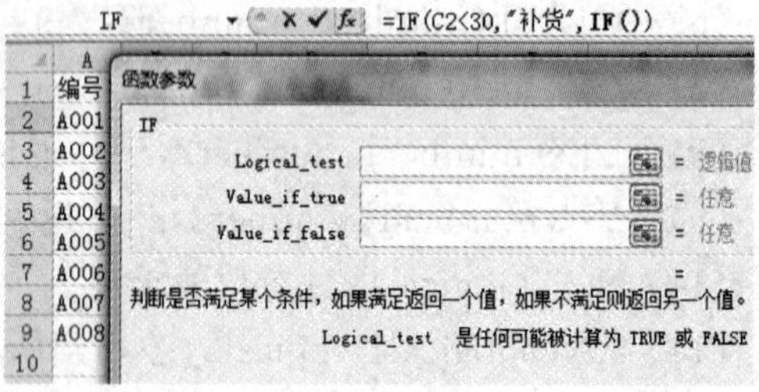

(b) 窗口刷新,编辑栏显示第一层公式结果

图 4-3-2　IF 函数嵌套

(4) 将光标定位在第三个参数 Value_if_false 中,在编辑栏单击“IF”按钮,则 IF“函数参数”对话框中的内容刷新,进入第二层 IF 函数的参数输入窗口,第一层的结果将显示在编辑栏中,如图 4-3-2(b)所示。

(5) 在第二层 IF 函数的参数窗口,为 Logic_test 参数输入:C2＜50,Value_if_true 参数输入"准备"。光标定位在第三个参数 Value_if_false 文本框中,在此单击编辑栏左侧的“IF”按钮,IF 函数的“函数参数”对话框再次刷新,进入第三层参数框,在以后的层次中做类似的操作。

(6) 本例 IF 函数总共嵌套 3 层,最终的公式是:＝IF(C2＜30,"补货",IF(C2＜50,"准备",IF(C2＜60,"下单",“充足”))),完成后单击“确定”按钮。

(7) 利用自动填充柄完成其他商品的提示,结果如图 4-3-1所示。

	A	B	C
1	服装销售额报表		
2	店名	件	营业额
3	一店	36	1800
4	二店	58	2900
5	三店	18	900
6	四店	23	1150
7	五店	39	1950
8	营业额合计		8700
9	销售30件以上/店		
10	30		
11	公司员工		
12	姓名	性别	民族
13	张三	男	汉
14	李四	男	汉
15	王五	男	汉
16	赵六	男	汉
17	麻七	女	汉
18	男员工人数		
19	查找是否已输入张三		

图 4-3-3　COUNTIF 函数使用

【例 4-2】 COUNTIF 函数。给出工作表如图 4-3-3 所示,按如下要求进行统计:销售 30 件以上的店的个数;统计男员工的人数;查找公司员工表中是否已经输入“张三”。

操作步骤如下。

(1) 选中存放结果的单元格 C9，单击“插入函数”按钮，在下拉列表框中找到函数 COUNTIF。

(2) 在“函数参数”对话框中的 Range 参数选择 B3:B7 单元格区域，criteria 参数输入 ">=30"（或输入">="&A10）。

(3) 在 C18 单元格中输入“=COUNTIF(B13：B17，"男")”。

(4) 在 C19 单元格中输入“=IF(COUNTIF(A13：A17,"张三"),"已输入","")”。

【例 4-3】 了解 COUNT 函数和 COUNTA 函数的区别。COUNT 函数计算参数列表中的数值数据的个数，而 COUNTA 函数计算参数列表中非空单元格的个数，包括文本、逻辑值或错误值。示例数据如图 4-3-4 所示。

	A	B	C
1	示例数据		
2	销售		
3	12345		
4			
5	20		
6	22.25		
7	TRUE		
8	#DIV/0!		
9	公式	说明	结果
10	=COUNTA(A2:A8)	计算单元格区域A2到A8中非空单元格的个数	6
11	=COUNT(A2:A8)	计算单元格区域A2到A8中数值数据的个数	3

图 4-3-4　COUNT 和 COUNTA 函数的区别

4.4　工作表的格式化

在将数据录入到工作表之后，需要对工作表进行美化和修饰，这就是工作表的格式化。恰当地格式化工作表不但可以使得工作表布局合理、美观大方，而且可以帮助我们将数据转换为信息，也为表格的打印做好准备。Excel 除了提供基本的格式化工具之外，还提供了样式、条件格式等高级格式化工具。

4.4.1　设置单元格格式

1　设置字体格式

(1) 通过“字体”组设置。在“开始”选项卡的“字体”组中，可以对单元格或单元格区域进行字体、字号、加粗、倾斜、下划线、字体颜色、边框线、填充颜色等设置。

(2) 通过浮动工具栏设置。双击需设置字体格式的单元格，右击鼠标，在随后出现的快捷菜单上方有一个浮动的格式工具栏如图 4-4-1(a)所示，通过该工具栏同样可以设置字体格式。

(3) 通过对话框设置。在“开始”选项卡中，单击“字体”组右下角的扩展按钮，打开“设置单元格格式-字体”对话框，在“字体”选项卡中，一次性完成字符格式的设置，如图 4-4-1(b)所示。

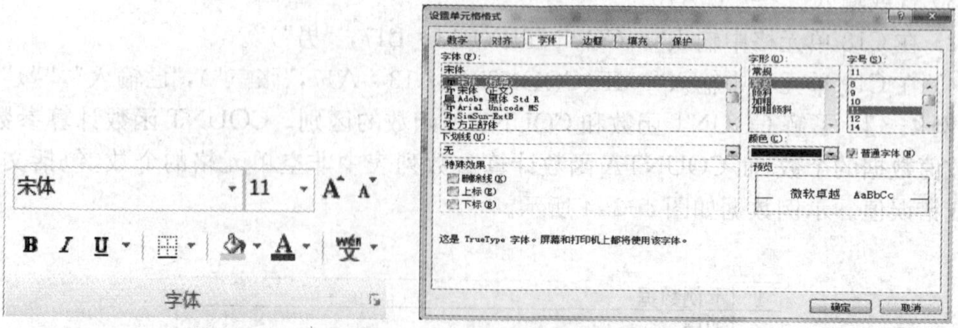

(a) (b)

图 4-4-1 设置字体格式

2 设置数字格式

在 Excel 中输入数字后可根据需要设置数字的格式，如常规格式、货币格式、会计专用格式、日期格式和分数格式等。数字格式的设置方法与字体格式的设置方法相似，都可以通过“数字”组和“对话框”进行设置。

(1) 通过“数字”组设置。在“开始”选项卡的“数字”组中，可以直接进行数字格式、会计专用格式、百分比样式、增加或减少小数位数等设置，如图 4-4-2(a)所示。注意：“数字”组中的百分比、千分位均为单向操作，即只能设置不能取消，如需取消，需在对话框中设置。

(2) 通过对话框设置。单击“数字”组右下角的扩展按钮，打开“设置单元格格式-数字”对话框，在“数字”选项卡中可以进行数字、日期、百分比等设置，还可以进行负数设置、自定义设置等，如图 4-4-2(b)所示。

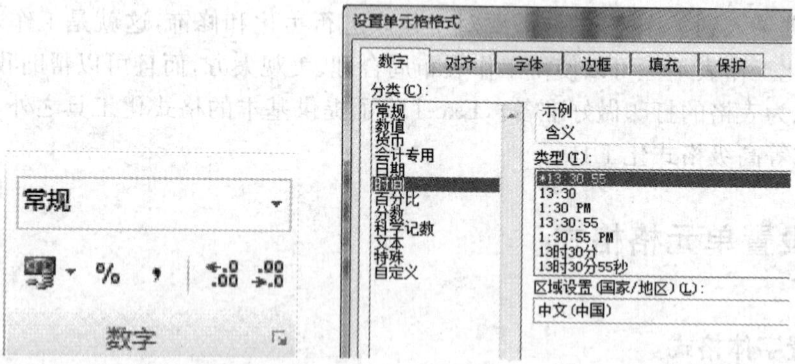

(a) (b)

图 4-4-2 设置数字格式

3 设置对齐方式

在默认状态下，单元格中的文本是左对齐，数字是右对齐。在“对齐方式”组中可以对单元格中的数据进行顶端对齐、垂直居中、底端对齐、文本左对齐、居中、文本右对齐、更改文本方向、自动换行、合并单元格并居中等设置。

通过“对齐方式”组右下角的扩展按钮，打开“设置单元格格式-对齐”对话框。在该对话框中也可以进行对齐方式的设置。该对话框还可设置水平跨列居中、设置文字方向竖直显示或转体显示等。

当在一个单元格中录入大量字符后，如果列宽有限制的话，可以通过“自动换行”的方式让字符全部显示出来，并且会自动增加行高。跨列居中并不合并单元格，而合并居中后单元格作为一个整体，所以两者是不同的。

4　设置边框

在默认情况下，工作表的网格线是灰色的，并且无法打印出来。为了使工作表更加美观，在制作表格时，通常需要为其添加边框。

选中需要添加边框的单元格区域，在“开始”选项卡的“字体”组中，单击“边框”右侧的下拉按钮，在展开的下拉列表中选择边框样式。可以设置线型、线宽、颜色，还可以手工绘制或用橡皮擦擦除等。

通过“开始”选项卡的“字体”组中“边框”右侧的下拉按钮，在随后出现的“边框”列表中，选中最下面一项“其他边框”选项，打开“设置单元格格式-边框”对话框。在该对话框中可以设置外边框、内边框、边框样式、边框颜色等。

5　设置背景色

有时候，为了突出显示工作表中的某些数据，可以通过为相应的单元格区域填充不同的颜色来实现。

选中需要设置颜色的单元格区域，在“开始”选项卡中“字体”组中，单击“填充颜色”右侧的下拉按钮，从展开的下拉列表中选择填充色。也可以单击“其他颜色”，进入调色板对话框，根据需要选择相应的颜色设置，如图 4-4-3 所示。

打开“设置单元格格式”对话框，在“填充”选项卡中可以设置背景色、图案颜色、图案样式。在“填充效果”对话框中可以设置渐变填充颜色，包括设置颜色的渐变效果（双色）和设置底纹样式（水平、垂直、辐射）等，如图 4-4-4 所示。

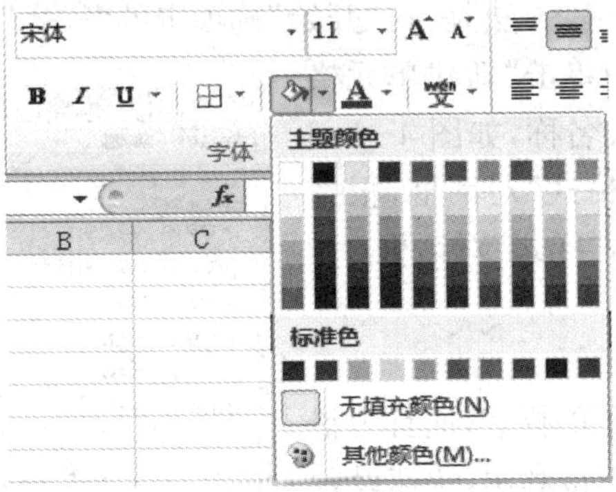

图 4-4-3　填充颜色

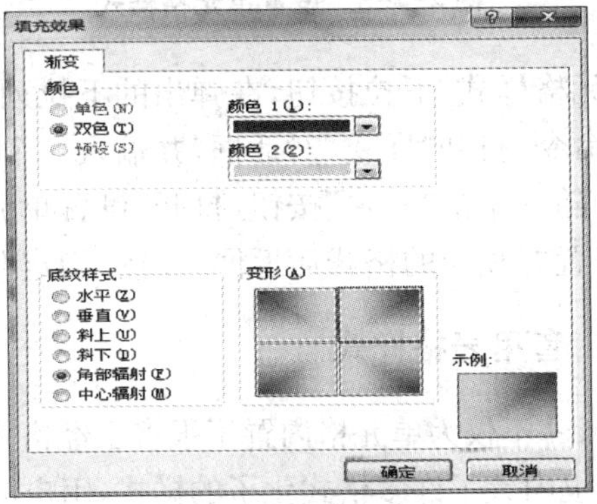

图 4-4-4　填充效果

以上各种单元格格式的设置，还可以通过“开始”选项卡的“单元格”组中的“格式”下拉列表中的“设置单元格格式”命令设置，或者右击鼠标，在弹出的快捷菜单中选择“设置单元格格式”命令设置。

6　格式的复制和清除

格式的复制是指对所选对象所用的格式进行复制。可以利用“开始”选项卡“剪贴板”组中的“格式刷”命令或者“选择性粘贴”命令，来实现对目标区域的格式复制。

格式刷的使用方法是：选中有相应格式的单元格区域，单击“格式刷”按钮，此时鼠标指针变成刷子形状。用带格式化的鼠标在欲复制格式的单元格区域中刷过。如只需一次复制，则单击格式刷；如需多次复制，则双击格式刷，并在复制结束后，再次单击格式刷。

如果要清除单元格中已设置的格式，则选中要清除格式的单元格区域，然后单击“开始”选项卡“编辑”组中的“清除”下拉按钮，在打开的下拉菜单中单击“清除”命令。格式被清除后，单元格中数据仍以常规格式表示，即文本左对齐，数字右对齐。

4.4.2　套用样式

1　套用单元格样式

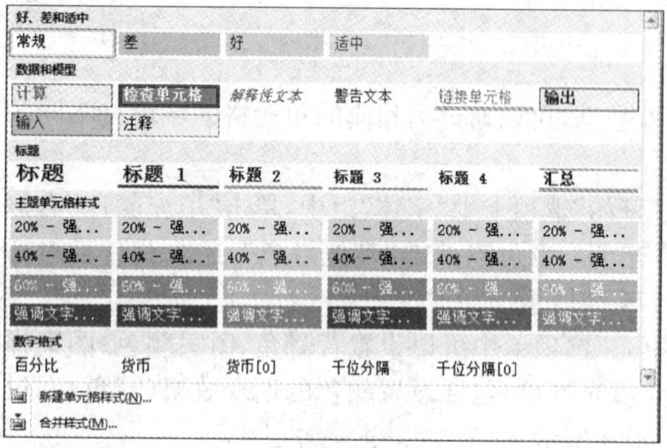

图 4-4-5　设置单元格样式

单元格样式是一组已定义的格式特征，如字体和字号、数字格式、单元格边框和单元格底纹，如果要在一个步骤中应用几种格式，并确保各个单元格格式一致，可以使用单元格样式。方法是：选择需要设置格式的单元格或区域，在“开始”选项卡的“样式”组中，单击“单元格样式”下拉按钮，在打开的下拉列表中选择一种样式即可，如图4-4-5所示。

如果觉得内置的单元格样式不能满足需要，也可以新建单元格样式，方法是：在“开始”选项卡的“样式”组中单击“单元格样式”下拉按钮，在弹出的下拉列表中单击“新建单元格样式”命令，打开“样式”对话框，并输入一个样式名称，如图 4-4-6 所示。随后单击“格式”按钮，打开“设置单元格格式”对话框，根据需要设置好相应的格式后返回，并按“确定”退出“样式”对话框。

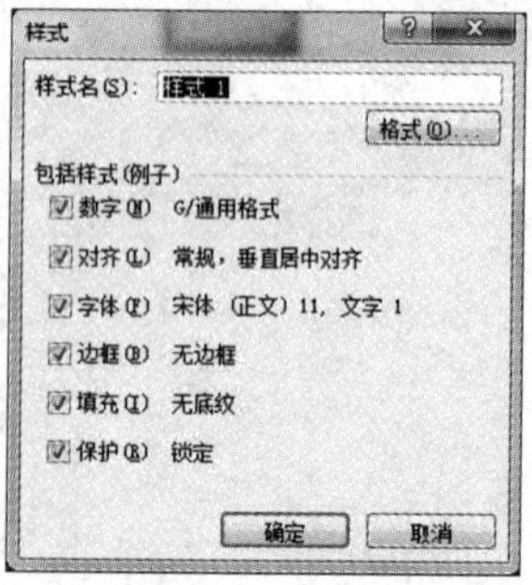

图 4-4-6　自定义样式

2　套用表格样式

Excel 不仅为单元格内置了很多已经格式化了的样式，而且为整个表格也内置了许多格式化了的样式，用户可以直接套用，快速设置工作表的样式。如果觉得内置的表格样式不能满足需要，也可以新建并应用自定义的表格格式。表格套用格式时，可以先选定区域后再套用，也可以先使用套用命令，再选定区域。

套用表格样式的方法是：打开需要套用表格格式的工作表，选中需要套用表格样式的单元格区域，单击“开始”选项卡的“样式”组中“套用表格格式”下拉按钮，在弹出的下拉列表中选择一种表格格式，如图 4-4-7 所示。在随后弹出的“套用表格样式”对话框中，确定套用表格格式的单元格范围，单击“确定”按钮。

套用表格格式后，在文档窗口上方的功能区自动切换到“表格工具-设计”选项卡。在表格的列标题右侧都会出现一个下三角按钮，单击此按钮会弹出一个下拉列表，在此下拉列表中，可以对数据信息进行排序和筛选等设置。

通过选择“表格样式选项”组中的表元素（如标题行和汇总行、第一列和最后一列、镶边行和镶边列）可以进一步调整表格格式；通过选择“属性”组中的“调整表格大小”按钮，可以调整已套用表格格式的单元格区域的范围。通过单击“工具”组中的“转换为区域”按钮，可以将套用了表格格式的单元格区域转换为普通区域，即取消其筛选和排序的功能，此时列标题右侧的下三角按钮都会消失，如图 4-4-8 所示。

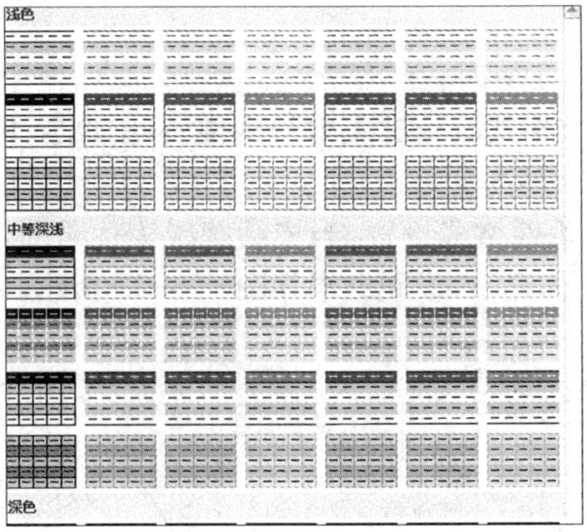

图 4-4-7 套用表格样式

图 4-4-8 表格工具-设计选项卡

应用表格格式后，还可以使用“页面布局”选项卡中的“主题”组中的选项继续美化表格，系统提供的主题样式主要包括字体、颜色以及效果等。

4.4.3 应用条件格式

在 Excel 中，使用条件格式可以方便、快捷地将符合要求的数据突出显示出来，使工作表中的数据一目了然。条件格式的应用方式很多，使用条件格式功能除了可以突出显示所关注的单元格，还可以利用数据条、色阶、图标集等对单元格数据进行标识，便于用户快速识别一系列数值中存在的差异，直观地显示数据。

系统内置了 5 种默认的条件格式规则，用户可以根据自己的需要为单元格添加不同的条件格式。默认规则如下。

（1）突出显示单元格规则：对规定区域的数据进行特定的格式设置。

(2) 项目选取规则:在选定的区域中根据指定的值查找该区域中的最高值、最低值等;还可以快速将该区域中高于或低于平均值的单元格设置成合适的格式。

(3) 数据条:数据条可以查看某个单元格相对于其他单元格的值,数据条的长度代表数据的值,数据条越长,表示值越高。数据条越短,表示值越低。在分析大量数据中的较高值和较低值时,数据条比较有用。

(4) 色阶:色阶分为双色刻度和三色刻度,是通过颜色深浅程度来比较某个区域中数值的高低,颜色的深浅表示值的高低。

(5) 图标集:图标集有方向、形状、标记、等级等 4 种样式,通过它可以根据数值的大小,在单元格中填充上不同的图标,每个图标代表一个值的范围。

除了可以使用的 5 个默认规则之外,也可以根据需要建立规则。

1 建立条件格式规则

系统内置了 6 种"规则类型",单击"开始"选项卡"样式"组中的"条件格式"下拉按钮,在随后出现的下拉菜单中,选择"新建规则"选项,打开"新建格式规则"对话框,即可利用其中的规则选项,为符合条件的数据设置条件格式,以突出显示相应的数据。

1) 条件区域与格式区域为同一区域

如果要设置格式的单元格与条件所在区域为同一区域时,在"新建格式规则"对话框中选择第二种规则类型"只为包含以下内容的单元格设置格式"。在"编辑规则说明"中设置条件和格式,如图 4-4-9 所示。

【例 4-4】 在学生成绩表中,对"成绩等级"进行条件格式设置:当成绩等级为优秀时,以绿色、粗体显示,当成绩等级为不合格时,以红色、粗体显示,设置结果如图 4-4-10 所示。

操作步骤:(略)

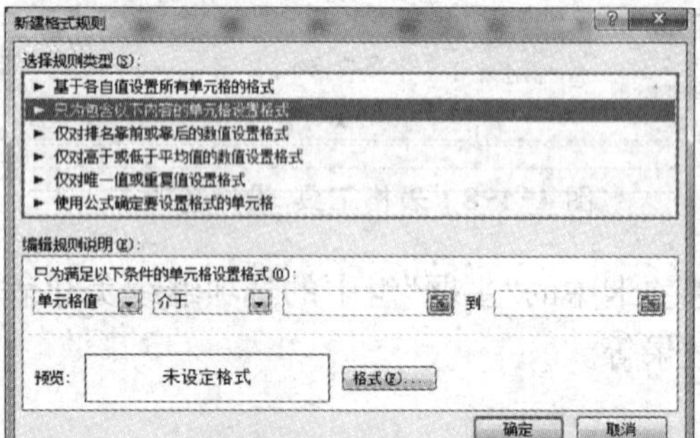

图 4-4-9 只为包含以下内容的单元格设置格式

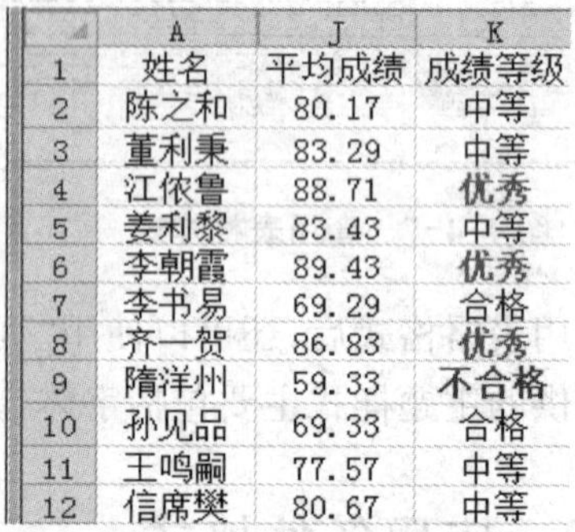

	A	J	K
1	姓名	平均成绩	成绩等级
2	陈之和	80.17	中等
3	董利秉	83.29	中等
4	江依鲁	88.71	优秀
5	姜利黎	83.43	中等
6	李朝霞	89.43	优秀
7	李书易	69.29	合格
8	齐一贺	86.83	优秀
9	隋洋州	59.33	不合格
10	孙见品	69.33	合格
11	王鸣嗣	77.57	中等
12	信席樊	80.67	中等

图 4-4-10 选择第二种规则类型的应用效果

2) 条件区域与格式区域为不同区域

如果要设置格式的单元格与条件所在区域不是同一区域时,在"新建格式规则"对话框中应该选择第六种规则类型"使用公式确定要设置格式的单元格"。在"编辑规则说明"中设置条件和格式,如图 4-4-11 所示。

【例 4-5】 在 Sheet1 工作表中,用对"姓名"进行条件格式设置:当平均成绩>=85 时,绿色、粗体显示,当平均成绩<60 时,以红色、粗体显示,设置结果如图 4-4-12 所示。

操作步骤:(略)

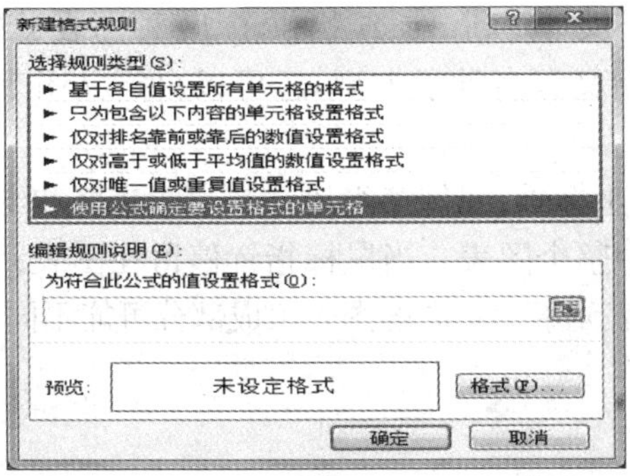

图 4-4-11　使用公式确定要设置的单元格

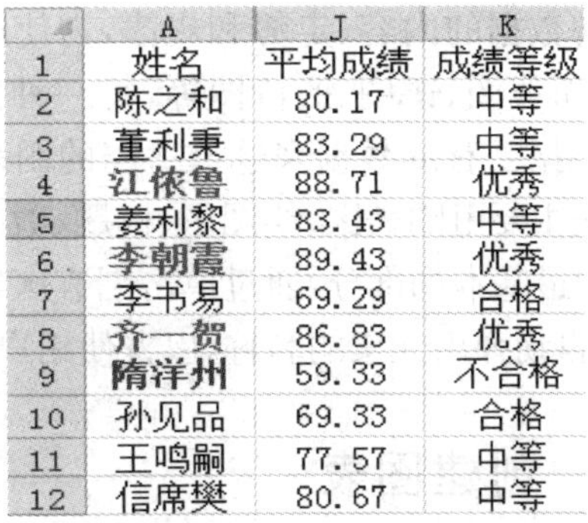

	A	J	K
1	姓名	平均成绩	成绩等级
2	陈之和	80.17	中等
3	董利秉	83.29	中等
4	江依鲁	88.71	优秀
5	姜利黎	83.43	中等
6	李朝霞	89.43	优秀
7	李书易	69.29	合格
8	齐一贺	86.83	优秀
9	隋洋州	59.33	不合格
10	孙见品	69.33	合格
11	王鸣嗣	77.57	中等
12	信席樊	80.67	中等

图 4-4-12　选择第六种规则类型的应用效果

2　管理条件格式规则

选中已经设置了条件格式的单元格或区域，单击“开始”选项卡“样式”组中的“条件格式”下拉按钮，在随后出现的下拉菜单中，选择“管理规则”选项，打开“条件格式规则管理器”对话框，可以对已经建立的规则进行编辑、删除等操作，如图 4-4-13 所示。

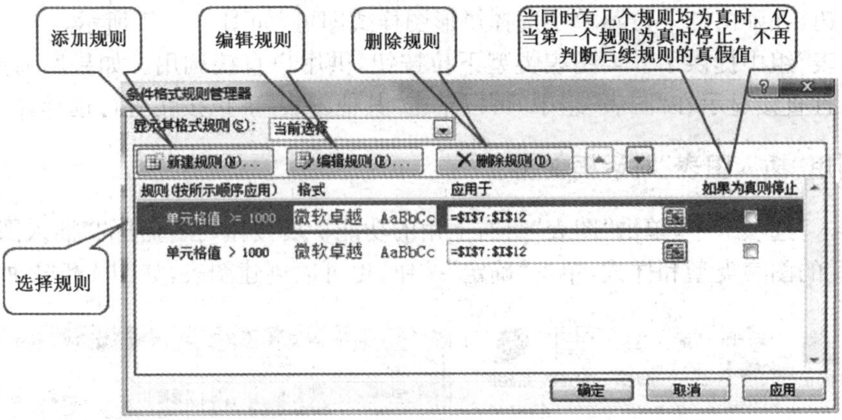

图 4-4-13　管理条件格式规则

Excel 可以为同一个单元格或区域设置多条规则，在使用时要注意多条规则建立的顺序，否则可能会出现显示错误。如果顺序出错，可以通过对话框中“上移”或“下移”按钮调整规则的顺序加以解决。

3　清除条件格式

在“开始”选项卡“样式”组中，单击“条件格式”下拉按钮，在下拉菜单中展开“清除规则”选项，可在其中选择“清除整个工作表的规则”或“清除所选单元格的规则”选项，可以清除所有或部分条件格式。

4.5　图　　表

图表是将工作表中的数据以图形的形式表示，使数据表现得更加可视化、形象化，方便用户了解数据的内容、走势和规律，为使用数据提供了便利。系统提供了 11 种图表类型，如柱形图、折线图、饼图、股价图等，每一种图表类型又有多种子类型，还可以自定义图表。用户可以根据已有的数据来选择适当的图表类型。

图表主要由图表区、绘图区、标题、数据系列、坐标轴、图例等组成。其中图表区和绘图区是图表中最基本的部分，通过单击图表区即可选中整个图表。当鼠标指针停留在图表元素上方时，会自动弹出元素的名称，以方便用户查找图表元素。不同的图表组成部分可能不同。

4.5.1 创建图表

创建图表时，可以先选择创建图表的数据源，包括列标题和数值单元格区域，对于非连续的单元格区域，可以借助于〈Ctrl〉来选择。在 Excel 中，创建图表的方式主要有以下 3 种。

1 利用"图表"组中的命令按钮创建

在"插入"选项卡中，单击"图表"组中的一种图表类型，弹出下拉列表，其中含有更多的图表类型。从中选择合适的图表类型，即可在该工作表中生成一个图表。例如，单击"饼形图"下拉按钮，在弹出的下拉菜单中选择饼形图样式即可，如图 4-5-1 所示。

在"图表"组中提供了 6 类图表类型下拉按钮，供用户直接调用。如果所需要的图表类型按钮，没有直接显示在"图表"组中，可以单击"其他图表"下拉按钮进行选择。

2 利用"插入图表"对话框创建

在"插入"选项卡中，单击"图表"组右下角的功能扩展按钮，在打开的"插入图表"对话框中选择合适的图表类型和样式，单击"确定"按钮，也可以创建图表，如图 4-5-2 所示。

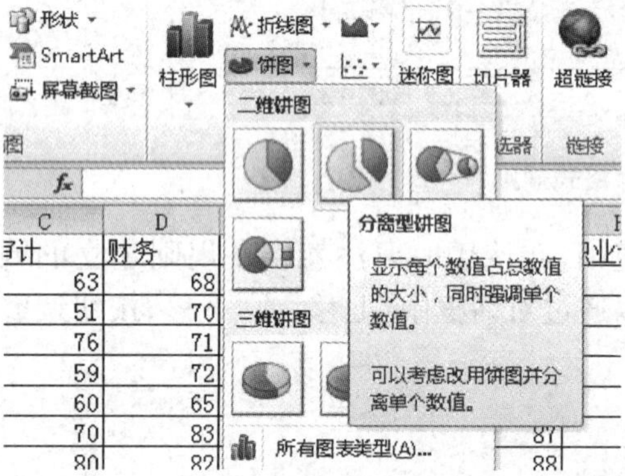

图 4-5-1 利用"图表"组创建图表

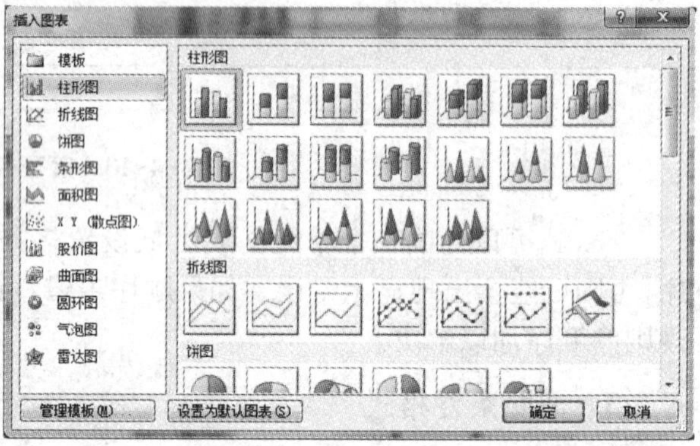

图 4-5-2 插入图表对话框

3 利用快捷键创建

系统默认的图表类型为二维柱形图。选中用来创建图表的数据区域，然后按下〈Alt〉+〈F1〉组合键，即可快速嵌入图表。如果按下 F11 功能键，即可新建一个工作表(默认名称为"Chart1")，快速创建出默认图表。

当图表创建完后，在选中图表时会自动显示"图表工具"动态标签及下面的"设计""布局”和“格式”3 个选项卡。其中“设计”选项卡是对图表整个格局的设置，如图表布局、图表样式等，如图 4-5-3(a)所示；“布局”选项卡是对图表中对象的编辑，如图表标题、坐标轴标题、图例等，如图 4-5-3(b)所示；“格式”选项卡是对图表中对象格式的设置，如形状样式、艺术字样式等，如图 4-5-3(c)所示。

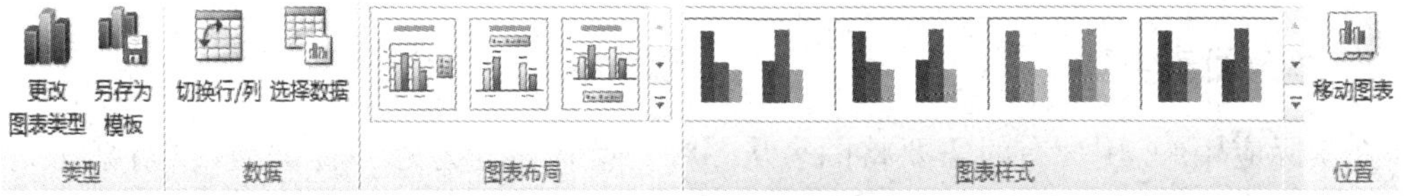

图 4-5-3(a)　“设计”选项卡

图 4-5-3(b)　“布局”选项卡

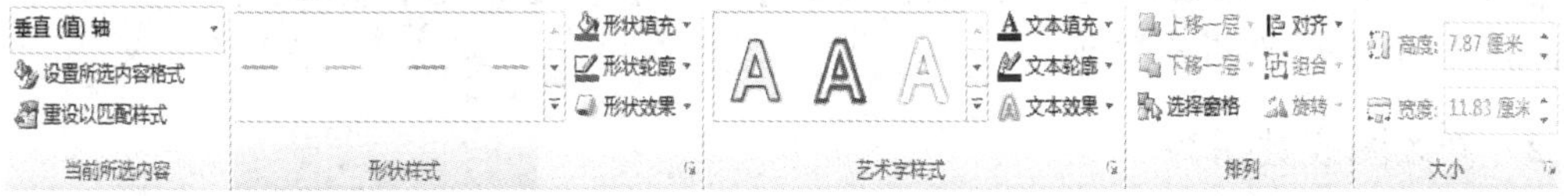

图 4-5-3(c)　“格式”选项卡

如果希望将图表嵌入到一个独立的工作表中，可以通过“图表工具”的“设计”选项卡的“位置”组中的“移动图表”命令，在“移动图表”对话框中选择“新工作表”选项来完成。

【例 4-6】　打开职工工资表工作簿，在 Sheet1 工作表中，对王光培、关冰、王海作二维柱形图，放置于 H2：N20 区域内，具体格式及要求如图 4-5-4 所示。

操作步骤：(略)。

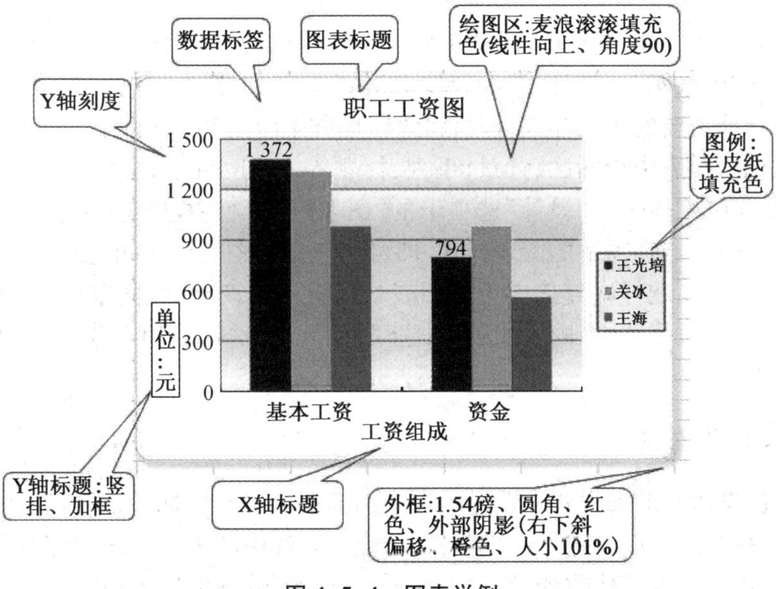

图 4-5-4　图表举例

4.5.2 编辑图表

图表创建后，如果用户觉得不满意可以对其进行编辑，可以编辑修改其图表类型、数据源、布局与样式、字体、图例等，以使图表更加完善。

1 修改图表类型

在实际应用中，用户有时需要将图表从一种类型转换为另外一种类型，以期更好地反映数据之间的关系。更改图表类型的方法如下。

(1) 选中图表，在“插入”选项卡中，单击“图表”组中的“图表类型”按钮，在弹出的下拉列表中单击选择合适的图表类型。

(2) 选中图表，在“图标工具/设计”选项卡中，单击“类型”组中的“更改图表类型”按钮，在弹出的“更改图表类型”对话框中选择需要的图表类型。

(3) 在图表中右击鼠标，在弹出的快捷菜单中，选择“更改图表类型”菜单项，也可以在弹出的对话框中更改图表类型。

2 修改图表数据源

创建图表时，Excel 会根据数据源中的行与列直接产生图表的分类轴和数据轴。当用户发现行与列的数据在图表中的表现不合适，则可以进行行/列切换。方法是：选中图表，在“图标工具/设计”选项卡中，单击“数据”组中的“切换行/列”按钮。

在实际应用中，用户有时需要对图表中的数据源进行添加或减少，以使新图表中能够显示更有价值的数据。重新选择数据源的方法是：选中图表，在“图标工具/设计”选项卡中，单击“数据”组中的“选中数据”按钮，在弹出的“选中数据源”对话框中，重新选择数据区域。

3 快速设置图表布局和样式

Excel 内置了 11 种布局样式，通过布局可以快速地设置图表标题和图例的位置。方法是：选中图表，在“图表工具/设计”选项卡中，单击“图表布局”右侧的下拉按钮，在随后出现的下拉列表中选择需要的布局样式，即可将该布局方案应用到图表中。

图表样式包括图表中绘图区、背景、系列、标题等一系列元素的样式，系统预设了 40 多种图表的样式。在“图表工具/设计”选项卡的“图表样式”组中，单击“图表样式”下拉按钮，在弹出的下拉列表中选择需要的图表样式，即可快速完成图表样式的重新设置。

此外，也可以将主题样式直接应用于图表，方法是：切换到“页面布局”选项卡，单击“主题”组中的“主题”下拉按钮，在内置主题样式下拉列表中，选择一种主题样式，即可将其应用于所选中的图表。

4 自定义图表对象

除了利用预设的布局和样式来设置图表中的标题、背景、坐标轴、图表区、绘图区等一系列图表对象外，用户还可以自定义图表对象。方法是：选中图表，在“图表工具/布局”选项卡的“标签”组中，可以设置标题位置，添加坐标轴标题、图例、数据标签等图表对象。

选中各种图表对象，选择“图表工具/布局”或“图表工具/格式”选项卡的“当前所选内容”组，在下拉列表中选择一种图表对象，单击“设置所选内容格式”按钮，随即会弹出相应的设置该对象格式的对话框，在其中可以设置图表对象的填充、边框颜色、边框样式、阴影等。快速设置图表对象的方法是：选中该图表对象，然后单击右键，在快速菜单中选择相应命令设置该对象格式。

5　调整图表大小

(1) 拖拉法：单击图表上的空白区域选中整个图表，此时可见图表边框出现 8 个控制点，拖动任意一个控制点都可以相应调整图表大小。用此方法调整“图表区”的大小时，“绘图区”的大小随之相应调整。

(2) 精确调整法：选中图表，在“图表工具/格式”选项卡中，调整“大小”组中的“高度”和“宽度”；或者单击大小组右下角的按钮，在打开的“设置图表区格式”中，也可以调整图表的大小。

6　移动图表位置

(1) 在当前工作表内移动：选中图表，将光标指向图表的空白区域，当鼠标指针变为十字双箭头时，按住鼠标左键拖曳到合适的位置。

(2) 在不同工作表移动：在“图标工具/设计”选项卡中，单击“位置”组中的“移动图表”按钮，在弹出的“移动图表”对话框中进行相应的设置，单击“确定”按钮。

7　修改系列名称

在创建图表时如果选择的数据区域中没有包括标题行或标题列，系列名称会显示为“系列 1”“系列 2”等，此时用户可以根据需要修改系列名称。方法是：右键单击图表图例，在弹出的快捷菜单中单击“选择数据”命令。在弹出的“选择数据源”对话框中，选中“系列 1”，单击“编辑”按钮。在弹出的“编辑数据系列”对话框中，直接输入系列名称或者引用显示系列名称的单元格，单击“确定”按钮。以同样的方法修改其他系列名称。

8　编辑数据系列和数据点

如图 4-5-4 所示，图表中的 3 个颜色柱形即为 3 个系列。数据系列是在图表中绘制的相关数据点，这些数据来自数据表的行和列。如果需要修改其中任意一个系列的格式，方法是：单击某一系列中的任意一个柱形，则该系列中的所有柱形都被选中，单击鼠标右键，在快捷菜单中单击“设置数据系列格式”命令，可以设置数据系列格式。如果添加了数据标签，单击鼠标右键，在快捷菜单中单击“设置数据标签格式”命令，可以设置数据标签和标签位置等，包括系列名称、类别名称、值和百分比等。

如图 4-5-4 所示，图表中的每个柱形都是一个数据点。如果需要修改其中任意一个数据点的格式，方法是：单击需要修改的柱形，单击鼠标右键，在快捷菜单中单击“设置数据点格式”命令，可以设置数据点格式。

9　设置字体格式

图表中的图表标题、坐标轴标题、图例项、纵横坐标轴上的标识等，都是文本格式的字符。设置这些对象的格式可以用“开始”选项卡中“字体”组的相关命令设置，或者右击鼠标，在快捷菜单中选择“字体”命令，在打开的“字体”对话框中设置。

除了一般的字体格式设置外，还可以通过“图表工具/格式”选项卡的“艺术字样式”组中的选项来设置文本填充、文本轮廓、文本效果等。选中这些图表对象还可以通过“图表工具/格式”选项卡的“形状样式”组中的按钮进行外观设置。

图表的编辑除了上面介绍的 9 大种类以外，还可以对更加细微的部分进行编辑。例如，可以单独修改图例中某一个系列的颜色或字体，修改坐标轴刻度单位，设置三维图表背景墙、基底、三维旋转等，在这里不再详细介绍。

4.5.3 迷你图

迷你图是 Excel 2010 新增的一个功能，它是存在于单元格中的一个微型图表。使用迷你图可以显示出相邻单元格中的数据的趋势，且只需占用少量空间。例如，季节性增加或减少、经济周期等，或者可以突出显示出数据的最大值和最小值。Excel 2010 为用户提供了 3 种迷你图表，分别是折线图、柱形图和盈亏，用户可以根据需要进行选择。

创建迷你图的方法是：选中需要创建迷你图的一组数据，切换到“插入”选项卡，单击“迷你图”组中的一种迷你图图形，弹出“创建迷你图”对话框，在该对话框中可以设置要创建迷你图的数据范围以及放置迷你图的位置，确定后迷你图创建完成，如图 4-5-5 所示。需要注意的是，创建迷你图时，其数据源只能是同一行或同一列中相邻的单元格，否则无法创建迷你图。

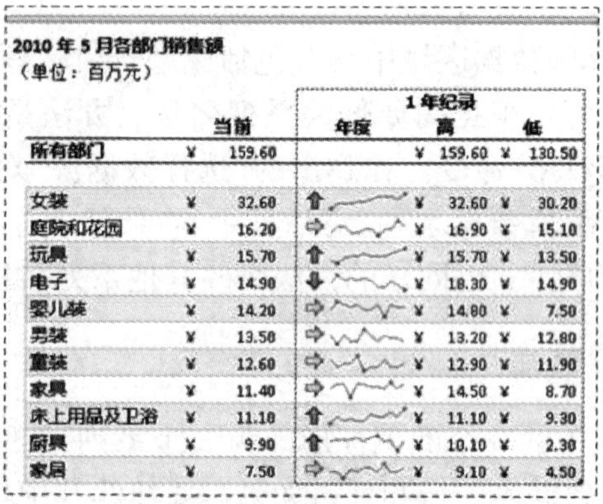
2010 年 5 月各部门销售额
（单位：百万元）

	当前	1 年纪录 年度	高	低
所有部门	¥ 159.60		¥ 159.60	¥ 130.50
女装	¥ 32.60		¥ 32.60	¥ 30.20
庭院和花园	¥ 16.20		¥ 16.90	¥ 15.10
玩具	¥ 15.70		¥ 15.70	¥ 13.50
电子	¥ 14.90		¥ 18.30	¥ 14.90
婴儿装	¥ 14.20		¥ 14.80	¥ 7.50
男装	¥ 13.50		¥ 13.20	¥ 12.80
童装	¥ 12.60		¥ 12.90	¥ 11.90
家具	¥ 11.40		¥ 14.50	¥ 8.70
床上用品及卫浴	¥ 11.10		¥ 11.10	¥ 9.30
厨具	¥ 9.90		¥ 10.10	¥ 2.30
家居	¥ 7.50		¥ 9.10	¥ 4.50

图 4-5-5 创建迷你图

迷你图和普通单元格数据一样，可以通过拖动填充柄的方法来快速创建。需要注意的是，放置了迷你图的单元格或区域，仍然可以录入其他数据，并对其进行任意编辑操作，对迷你图没有任何影响。

创建迷你图之后，会自动显示“迷你图工具”动态标签及下面的“设计”选项卡，在该选项卡中可以设置迷你图的格式，如修改迷你图的数据源和类型，套用迷你图样式，修改迷你图颜色以及更改迷你图标记的颜色等。

如果要删除迷你图，在“迷你图工具/设计”选项卡中，单击“分组”组中的“清除”按钮即可删除迷你图。

4.6　数据管理

Excel 不仅可以制作一般的表格，具备简单的数据计算处理能力，而且可以对工作表中的数据进行管理和分析，包括数据排序、数据筛选、分类汇总、数据透视等操作。利用这些功能可以方便地从数据清单中取得有用的数据，供用户使用。

4.6.1　数据清单

数据清单（或称数据列表）是包含相关数据的一系列工作表。Excel 对数据清单进行管理时，把数据清单看成是一个数据库，其中清单中的行称为记录，清单中的列称为字段，列的标题作为字段名。在数据清单中创建数据也有一些规则。例如：数据清单的第一行创建列标题，将相似项置于同一列；每张工作表使用一个数据清单；为使清单独立，数据清单与其他数据至少要留出一个空列和一个空行；避免空行或空列等。

从行角度来看，数据清单包括两部分内容：标题栏和记录。创建数据清单时，首先将标题栏录入，然后在标题栏下逐行输入每个记录。

4.6.2　数据排序

数据排序是指按一定规则对数据清单中的记录进行重新排列，以方便对数据进行浏览、查找和比较。数据排序也是正确使用许多分析工具的基础，如分类汇总等。

在执行排序命令之前，首先需要选定参与排序的数据区域。在默认情况下，第一行作为标题行不参与排序。必须以数据清单的“记录行”为单位，绝不可以只选择部分列，否则排序结果会打乱数据表中数据的对应关系。排序操作为不可逆操作，如果希望排序的数据还能恢复到原始排列顺序，在排序前可以考虑在表格的最左侧增加一个“序号”列，输入连续的序号，或者将数据清单复制一份。

排序的基本方式有升序和降序两种，排序可分为简单排序、复杂排序和自定义排序。

1　简单排序

简单排序是根据数据表中的某一个字段进行排序操作。主要有两种方法：一种是将光标停在要进行排序字段的任意单元格，在“数据”选项卡中，单击“排序和筛选”组中的“升序”按钮或“降序”按钮；另一种是右键单击鼠标，在弹出的快捷菜单中，选择“排序/升序”或“排序/降序”命令。

2　复杂排序

复杂排序是根据数据表中多个字段进行排序操作。具体操作方法是：选中数据区域任意一个单元格，切换到“数据”选项卡，单击“排序与筛选”组中的“排序”按钮，打开“排序”对话框。在该对话框中，不仅要设置“主要关键字”的排序依据和次序，还要单击“添加条件”按钮,增加设置“次要关键字”的排序依据和次序,可以添加多个次要关键字的排序,也可以通过删除条件来减少次要关键字的排序,如图 4-6-1 所示。

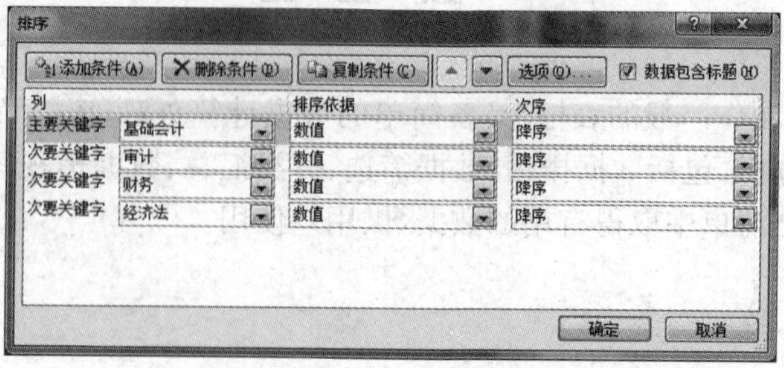

图 4-6-1　设置排序条件

多个关键字排序时,先按主要关键字排序,当主要关键字内容相同时,再按次要关键字排序。如主要关键字内容都不相同,则次要关键字排序不起作用。在默认情况下,汉字以汉语拼音的顺序排序。如果要以姓氏笔画排序,可以在“排序”对话框中单击“选项”按钮,在弹出的“排序选项”对话框中选择笔画排序即可。

3　自定义排序

Excel 除了能按照一个或多个条件进行排序,还能根据实际需要自定义排序,包括按月份、星期的顺序或者完全按照自己定义的序列顺序排序。具体操作方法是:选中整个数据区域,单击“数据”选项卡“排序与筛选”组中的“排序”按钮,打开“排序”对话框,在“排序对话框”的“次序”下拉列表中选择“自定义序列”,在弹出的“自定义序列”对话框中选择已经编辑好的自定义序列或者通过“输入序列”文本框自定义一个序列,按“确定”按钮返回“排序”对话框。

在“排列依据”下拉列表中,除了提供了基本的“按值”排序外,还提供了按“单元格颜色”“字体颜色”“单元格图标”排序,用户可以根据需要选用。

4.6.3　数据筛选

数据筛选是指从数据清单中,根据指定条件,快速查找并显示工作表中满足条件的记录,将其他不符合条件的记录暂时隐藏起来。筛选有自动筛选、自定义筛选和高级筛选。数据筛选操作为可逆操作,可清除筛选结果,恢复全部数据。

1　自动筛选

自动筛选是按照选定的内容进行筛选,主要用于简单的条件筛选和指定数据的筛选。具体操作方法是:选择数据区域中的任一单元格,在“数据”选项卡中,单击“排序和筛选”组中“筛选”按钮,这时数据列表中的每一个字段旁出现一个小箭头,表明数据列表具有了筛选功能,再次单击“筛选”按钮则会取消筛选功能。选择要筛选的字段旁的下拉按钮,在弹出的下拉列表中选择要筛选的选项,进行指定内容的筛选。

进行筛选操作后,在列标题右侧的下拉箭头上将显示“漏斗”图标,将指针放在该图标上，即可显示出相应的筛选条件。当多个列都设置了筛选条件，如果从列标题的下拉列表中选择“全部”，只是取消了本列的条件；如果要同时取消所有列的条件，显示所有被隐藏的数据，可单击“排序和筛选”组中的“清除”按钮；如果要取消自动筛选，可单击“筛选”按钮，这时列标题旁的下拉箭头标志将消失。

数据筛选后，如果需要对筛选结果进行统计，必须将筛选结果复制出来进行统计，否则所有被隐藏的数据将一起被统计。

2　自定义筛选

自定义筛选功能很强大，筛选时每一列最多可设置两个条件，两个条件之间可以是“与”（两者同时成立）“或”（两者只有一个成立）两种情况，对于文本型数据还支持带有通配符“ * ”和“?”的模糊查询。

自定义筛选主要分为模糊筛选、范围筛选和通配符筛选。

1）模糊筛选

如要求将学生成绩表中的“李”姓的学生筛选出来，具体操作如下：进入“自动筛选”状态，单击“姓名”单元格右侧的下拉按钮，在弹出的下拉菜单中，依次选择“文本筛选/开头是”选项，打开“自定义自动筛选方式”对话框，在第一排右侧的文本框中输入“李”字，单击“确定”，如图 4-6-2 所示。可以设置两个并列或交叉（与）。

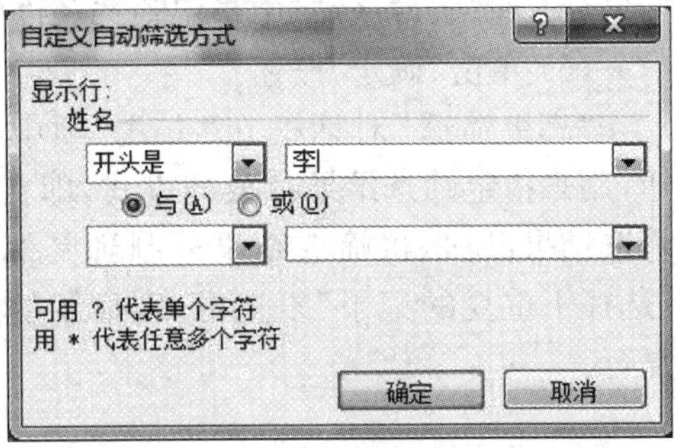

图 4-6-2　设置模糊筛选条件

2）范围筛选

如要求将“基础会计”大于等于 80 分，而小于 90 分的学生筛选出来，具体操作如下：进入“自动筛选”状态，单击“基础会计”单元格右侧的下拉按钮，在弹出的下拉菜单中，依次选择“数字筛选/介于”选项，打开“自定义自动筛选方式”对话框，在第一排右侧的文本框中输入“80”字，选中“与”单选按钮，把第二排左侧的选项调整为“小于”，然后在右侧的文本框中输入“90”，单击“确定”，如图 4-6-3所示。

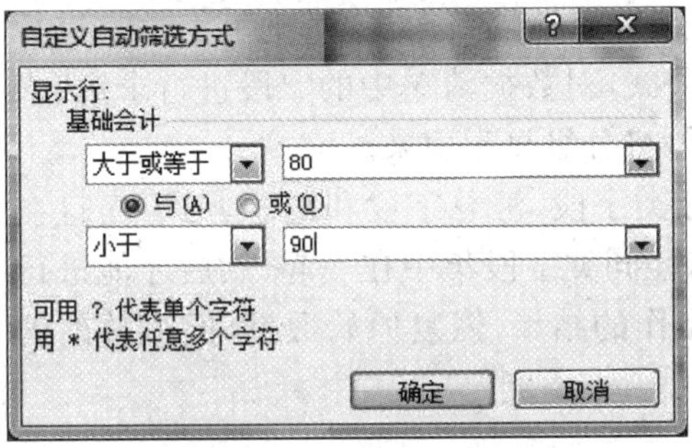

图 4-6-3　设置范围筛选条件

3）通配符筛选

如要求将姓名为两个字的姓“王”的学生筛选出来，操作方法与上面类似。通常情况下，通配符“?”表示任意一个字符，“ * ”表示任意多个字符。

3　高级筛选

如果所设的筛选条件比较多，可以使用高级筛选来进行。使用高级筛选功能，可以一次把想要的数据都筛选出来，并且可以将符合条件的数据复制到另一个工作表或当前工作表的其他空白位置上。

使用高级筛选之前，应先在工作表中的任何空白区域建立一个条件单元格区域，条件区域用来指定筛选的数据必须满足的条件。在条件区域中要求包含作为筛选条件的字段名，字段名必须与数据清单中的字段名相同，排列顺序可以不同。条件区域的第二行开始输入筛选条件。同一条件行不同单元格的条件互为“与”的逻辑关系；不同条件行单元格的条件互为“或”的逻辑关系；对相同的列指定一个以上的条件，或条件为一个数据范围时，则应重复字段名。

【例 4-7】 在学生成绩表中，将性别为“男”或基础会计大于等于 80 分，小于等于 100 分的学生筛选出来。

操作步骤如下：

性别	基础会计	基础会计
男		
	>=80	<=100

图 4-6-4 筛选条件

(1) 在数据清单的空白区域指定筛选条件，如图 4-6-4 所示。

(2) 单击数据清单中的任意一个单元格，代表已选定该数据清单。

(3) 单击“数据”选项卡中“排序与筛选”组中的“高级”按钮，打开“高级筛选”对话框，如图 4-6-5 所示。

(4) 在“列表区域”中指定要筛选的数据区域。

(5) 在“条件区域”中指定筛选条件的数据区域。

(6) 单击“确定”按钮。

“高级筛选”对话框在“方式”项中有两个单选按钮，用来指定筛选结果存放的方式，即在原有区域显示筛选结果，还是将筛选结果复制到其他区域。若选中“选择不重复的记录”复选框，则显示的结果不包含重复行。

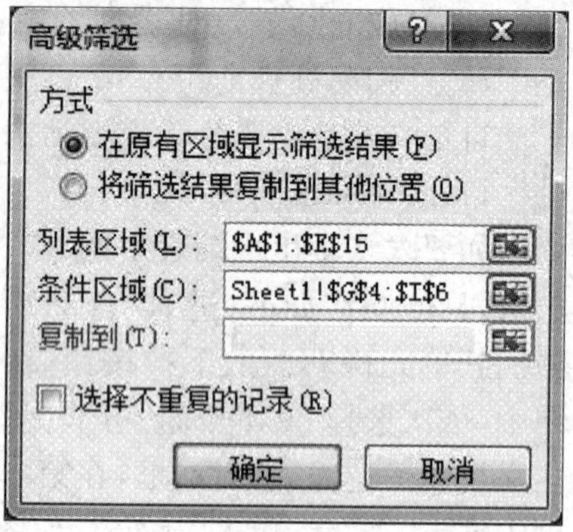

图 4-6-5 “高级筛选”对话框

4.6.4 分类汇总

分类汇总是对数据清单中的数据按某一类字段进行分类，在分类的基础上汇总。进行分类汇总时，用户不需要创建公式，系统会自动创建公式，对数据清单中的字段进行求和、求平均值、求最大值等函数运算。分类汇总的计算结果，将分级显示出来。

使用分类汇总的数据清单要确定 3 个关键点：分类字段、汇总字段和汇总方式，而且在分类汇总前必须先对数据清单按分类字段进行排序，让同类字段集中在一起，然后才能进行分类汇总。分类汇总为可逆操作，可清除分类汇总操作的结果，恢复原始数据，但汇总前的排序为不可逆操作。

1 简单分类汇总

简单分类汇总用于对数据清单中的某一列排序，然后进行分类汇总，建立简单分类的方法是：先根据分类字段进行排序，在“数据”选项卡中，单击“分级显示”组中的“分类汇总”按钮，在弹出的“分类汇总”对话框中进行设置。其中在“分类字段”下拉列表中选择已经排序好的分类字段；在“汇总方式”下拉列表中选择汇总的方式；在“选定汇总项”下拉列表中，选择一个或多个需要分类汇总的字段，单击“确定”按钮，即显示分类汇总的结果。同时在屏幕左边自动显示一些分级显示符号(“＋”或“－”)，单击这些符号可以显示或隐藏对应层上的明细数据。

【例 4-8】 按系别分类汇总学生各门功课的平均成绩。

操作步骤如下。

(1) 按系别排序，选择“数据”选项卡的“分级显示”组中的“分类汇总”按钮，弹出“分类汇总”对话框。

(2) 在相应选项中按如图 4-6-6(a)所示进行设置，分类汇总后的结果如图 4-6-6(b)所示。

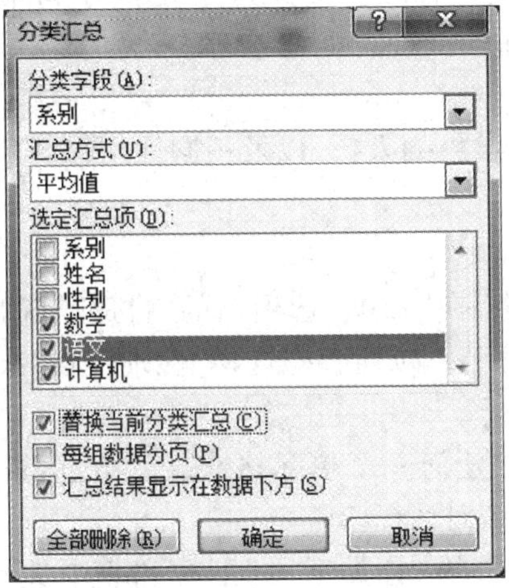

(a)

	A	B	C	D	E	F
1	系别	姓名	性别	数学	语文	计算机
2	电子	吴薇	女	90	65	85
3	电子	韩莉	女	45	95	97
4	电子	张洋	男	45	89	78
5	电子	湛明	男	67	98	69
6	电子	李玉新	男	90	98	75
7	电子	李凯	男	56	65	98
8	**电子 平均值**			65.5	85	83.66667
9	计算机	张欣	女	64	56	95
10	计算机	李凯	男	90	87	78
11	计算机	金东生	男	56	75	85
12	计算机	陈震宇	男	89	70	87
13	**计算机 平均值**			74.75	72	86.25
14	民政	王娜	女	64	80	95
15	民政	陶信	男	89	55	54
16	民政	韩磊	男	66	56	65
17	**民政 平均值**			73	63.66667	71.33333
18	数学	杨方	女	76	80	81
19	数学	林倩	女	89	78	76
20	数学	赵波	男	76	70	87
21	数学	何树	男	61	56	95
22	**数学 平均值**			75.5	71	84.75
23	**总计平均值**			71.35294	74.88235	82.35294

(b)

图 4-6-6　分类汇总

2　多重分类汇总

【例 4-9】 按系别分类汇总计算机成绩的平均分和总分。

这是一个在同一列上进行两种汇总计算的实例。多重分类汇总的特点是：每次分类字段是相同的，因为在 Excel 分类汇总工具中，一次只能进行一种汇总计算，所以即使是同一列的两种汇总计算，也需要调用两次分类汇总工具，分两次进行。在分类字段排序后，就可以使用分类汇总工具了。

操作步骤如下。

(1) 单击数据清单中任何一个单元格，选择“数据”选项卡的“分级显示”组中的“分类汇总”按钮，弹出“分类汇总”对话框。

(2) 设置分类汇总选项。在“分类汇总”对话框中的“分类字段”下拉列表中选择“系别”，在“汇总方式”下拉列表中选择“平均值”，在“选择汇总项”中选择“计算机”，并注意取消其他列的选择，单击“确定”按钮完成第一重汇总计算。

(3) 第二次调用分类汇总工具，重复(1)的操作，“分类字段”和“选定汇总项”的设置与(2)一样，在“汇总方式”下拉列表中选择“求和”，并取消“替换当前分类汇总”复选框，否则新的分类汇总将替

	A	B	F
1	系别	姓名	计算机
8	**电子 汇总**		502
9	**电子 平均值**		83.66667
14	**计算机 汇总**		345
15	**计算机 平均值**		86.25
19	**民政 汇总**		214
20	**民政 平均值**		71.33333
25	**数学 汇总**		339
26	**数学 平均值**		84.75
27	**总计**		1400
28	**总计平均值**		82.35294

图 4-6-7　多重分类汇总结果

换第一次求分均值的分类汇总结果，单击“确定”按钮按完成第二重汇总计算。计算结果如图 4-6-7 所示。

3 嵌套分类汇总

嵌套分类汇总是对数据清单中两列或两列以上的数据同时进行汇总。建立嵌套分类汇总的前提仍然是对每个分类字段排序，因为涉及两个分类关键字，所以要做多重排序。第一级汇总的关键字是排序的第一关键字，第二级汇总的关键字是排序的第二关键字等。有几层操作就要进行几次分类汇总操作，第二次汇总在第一次的结果集上操作。

【例 4-10】 在学生成绩表中分别汇总不同性别学生的人数，以及不同性别每个系学生计算机成绩的平均分。

操作步骤如下：

(1) 多重排序。单击学生成绩表任何一个单元格，在“数据”选项卡的“排序与筛选”组中单击“排序”按钮，弹出“排序”对话框，在“主要关键字”下拉列表中选择“性别”，在“次要关键字”下拉列表中选择“系别”。

(2) 第一次调用分类汇总工具。单击数据清单中任何一个单元格，选择“数据”选项卡的“分级显示”组中的“分类汇总”按钮，弹出“分类汇总”对话框。

(3) 设置分类汇总选项。在“分类汇总”对话框中的“分类字段”下拉列表中选择“性别”，在“汇总方式”下拉列表中选择“计数”，在“选择汇总项”中选择“性别”，并注意取消其他列的选择，单击“确定”按钮完成第一重汇总计算。

(4) 第二次调用分类汇总工具，重复(2)的操作，在“分类字段”下拉列表中选择“系别”，在“汇总方式”下拉列表中选择“平均值”，取消“替换当前分类汇总”复选框，否则新的分类汇总将替换第一次求分均值的分类汇总结果，单击“确定”按钮按完成第二重汇总计算。计算结果如图 4-6-8 所示。

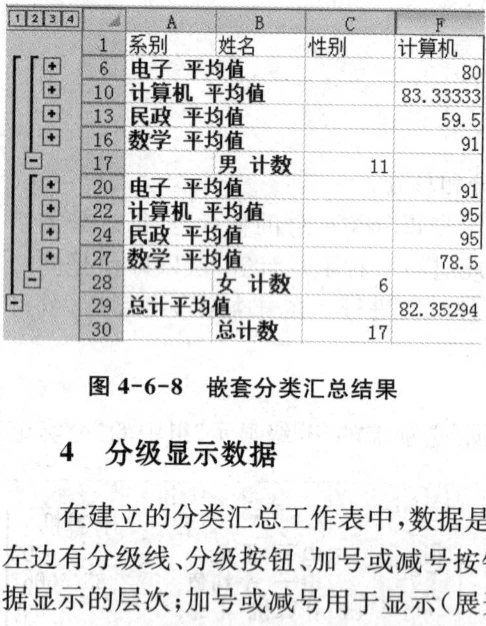

	A	B	C	F
1	系别	姓名	性别	计算机
6	电子 平均值			80
10	计算机 平均值			83.33333
13	民政 平均值			59.5
16	数学 平均值			91
17		男 计数	11	
20	电子 平均值			91
22	计算机 平均值			95
24	民政 平均值			95
27	数学 平均值			78.5
28		女 计数	6	
29	总计平均值			82.35294
30		总计数	17	

图 4-6-8 嵌套分类汇总结果

4 分级显示数据

在建立的分类汇总工作表中，数据是分级显示的，并在左边显示级别。在分类汇总表的左边有分级线、分级按钮、加号或减号按钮。分级线表明分级的范围；分级按钮用于控制数据显示的层次；加号或减号用于显示(展开)或隐藏(折叠)部分明细数据。利用分类汇总的这一功能，可根据需要显示或隐藏全部或部分明细数据，获得各种摘要报告。

5 删除分类汇总

如果不再需要分类汇总，可以将其删除。若要删除分类汇总，单击“分类汇总”对话框中的“全部删除”按钮即可。

4.6.5　数据透视表

数据透视表是用于快速汇总大量数据的交互式表格。数据透视表综合了数据排序、筛选和分类汇总等优点，可以从不同角度查看汇总数据，也可以筛选数据，或显示合计值的明细数据，在分析数据信息时经常使用。

数据透视表由数据透视表标签和数据组成，数据透视表标签就是数据清单中的字段，它们分为 4 种类型：行标签、列标签、报表筛选标签和数值标签，每个标签都可以包含一个或多个源数据表中的字段信息，字段放置在哪个标签区域由字段在数据透视表中的位置确定。其中的数值标签是需要汇总的数据项目，在默认情况下以“求和”方式汇总该项目；行标签和列标签相当于数据清单中的行标题和列标题，报表筛选标签在以前的版本中称为页标签，它的作用主要是分类筛选整个数据透视表。无论是哪个标签区域，操作都是相同的，都是将字段列表中的字段名直接拖曳至相应的位置即可。

如图 4-6-9 所示，左边是一个简单的职工工资表，右边是利用左边的数据建立的数据透视表，源数据的“性别”作为列标签，“职称”作为行标签，“部门”作为“报表筛选标签”，在此基础上对源数据表的“工资”和“奖金”列进行总工资和平均奖金的计算。该数据透视表非常直观地统计出了按职称及性别分类的总工资和平均奖金。本例也可以用分类汇总工具进行统计，但是需要对数据表进行排序、分类汇总计算来完成，操作步骤比利用数据透视表工具复杂。

	A	B	C	D	E	F
1	某工厂职工工资表					
2	姓名	部门	性别	职称	工资	奖金
3	苏丹平	二车间	女	工程师	607.5	98
4	汤沐化	二车间	男	工程师	489	95
5	王小珍	二车间	女	工人	402	102
6	柴新犁	二车间	女	技术员	397.5	52
7	刘志民	二车间	男	助工	456.6	56
8	曲晓东	三车间	男	工程师	458	98
9	吴华辉	三车间	女	工人	346.8	76
10	黄力科	三车间	男	技术员	389	43
11	孙朝民	三车间	男	助工	412.8	87
12	李利英	三车间	女	助工	321.5	65
13	龚雪平	三车间	女	助工	587.2	75
14	钟家明	一车间	男	工程师	584.9	121
15	武力涛	一车间	男	工人	402.6	101
16	杨目林	一车间	男	工人	534.6	78
17	林霞芳	一车间	女	助工	425.8	98
18	李耘知	一车间	男	助工	389.9	56

H	I	J	K
部门	(全部)		
	性别		
职称	男	女	总计
工程师			
求和项:工资	1531.90	607.50	2139.40
平均值项:奖金	104.67	98.00	103.00
工人			
求和项:工资	937.20	748.80	1686.00
平均值项:奖金	89.50	89.00	89.25
技术员			
求和项:工资	389.00	397.50	786.50
平均值项:奖金	43.00	52.00	47.50
助工			
求和项:工资	1259.30	1334.50	2593.80
平均值项:奖金	66.33	79.33	72.83
求和项:工资汇总	4117.40	3088.30	7205.70
平均值项:奖金汇总	81.67	80.86	81.31

图 4-6-9　数据透视表实例

1　创建数据透视表

数据透视表的创建方法很简单，只需连接到一个数据源，并输入报表的位置即可。数据透视表的创建具体操作步骤如下。

(1) 选中要作为数据透视表数据源的单元格区域。切换到“插入”选项卡，在“表格”组中单击“数据透视表”下拉按钮，在下拉列表中选择“数据透视表”命令，打开“创建数据透视表”对话框，如图 4-6-10 所示。

(2) 在“创建数据透视表”对话框中，首先是选择表或区域，若在创建透视表前已选定了

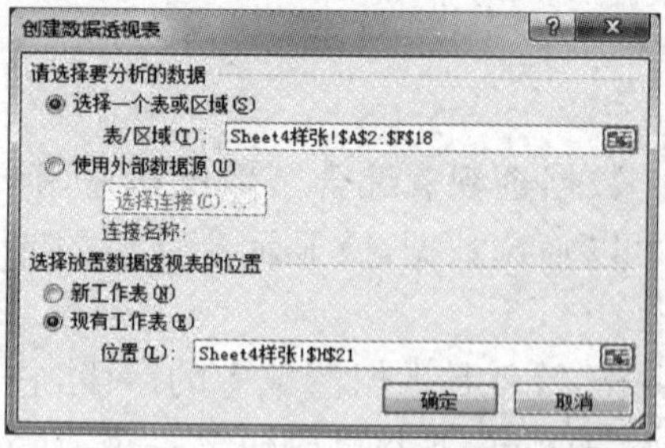

图 4-6-10 创建数据透视表

列表区域,系统会自动输入数据区域,也可以选择外部数据源。其次是选择放置数据透视表的位置,选择“新建工作表”选项,透视表将建立在新建工作表上,选择“现有工作表”,同时指定存放数据透视表的起始位置,透视表将建立在同一工作表中。单击“确定”按钮。

(3) 此时系统将自动在选定的放置数据透视表的位置上创建一个空白数据透视表,打开“数据透视表字段列表”任务窗格,如图 4-6-11 所示。并在功能区自动激活“数据透视表工具”,数据透视表工具包含“选项”和“设计”选项卡。

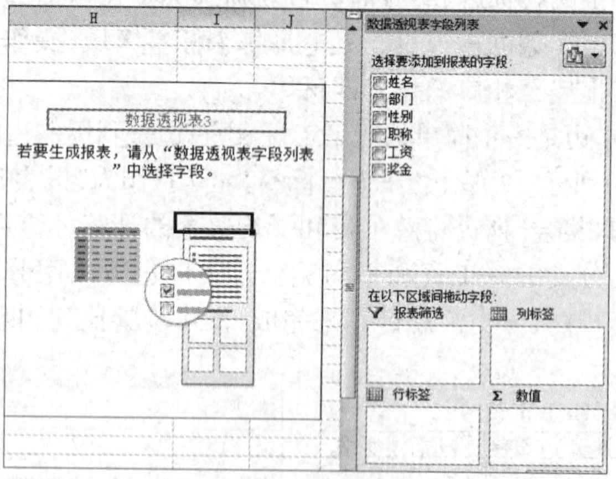

图 4-6-11 数据透视表字段列表任务窗格

(4) 在右侧的“数据透视表字段列表”任务窗格内,分别将需要的字段拖动到下面相应的“报表筛选”“列标签”“行标签”“∑数值”区域中,即可将它们放置到数据透视表的指定区域中,创建出带有数据的数据透视表。在将多个字段拖动到一个列表框时要注意放置的顺序,可通过拖动改变顺序,如图 4-6-12 所示。

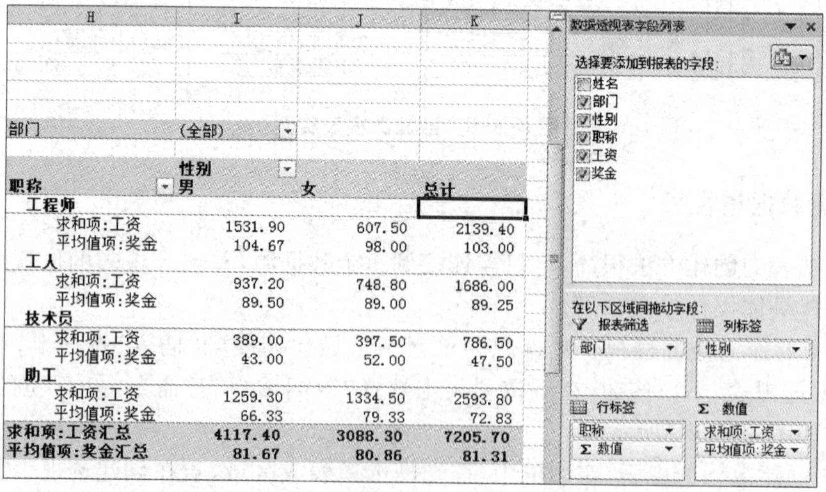

图 4-6-12 数据透视表结果

在拖动这些字段至数据透视表时，要根据数据分析的目的，选择需要的字段拖曳。但是由于各个区域的作用是不同的，在数据分析时，只有将数据拖到了合适的位置时，才能得到正确的结果，否则不会得到正确的结果。

完成数据透视表后，鼠标离开数据透视表，则右侧的“数据透视表字段列表”任务窗格隐藏，当鼠标定位在数据透视表内，则右侧显示“数据透视表字段列表”任务窗格，可以编辑数据透视表。

2 编辑数据透视表

对于建立好的数据透视表，由于各类分析的具体要求不同，有时还需要对数据透视表进行各种操作，包括改变其布局、添加或删除字段、显示或隐藏所需的细节数据、格式化透视表等。

1）修改数据透视表

数据透视表是显示数据信息的视图，不能直接修改数据透视表所显示的数据项，但表中的字段名是可以修改的，还可以修改数据透视表的布局，从而重组数据透视表。例如，可以通过交换行标签和列标签中的字段改变透视表的行列结构。

2）增加或删除字段

当需要分析不同的指标时，可以根据需要添加或删除相应的字段。若要添加字段，可以选中要添加的字段复选框，或直接拖动到相应字段区域即可；若要删除字段，可以取消勾选要删除的字段，或直接将其拖出窗口即可。

3）更新数据透视表

若数据清单中的数据有所变化，数据透视表不会自动更新数据，需要手动刷新一下，方法是在“选项”选项卡的“数据”组中，单击“刷新”按钮，在弹出的下拉列表中选择“刷新”或“全部刷新”；也可以右键单击透视表区域任意一个单元格，在弹出的快捷菜单中选择“刷新”命令。这时数据透视表中的数据就会自动更新了。

4）设置数据透视表选项

（1）“选项”选项卡。当数据透视表需要移动、更改数据源、更改数据汇总方式等，可以将光标定位在“数据透视表”的任意位置，在“选项”选项卡内更改，“选项”选项卡如图4-6-13所示。

图 4-6-13 “选项”选项卡

① 移动数据透视表：在“操作”组中选择“移动数据透视表”命令。

② 改变汇总方式：将光标定位在需改变汇总方式的数值上，在“计算”组中选择“按值汇总”下拉列表中选择汇总方式，或单击右键选择“值字段设置”选项。

③ 重新布局行、列、数值位置：在“显示”组中的“字段列表”按钮按下时，在“数据透视表字段列表”窗格内去掉打钩或拖动字段。

（2）“设计”选项卡。当数据透视表需要改变总计项的显示或隐藏，可以将光标定位在“数据透视表”的任意位置，在“设计”选项卡内更改。“设计”选项卡如图 4-6-14 所示。

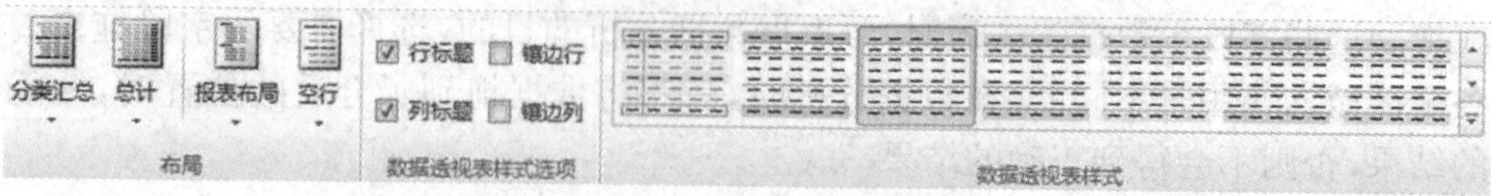

图 4-6-14 “设计”选项卡

① 显示或隐藏“总计”项：在“布局”组中的“总计”下拉列表中，选择“启用”或者“禁用”。

② 套用数据透视表样式：在“数据透视表样式”组中选择需要的样式。

5）清除数据透视表

切换到“选项”选项卡，在“操作”组的“清除”下拉按钮中，选择“全部清除”命令；或者在“数据透视表字段列表”任务窗格内去掉所有的勾选，都可以清除数据透视表。清除数据透视表的操作只是在透视表的位置清除透视表的数值，透视表所占用的单元格并没有释放出来。

6）删除数据透视表

删除数据透视表的操作是物理删除透视表，透视表所占位置的单元格将完全被释放出来。方法是选取整个数据透视表，按〈Delete〉删除。

4.7 应用案例——连锁超市销售数据分析

某连锁超市有 10 家分店，超市经理想了解某一天饮料的销售情况，需要统计各分店的销售额、毛利润、各区域的饮料销售情况和销售最好的饮料，并对各分店饮料的销售情况进行分析。

经理从 10 个店长那里收集到了“饮料销售记录表”，他本人有“饮料价格表”和“超市信息表”，这 3 张表均是采用 Excel 制作的工作表。“饮料销售记录表”中记录了每个店的销售日期、所在区域、店名、饮料名称和销售数量，如图 4-7-1 所示。“饮料价格表”给出了每种饮料的单位、进价和售价，如图 4-7-2 所示。“超市信息表”给出了各分店所在的区域、店名和地址，如图 4-7-3 所示。

	A	B	C	D	E
1	销售日期	所在区域	店名	饮料名称	数量
2	9月1日	徐汇区	2号店漕溪路店	康师傅冰红茶	19
3	9月1日	徐汇区	2号店漕溪路店	康师傅绿茶	56
4	9月1日	徐汇区	2号店漕溪路店	康师傅茉莉清茶	64
5	9月1日	徐汇区	2号店漕溪路店	康师傅鲜橙多	66
6	9月1日	徐汇区	2号店漕溪路店	统一鲜橙多	84
7	9月1日	徐汇区	2号店漕溪路店	娃哈哈营养快线	69
8	9月1日	徐汇区	2号店漕溪路店	芬达橙汁	81
9	9月1日	徐汇区	2号店漕溪路店	红牛	96
10	9月1日	徐汇区	2号店漕溪路店	可口可乐(600ml)	89
11	9月1日	徐汇区	2号店漕溪路店	百事可乐(600ml)	98
12	9月1日	徐汇区	2号店漕溪路店	可口可乐(2L)	98
13	9月1日	徐汇区	2号店漕溪路店	百事可乐(2L)	60
14	9月1日	徐汇区	2号店漕溪路店	罐装百事可乐	73
15	9月1日	徐汇区	2号店漕溪路店	罐装可口可乐	76
16	9月1日	徐汇区	2号店漕溪路店	罐装雪碧	89
17	9月1日	徐汇区	2号店漕溪路店	罐装王老吉	86
18	9月1日	徐汇区	2号店漕溪路店	袋装王老吉	49

图 4-7-1 饮料销售记录表

	A	B	C	D	E
1	序号	饮料名称	单位	进价	售价
2	1	康师傅冰红茶	瓶	2.20	2.80
3	2	康师傅绿茶	瓶	2.20	2.80
4	3	康师傅茉莉清茶	瓶	2.40	3.00
5	4	康师傅鲜橙多	瓶	2.20	2.80
6	5	统一鲜橙多	瓶	2.10	2.80
7	6	娃哈哈营养快线	瓶	3.00	4.00
8	7	芬达橙汁	瓶	2.20	2.80
9	8	红牛	罐	3.50	5.00
10	9	可口可乐(600ml)	瓶	2.35	2.80
11	10	百事可乐(600ml)	瓶	2.35	2.80
12	11	可口可乐(2L)	瓶	5.80	6.80
13	12	百事可乐(2L)	瓶	5.50	6.50
14	13	罐装百事可乐	罐	2.10	2.50
15	14	罐装可口可乐	罐	2.10	2.50
16	15	罐装雪碧	罐	2.00	2.50
17	16	罐装王老吉	罐	2.10	3.50
18	17	袋装王老吉	袋	1.00	2.00

图 4-7-2 饮料价格表

本案例的具体操作步骤如下。

1　制作"销售利润表"框架

通过复制工作表将 10 家分店的销售记录合并在一起，因为"销售记录表"中只记录了饮料名称和销售数量，所以要添加一些列：单位、进价、售价、销售额、毛利润，这样就做出了一张新的工作表"销售利润表"，如图 4-7-4 所示。

	A	B	C
1	所在区域	店名	地址
2	徐汇区	2号店漕溪路店	漕溪路
3	徐汇区	2号店桂林路店	桂林路
4	徐汇区	2号店华山路店	华山路
5	闵行区	2号店沪闵路店	沪闵路
6	闵行区	2号店七莘路店	七莘路
7	闵行区	2号店都市路店	都市路
8	松江区	2号店新松江路店	新松江路
9	松江区	2号店荣乐中路店	荣乐中路
10	松江区	2号店文翔路店	文翔路
11	松江区	2号店思贤路店	思贤路

图 4-7-3　超市信息表

	A	B	C	D	E	F	G	H	I	J
1	销售日期	所在区域	店名	饮料名称	数量	单位	进价	售价	销售额	毛利润
2	9月1日	徐汇区	2号店漕溪路店	康师傅冰红茶	19					
3	9月1日	徐汇区	2号店漕溪路店	康师傅绿茶	56					
4	9月1日	徐汇区	2号店漕溪路店	康师傅茉莉清茶	64					
5	9月1日	徐汇区	2号店漕溪路店	康师傅鲜橙多	66					
6	9月1日	徐汇区	2号店漕溪路店	统一鲜橙多	84					

图 4-7-4　销售利润表

2　用 VLOOKUP 函数计算单位、进价和售价

要统计"销售额"和"毛利润"，必须去"饮料价格表"中查找每种饮料的"进价"和"售价"。如果用人工查找这些内容，工作量大并且容易出错。Excel 提供了 VLOOKUP 查找函数，通过这个函数可以有效地把两张表格的数据结合起来。VLOOKUP 函数功能和语法详见[例 4-3]。

1) 查找饮料的"单位"

在"销售利润表"中选中 F2 单元格，单击"插入函数"按钮找到 VLOOKUP 函数。在"函数参数"对话框中输入参数，如图 4-7-5 所示。

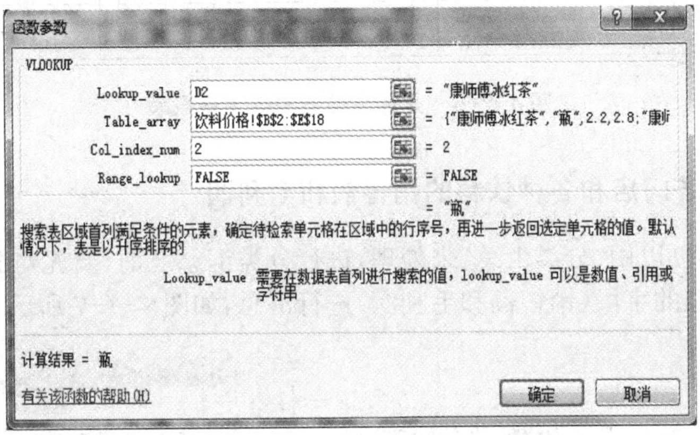

图 4-7-5　VLOOKUP 函数参数对话框

参数说明：由于要根据饮料的名称查找"单位"，所在函数的第一个参数是查找的内容，应该选择饮料的名称(康师傅冰红茶)所在的单元格 D2；函数的第二个参数是查找的区域，这是"饮料价格表"的固定区域，所以在行列之前要加绝对引用符号；函数的第三个参数是查找区域中的第几列，在找到匹配饮料名称所在行以后，该行的哪列数据被返回，由于"单位"数据存放在查找区域的第二列，所以输入数字"2"。单击"确定"按钮。或者直接输入公式：

=VLOOKUP(D2,饮料价格！$B$2:$E$18，2，FALSE)。

为了更直观地标识单元格 B2:E18,可以将该区域定义一个名称“饮料价格”。定义的名称可以被所有工作表引用,而且引用时不需要在名称前面添加工作表名称,这是定义名称的主要优点。

利用复制填充柄的方法将其他饮料的单位分别查找出来。

2）查找饮料的“进价”和“售价”

按照查找“单位”相同的方法,查找饮料的“进价”和“售价”。在 G2 单元格中输入公式：=VLOOKUP(D2,饮料价格！$B$2：$E$18,3,FALSE),在 H2 单元格中输入公式：=VLOOKUP(D2,饮料价格！$B$2：$E$18,4,FALSE),利用复制填充柄的方法将其他饮料的进价和售价分别查找出来。

3 用公式计算“销售额”和“毛利润”的值

(1) 计算“销售额”,在 I2 单元格输入公式：=H2 * E2[即销售额=售价 * 数量],并用公式复制方式计算出所有饮料的销售额。

(2) 计算“毛利润”,在 J2 单元格输入公式：=(H2－G2) * E2[即毛利润=(售价－进价) * 数量],并用公式复制方式计算出所有饮料的毛利润。

最后计算出结果的“销售记录表”如图 4-7-6 所示。

	A	B	C	D	E	F	G	H	I	J
1	销售日期	所在区域	店名	饮料名称	数量	单位	进价	售价	销售额	毛利润
2	9月1日	徐汇区	2号店漕溪路店	康师傅冰红茶	19	瓶	2.20	2.80	53.2	11.4
3	9月1日	徐汇区	2号店漕溪路店	康师傅绿茶	56	瓶	2.20	2.80	156.8	33.6
4	9月1日	徐汇区	2号店漕溪路店	康师傅茉莉清茶	64	瓶	2.40	3.00	192	38.4
5	9月1日	徐汇区	2号店漕溪路店	康师傅鲜橙多	66	瓶	2.20	2.80	184.8	39.6
6	9月1日	徐汇区	2号店漕溪路店	统一鲜橙多	84	瓶	2.10	2.80	235.2	58.8
7	9月1日	徐汇区	2号店漕溪路店	娃哈哈营养快线	69	瓶	3.00	4.00	276	69
8	9月1日	徐汇区	2号店漕溪路店	芬达橙汁	81	瓶	2.20	2.80	226.8	48.6
9	9月1日	徐汇区	2号店漕溪路店	红牛	96	罐	3.50	5.00	480	144

图 4-7-6 计算出结果的销售记录表

4 统计超市各门店和各种饮料的销售额和毛利润

这两个问题都可以用“分类汇总”来处理,进行分类汇总之前,要先对分类的字段进行排序,然后再对要汇总的字段(销售额和毛利润)进行汇总,如图 4-7-7 所示。

	A	B	C	D	E	F	G	H	I	J
1	销售日期	所在区域	店名	饮料名称	数量	单位	进价	售价	销售额	毛利润
19			2号店漕溪路店 汇总						4378.8	959.05
37			2号店都市路店 汇总						2487.2	518.85
55			2号店桂林路店 汇总						2385.8	522.2
73			2号店沪闵路店 汇总						1555	341.6
91			2号店华山路店 汇总						2611.6	554.95
109			2号店七莘路店 汇总						2198	474.3
127			2号店荣乐中路店汇总						2224.7	457.8
145			2号店思贤路店 汇总						2479	553.7
163			2号店文翔路店 汇总						4304.2	957.1
181			2号店新松江路店汇总						2639.2	576.4
182			总计						27264	5915.95

	A	B	C	D	E	F	G	H	I	J
1	销售日期	所在区域	店名	饮料名称	数量	单位	进价	售价	销售额	毛利润
12				百事可乐(2L) 汇总					3328	512
23				百事可乐(600ml) 汇总					1316	211.5
34				袋装王老吉 汇总					890	445
45				芬达橙汁 汇总					1380.4	295.8
56				罐装百事可乐 汇总					1172.5	187.6
67				罐装可口可乐 汇总					1417.5	226.8
78				罐装王老吉 汇总					1407	562.8
89				罐装雪碧 汇总					1282.5	256.5
100				红牛 汇总					2415	724.5
111				康师傅冰红茶 汇总					1030.4	220.8
122				康师傅绿茶 汇总					1349.6	289.2
133				康师傅茉莉清茶 汇总					1035	207
144				康师傅鲜橙多 汇总					1274	273
155				可口可乐(2L) 汇总					3746.8	551
166				可口可乐(600ml) 汇总					1145.2	184.05
177				统一鲜橙多 汇总					1293.6	323.4
188				娃哈哈营养快线 汇总					1780	445
189				总计					27264	5915.95

图 4-7-7 分类汇总结果图

5 统计各个区各种饮料的销售情况，找出“销售额”最大的饮料

这个问题如果使用分类汇总来解决，操作复杂并且结果不直观。其实这是个按多个字段进行分类汇总的问题，可以使用数据透视表来处理。数据透视表处理结果如图 4-7-8 所示。在完成的数据透视表中，对“总计”排序，可以找出“销售额”最大的饮料。

3	求和项:销售额	所在区域			
4	饮料名称	闵行区	松江区	徐汇区	总计
5	百事可乐(2L)	1014	1573	741	3328
6	百事可乐(600ml)	254.8	464.8	596.4	1316
7	袋装王老吉	148	476	266	890
8	芬达橙汁	316.4	537.6	526.4	1380.4
9	罐装百事可乐	220	662.5	290	1172.5
10	罐装可口可乐	475	620	322.5	1417.5
11	罐装王老吉	322	668.5	416.5	1407
12	罐装雪碧	250	487.5	545	1282.5
13	红牛	610	650	1155	2415
14	康师傅冰红茶	229.6	495.6	305.2	1030.4
15	康师傅绿茶	252	660.8	436.8	1349.6
16	康师傅茉莉清茶	342	432	261	1035
17	康师傅鲜橙多	249.2	666.4	358.4	1274
18	可口可乐(2L)	673.2	1346.4	1727.2	3746.8
19	可口可乐(600ml)	246.4	464.8	434	1145.2
20	统一鲜橙多	257.6	641.2	394.8	1293.6
21	娃哈哈营养快线	380	800	600	1780
22	总计	6240.2	11647.1	9376.2	27263.5

图 4-7-8 数据透视表示例

习 题

一、单项选择题

1. 一个 Excel 工作簿中含有(　　)个默认工作表。

A. 1　　B. 3　　C. 16　　D. 256

2. 当在单元格中输入数字并按回车键确认输入后，默认采用(　　)对齐方式。

A. 居中　　B. 左　　C. 右　　D. 不动

3. 在工作表的某一单元格中，输入：=99—11—28，则该单元格内显示(　　)。

A. =99—11—28　　B. 1999 年 11 月 28 日　　C. 60　　D. 99—11—28

4. 在 Excel 中，单元格不能直接输入的数据类型是(　　)。

A. 字符型　　B. 数值型　　C. 批注型　　D. 日期型

5. 选取多个不连续的单元格区域时，配合鼠标操作所需要的键是(　　)。

A. Alt　　B. Ctrl　　C. Shift　　D. Enter

6. 公式=SUM(C2:C6)的作用是(　　)。

A. 求 C2 到 C6 这 5 个单元格数据之和　　B. 求 C2 和 C6 这两个单元格数据之和

C. 求 C2 和 C6 这两个单元格的比值　　D. 以上说法都不对

7. 在 Excel 中，下面错误的表述是(　　)。

A. Excel 提供了“自动套用格式”的功能，它是系统预先设计的表格格式

B. “模板”实际上是具有某种样式数据格式的空白表格

C. “模板”是由系统提供的,用户不能自己创建

D. 在编辑过程中,对经常使用的格式,用户可自己建立一组“样式”,它可包含多种格式

8. 在Excel窗口的编辑栏中,最左边有一个“名称框”,里面显示的是当前单元格(即活动单元格)的(　　)。

A. 填写内容　　B. 值　　C. 位置　　D. 名字或地址

9. 对选定的单元格和区域命名时,需要选择(　　)选项卡的“定义的名称”组中的“定义名称”命令。

A. 开始　　B. 插入　　C. 公式　　D. 数据

10. 在Excel中,双击列标右边界可以(　　)。

A. 自动调整列宽为最适合的列宽　　B. 隐藏列

C. 锁定列　　D. 选中列

11. 在Excel工作表中可以运用鼠标拖动的方法填入序列数据,具体操作方法是先填入第一个数据,然后(　　)。

A. 用鼠标指向该单元格,按下左键开始拖动

B. 用鼠标指向该单元格,按住〈Ctrl〉后再按下左键开始拖动

C. 用鼠标指向该单元格边框右下角的“填充柄”,按下左键开始拖动

D. 用鼠标指向该单元格边框右下角的“填充柄”,按下右键开始拖动

12. 在编辑工作表时,隐藏的行或列在打印时将(　　)。

A. 被打印出来　　B. 不被打印出来

C. 不确定　　D. 以上都不正确

13. 有关Excel工作表的操作,下面表述错误的是(　　)。

A. 工作表名默认是Sheet1、Sheet2、Sheet3、…,用户可以重新命名

B. 在工作簿之间允许复制工作表

C. 一次可以删除一个工作簿中的多个工作表

D. 工作簿之间不允许移动工作表

14. 在Excel中对选定的单元进行清除操作将(　　)。

A. 仅清除单元格中的数据　　B. 清除单元格中的数据和单元格本身

C. 仅清除单元格的格式　　D. 仅清除单元格的边框

15. 如果打算在工作表已有内容的一个区域内插入一个空单元格,(　　)。

A. 是不可能的　　B. 只能插入一个整行或整列

C. 插入位置上原有内容被清除　　D. 插入位置上原有内容被顺次移动

16. 在Excel中,若单元格引用随公式所在单元格位置的变化而改变,则称之为(　　)。

A. 引用　　B. 混合引用　　C. 绝对引用　　D. 相对引用

17. 在Excel的默认情况下,在单元格中输入公式并确定后,单元格中显示(　　)。

A. ?　　B. 计算结果　　C. 公式内容　　D. TRUE

18. 对数据表进行自动筛选后,所选数据表的每个字段名旁都对应着一个(　　)。

A. 下拉菜单　　B. 对话框　　C. 窗口　　D. 工具栏

19. 在Excel 2010的图表中,X轴通常用来作为(　　)。

A. 排序轴　　B. 分类轴　　C. 数值轴　　D. 时间轴

20. 在 Excel 中，有关嵌入式图表，下面表述错误的是(　　)。

A. 对生成后的图表进行编辑时，首先要激活图表

B. 图表生成后不能改变图表类型，如三维变二维

C. 表格数据修改后，相应的图表数据也随之变化

D. 图表生成后可以向图表中添加新的数据

二、多项选择题

1. 下列属于 Excel 主要功能的有(　　)。

A. 排序与筛选　　B. 数据图表　　C. 分析数据　　D. 文字处理

2. 在 Excel 2010 中的浮动工具栏可以方便地设置单元格内容的(　　)等。

A. 增加小数位数　　B. 合并后居中　　C. 百分比样式　　D. 字体和字号

3. 如果要对 B2、B3、B43 个单元格中的数求平均值，公式应该是(　　)。

A. ＝AVERAGE(B2:B4)　　B. ＝SUM(B2:B4)

C. ＝AVERAGE (B2,B3,B4)　　D. ＝(B2＋B3＋B4)/3

4. 以下为 Excel 中合法的数值型数据的有(　　)。

A. 3.14　　B. 12 000　　C. ￥12 000.45　　D. 56%

5. 向单元格中输入日期，下列格式正确的有(　　)。

A. 2015-2-21　　B. 2/21　　C. 2-21　　D. 21-FEB

6. 在 Excel 中，复制单元格格式可采用(　　)。

A. 复制＋粘贴　　B. 复制＋选择性粘贴

C. 复制＋填充　　D. “格式刷”工具

7. 下列关于对 Excel 中“清除”和“删除”功能的表述，正确的有(　　)。

A. “清除”不能删掉单元格中某些类型的数据

B. “删除”单元格有可能影响其他单元格的位置和内容

C. “清除”的对象只是单元格中的内容

D. “删除”的对象不只是单元格中的内容，而且还有单元格本身

8. 在分类汇总中，常用的汇总方式有(　　)。

A. 平均值、统计　　B. 求和、平均值　　C. 计数、最大值　　D. 最小值、乘积

9. 在 Excel 中，有关对齐的说法，正确的有(　　)。

A. 在默认情况下，所有文本在单元格中均左对齐

B. Excel 允许用户改变单元格中数据的对齐方式

C. 在默认情况下 Excel 中所有数值型数据均右对齐

D. Excel 中所有数值型数据均左对齐

10. 关于分类汇总，叙述正确的有(　　)。

A. 分类汇总前首先应按分类字段值对记录排序

B. 分类汇总只能按一个字段分类

C. 分类汇总只能对数值型字段分类

D. 分类汇总方式只能求和

三、填空题

1. Excel 2010 工作簿文件的扩展名约定为________。

2. 通过________选项卡上________组中的按钮,可设置所选单元格内容的字体、字号、字体颜色、对齐方式等属性。

3. 要在工作表中插入行,可先确定插入位置,然后单击________选项卡上________组中“插入”按钮右侧的小三角按钮,在展开的列表中选择“插入工作表行”选项。

4. 在 Excel 2010 中,除了可以直接在单元格中输入函数外,还可以单击编辑栏上的________按钮来输入函数。

5. 单元格的引用有相对引用、绝对引用、________,如 B2 属于________。

6. Excel 可以利用数据清单实现数据库管理功能。在数据清单中,每一列称为一个________,它存放的是相同类型的数据。数据清单的每一行称为________,以后表中的每一行称为一条________,存放一组相关的数据。

7. 假定存在一个工作表,内含姓名、专业、奖学金、成绩等项目,现要求对相同专业的学生按奖学金从高到低进行排序,则要进行多个关键字段的排序,并且主关键字段是________。

8. 在对数据进行筛选时,可采用________、________和________3 种筛选方式。

9. 在 Excel 的当前工作表中,假设 B5 单元格中保存的是一个公式为 SUM(B2:B4),将其复制到 D5 单元格后,公式变为________;将其复制到 C7 单元格后,公式变为________;将其复制到 D6 单元格后,公式变为________。

10. 在创建图表时,要显示一段时间内的数据变化或显示各项之间的比较情况,应使用________图表类型;要比较一个数据系列中各项的数值大小以及各项总和所占比例,应使用________图表类型;要用来显示股价的波动,应使用________图表类型。

四、操作题

创建名为“学生成绩表”的工作簿文件,在 sheet1 工作表中输入如表 1 所示的数据。

表 1 学生成绩表

	A	B	C	D	E	F	G	H	I	J
1	学号	姓名	性别	班级	数学	外语	计算机	总分	平均分	等级
2	0001	傅全华	男	1班	49	60	58			
3	0002	赵群英	男	2班	57	69	60			
4	0003	洪生	男	2班	76	45	67			
5	0004	祝明青	男	1班	74	65	53			
6	0005	杨亦明	男	1班	73	75	45			
7	0006	徐倩影	女	1班	54	70	69			
8	0007	徐莱	男	2班	69	78	67			
9	0008	张芬芳	女	2班	61	78	80			
10	0009	黄磊	女	3班	82	66	75			
11	0010	吴新欣	男	3班	100	73	61			
12	0011	朱为民	女	3班	79	95	66			
13	0012	李亚军	女	2班	65	90	87			
14	0013	刘中华	女	3班	88	78	77			
15	0014	黄华	女	1班	76	84	84			
16	0015	王小平	男	1班	89	67	90			
17	0016	胡文礼	男	2班	92	80	86			
18	0017	张山	女	3班	90	89	92			
19	0018	金一敏	男	3班	89	93	91			
20	0019	金海云	女	3班	99	89	87			
21	0020	黄冬磊	女	2班	73	87	45			
22	0021	罗荆洲	女	1班	54	75	69			
23	0022	张菁	女	2班	70	78	67			
24	0023	秦川	男	3班	61	69	80			
25	0024	苏丽丽	女	1班	78	66	75			
26	0025	刘国庆	女	1班	82	89	61			
27	0026	蒋昌盛	男	1班	81	78	100			
28	平均分									

1. 计算总分列、平均分列、各科平均分行，并保留 2 位小数位。

2. 计算成绩等级，成绩等级标准按照平均分划分如下：90～100 优、80～89 良、70～79 中、60～69 及格、0～59 不及格。用函数找出总分最高的分数和总分最低的分数。

3. 用条件格式分别标识出平均分中不及格和 90 分以上的分数。

4. 按照不同性别的学生外语成绩按降序排列，平均分行不参与。

5. 筛选出所有男同学的记录。

6. 按班级分类汇总各门功课的平均成绩。

7. 按样张创建如图 1 所示的数据透视表。

8. 按样张创建如图 2 所示的图表。标题字体为华文新魏、12 磅、粗体、深红色；边框线为浅蓝、2 磅实线，添加黑色阴影；填充效果为“蓝色面巾纸”。图表区边框颜色为深蓝色、圆角、4 磅实线、阴影为“右下斜偏移”。填充效果为“麦浪滚滚”。绘图区背景墙颜色填充为“白色，背景 1，深色 25%”。

班级	(全部)	
数据	性别	汇总
最大值项:数学	男	100.00
	女	99.00
最小值项:外语	男	45.00
	女	66.00
平均值项:计算机	男	71.50
	女	73.86
最大值项:数学汇总		100.00
最小值项:外语汇总		45.00
平均值项:计算机汇总		72.77

图 1　数据透视表

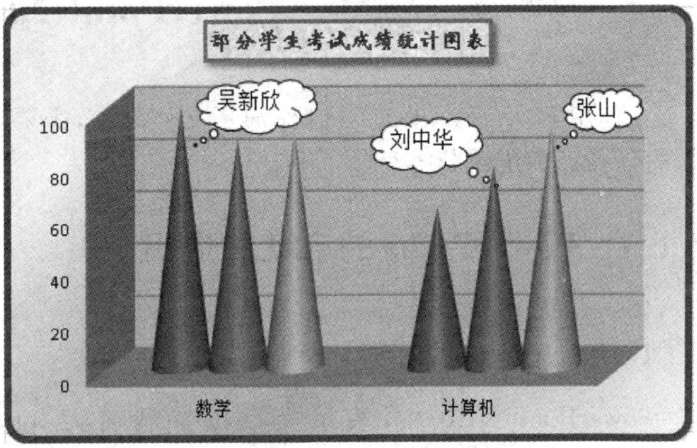

图 2　部分学生考试成绩统计图表

第 5 章 演示文稿 PowerPoint 应用

PowerPoint 是一款制作演示文稿的专业应用软件，其拥有非常强大的功能，深受广大用户的青睐。使用 PowerPoint 软件可以制作出集文字、图形、图像、声音、视频等多媒体元素为一体的演示文稿，让信息以更轻松、更高效的方式表达出来，一般用于演讲、论文答辩、成果介绍和产品推销等活动。

5.1 PowerPoint 2010 概述

在使用 PowerPoint 2010 制作演示文稿之前，需要对 PowerPoint 的工作界面、视图模式、打印特点和逻辑节等有所了解。

5.1.1 PowerPoint 的启动和退出

1 PowerPoint 的启动

PowerPoint 2010 中，演示文稿以扩展名为. pptx 的一个文件存在。每次启动 PowerPoint 2010 软件，系统会默认创建一个名为“演示文稿 1”的空白演示文稿，该演示文稿仅有一张幻灯片，幻灯片采用“标题”版式，可输入主标题和副标题。

2 创建演示文稿

1）创建空白演示文稿

创建空白演示文稿有 3 种方式。

（1）启动 PowerPoint 时创建。

（2）选择菜单“文件/新建/空白演示文稿”命令，单击“创建”按钮。

（3）单击“快速访问工具栏”中的新建按钮□。

每次创建的都是一个独立的新演示文稿文件，保存时默认扩展名为. pptx。

2）利用模板创建演示文稿

PowerPoint 为用户提供了具有统一格式与框架的演示文稿模板。用户可以先选择这些模板类型创建演示文稿，以后只需对文稿中相应的内容进行修改，即可快速制作出符合需要、美观的演示文稿。

【例 5-1】 创建“样本模板”为“PowerPoint 2010 简介”的演示文稿，保存文件名为 Power1. pptx。

操作步骤如下。

(1) 执行“文件/新建”命令，在“可用的模板和主题”中选择“样本模板”，选择“PowerPoint 2010 简介”模板，单击“创建”按钮。

此时可看到应用了样本模板的演示文稿，由 20 张幻灯片组成。

(2) 单击左上“快速访问工具栏”中的保存按钮，保存文件名为 Power1. pptx。

3) 根据主题创建演示文稿

在 PowerPoint 2010 中，用户可以通过主题美化演示文稿，包括应用默认的主题和自定义主题等操作。主题包括一组主题颜色、一组主题字体样式和一组主题效果。通过应用主题，用户可以快速而轻松地设置整个文稿的版式，使其具有专业而时尚的外观。

根据主题创建演示文稿的方法与利用模板创建演示文稿相同，即在“可用的模板和主题”中选择主题完成操作。

3　PowerPoint 的退出

退出 PowerPoint 有 2 种方式。

(1) 单击窗口右上角关闭按钮。

(2) 选择菜单“文件/退出”命令。

在退出 PowerPoint 时，如果演示文稿尚未保存，则系统会询问是否要保存文件。

5.1.2　PowerPoint 窗口界面

PowerPoint 2010 与 Word 2010 具有类似的窗口界面。PowerPoint 应用程序窗口由 4 个区域组成，它们是：标题栏区、功能区、窗格区和状态栏区，如图 5-1-1 所示。

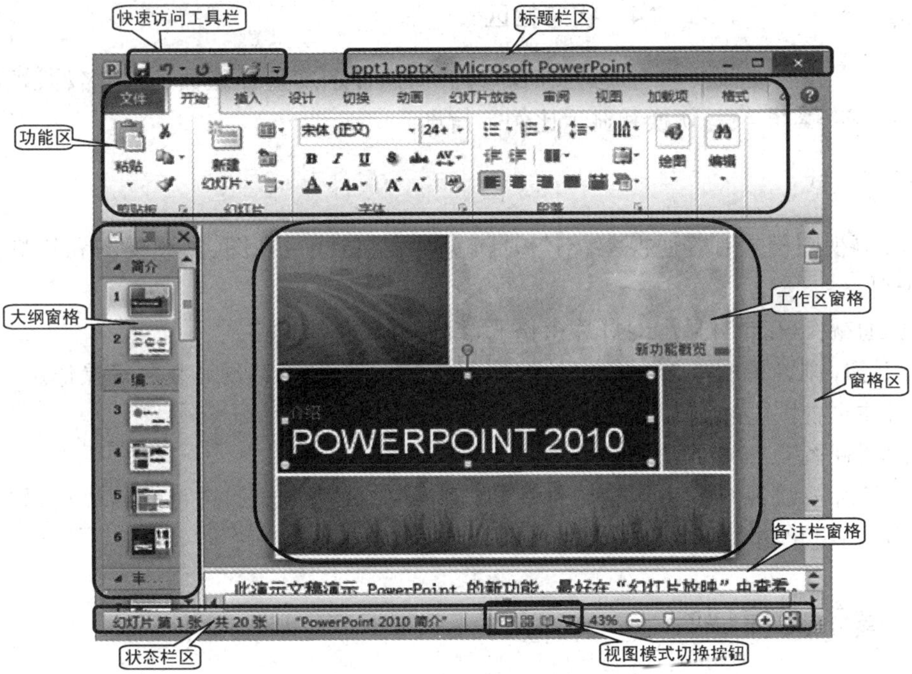

图 5-1-1　PowerPoint 窗口界面

1 标题栏区

标题栏区左侧是快速访问工具栏，中间是演示文稿名和应用程序名，右侧是控制按钮。

2 功能区

功能区包含“文件”“开始”“插入”“设计”“切换”“动画”“幻灯片放映”“审阅”“视图”和“加载项”10 个选项卡。

3 窗格区

窗格区分为 3 个窗格：大纲窗格、工作区窗格和备注栏窗格。

1）大纲窗格

大纲窗格包含“幻灯片”和“大纲”选项卡。

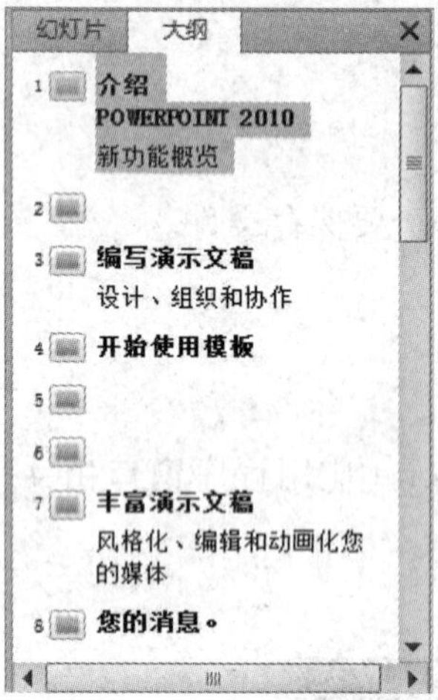

图 5-1-2 大纲窗格

（1）幻灯片：显示所有幻灯片，可以对幻灯片进行添加、删除、移动、复制等操作，但不能对幻灯片的内容进行编辑。

（2）大纲：显示所有幻灯片，除了可以对幻灯片进行添加、删除等操作外，还可以对幻灯片内容进行编辑，如图 5-1-2 所示。

2）工作区窗格

工作区窗格位于窗口中间，在此区域可以对幻灯片中的内容进行编辑，也可以插入图片、设置幻灯片动画效果等。

3）备注区窗格

备注区窗格位于工作区窗格的下方，用于为幻灯片添加备注。

4 状态栏区

状态栏在窗口的下方，显示幻灯片张数、主题名称、视图模式切换和显示比例等信息。

5 视图模式

演示文稿视图模式有普通视图、幻灯片浏览视图、备注页视图、阅读视图和幻灯片放映视图 5 种视图。

（1）普通视图：同时显示幻灯片窗格、大纲窗格和备注窗格。

（2）幻灯片浏览视图：显示幻灯片缩略图，方便幻灯片的移动和复制等操作。

（3）备注页视图：显示和编辑备注。

（4）阅读视图：查看放映效果。

（5）幻灯片放映视图：占用整个计算机屏幕的方式从当前幻灯片开始放映，如中途退出放映，可以右键单击鼠标，选择“结束放映”命令。

5.1.3 演示文稿保存

PowerPoint 2010 中演示文稿的保存与 Word 2010 中文档的保存的操作相同。当演示文稿采用默认扩展名. pptx 保存后，需要 PowerPoint 软件才能放映，但是如果将演示文稿另存为扩展名. ppsx 文件后，则不需要 PowerPoint 软件就可以放映，双击文件即可全屏幕放映，如图 5-1-3 所示。

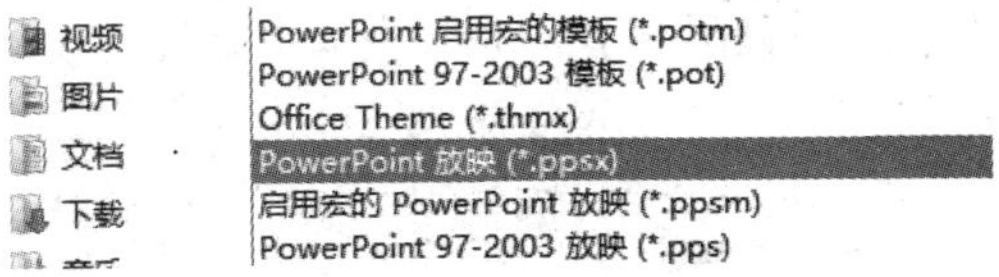

图 5-1-3　另存为. ppsx 格式

5. 1. 4　幻灯片打印

演示文稿中的幻灯片、大纲、讲义、备注等都可以打印输出，用户可以在打印前进行页面设置，并进行打印效果设置。

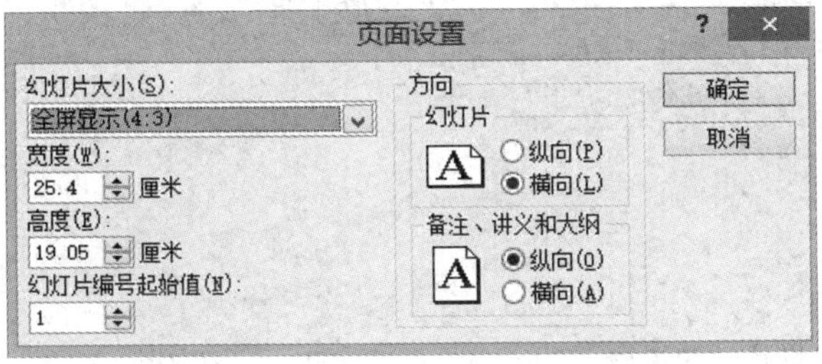

图 5-1-4　演示文稿页面设置对话框

1　页面设置

演示文稿的页面设置包括幻灯片大小、宽度、高度、起始编号以及幻灯片纵向或横向等，如图 5-1-4 所示。

2　打印设置

演示文稿的打印可以设置“打印全部幻灯片/打印当前幻灯片”，或者自定义需打印的幻灯片编号；可以设置水平或垂直放置幻灯片；当需打印 2 份以上时，可以调整幻灯片打印的顺序；还可以编辑页眉和页脚。

【例 5-2】 对演示文稿 Power1. pptx 进行打印设置，设置为打印 3 份，纸张方向横向，“打印全部幻灯片”“6 张水平放置的幻灯片”讲义，幻灯片加框，调整幻灯片打印顺序为“1，2，3　1，2，3　1，2，3”，如图 5-1-5所示。

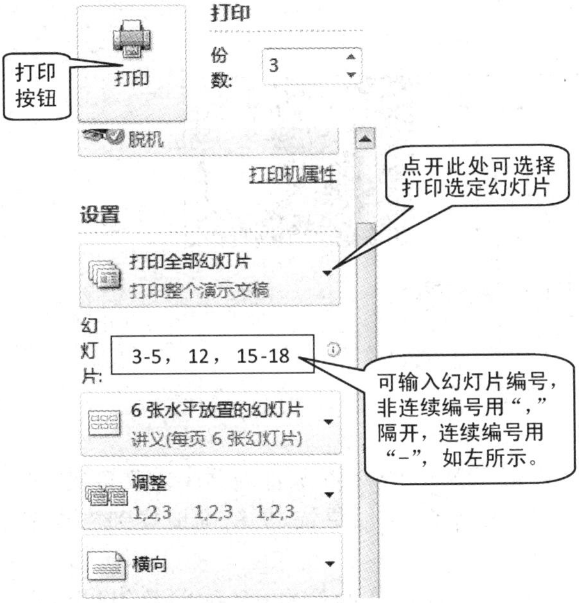

图 5-1-5　打印设置对话框

操作步骤如下。

(1) 打开演示文稿 Power1. pptx，选择“文件/打印”命令，设置打印份数为 3 份。

(2) 设置“打印全部幻灯片”。

(3) 单击“整页幻灯片”右侧下拉按钮▾，在讲义中选择“6 张水平放置的幻灯片”选项，勾选“幻灯片加框”选项，如图 5-1-6所示。

(4) 将“调整”设置为“1，2，3　1，2，3　1，2，3”，设置纸张方向横向。此时右侧窗口可以看到如图 5-1-7 所示的幻灯片排列和打印效果。

此时，已完成对幻灯片的打印设置。

当单击"打印"按钮，即可按每页打印 6 张幻灯片的排列方式打印整个演示文稿。

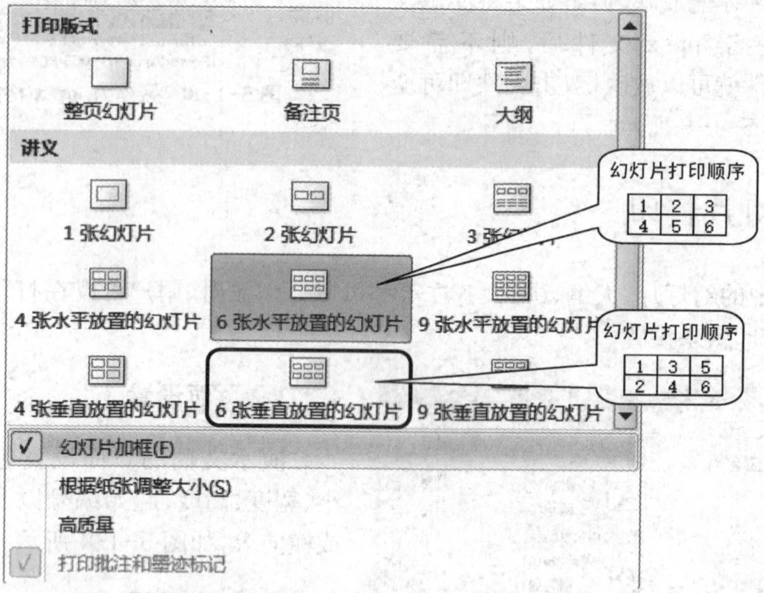

图 5-1-6　幻灯片打印设置

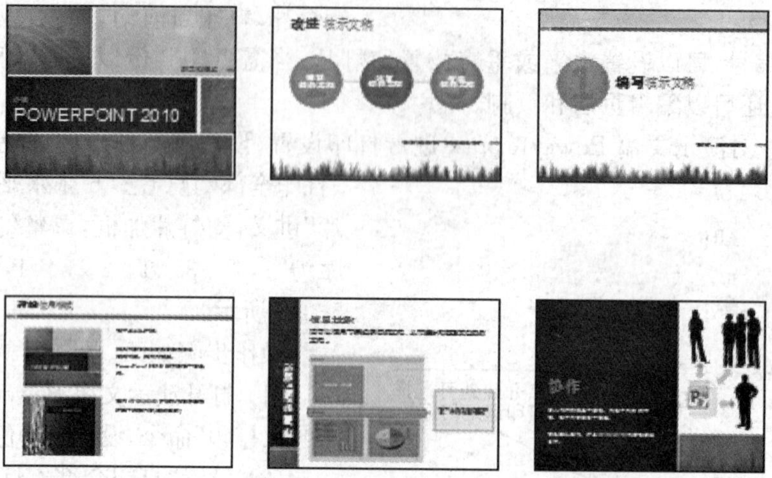

图 5-1-7　幻灯片打印效果

5.1.5　逻辑节的应用

PowerPoint 2010 中新增了逻辑节，其功能类似于 Windows 资源管理器中的文件夹，使用逻辑节功能来组织幻灯片，使演示文稿的结构更加清晰，可以更快、更精确地找到需要编辑的幻灯片。

使用了逻辑节后，在幻灯片视图中，可以看到所有逻辑节的信息（名称以及幻灯片张数），如图 5-1-8 所示。

图 5-1-8　逻辑节

【例 5-3】 打开演示文稿 Power2. pptx，按图 5-1-8 所示添加逻辑节，然后删除最后的 3 个逻辑节。

操作步骤如下。

1　新增节

(1) 新增“简介”逻辑节：光标定位在第 1 张幻灯片前，在“开始”选项卡中，选择单击“幻灯片”功能区中“节”右侧的下拉列表按钮，执行“新增节”命令，如图 5-1-9 所示，此时新增了一个无标题的逻辑节，新增节中包含所有 20 张幻灯片。

(2) 将光标放置于第 3 张幻灯片前，重复操作(1)，新增第 2 个逻辑节，此时可以看到 2 个逻辑节所包含的幻灯片张数分别是 2 张和 18 张。重复操作(1)，新增其余逻辑节。

图 5-1-9　新增节

2　重命名节

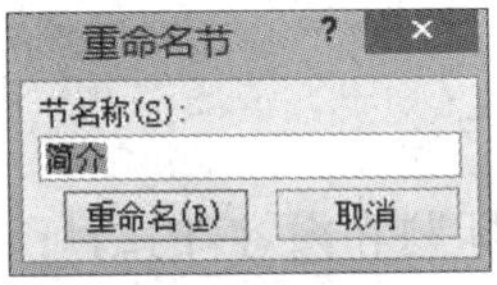

图 5-1-10　重命名节

(1) 右单击第 1 个“无标题节”，执行“重命名节”命令，在弹出的“重命名节”对话框中输入节名称“简介”，单击“重命名”按钮，如图5-1-10所示。

(2) 重复操作(1)，重命名其余逻辑节，此时可以看到如图 5-1-8 所示的逻辑节。

3　删除节

右单击要删除的节，执行“删除节”命令。

如果要一次删除全部逻辑节，可以选择“删除所有节”命令。

4　折叠/展开节

可以执行“全部展开”或“全部折叠”命令展开逻辑节或折叠逻辑节，也可以单击逻辑节左侧箭头来展开或折叠逻辑节。

5.2 幻灯片的基本操作

幻灯片是制作演示文稿时的基本操作对象，熟练掌握幻灯片的操作是使用 PowerPoint 制作演示文稿的重要前提。

5.2.1 幻灯片版式

幻灯片版式是指幻灯片上标题、文本、列表、图片、表格、图表、自选图形和视频等元素的排列方式。PowerPoint 为演示文稿提供了设置多种幻灯片版式的方案，各个幻灯片可以采用不同的版式，如图 5-2-1 所示。

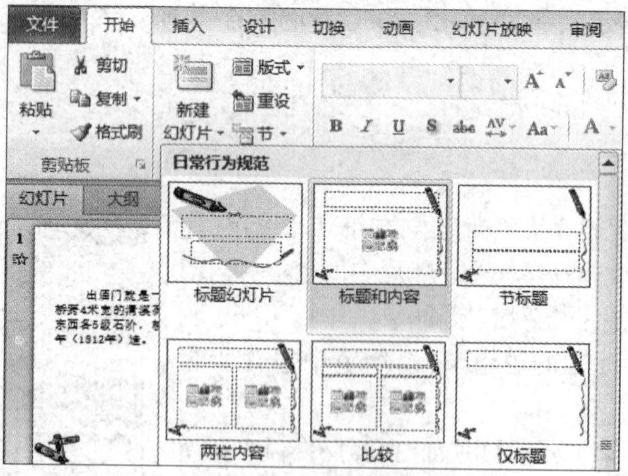

图 5-2-1 幻灯片版式

5.2.2 幻灯片的编辑

【例 5-4】 打开 Power3. pptx，在第 2 张幻灯片前新建一张版式为“标题和内容”的幻灯片，将第 1 张“妙山”幻灯片移动到演示文稿末尾，隐藏第 1 张空白幻灯片，删除第 1 张幻灯片。

操作步骤如下。

1 选取幻灯片

对幻灯片进行操作前必须先选取需要操作的幻灯片，可以在左侧幻灯片窗格中使用〈Shift〉或〈Ctrl〉选择相邻或非相邻幻灯片，也可以使用〈Ctrl〉+〈A〉组合键选取所有幻灯片。

2 插入幻灯片

将光标放置于左侧幻灯片窗格中需插入幻灯片的位置，单击“新建幻灯片”右侧的下拉列表按钮，在弹出的下拉列表中选择一种版式。

在左侧幻灯片窗格中，将光标定位在第 1 和第 2 张幻灯片之间，选择“开始”选项卡，在“幻灯片”选项组中单击“新建幻灯片”右侧的下拉列表按钮，选择“标题和内容”版式。此时右侧工作区可看到添加的幻灯片，如图 5-2-2 所示。

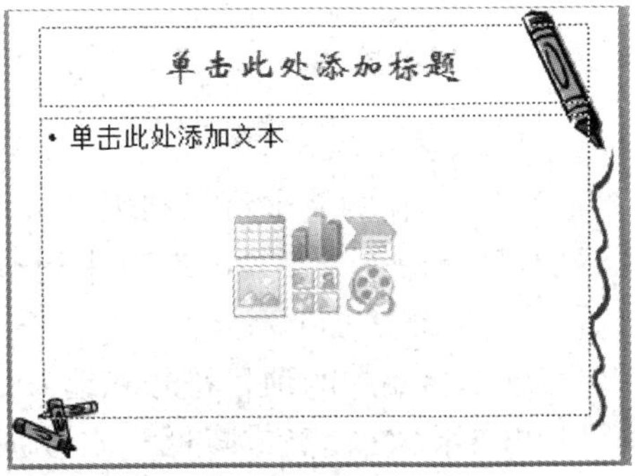

图 5-2-2　新建的“标题和内容”版式幻灯片

3　移动/复制幻灯片

选择第 1 张幻灯片，执行“剪切”命令，将光标定位在演示文稿尾部，执行“粘贴”命令。（如果复制时需要保留源内容的格式，则在粘贴选项中选择“保留源格式”按钮。）

4　隐藏/删除幻灯片

1）隐藏/取消隐藏幻灯片

PowerPoint 为用户提供了暂时隐藏幻灯片功能，需要时可以恢复显示幻灯片，隐藏或恢复幻灯片均可以通过执行“隐藏幻灯片”命令来实现。

选取第 1 张幻灯片，执行“幻灯片放映/隐藏幻灯片”命令，此时可以看到第 1 张幻灯片左上角显示标记，表示 1 号幻灯片已被隐藏。

2）删除幻灯片

在左侧幻灯片窗格中选取第 1 张幻灯片，按〈Delete〉，删除第 1 张空白幻灯片。

5.2.3　对象的应用

1　占位符

占位符是一种带有虚线边框的方框，是包含文字和图形等对象的容器，其本身是构成幻灯片内容的基本对象，具有自己的属性。图 5-2-3 是一张由标题、对象、日期、页脚和数字 5 个占位符组成的幻灯片。

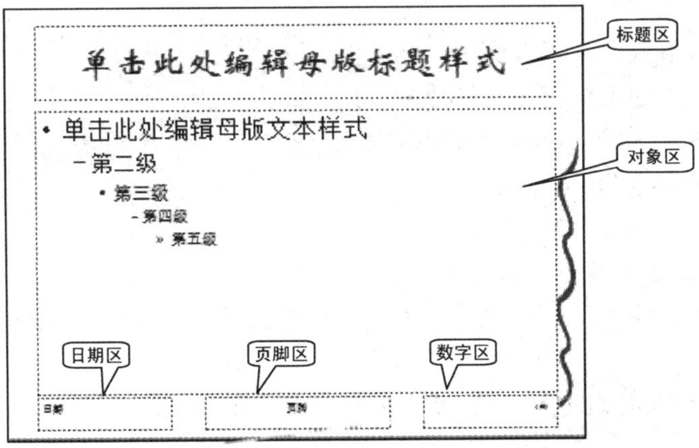

图 5-2-3　幻灯片的 5 个占位符

2　文本应用

1）文本框和艺术字

演示文稿的文本可以利用“插入”选项卡中“文本”功能区的“文本框”和“艺术字”命令来添加，具体操作与 Word 2010 中类似。

2）项目符号和编号

演示文稿中的项目符号和编号的添加与 Word 中文本格式操作基本一致，但是项目符号稍有不同，在提高或降低文本级别时，PowerPoint 会根据在母板中定义的各级项目符号自动添加相应的项目符号。

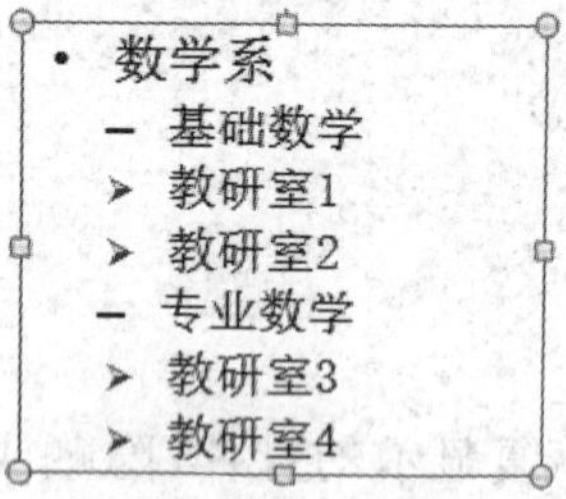

图 5-2-4　添加项目符号

【例 5-5】　打开 Power4. pptx，为第 1 张幻灯片的学院结构中数学系目录添加项目符号，并进行级别调整，改变第三级项目符号（大小 80%、红色），如图 5-2-4 所示。

操作步骤如下：

(1) 打开演示文稿 Power4. pptx，选取第 1 张幻灯片的目录，选择“开始”选项卡，单击“段落”功能区中的项目符号按钮，选择圆点项目符号●，此时所有目录均添加了圆点项目符号。

(2) 利用〈Ctrl〉选择“基础数学”和“专业数学”2 行，在“段落”选项组中单击“提高列表级别”按钮，此时这 2 行的项目符号自动更改为“—”。

(3) 使用〈Ctrl〉选择 4 个教研室行，单击“提高列表级别”按钮 2 次，此时项目符号为小圆点。

(4) 选择 4 个教研室行，单击项目符号下拉按钮，执行“项目符号和编号”命令，在弹出的“项目符号和编号”对话框中选取项目符号➢，设置大小 80%，颜色红色，如图 5-2-5 所示，单击“确定”按钮。

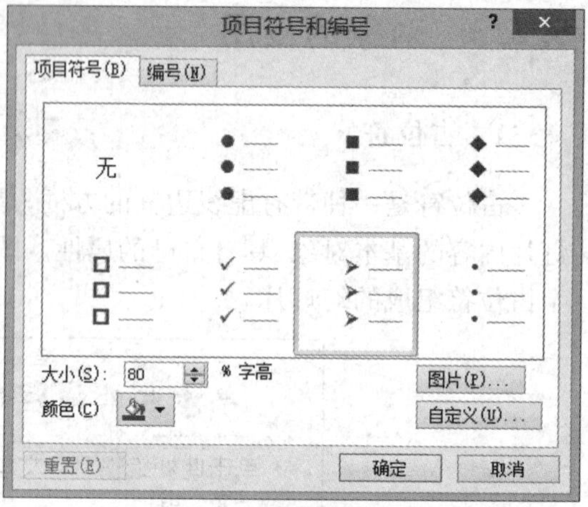

图 5-2-5　项目符号和编号对话框

3　图片、图表和 SmartArt 图形应用

1）图片

在演示文稿中插入图片可以更加生动地阐述其主题和所要表达的思想。在幻灯片中可以插入来自文件的图片，也可以插入剪贴画，插入和格式化图片的操作与 Word 中类似。

2）图表

PowerPoint 提供了各种不同的图表来满足各类用户的需求。

【例 5-6】　在 Power4. pptx 的第 2 张空白幻灯片上插入如图 5-2-6 所示的柱形图表。

操作步骤如下：

(1) 选取第 2 张幻灯片，选择“插入”选项卡，在“插图”选项组中单击插入图表按钮图表。

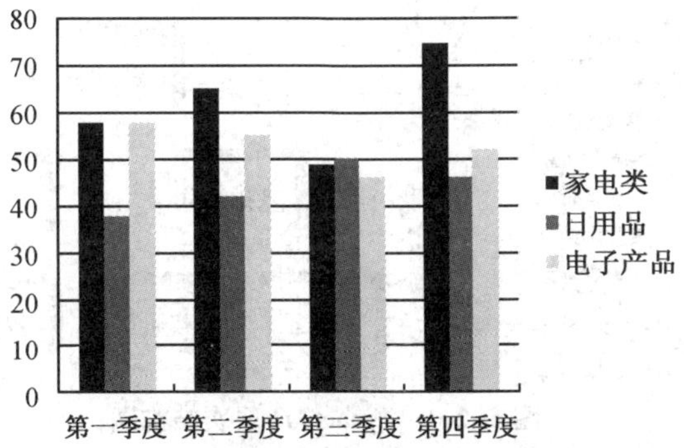

图 5-2-6 簇状柱形图表

(2) 在“插入图表”对话框中选择“簇状柱形图”图表类型，单击“确定”按钮，此时打开了 Excel 2010 应用程序。

(3) 在 Excel 2010 中，按图 5-2-7 所示，修改系列名称和系列数据。

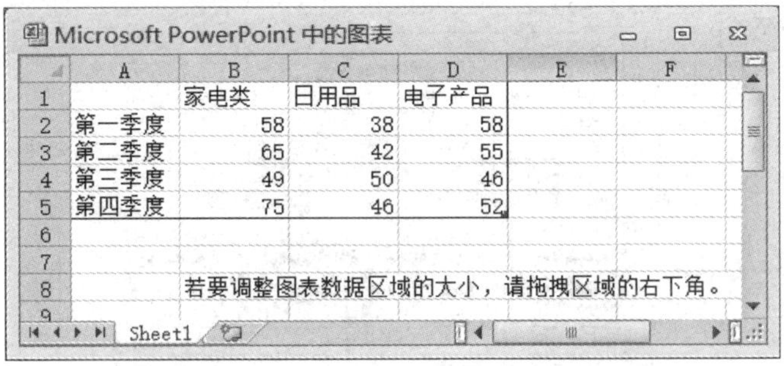

Microsoft PowerPoint 中的图表

	A	B	C	D	E	F
1		家电类	日用品	电子产品		
2	第一季度	58	38	58		
3	第二季度	65	42	55		
4	第三季度	49	50	46		
5	第四季度	75	46	52		
6						
7						
8		若要调整图表数据区域的大小，请拖拽区域的右下角。				

Sheet1

图 5-2-7 编辑系列名称和系列值

(4) 关闭 Excel 2010 应用程序，此时柱形图已添加到幻灯片中。可以在“图表工具”中对图表进行编辑。

3) SmartArt 图形

在制作演示文稿时，经常需要制作流程图，用以说明各种概念性的内容。在幻灯片中可以插入 SmartArt 图形，其中包括组织结构图、列表、循环图、射线图等。

【例 5-7】 在演示文稿 Power4. pptx 中，新建一张空白版式的幻灯片，制作如图 5-2-8 所示的 SmartArt 层次结构图。

操作步骤如下。

(1) 在 Power4. pptx 中，选择“开始”选项卡，在“幻灯片”选项组中单击“新建幻灯片”下拉按钮，选择“空白”版式。

(2) 选择“插入”选项卡，单击“插图”选项组中的“SmartArt”按钮，左侧选择“层次结构”，中间选择“层次结构”示例，单击“确定”按钮。

(3) 单击左侧向左箭头，展开编辑文字窗口，按要求输入文字，如图 5-2-9 所示。

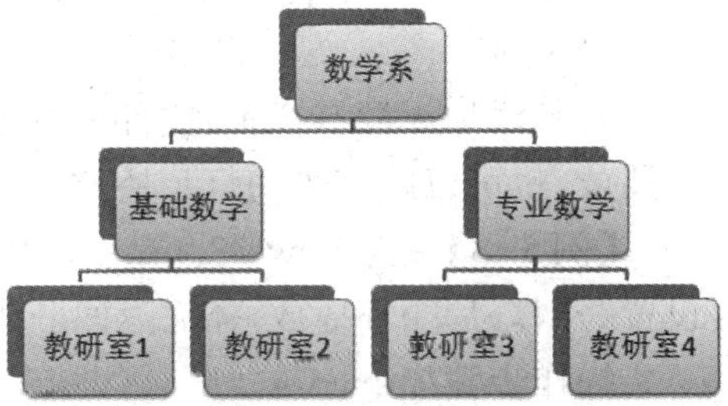

图 5-2-8 学院结构 SmartArt 图

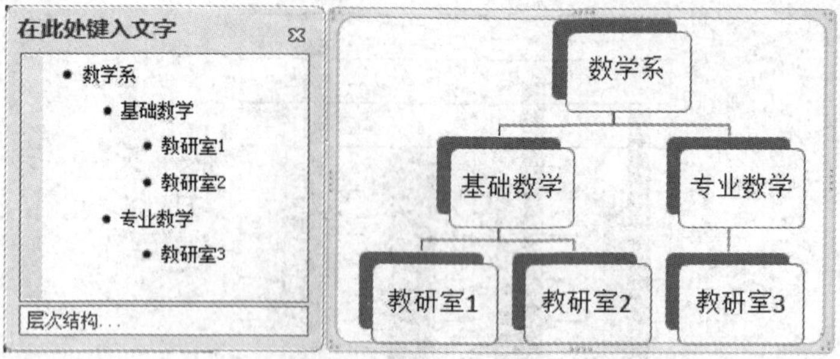

图 5-2-9　SmartArt 层次结构图

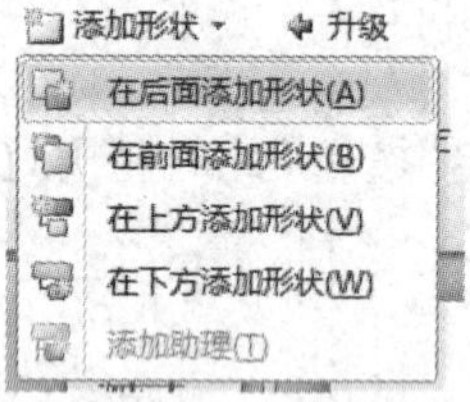

图 5-2-10　添加形状

(4) 将光标定位在“教研室 3”位置，在 SmartArt 工具中，选择“设计”选项卡，在“创建图形”选项组中单击“添加形状”下拉按钮，执行“在后面添加形状”命令，如图 5-2-10 所示。

(5) 在添加的形状内输入“教研室 4”文字。

(6) 用〈Shift〉选取需格式化的形状，如图 5-2-11 所示。

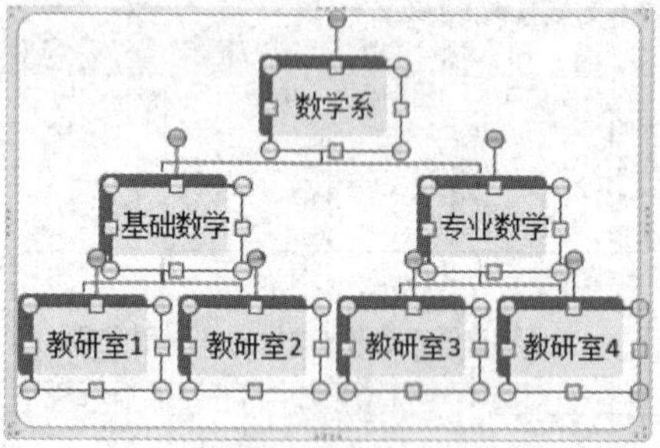

图 5-2-11　选取多个形状

(7) 选择“格式”选项卡，单击“形状样式”下拉按钮，选择“细微效果—红色，强调颜色 2”(第 4 行第 3 列)。

可以利用“设计”选项卡中“创建图形”选项组中的按钮和命令对形状进行编辑，如图5-2-12所示。

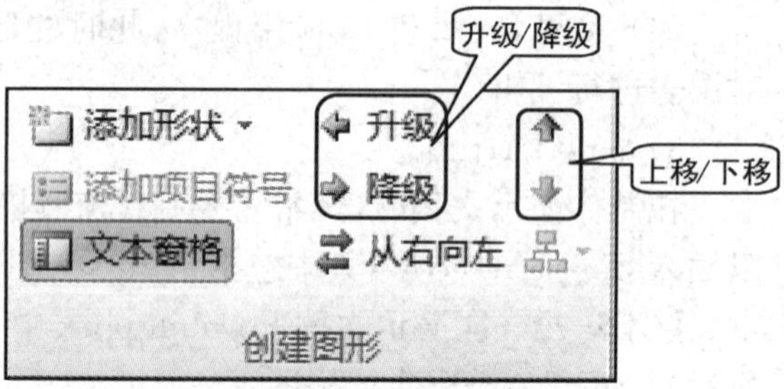

图 5-2-12　编辑形状

4　多媒体对象的应用

在 PowerPoint 中，可以将声音和视频等多媒体元素添加到幻灯片上。

1) 音频

音频添加来源有 3 种：文件中的音频、剪贴画音频和录制音频，播放方式可以单张幻灯片播放，也可以跨多张幻灯片播放。

【例 5-8】 为 Power3. pptx 演示文稿中的第 1 张幻灯片添加声音文件 music. mp3，并设置跨幻灯片循环播放，播完返回开头，放映时隐藏声音图标。

操作步骤如下。

(1) 单击第 1 张幻灯片，选择“插入”选项卡，在“媒体”选项组中单击“音频”下拉按钮，执行“文件中的音频”命令，在“插入音频”对话框内选择文件 music. mp3，单击“插入”按钮。此时幻灯片上出现声音图标🔈，并且在幻灯片放映时也显示声音图标🔈。

（2）选取声音图标，选择“音频工具”的“播放”选项卡，按图 5-2-13 所示设置音频属性。此时，虽然在编辑窗口仍然能够看到声音图标🔈，但是在幻灯片放映时屏幕上不再显示声音图标。

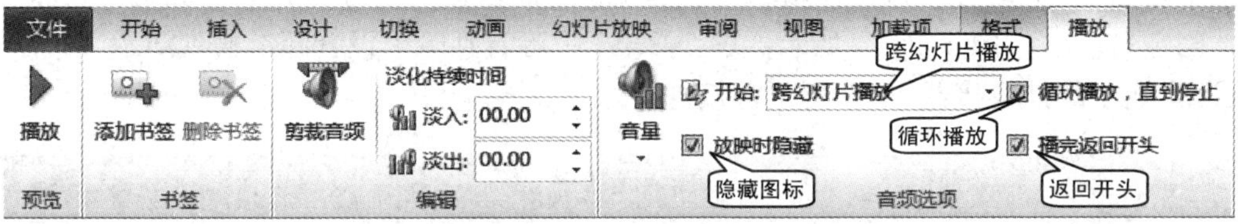

图 5-2-13　音频播放设置

2）视频

视频添加来源有 3 种：文件中的视频、来自网站的视频和剪贴画视频。

5.2.4　设置超级链接

幻灯片在播放时需要实现幻灯片间的跳转。使用超级链接可以设置从将当前的幻灯片跳转到本演示文稿的其他幻灯片、其他演示文稿的幻灯片、E-mail 或其他对象。

1　链接到本演示文稿幻灯片

【例 5-9】　在 Power3. pptx 中，为第 2 张目录幻灯片设置超级链接到相应的幻灯片。

操作步骤如下。

（1）选取第 2 张幻灯片中的第 1 个目录项，执行“插入”选项卡中的“超链接”命令。

（2）在“插入超链接”对话框中选择链接到“本文档中的位置”项，选择第 3 张幻灯片，单击“确定”按钮，如图 5-2-14 所示。

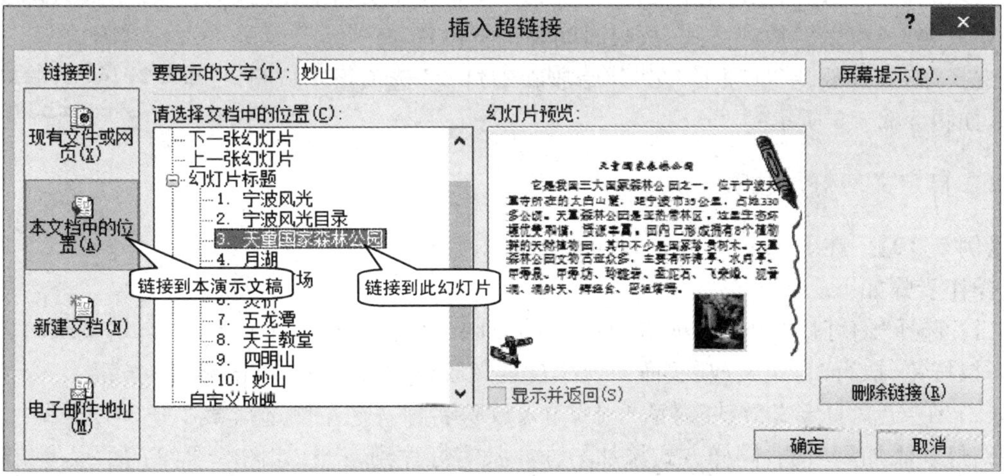

图 5-2-14　超链接到本演示文稿

(3) 重复操作(2),设置其余目录的超级链接。

2 链接到其他位置

PowerPoint 可以超链接到其他演示文稿的某幻灯片,具体操作如下。

在"插入超链接"对话框中选择链接到"现有文件或网页"选项,然后单击中间的某演示文稿,单击右侧"书签"按钮,在弹出的对话框中选择超链接的幻灯片,单击"确定"按钮,再次单击"确定"按钮,如图 5-2-15 所示。图 5-2-15 中可看到除了设置超链接到演示文稿外,还可以设置电子邮件链接或 Web 网页链接。

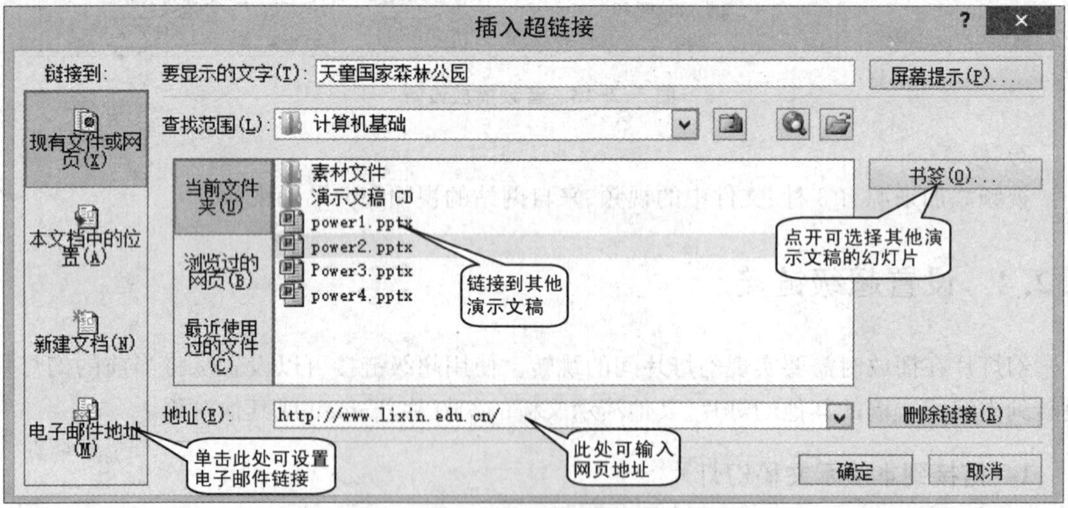

图 5-2-15 超链接到其他演示文稿

5.2.5 幻灯片放映

放映幻灯片可以从第 1 张幻灯片开始放映,也可以从当前幻灯片开始放映,还可以对放映方式、放映时间等进行设置。

选择"幻灯片放映"选项卡,在"开始放映幻灯片"选项组中进行选择,如图 5-2-16 所示。

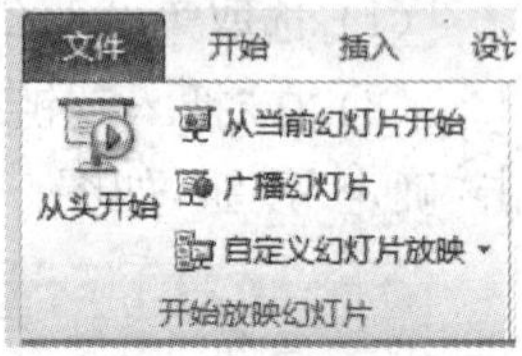

图 5-2-16 开始放映幻灯片

1 自定义幻灯片放映

【例 5-10】 在 Power3.pptx 中,自定义幻灯片放映顺序:2,3,6,8。

操作步骤如下。

(1) 选择"幻灯片放映"选项卡,在"开始放映幻灯片"选项组中单击"自定义幻灯片放映"下拉按钮,执行"自定义放映"命令,在"自定义放映"对话框中单击"新建"按钮。

(2) 在"定义自定义放映"对话框中,输入放映名称。在左侧选择第 2 张,单击"添加"按钮将幻灯片添加到右侧,同样方式添加另外 3 张幻灯片到右侧,如图 5-2-17 所示,单击"确定"按钮。

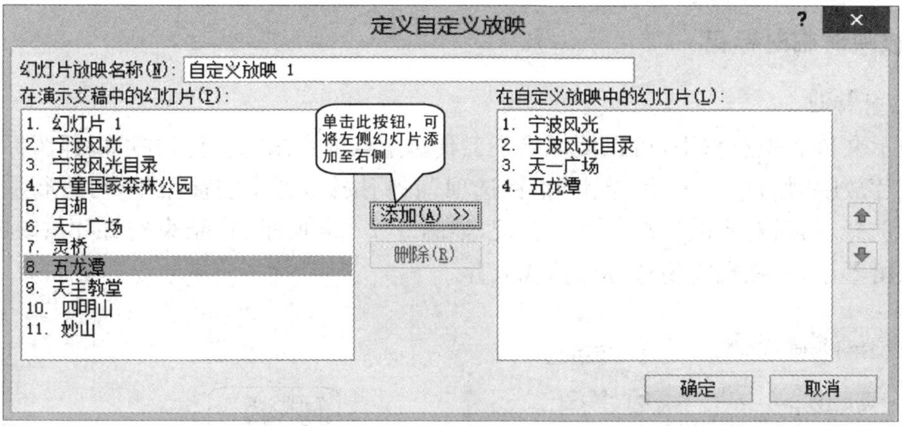

图 5-2-17　自定义放映设置

(3) 单击“放映”按钮，可看到演示文稿此时按照自定义顺序播放。

2　设置放映方式

在“设置”选项组中，选择“设置幻灯片放映”按钮，在“设置放映方式”对话框中，可以进行循环放映、开始和结束幻灯片编号等设置，如图 5-2-18 所示。

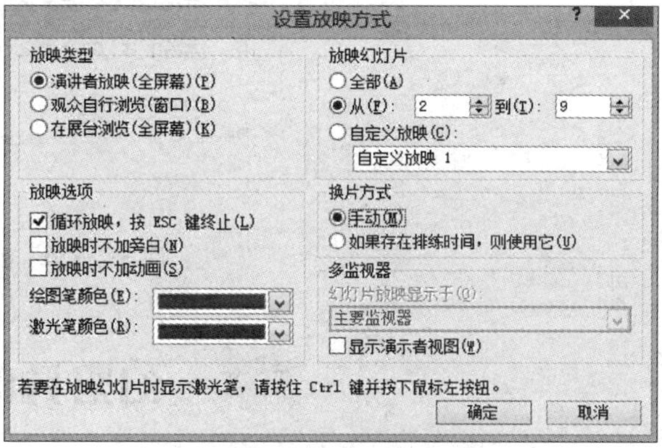

图 5-2-18　设置放映方式

3　排练计时

用户可以对演示文稿的放映进行排练计时，掌握每张幻灯片的放映时间。

单击“排练计时”按钮，在幻灯片放映的过程中，单击鼠标进行幻灯片的切换，结束放映后进入幻灯片的浏览视图，可看到在每张幻灯片下方均显示放映时间，如图 5-2-19 所示。

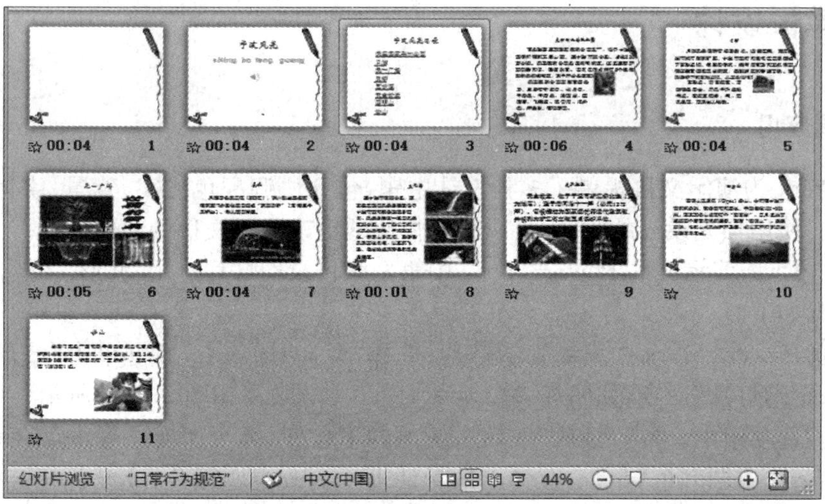

图 5-2-19　排练计时浏览

4　放映时临时标记

1）临时标记

在演示文稿放映过程中，可以使用墨迹工具对重点内容添加标记，并可以保留标记。

幻灯片放映时右单击鼠标，单击“指针选项”右侧按钮，弹出快捷菜单，可进行墨迹工具和颜色的选择，然后对当前幻灯片添加标记，如图 5-2-20 所示，在结束幻灯片放映时，会询问是否保留墨迹，可根据需要选择保留或放弃。

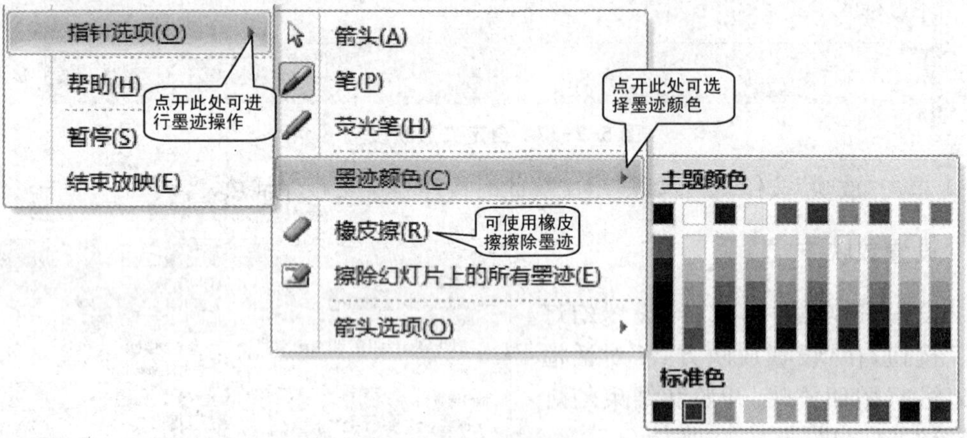

图 5-2-20　墨迹工具

5.3　幻灯片的风格设计

演示文稿中每张幻灯片的内容可能不同，但通常要求具有统一的外观风格，比如相同的背景、统一的布局、统一的色彩搭配等。

5.3.1　模板设计

1　主题应用

PowerPoint 为演示文稿提供了多种设计主题，包含协调配色方案、背景、字体样式和占位符位置等。使用预先设计的主题，可以轻松快捷地更改演示文稿的整体外观。

【例 5-11】　为演示文稿 Power3. pptx 中第 2 张目录幻灯片应用“波形”主题。

操作步骤如下。

(1) 选取 Power3. pptx 中第 2 张幻灯片，选择“设计”选项卡，右键单击“波形”主题，执行“应用于选定幻灯片”命令，如图 5-3-1 所示，应用主题效果如图 5-3-2 所示。

在“主题”选项组中，单击“颜色”按钮右侧的向下按钮，弹出所有主题的颜色设置，可以选择下方的“新建主题颜色”命令，在弹出的对话框中更改主题颜色，或设置超链接颜色等，如图 5-3-3 所示。

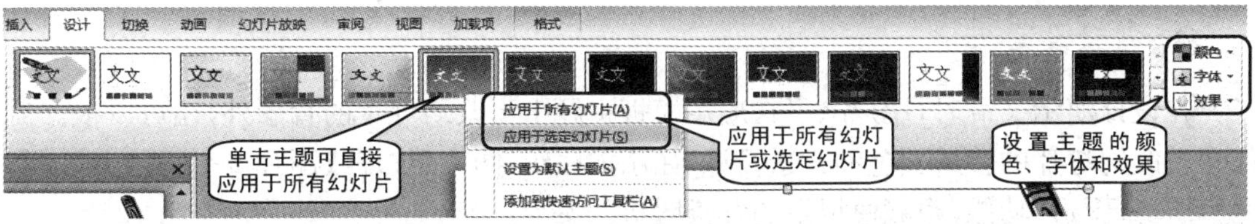

图 5-3-1　应用主题

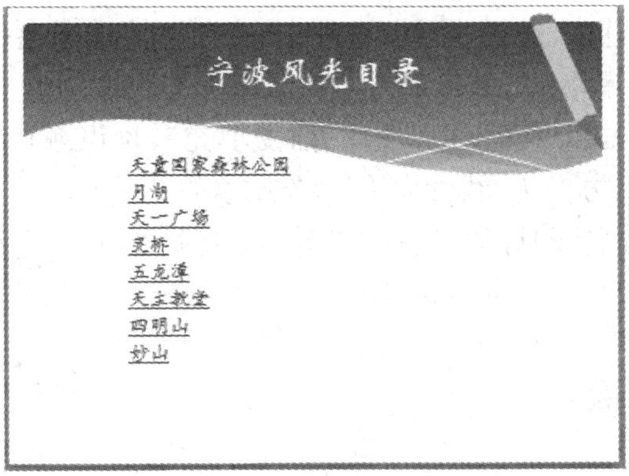

图 5-3-2　应用主题效果

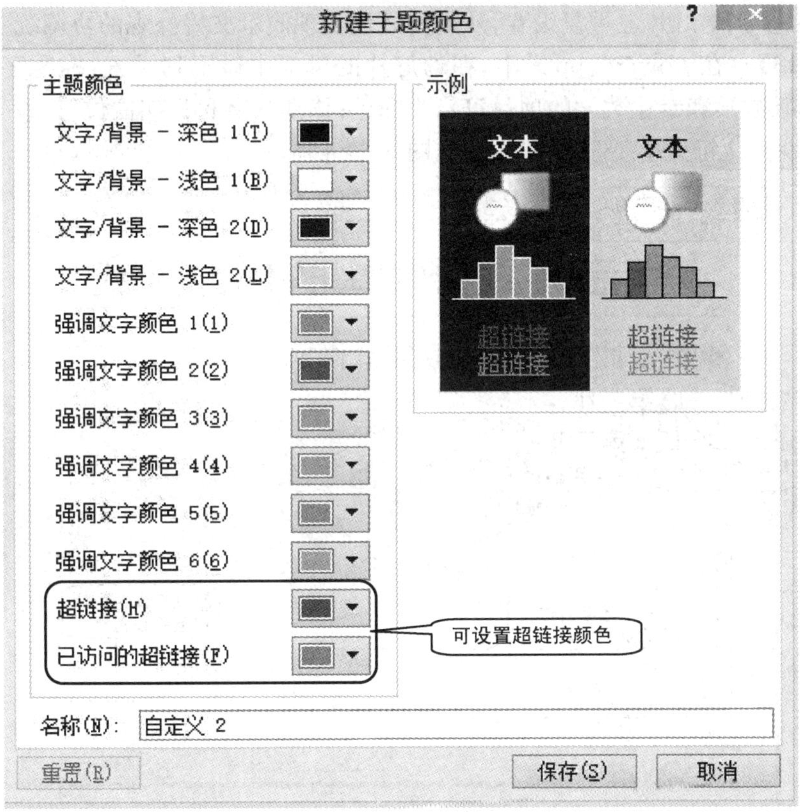

图 5-3-3　设置主题效果

2 背景设置

在设计演示文稿时，用户除了在应用模板主题中更改幻灯片的背景外，还可以根据需要任意更改幻灯片的背景颜色和背景设计，如添加底纹、图案、纹理或图片等。另外，可以利用"隐藏背景图形"功能，隐藏模板中的背景图形。

【例 5-12】 为 Power3. pptx 中第 1 张标题幻灯片"宁波风光"添加"彩虹出岫Ⅱ"渐变填充背景色，方向为线性向上。隐藏第 3 张及以后幻灯片的背景图形。

(1) 选取第 1 张幻灯片，选择"设计"选项卡，在"背景"选项组中单击"背景样式"右侧的下拉按钮，执行"设置背景格式"命令。

(2) 在"设置背景格式"对话框中，选择"渐变填充"，预设颜色为"彩虹出岫Ⅱ"(第 4 行第 2 列)，类型为"线性"，方向为"线性向上"，单击"关闭"按钮。

(3) 选取第 3 张及以后幻灯片，选择"设计"选项卡，勾选"背景"选项组中的"隐藏背景图形"选项。

5.3.2 幻灯片母板

幻灯片母板是幻灯片层次结构中的顶层幻灯片，包含了所有幻灯片具有的公共属性和布局信息。在对幻灯片母板进行设置操作时，可以对主题、版式等公共信息进行修改和格式设置，无需在多张幻灯片上重复设置，从而高效地实现演示文稿外观的协调统一。

【例 5-13】 在 Power4. pptx 中，在幻灯片的母板中做下列设置：标题字体幼圆、下划线、红色；基础数学和专业数学的项目符号为绿色；移动数字和日期占位符，设置数字占位符大小 24、日期占位符大小 18。设置效果如图 5-3-4 所示。

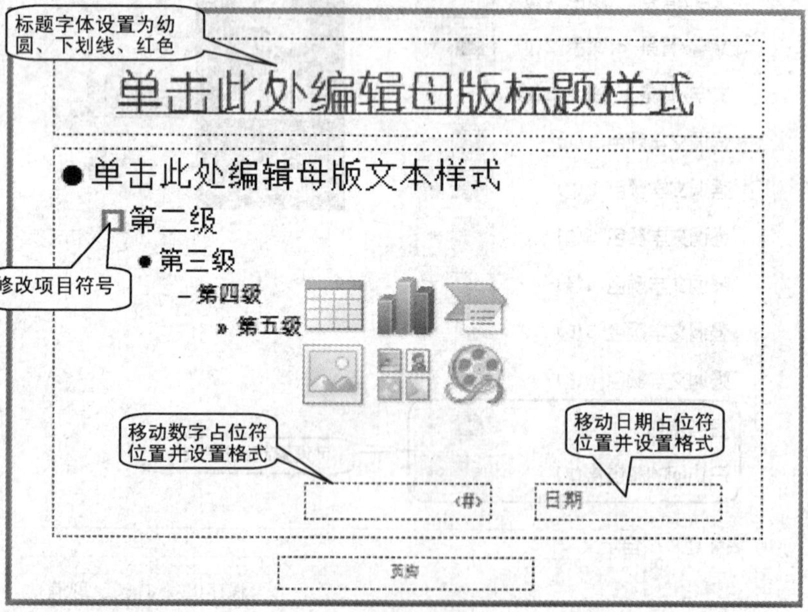

图 5-3-4 母板设置

操作步骤如下。

(1) 选定第 1 张幻灯片，选择“视图”选项卡，在“母板视图”选项组中单击“幻灯片母板”按钮，进入母板设计视图。

(2) 选取标题占位符，选择“开始”选项卡，设置字体“幼圆”、红色、单下划线。

(3) 光标定位在文本占位符中的“第二级”项，设置项目符号为绿色。

(4) 选择“幻灯片母板”选项卡，移动数字占位符和日期占位符到目标位置。

(5) 选择“开始”选项卡，设置数字占位符大小 24、日期占位符大小 18。

(6) 选择“幻灯片母板”选项卡，单击“关闭母板视图”按钮。

此时可以看到幻灯片标题字体已改为幼圆、下划线、红色；第二级项目符号已改为绿色，但是幻灯片上并未显示幻灯片编号和日期。需要指出的是，幻灯片母板只能设置幻灯片编号和日期的格式(大小、位置、颜色等)，但是显示幻灯片编号需要在“插入”选项卡中的“文本”选项组中设置。

5.3.3　页眉和页脚

在打印幻灯片时，如果需要在幻灯片中显示编号、时间、日期、演示文稿标题等信息，可以通过设置幻灯片的页眉和页脚来实现。在“插入”选项卡的“文本”选项组中，“页眉和页脚”“日期和时间”以及“幻灯片编号”3 个按钮均可打开“页眉和页脚”对话框。

【例 5-14】　在 Power4. pptx 中，显示所有幻灯片的日期和编号，并设置日期为自动更新，设置效果如图 5-3-5 所示。

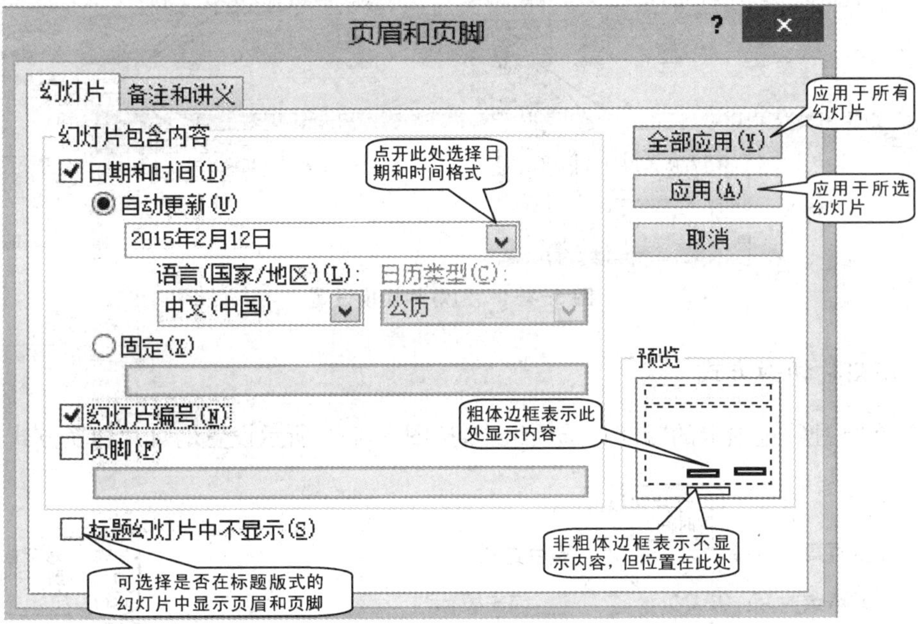

图 5-3-5　页眉和页脚设置

(1) 在 Power4. pptx 中，选择“插入”选项卡，在“文本”选项组中单击“页眉和页脚”按钮，打开“页眉和页脚”对话框。

（2）在“页眉和页脚”对话框中选择“幻灯片”选项卡，勾选“日期和时间”选项，选择“自动更新”选项。

（3）勾选“幻灯片编号”选项，单击右侧“全部应用”按钮。

5.4 幻灯片动画设计

为幻灯片或幻灯片中的对象添加动画功能，能够在幻灯片放映时产生特殊的视觉或声音效果。在 PowerPoint 中，演示文稿的动画主要有两个：幻灯片切换和对象的动画效果。

5.4.1 幻灯片切换

幻灯片切换又称为幻灯片的翻页，是指幻灯片在放映时更换幻灯片的动画效果。

【例 5-15】 在演示文稿 Power3. pptx 中，设置第 1 张幻灯片为“中央向左右展开”的“分割”切换，风铃声音，持续时间 2 秒，自动换片时间 4 秒，如图 5-4-1 所示。

1 幻灯片切换设置

（1）在 Power3. pptx 中，选择第 1 张幻灯片，选择“切换”选项卡，单击“分割”切换按钮。

（2）单击右侧“选项效果”的下拉按钮，选择“中央向左右展开”选项，如图 5-4-1 所示。

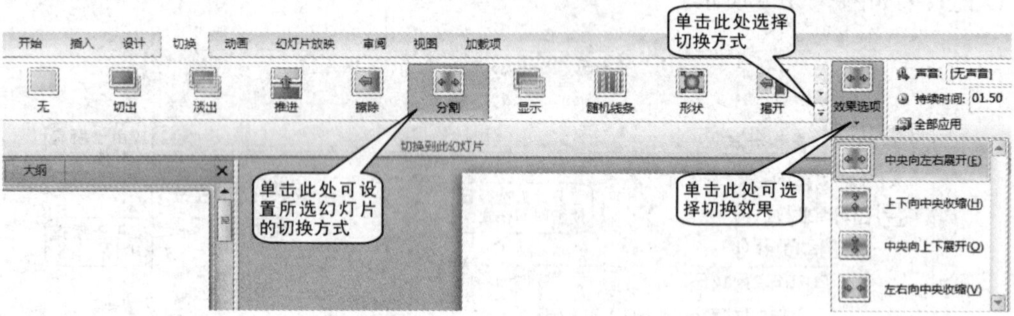

图 5-4-1 幻灯片切换设置

2 幻灯片切换方式

（1）在“切换”选项卡的“计时”选项组中，按图 5-4-2 所示设置幻灯片切换方式。

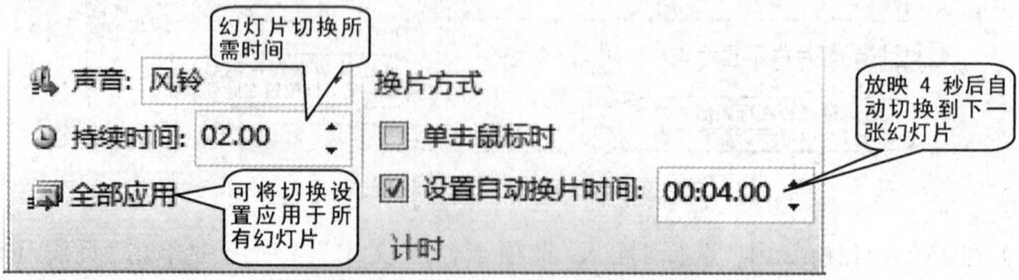

图 5-4-2 幻灯片切换方式设置

5.4.2　幻灯片对象的动画效果

幻灯片的动画效果是指为幻灯片内部各个对象设置的动画效果，用户可以对幻灯片中的文本、图像等对象添加不同的动画效果。

为某对象添加了动画效果后，如果重新选择动画效果，则为更改动画效果，但有时需要对某个对象添加多个动画效果，则必须使用“添加动画”按钮实现。

1　幻灯片对象的动画效果

1）添加动画效果

【例 5-16】 在演示文稿 Power3. pptx 中，为第 4 张“月湖”幻灯片依次添加动画效果：为图像设置垂直“随机线条”的动画效果；为两段文本添加自左上部“飞入”的动画效果；为图像添加“淡出”退出动画效果。

操作步骤如下：

(1) 在 Power3. pptx 中，选择第 4 张幻灯片，选择“动画”选项卡。

(2) 选取图片对象，单击“动画”选项组右侧的“其他”按钮，在“进入”组中单击“随机线条”按钮，单击“效果选项”下拉按钮，选择“垂直”选项。

(3) 选取两段文本，单击“动画”选项组右侧的下拉按钮，在“进入”组中单击“飞入”按钮，单击“效果选项”向下按钮，选择“自左上部”选项。

(4) 选择图像对象，在“高级动画”选项组中单击“添加动画”按钮，拖曳滚动条，单击“退出”组中的“淡出”按钮。

此时看到此幻灯片上有动画顺序标号 1、2 和 3，如图 5-4-3 所示，表示对象的动画顺序。先显示无动画效果的标题“月湖”，然后按标号顺序依次显示对象。

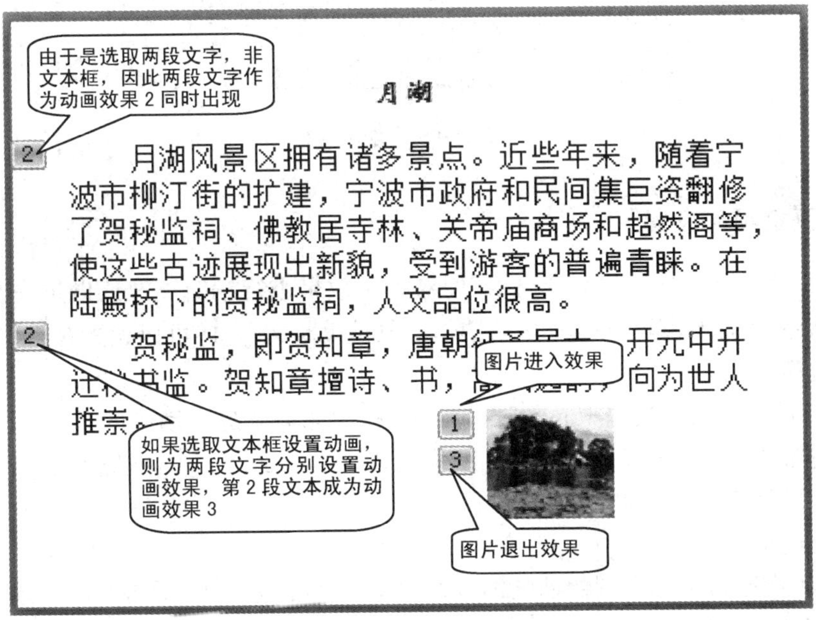

图 5-4-3　幻灯片动画效果设置

注意：当一张幻灯片所有对象都没有设置动画效果时，所有对象同时显示；当有部分对象设置了动画效果，则未设置动画效果的对象首先显示，然后按照设置动画效果的顺序依次显示对象。

2）动画刷

PowerPoint 为用户提供了具有复制动画功能的“动画刷”按钮，类似于格式刷的操作效果：先选择具有动画效果的对象，单击“动画刷”按钮，然后对着需复制动画效果的对象刷一下，即可完成动画效果的复制。

2　动画窗格

为对象添加了动画效果后，可以打开“动画窗格”，如图 5-4-4 所示。所有动画都在动画窗格上显示，并且可以在动画窗格上调整动画播放顺序、改变动画设置、删除动画等操作。

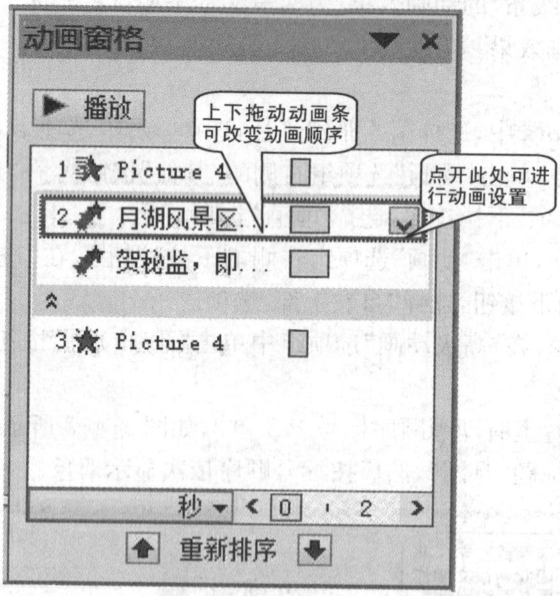

图 5-4-4　动画窗格

3　动画选项的设置

可以在“计时”选项组或“动画窗格”中对动画效果进行编辑更改或做进一步的设置，可以设置动画持续时间和延迟时间，如果操作对象是段落文本，还可以设置是否整批发送或者按字母发送等。

【例 5-17】　在演示文稿 Power3. pptx 中，将图像对象进入动画的开始设置为“上一动画之后”；删除文本动画效果，选择文本框，重新为文本添加“按字/词螺旋飞入”的动画效果，设置“所有段落同时”正文文本动画。

操作步骤如下。

(1) 在工作窗口中选择图像动画编号 1，选择“动画”选项卡，单击“计时”选项组中的“开始”右侧下拉按钮，选择“上一动画之后”，此时编号 1 动画更改为编号 0。

(2) 在动画窗格中选取文本动画两行，右单击鼠标，执行“删除”命令。此时原文本动画效果已被删除。

(3) 在工作窗口中，选择文本框，单击动画效果右侧的按钮，在弹出的命令中执行“进入更多效果”命令，在“更改进入效果”对话框中，选择“螺旋飞入”选项，单击“确定”按钮，如图 5-4-5 所示。此时可以看到两段文本有自己的动画编号。

(4) 在动画窗格中，选择文本动画条，单击右侧下拉按钮，选择“效果选项”命令。在“效果选项”对话框中，设置动画文本为“按字/词”，如图 5-4-6 所示。单击“确定”按钮。

(5) 在“正文文本动画”选项中，将“组合文本”设置为“所有段落同时”，单击“确定”按钮，如图 5-4-7 所示。

此时可以看到两个段落同时按螺旋飞入。如果将“组合文本”设置为“作为一个对象”选项，则幻灯片放映时可看到与“所有段落同时”不同的动画效果。

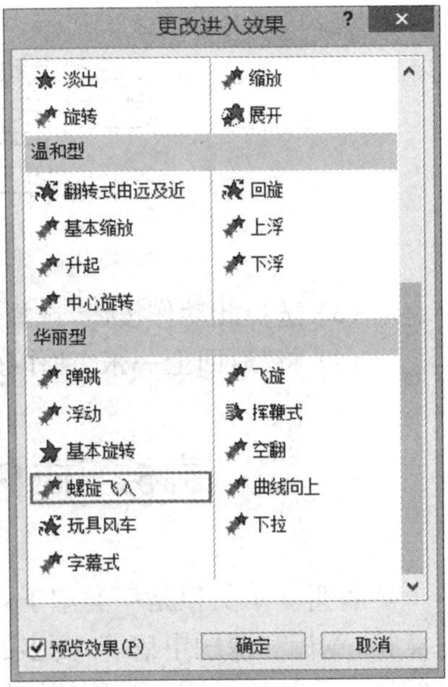

图 5-4-5　设置动画效果对话框

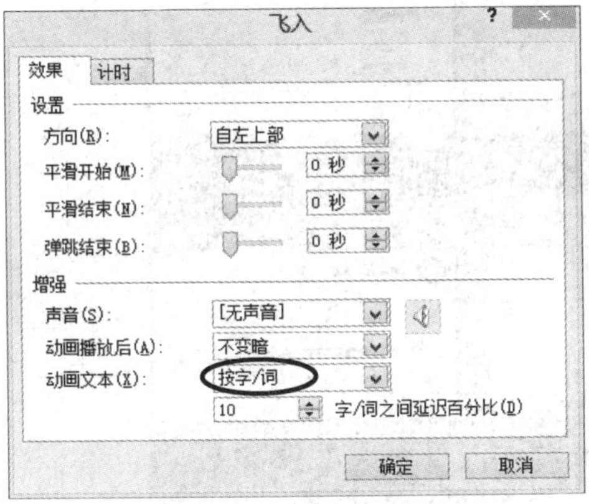

图 5-4-6　效果选项对话框

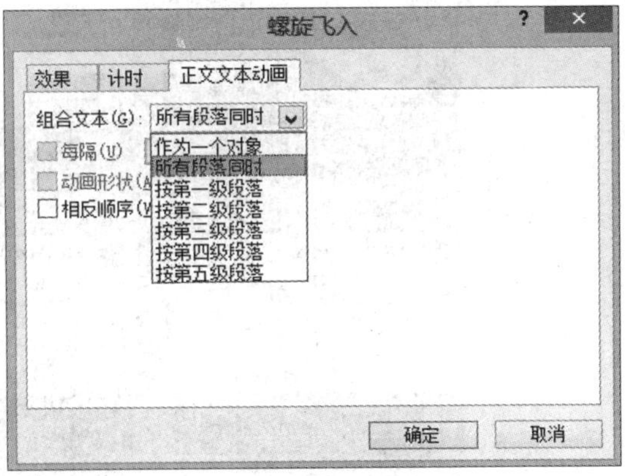

图 5-4-7　组合文本设置

5.4.3　动作按钮和效果

PowerPoint 2010 提供了一组动作按钮，应用动作按钮可实现一些常见的动作交互功能。

【例 5-18】 在演示文稿 Power3. pptx 中，为第 3 和第 4 张幻灯片添加“返回上一张”动作按钮，并采用“彩色轮廓—黑色，深色 1”形状样式。

(1) 在 Power3. pptx 中，选择第 3 张幻灯片，选择“插入”选项卡，单击“插图”选项组中的“形状”右侧的向下箭头，尾部显示一组动作按钮，如图 5-4-8 所示。

(2) 单击“上一张”动作按钮，在“动作设置”对话框中设置超链接为“最近观看的幻灯片”，单击“确定”按钮。

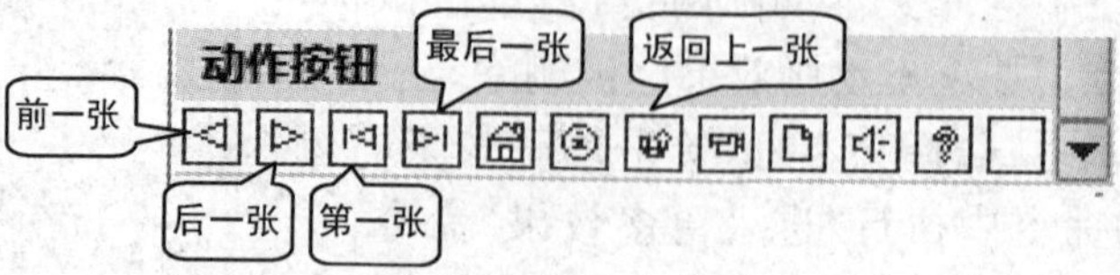

图 5-4-8　动作按钮

(3) 选择此动作按钮，选择“格式”选项卡，选择“彩色轮廓—黑色，深色 1”形状样式。

(4) 将“返回上一张”动作按钮复制到第 4 张幻灯片中。

5.5　应用案例——答辩演示文稿设计

答辩演示文稿是一类用于向外部人士进行专业展示的演示文稿，如产品宣讲演示文稿、竞拍、竞标和课题申请等，更多的应用在大学生的毕业论文或毕业设计答辩中。下面详细介绍毕业设计答辩演示文稿的制作过程，此演示文稿共 6 张幻灯片，如图 5-5-1 所示。

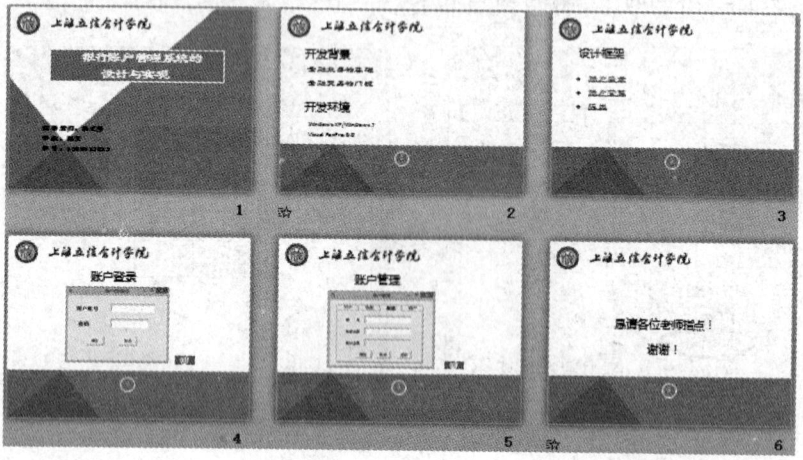

图 5-5-1　案例幻灯片

1　设置主题

要求：新建“答辩演示文稿. pptx”文件，并为第 1 张幻灯片应用“角度”主题。

(1) 新建“答辩演示文稿. pptx”文件，选择“设计”选项卡，右单击“角度”主题，执行“应用于选定幻灯片”命令。

2　添加图片和文本框

要求：添加图片 lixin1. jpg 和 lixin2. jpg；添加矩形文本框并输入标题文字（隶书、40、粗体、居中对齐）；设置主标题形状样式（浅色 1 轮廓，彩色填充—橙色，强调颜色 2）；添加副标题，输入其余文字（宋体、18、粗体），如图 5-5-2 所示。

（1）选择“插入”选项卡，单击“图片”按钮，在“插入图片”对话框中选择 lixin1. jpg 图片，单击“打开”命令，重复插入图片操作，插入图片 lixin2. jpg；调整图片位置。

图 5-5-2　第 1 张幻灯片

（2）选择主标题占位符并旋转至水平，输入文本“银行账户管理系统的设计与实现”。

（3）在“开始”选项卡中设置标题格式：字体隶书、大小 40、粗体、居中对齐。

（4）选择“格式”选项卡，在“形状样式”中选择“浅色 1 轮廓，彩色填充—橙色，强调颜色 2”（第 3 行第 3 列）。

（5）选择副标题占位符并旋转至水平，输入其余文本。

（6）在“开始”选项卡中设置副标题格式：字体宋体、大小 18、粗体、左对齐。

3　添加幻灯片和项目符号

要求：添加第 2 至第 6 张幻灯片，版式均为“标题和内容”，添加相应标题、文本和图片；为幻灯片设置标题格式（微软雅黑、大小 32）和文本格式（中文隶书、大小 28，英文字体 Calibri、大小 20）；为第 3 张幻灯片添加项目符号，并设置项目符号大小。

（1）在“开始”选项卡中，单击“新建幻灯片”按钮，选择“标题和内容”版式；将第 1 张幻灯片中的 lixin1. jpg 和 lixin2. jpg 图片复制到第 2 张幻灯片中。

（2）复制第 2 张幻灯片作为第 3～6 张幻灯片，按图 5-5-1 输入第 2～6 张幻灯片的文本内容，插入图片 tu1. jpg 和 tu2. jpg。

（3）设置第 2～6 张幻灯片中标题格式为微软雅黑、大小 32；文本格式为隶书、大小 28，英文格式为字体 Calibri、大小 20。

（4）选取第 3 张幻灯片中的文本内容，选择“开始”选项卡，在“段落选项组”中单击项目符号下拉按钮，选择“项目符号和编号”命令，打开“项目符号和编号”对话框。

（5）在“项目符号和编号”对话框中，选择◆项目符号，并设置项目符号大小为 60%，单击“确定”按钮。

4　设置幻灯片切换方式

要求：设置第 6 张幻灯片的切换方式为“自顶部、棋盘”，持续时间 2 秒，风铃声。

（1）选择第 6 张幻灯片，选择“切换”选项卡，选择“棋盘”切换方式。

（2）在“效果选项”中选择“自顶部”选项，在“计时”选项组中设置风铃声、持续时间 2 秒，如图 5-5-3 所示。

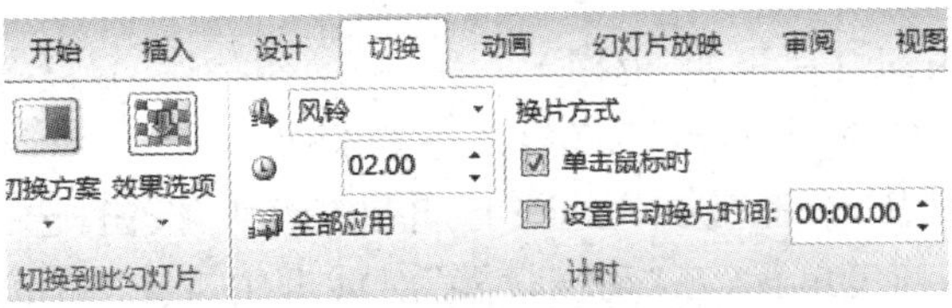

图 5-5-3　幻灯片切换

5 添加动画效果

要求：为第 2 张幻灯片中的“开发背景”标题添加“上一动画之后、水平方向、随机线条”的动画效果；为“金融业务……门槛”文本内容添加“按字母、螺旋飞入”动画效果；为“开发环境”标题添加“单击时、水平方向、随即线条”动画效果；将“金融业务……门槛”内容的动画效果复制给“Windows……FoxPro6.0”内容。

(1) 选取第 2 张幻灯片，选取“开发背景”标题，在“动画”选项卡中选择“随机线条”动画。

(2) 在“效果选项”中选择“水平方向”选项，在“计时”选项组中设置“上一动画之后”，此时在“开发背景”标题左侧显示动画编号0。

(3) 选取“金融业务……门槛”文本内容，单击添加动画按钮，执行“更多进入效果”命令，选择“螺旋飞入”动画效果，此时幻灯片左侧动画编号 0、1 和 2。

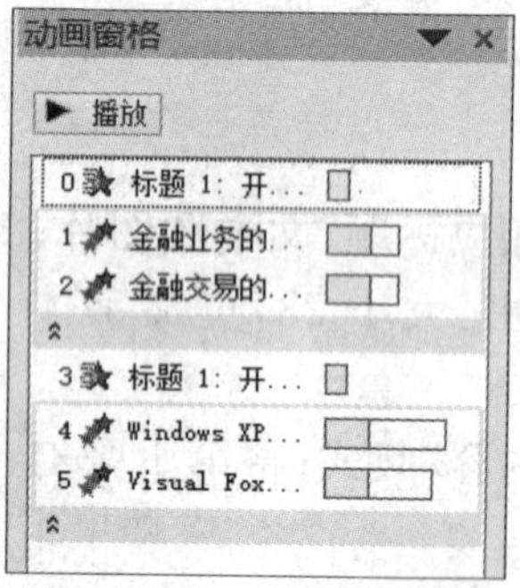

图 5-5-4 动画窗格

(4) 单击“动画窗格”按钮，打开“动画窗格”。在“动画窗格”中，右单击动画条 1 和 2，执行“效果选项”命令，在对话框中的“效果”选项中，将“动画文本”设置为“按字母”，单击“确定”按钮。

(5) 重复操作(1)，为“开发环境”添加“单击时、水平方向、随即线条”动画效果，此时添加了编号为 3 的动画效果。

(6) 选择“金融业务……门槛”文本框，单击“动画刷”按钮，单击“Windows……FoxPro6.0”文本框，复制动画效果。

此时，可看到如图 5-5-4 所示的动画窗格中有 6 条动画条。

6 设置超级链接和超链接颜色

要求：设置第 3 张幻灯片内容分别超级链接到第 4～6 张幻灯片，设置超链接颜色为红色，已访问的超链接颜色为绿色。

(1) 选取第 3 张幻灯片，选取“账户登录”文本，选择“插入”选项卡，单击“超链接”按钮，在“编辑超链接”对话框中的左侧选择“本文档中的位置”，中间选择第 4 张幻灯片，单击“确定”按钮。

(2) 重复操作(1)，设置“账户管理”和“退出”超链接。

(3) 选择“设计”选项卡，在“主题”选项组中单击“颜色”按钮，执行“新建主题颜色”命令，在“新建主题颜色”对话框中设置超链接颜色为红色，已访问的超链接颜色为绿色，单击“保存”按钮。

7 添加返回动作按钮

要求：为第 4、第 5 张幻灯片添加“返回上一张”的动作按钮，并设置动作按钮形状样式为彩色 1 轮廓，彩色填充—青绿，强调颜色 3(第 3 行第 4 列)。

(1) 选取第 4 张幻灯片，选择“插入”选项卡，单击“形状”按钮，选择“动作按钮：上一张”按钮，在幻灯片图片右侧拖曳鼠标，在“动作设置”对话框中选择“超链接到最近观看的幻灯片”选项，单击“确定”按钮。

(2) 选取动作按钮，选择“格式”选项卡，选择形状样式(彩色 1 轮廓，彩色填充—青绿，强调颜色 3)。

(3) 将动作按钮复制到第 5 张幻灯片上。

8　添加幻灯片编号及幻灯片母板设置

要求：为所有幻灯片(除标题幻灯片外)添加幻灯片编号，并在母板设置编号格式(字体 Arial、大小 20、橙色、底部居中对齐)。

(1) 选择“插入”选项卡，单击“幻灯片编号”按钮，在“页眉和页脚”对话框中，勾选“幻灯片编号”和“标题幻灯片中不显示”选项，单击“全部应用”按钮。

(2) 选取第 2 张幻灯片，选择“视图”选项卡，单击“幻灯片母板”按钮，将幻灯片编号占位符移动到幻灯片底部中间位置。

(3) 选取幻灯片编号占位符，选择“开始”选项卡，设置字体 Arial、大小 20、橙色。

(4) 选择“幻灯片母板”选项卡，单击“关闭母板视图”按钮。

习　题

一、问答题

1. 创建演示文稿的常用方法有哪些?
2. 插入幻灯片有几种不同方式?
3. PowerPoint 演示文稿的视图方式有哪些?
4. 一个演示文稿可以同时应用多个设计主题吗? 如何实现?
5. 如何让插入在某幻灯片中的声音文件持续在多张幻灯片中播放?
6. 插入声音文件后，不想在放映时显示声音图标，该怎么操作?
7. 如何在 SmartArt 图形中旋转文本?
8. 如何批量修改多页幻灯片中的字体格式?
9. 如何为不同的幻灯片应用不同的主题?
10. 如何向所有幻灯片插入编号? 如何设置幻灯片起始编号?

二、判断题

1. PowerPoint 2010 中的空演示文稿模板是不允许用户修改的。　(　　)
2. 对演示文稿应用设计模板后，原有的幻灯片母板、标题母板、配色方案不会因此而发生改变。　(　　)
3. 在 PowerPoint 2010 中，对于不再需要的母板或版式，用户可以将其删除。　(　　)
4. 幻灯机放映视图中，可以看到对幻灯片演示设置的各种放映效果。　(　　)
5. 在 PowerPoint 2010 中，占位符和文本框一样，也是一种可插入的对象。　(　　)
6. 在 PowerPoint 2010 中，不能插入 Word 表格。　(　　)
7. 在 PowerPoint 2010 中，系统提供的幻灯片自动版式共 12 种。　(　　)

8. 设置幻灯片的“水平百叶窗”“盒状展开”等切换效果时，不能设置切换的速度。 （ ）

9. 占位符，顾名思义就是先占住版面中一个固定的位置，供用户向其中添加内容。在PowerPoint 2010 中，占位符显示为一个带有实线边框的方框，所有的幻灯片版式中都包含有占位符，在这些方框内可以放置标题及正文，或者放置 SmartArt 图形、表格和图片之类的对象。 （ ）

10. 如果当前幻灯片的内容需要引用之前或者之后的内容，又或者是幻灯片之间存在关联关系，可以在当前幻灯片中设置超链接，单击超链接时，将自动跳转至指定的页面中。 （ ）

11. 当前演示文稿不能引用其他演示文稿中的幻灯片。 （ ）

12. 如果对当前设置的超链接不满意，或者不再需要超链接，可以将其删除。 （ ）

三、单项选择题

1. 下列有关幻灯片和演示文稿的说法中正确的是（ ）。

A. 一个演示文稿文件可以不包含任何幻灯片

B. 一个演示文稿文件可以包含一张或多张幻灯片

C. 幻灯片可以单独以文件的形式存盘

D. 幻灯片是 PowerPoint 2010 中包含文字、图形、图表、声音等多媒体信息的图片

2. 新建一个演示文稿时第一张幻灯片的默认版式是（ ）。

A. 项目清单

B. 两栏文本

C. 标题幻灯片

D. 空白

3. 幻灯片母板一般包含（ ）个占位符，用来确定幻灯片母板的版式。

A. 4

B. 5

C. 8

D. 7

4. 在 PowerPoint 2010 中，若为幻灯片中的对象设置“飞入效果”，应选择（ ）选项卡。

A. 动画

B. 幻灯片放映

C. 切换

D. 幻灯片版式

5. 在空白幻灯片中不可以直接插入（ ）。

A. 艺术字

B. 公式

C. 文字

D. 文本框

6. 在 PowerPoint 2010 中，如果要设置文本链接，可以选择(　　)选项卡的“超链接”命令。

A. 编辑　　B. 格式
C. 工具　　D. 插入

7. 下面对幻灯片的打印描述中，正确的是(　　)。

A. 须从第一张幻灯片开始打印
B. 不仅可以打印幻灯片，还可以打印讲义和大纲
C. 须打印所有幻灯片
D. 幻灯片只能垂直打印

8. PowerPoint 2010 运行于(　　)环境下。

A. Unix　　B. Dos
C. Macintosh　　D. Windows

9. 在“幻灯片浏览”视图模式下，不允许进行的操作是(　　)。

A. 幻灯片移动和复制
B. 幻灯片切换
C. 幻灯片删除
D. 设置动画效果

10. PowerPoint 2010 中，可使用(　　)选项卡中的“幻灯片母版”命令，进入幻灯片母版设计窗口，更改幻灯片的母版。

A. 编辑　　B. 工具
C. 视图　　D. 格式

11. 模板文件的扩展名为(　　)。

A. .pptx　　B. .ppsx
C. .potx　　D. .html

12. 不能显示和编辑备注内容的视图模式是(　　)。

A. 阅读视图
B. 大纲视图
C. 幻灯片视图
D. 备注页视图

13. 在 PowerPoint 2010 中，插入幻灯片的操作可以在(　　)下进行。

A. 普通视图
B. 幻灯片视图
C. 大纲视图
D. 以上3种视图方式均可

14. 在 PowerPoint 2010 中，艺术字具有(　　)。

A. 文件属性　　B. 图形属性
C. 字符属性　　D. 文本属性

15. 在 PowerPoint 2010 中，执行了插入新幻灯片的操作，被插入的幻灯片将出现在(　　)。

A. 当前幻灯片之前
B. 当前幻灯片之后
C. 最前
D. 最后

四、多项选择题

1. PowerPoint 2010 在网络方面的主要功能有(　　)。
A. 在 IE5 中查看演示文稿时,可以自动调整其演示时的大小
B. 可以用浏览器查看演示文稿的内容
C. 演示文稿无法用浏览器打开
D. 文稿中的动画和多媒体也可以保存成适用于 IE4 或 IE5 的 htm 文件
E. 保存成 Web 页
2. 在 PowerPoint 2010 演示文稿放映过程中,以下控制方法正确的是(　　)。
A. 可以用键盘控制
B. 只能通过鼠标进行控制
C. 单击鼠标,幻灯片可切换到“下一张”而不能切换到“上一张”
D. 可以点击鼠标右键,利用弹出的快捷菜单进行控制
E. 可以用鼠标控制
3. 在 PowerPoint 2010 中,为幻灯片中的对象自定义动画效果,可以选择添加动画的(　　)。
A. 进入
B. 强调
C. 退出
D. 声音
4. 动作设置对话框中,不能设置鼠标动作为(　　)。
A. 单击
B. 双击
C. 移过
D. 按下
5. 在 PowerPoint 2010 中可插入的对象有(　　)。
A. WPS 文档　　B. Win98
C. Word 文档　　D. Excel 文档

五、填空题

1. 用 PowerPoint 2010 创建的用于演示的文件称为________。
2. 如果想要在空白版式的幻灯片中添加文字,需首先添加________。
3. PowerPoint 2010 的大纲区位于工作界面的左侧,其中有________选项卡和________选项卡。
4. 幻灯片中实现占位的虚线框称为________。

5. 一个主题包括主题颜色、________和________。

6. 要想在每张幻灯片中都出现某对象,最快捷的方法是在________中插入该对象。

7. 在 PowerPoint 2010 窗口中的视图按钮有________、________、________和________。

8. 在 PowerPoint 中,可以为幻灯片中的文字、形状和图形等对象设置动画效果。方法是先在________视图中选择对象,然后选择________选项卡中命令。

9. 在“设置放映方式”对话框中,有三种放映类型,分别为________、________和________。

10. 在放映幻灯片时,若要中途退出播放状态,可按________或________键。

第 6 章 动画制作软件 Flash CS4

动画是多媒体技术中必不可少的组成部分，本章主要介绍动画制作软件 Flash CS4 的基本操作和动画的制作方法。

6.1 计算机动画基本知识

为了更好地掌握计算机动画的制作原理，必须对动画工作原理和计算机动画的概念与特点有所了解。

6.1.1 动画工作原理

动画的工作原理接近于电影，都是利用人眼的“视觉暂留效应”。当人眼观看一个物体时，同时在人脑中形成一个对应的视觉印象，该物体画面突然消失，人脑中的物体画面仍然有一段滞留时间，视觉印象并不会同时消失，当后一个画面出现时，会与前一个视觉印象融合在一起。若有一组画面内容相关的图像以一定的速度播放，当播放速度大于每秒 15 帧时，人眼视觉分辨不出这种高速变化，而感觉看到的是一组连续的动作画面。动画就是由许多内容连续但又各不相同的图像持续播放形成的。传统的动画片也是应用这个原理，将故事内容逐张拍摄在胶片上，放映机在放映时以每秒 24 张的速度切换胶片，动画片就这样产生了。

6.1.2 计算机动画的概念与特点

计算机动画采用连续播放静止图像的方法产生画面运动的效果，是使用计算机产生图形、图像运动的技术。计算机动画的原理与传统动画基本相同，只是在传统动画的基础上把计算机技术用于动画的处理和应用，并产生传统动画无法实现的效果。由于采用数字处理方式，动画的运动效果、画面色调、纹理、光影效果等可以不断改变，输出方式也是多种多样。

按照不同的视觉效果，计算机动画一般可分为二维动画与三维动画。二维动画用来处理平面图形，三维动画是计算机用特殊的动画软件模拟出的一个三维空间，通过建立模型并把模型放在三维空间之中，从不同的角度制作灯光照射效果，然后赋予每个部分以动感，从而实现整体的立体效果。相比较而言，二维动画的制作难度和对计算机硬件性能的要求要低于三维动画。

与传统动画相比，计算机动画有着强大的优势。传统动画的制作往往采用手工绘制每一帧画面的方式来产生动画效果。若要制作的动画以每秒 24 帧画面的速度播放，即一分钟的动画制作，就必须手工绘制 1 440 张画面。然而计算机动画的制作，只需要绘制关键帧画面，其余画面可由计算机通过相应算法来自动完成，这样大大缩短了制作周期，降低了制作成本，极大地提高了工作效率，增强了动画制作效果。

计算机动画的关键技术体现在计算机动画制作软件与硬件上。动画制作软件是由计算机专业人员开发的制作工具，用户只需要极少量的编程知识，就能用计算机实现各种动画功能。虽然制作的复杂程度不同，但动画的基本原理是一致的。用计算机完成的动画效果，与其使用的动画制作软件的功能以及计算机硬件的性能有关。动画的创作本身是一种艺术实践，商业性动画制作，需要从编剧、角色造型、构图、色彩等多方面进行设计，需要高素质的美术专业人员才能较好地完成。

6.2　Flash CS4 动画制作软件简介

Flash CS4 是 Adobe 公司开发的软件产品，它是矢量图编辑和动画创作专业最为流行的软件之一，在网页制作、多媒体和影视等领域都有着广泛的应用。

Flash 软件因其容量小、交互性强、速度快等特性，用其制作的动画产品特别适合在网络中传播，在网页矢量动画设计领域内占有重要的地位。Flash 制作的动画采用了矢量技术，动画表现形式多样，可以包含图片、声音、文字、视频等内容。应用 Flash 可以建立互联网站，制作各种类型的影片、导航工具等，因此 Flash 被广泛应用于网络艺术和新兴艺术环境的多媒体制作中，它赋予网络无限的生命力。同时 Flash 具有强大的交互功能，设计人员可以轻松地为动画添加交互效果，使观众在使用中可以参与或控制动画。

6.2.1　Flash CS4 工作界面

Flash CS4 工作界面主要可以分为菜单栏、工具面板、时间轴面板、舞台、场景、属性面板几部分。Flash CS4 工作界面如图 6-2-1 所示。

图 6-2-1　Flash CS4 工作界面

1　菜单栏

Flash 的菜单栏包含了 Flash 中所有的常用命令。其中有文件、编辑、视图、插入、修改、文本、命令、控制、调试、窗口和帮助菜单，每个菜单都包含一组命令以完成相应操作。

2　工具面板

Flash 的工具面板中包含了选取、绘图、修改、查看、颜色等各种工具。分布在 5 个对应的选项区域中。

1）选取区域

（1）选择工具：用于完成对象的选择、移动和变形等操作。

（2）部分选取工具：用于选择矢量图形上的节点，以曲线的方式编辑对象轮廓。

（3）任意变形工具：用于完成对象的旋转、缩放、扭曲和倾斜等操作。

（4）套索工具：用于选择图形中的不规则区域。

2）绘图区域

（1）钢笔工具：用于绘制和编辑比较复杂的曲线。

（2）文本工具T：用于创建和修改文本对象。

（3）线条工具：用于绘制任意方向的直线。

（4）几何图形工具：包括矩形工具、椭圆工具、基本矩形工具、基本椭圆工具和多角星形工具，用于绘制各种几何图形。

（5）铅笔工具：用于绘制任意形状的线条。按住〈Shift〉，可以绘制水平或垂直方向的线条。

（6）刷子工具：以颜色填充的方式绘制任意形状的图形。

3）修改区域

（1）颜料桶工具：对基本闭合的区域进行颜色填充。

（2）滴管工具：用于在图形上吸取需要的颜色，并将其应用到其他对象。

（3）橡皮擦工具：擦除绘制的内容。

4）查看区域

（1）手形工具：将鼠标定位在舞台上拖动，可以调整舞台在视图窗口中的位置。

（2）缩放工具：改变舞台的显示比例。

5）颜色区域

（1）笔触颜色：设置图形的边框颜色。

（2）填充颜色：设置图形的填充颜色。

（3）黑白：重置笔触和填充颜色为黑白色。

（4）交换颜色：交换笔触和填充颜色。

3　时间轴面板

时间轴面板主要用于组织和控制动画内容在一定时间内播放的层数和帧数的设置。时间轴面板分为左、右两个区域，如图 6-2-2 所示。

左侧区域是图层控制区。其中，每一行表示一个图层，每个图层中的动画内容都是独立

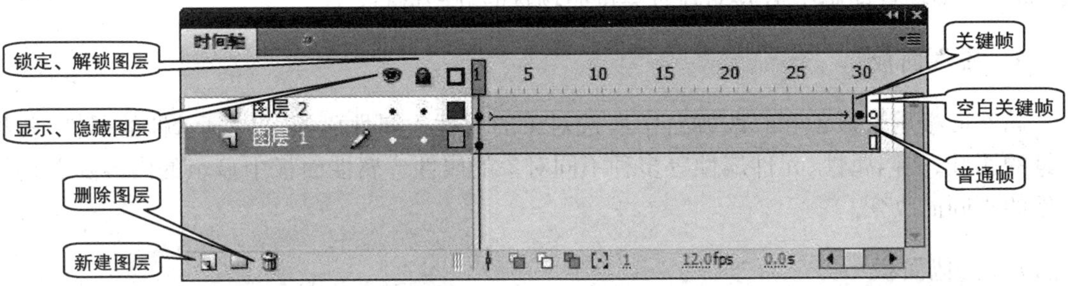

图 6-2-2　时间轴面板

的,对一个图层中的对象进行编辑时不会影响其他图层中的内容。一部动画就是由各个图层的动画叠加而成的。使用图层控制区中的按钮可以完成新建、删除、隐藏和锁定图层等操作。拖动图层可以调整图层的顺序。双击图层名可以重命名图层。

右侧区域是帧控制区。动画中的一个画面就是一帧,帧的连续播放就产生动画的效果。Flash 中帧的类型主要有关键帧、空白关键帧、普通帧、补间帧和属性关键帧。

1) 关键帧

关键帧是表现动画中关键性内容或动作变化所在的一帧,在时间轴中以一个黑色实心圆表示。选择时间轴面板中的某一帧,执行“插入/时间轴/关键帧”命令或者右击时间轴面板中的某一帧,执行快捷菜单中“插入关键帧”命令,可以插入一个关键帧。

2) 空白关键帧

空白关键帧的舞台内容是空白的,主要用来结束前一个关键帧的内容,在时间轴中以一个空心圆表示。插入空白关键帧的方法与插入关键帧相似。

3) 普通帧

普通帧是具有内容的帧,背景呈浅灰色,用于延长关键帧的播放时间。

4) 补间帧

补间帧是在两个关键帧之间创建动画后,由 Flash 自动生成的帧。补间帧出现在两个关键帧之间,由前一个关键帧过渡到后一个关键帧的所有帧组成。

在制作动画时,可以根据需要对帧进行选择、插入、删除、复制、移动和翻转等操作。

5) 属性关键帧

属性关键帧是 Flash CS4 中新引入的概念,是指在补间范围内的某一帧,当编辑补间对象的某一属性时,该帧将出现一个黑色实心的菱形,记录下目标对象的属性值变化,如位置、大小、旋转、透明度等。

4　舞台

舞台是用来编辑制作动画的区域,可以在舞台中绘制图形,也可以导入外部图像、音频或视频等文件。舞台的大小和背景颜色可以根据需要来设置,超出舞台范围的对象在播放动画时不可见。执行“修改/文档”命令,打开“文档属性”对话框,可以修改舞台的尺寸、背景颜色和帧频等参数。

5　场景

Flash 中的场景是指一段相对独立的动画。一个完整的动画可以由一个或多个场景组成，而且在多场景动画中播放动画时会按照场景的顺序进行。

6 属性面板

属性面板用来显示和修改舞台中所选对象的属性。属性面板可以显示帧的属性、各种工具的属性、文档属性、元件属性等多种不同对象的属性。属性面板中显示的内容随着选择对象的不同而改变。

7 其他面板

在Flash中包含了多种面板，执行“窗口”菜单中的相关命令可以打开或关闭面板。常用的面板及其功能如下。

(1) 库面板：包含了所有导入的外部文件以及用户制作的元件，用来管理制作动画时所用的素材。

(2) 对齐面板：对舞台中的对象进行自动对齐、间隔、匹配等操作。

(3) 颜色面板：设置所选对象的边框和填充颜色。

(4) 变形面板：精确地对舞台中所选对象进行旋转、变形和缩放等操作。

(5) 历史记录面板：显示从打开当前文档起执行的所有步骤的列表，将历史记录面板中的滑块向上拖动，可以回到以前的操作步骤。

6.2.2 Flash CS4 其他知识

制作动画涉及的知识很多，因此，对这些知识的充分理解以及合理的技术运用会使制作动画更为得心应手。

1 矢量图与位图

计算机中通常使用的图像文件格式可以分为矢量图和位图两大类，Flash是基于矢量图形的动画制作软件，它具有强大的矢量图绘制和编辑功能，同时也可以导入用其他软件生成的矢量图与位图，并对其进行编辑。

1) 矢量图

矢量图，也叫向量图，是面向对象的图形，是由以起始坐标和终点坐标表示的线段，以起始坐标、延伸方向、延伸长度、绘制宽度等表示的线段，或者是以曲线方程表示的基本形状等图形构成的图像。

Flash、CAD等软件是以矢量图形为基础进行创作的。矢量文件中的图形元素称为对象，每个对象都是一个自成一体的实体，它具有颜色、形状、轮廓、大小和屏幕位置等属性。矢量图形与分辨率无关，这意味着它们可以按最高分辨率显示到输出设备上，或者将它缩放到任意大小和以任意分辨率在输出设备上打印出来，都不会影响清晰度。因此，矢量图形是表达线条图形的最佳选择。当需要打开这种图形文件时，程序根据每个元素的代数式计算出这个元素的图形并显示出来。矢量图形有如下共同的特点。

(1) 可以无限放大图形中的细节，不用担心会造成失真和锯齿。

(2) 一般的线条图形和卡通图形保存为矢量图文件所占的空间比存储为位图文件要小

很多。

(3) 存盘后文件的大小与图形中元素的个数和每个元素的复杂程度成正比，而与图形面积和色彩的丰富程度无关。

2) 位图

位图，也叫点阵图或像素图，是基于像素的图像，是用点的组合来表现的图像。位图的处理软件以 PhotoShop 为代表。当把位图图形的局部进行放大时，将看到一个由像马赛克一样的色块组成的图案，这些色块就是图形中的最小元素。位图图形与分辨率有关，即在一定面积的图像上包含有固定数量的像素。因此，如果在屏幕上以较大的倍数放大显示图像或以过低的分辨率打印，位图图像会出现锯齿边缘。同样的位图图像存储成不同的位图格式时，文件的字节数会有一些差别，尤其是 jpg 格式，它的大小与图像的存储精度有关，这是因为它们的点矩阵经过了复杂的压缩算法的缘故。位图文件有以下特点。

(1) 图形面积越大，文件的字节数越多。

(2) 文件的色彩越丰富，文件的字节数越多。

通过软件，矢量图可以轻松地转化为位图，而位图转化为矢量图就需要经过复杂而庞大的数据处理，而且生成的矢量图的质量相对原来的图像有明显下降。

2 元件

元件是 Flash 中最重要、最基本的元素。它是一种可以重复使用的图像、影片剪辑、按钮等动画制作元素。在创建元件之后，就可以在整个动画中对其重复使用。使用者可以通过 Flash 逐个制作元件，也可以利用 Flash 系统提供的元件。通常，所有的元件都存放在库面板中，而实例则是元件在舞台工作区中的应用。

在动画制作的过程中，通常需要创建多个元件，而所创建的每一个元件可以产生多个实例。这样不仅可以简化动画元素，而且能减少动画文件的大小，加快动画在网络中的传输速度等。若对元件进行修改，在舞台中的实例也会随之更改。反之，在舞台中对实例进行修改，不会影响库中的元件。

1) 元件的类型

Flash 中的元件包括图形元件、影片剪辑元件和按钮元件 3 种类型。

(1) 图形元件是可以重复使用的静态图像。

(2) 影片剪辑元件用于创建一段有独立主题内容的动画片段，在主动画中可以重复使用。

(3) 按钮元件用来创建动画中的交互按钮，通过事件来激发它的动作。在播放动画时，按钮元件对鼠标单击、滑过等事件作出响应，执行相应的动作。

2) 创建元件的方法

创建元件有两种方法，一种方法是先新建一个空元件，然后在元件编辑模式下创建元件的内容，另一种是将创建好的对象转换为元件。

(1) 创建新元件。执行“插入/新建元件”命令，在打开的“创建新元件”对话框中设置元件的名称，选择元件类型，单击“确定”按钮后，进入到元件的编辑模式制作元件。元件制作完成后，单击舞台左上角的场景按钮，退出元件的编辑模式，返回场景。新创建的元件存储到 Flash 的库中，打开“库”面板，可以看到已创建的新元件。

(2) 将舞台中的对象转换成图形元件。右击舞台中需要转换为元件的图形，执行快捷菜单中“转换为元件”命令，然后在打开的“转换为元件”对话框中设置元件的名称，选择元件类型为“图形”，单击“确定”按钮，舞台中的图形便转换为图形元件，并自动存储到 Flash 的库中。

3) 元件实例

元件实例是元件的一个具体应用，将元件从“库”面板拖到舞台中，便创建了该元件的一个元件实例。选择舞台中的元件实例，在“属性”面板中可以查看元件实例的属性，根据需要对属性进行修改。

4) 变更元件实例的色彩效果

制作动画时，经常要改变元件实例的色彩效果。选择舞台中的元件实例后，在“属性”面板的“色彩效果”选项卡的“样式”下拉列表框中有 5 个选项，可以设置元件实例的色彩效果，选项的功能如下。

(1) 无：表示取消对元件实例颜色的修改，回到原来的颜色。

(2) 亮度：设置元件实例的亮度。

(3) 色调：通过色调的改变使颜色产生变化。

(4) 高级：设置元件实例的透明度和颜色。

(5) Alpha：设置元件实例的透明度。

3 库

Flash 用库来存储和管理制作动画的素材，可以理解为保存各种元件的文件夹。库是 Flash 进行动画制作时非常有力的工具，可以省去很多重复的操作，使用库对最大限度减少动画文件的容量具有决定性的意义，充分利用库中的元件可以有效地控制文件的大小，便于动画文件的传输和下载。Flash 将制作的元件及导入的外部素材文件存储在库中，每一个 Flash 文件都有一个库。

1) 将外部文件导入到库

Flash 可以将位图、音频和视频等文件导入到库中，作为制作动画的素材。执行“文件/导入/导入到库”或“导入到舞台”命令，在打开的对话框中选择要导入的文件即可。

2) 库中对象的基本操作

在库面板中，可以对库中的对象执行多种操作。例如，查看对象属性，重命名、删除和编辑对象等，还可以创建新元件。

3) 库中元件的应用

应用元件时，只需将元件从库中拖到舞台上。

4 动画配音

在 Flash 中可以导入 WAV、MP3 等格式的声音文件作为动画的背景音乐。

1) 导入声音文件

执行“文件/导入/导入到库”命令，打开的“导入到库”对话框中，选择声音文件，将声音导入到库。如果导入的声音为双声道，在“库”面板的预览窗口中会显示两条波形；如果导入的声音文件为单声道，则显示一条波形。

2）添加背景声音

为动画添加背景声音时，通常在时间轴中创建一个新图层并单击该图层第 1 帧，然后将导入到库中的声音拖到舞台中。此时，在新创建的声音图层中会显示声音的波形。

3）编辑声音效果

选择声音图层，可以在“属性”面板的“声音”选项卡中设置声音效果。各选项的含义如下。

（1）名称：显示所选的声音文件的文件名。

（2）效果：设置声音的播放效果，有左声道、右声道、淡入和淡出等多个选项。

（3）同步：设置声音的同步方式，有 4 个选项：“事件”选项使声音与某个事件同步；“开始”选项用于设置开始方式，当动画播放到导入声音的帧时，声音开始播放；“停止”选项用于停止声音的播放；“数据流”选项表示流方式，Flash 强制声音与动画同步，以便在网络中同步播放，即当动画开始播放时，声音也随之播放，当动画停止时，声音也随之停止。

（4）声音循环：设置声音重复播放，有重复与循环两个选项。

5　文件格式

使用 Flash 制作动画，最常见的用到两种文件格式，即 FLA 格式和 SWF 格式。

1）FLA 文件

FLA 文件是 Flash 动画的源文件，Flash 软件可以创建、打开、编辑和保存 FLA 文件。通常，动画的制作方案以及使用的所有原始素材，如图像、声音文件等都保存在 FLA 文件中。

2）SWF 文件

SWF 文件是由 FLA 文件在 Flash 动画制作完成后输出的动画格式文件，可以使用 Flash Player 播放器进行播放。SWF 文件具有文件小、画面质量高、对网络带宽要求低等优点，在网络中得到广泛应用。SWF 文件一旦生成将无法再利用 Flash 软件进行编辑，同时可以在产生 SWF 文件时设置其防导入特征。

6　动画的测试、导出与发布

制作完成 Flash 动画后，可以对其进行测试，在达到制作的要求后，再将其导出为其他影片格式文件，或将其以网页文件格式发布到网络中。

1）测试动画

在制作 Flash 动画的过程中随时可以按回车键在工作区中播放动画。但这样的播放效果并不理想，不能看到文件最后生成的整体效果，如“影片剪辑”元件的效果不能在这种方式下播放出来。

为了更好地预览影片的效果，可以执行“控制/测试影片”命令。执行此命令后可以完整地观看到动画影片的播放效果，同时在与源文件相同的路径下以相同的文件主名保存一个 SWF 文件，这个文件已是最后的输出效果，但必须依靠“Adobe Flash Player”播放器来进行播放。

2）导出动画

Flash 动画的导出通常以导出影片方式产生。执行“文件/导出/导出影片”命令，在“导出影片”对话框中，根据需要选择不同的保存类型，可以将整个动画导出为 SWF 影片、Windows AVI、GIF 动画等不同格式的文件。

3）发布动画

为了使 Flash 动画能够发布到网络中，需要对通过 Flash 动画进行发布设置。执行“文件/发布设置”命令，打开“发布设置”对话框，该对话框有以下 3 个选项卡。

(1) 格式选项卡。可设置动画的发布格式为 Flash、HTML、GIF 图像、JPEG 图像、Windows 等放映文件。在默认状态下，发布设置中已经选定了 Flash 和 HTML 两种格式。

(2) Flash 选项卡。可对发布后 Flash 动画的播放器版本、图像和声音的品质和 SWF 文件信息等进行设置。

(3) HTML 选项卡。为了使 Flash 动画在 Web 浏览器中显示，必须要发布一个包含动画的 HTML 网页文件。在 HTML 选项卡中可以设置多项参数，完成 Flash 动画在浏览器中播放的控制。

执行“文件/发布”命令，可生成与选项卡设置相应的文档。

6.3　Flash 的动画制作

Flash 作为一款著名的动画制作软件，其制作动画的功能是非常强大的。根据前面学习的 Flash 动画制作的基本知识，运用 Flash 动画软件，可以轻松地创建丰富多彩的动画效果。Flash 动画主要类型有逐帧动画、形状补间动画、传统补间动画、补间动画、传统运动引导动画、遮罩动画。

6.3.1　逐帧动画

逐帧动画是一种广泛使用的动画形式。它的原理是在每一帧中设置不同的画面，通过连续播放从而形成动画。

逐帧动画需要具体定义每一帧的舞台内容，它最适合于每一帧中的图像都有变化，而不是简单地在舞台中移动的动画。一般的逐帧动画并不需要用户定义过多的参数，只需要设置好每一帧，动画即可播放。在逐帧动画中，Flash 会保存每个完整帧的值，它不仅增加了制作负担，而且最终产生的文件容量会比普通动画容量大，但它的优势也很明显，因为它与电影胶片的播放模式相似，很适合于描绘动作细腻的动画，如人或动物的奔跑或三维立体的效果等。

创建逐帧动画，需要将时间轴上每一帧设置为关键帧，然后给每帧创建不同的画面或是导入不同的元件、图像等，所以逐帧动画具有非常大的灵活性，可以创建很多逼真的效果。因此制作逐帧动画的常见方法包括：导入一组图像作为动画素材，按照动画播放的顺序将图片放入不同的关键帧中，制作逐帧动画；利用绘图工具一帧帧地绘制图形，创建逐帧动画；输入文字，使每一帧的文字内容或外观产生变化。

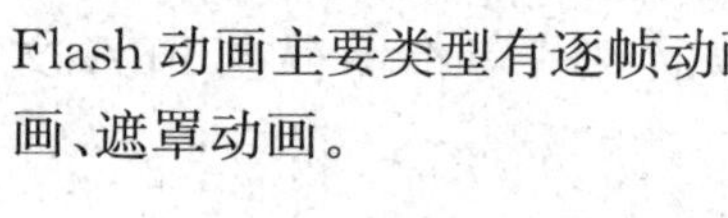

图 6-3-1　逐帧动画的时间轴

在时间轴上，逐帧动画表现为连续出现的关键帧，如图 6-3-1 所示。

【例 6-1】　制作用时 1 秒的女孩投篮逐帧动画。

(1) 收集并存放用于制作逐帧动画的多张图片。将 8

张女孩投篮的相关图片存放在“C:\女孩投篮”目录中，如图 6-3-2 所示。

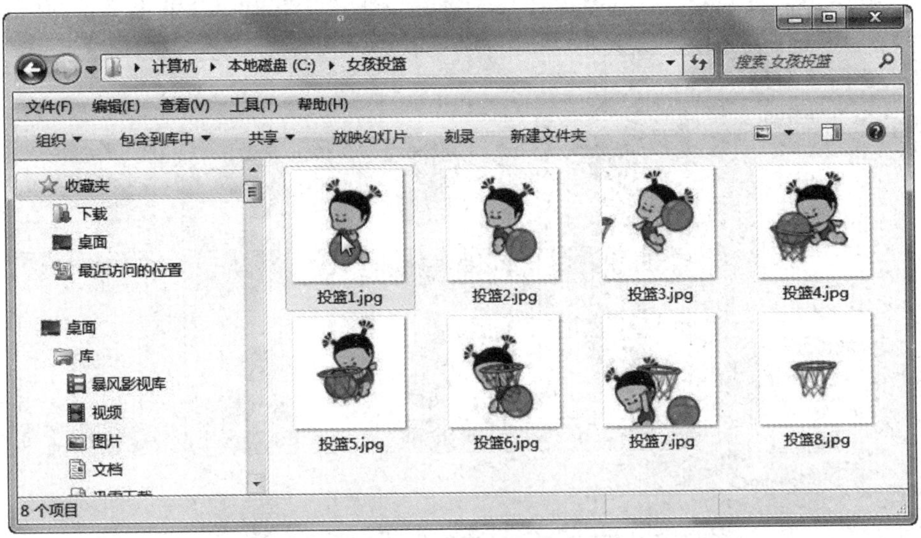

图 6-3-2 用于制作逐帧动画的 8 张女孩投篮图片

(2) 新建文档。启动 Flash，执行“文件/新建”命令，在打开的“新建文档”对话框中，选择“Flash 文件(ActionScript 3.0)”选项，单击“确定”按钮，新建一个 Flash 文件。

(3) 修改文档属性。执行“修改/文档”命令，在打开的“文档属性”对话框中，将帧频设置为每秒 24 帧(24 fps)，其余参数均默认，如图 6-3-3 所示。

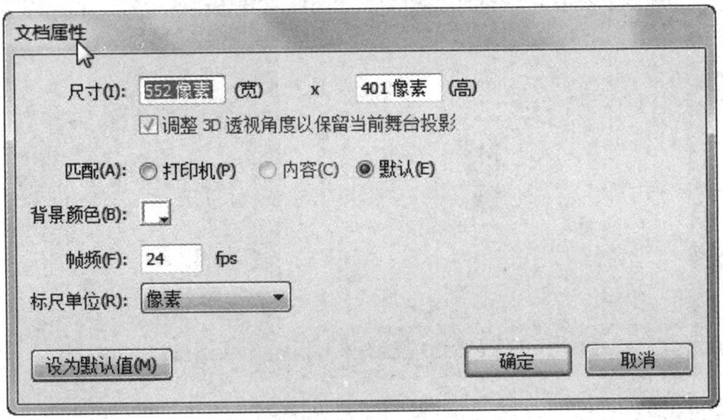

图 6-3-3 文档属性修改

(4) 将图片文件导入到 Flash 文档的库中。执行“文件/导入/导入到库”命令，在打开的“导入到库”对话框中，选中“C:\女孩投篮”目录中所有 8 张图片，单击“打开”按钮，如图 6-3-4 所示，完成将图片导入到库的操作。

(5) 设置第一张图片的所在关键帧。选择时间轴中图层 1 的第 1 帧，将“投篮 1”图片从“库”面板拖到舞台上，如图 6-3-5 所示，执行“窗口/对齐”命令，打开“对齐”面板，设置舞台中的“投篮 1”图片相对于舞台“水平居中”和“垂直居中”。注意：在默认状态，新建的 Flash 文档，其图层 1 的第 1 帧，初始状态即为“空白关键帧”。

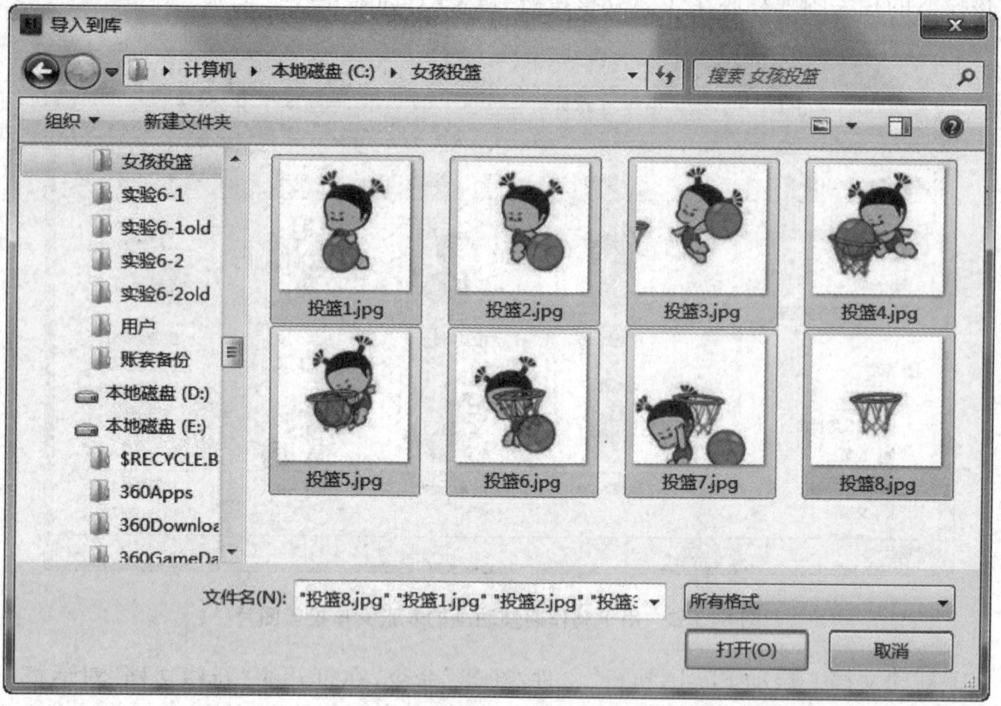

图 6-3-4　将图片导入到 Flash 文档的库中

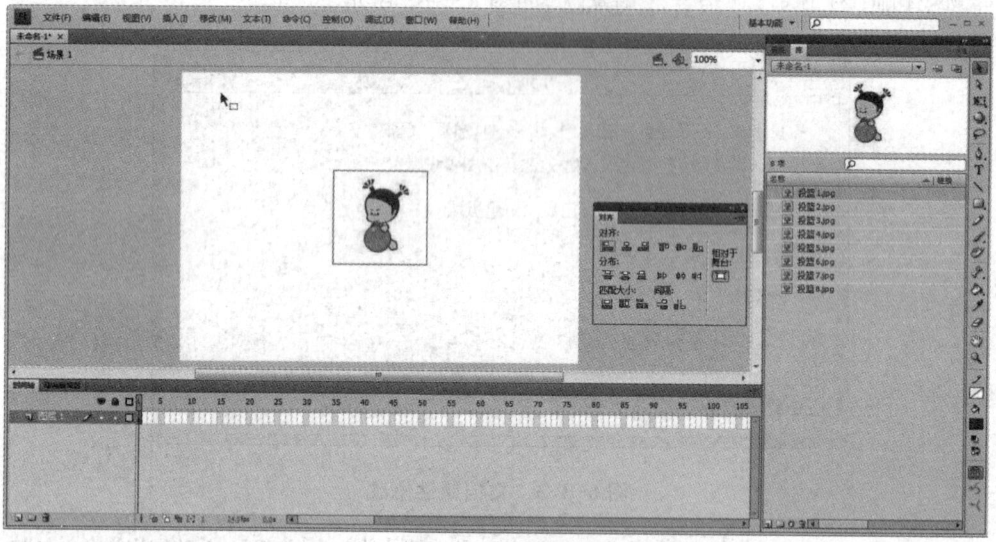

图 6-3-5　第一张图片从“库”中拖到舞台上的效果

(6) 设置第二张图片的所在关键帧。右击时间轴中图层 1 的第 4 帧，执行快捷菜单中的“插入空白关键帧”命令，将“投篮 2”图片从“库”面板拖到舞台上，执行“窗口/对齐”命令，打开“对齐”面板，设置舞台中的“投篮 2”图片相对于舞台“水平居中”和“垂直居中”，如图 6-3-6 所示，其中在图层 1 的第 2、3 帧产生了普通帧，形成了对第 1 帧关键帧内容的时间延续。

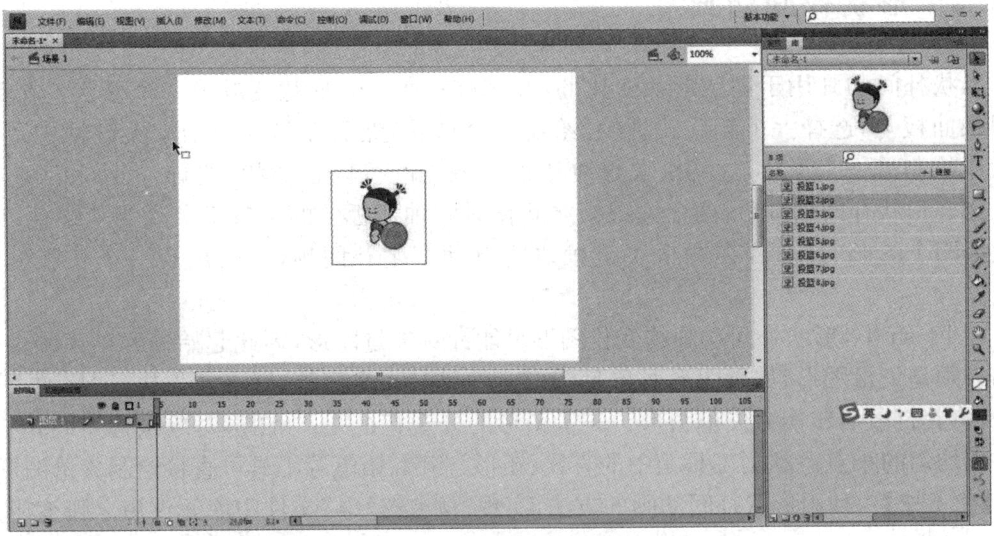

图 6-3-6　第二张图片拖到舞台上的效果

(7) 设置其余图片的所在关键帧，并添加最后 2 帧普通帧。按照前面的操作方法，依次类推，分别在时间轴中图层 1 的第 7、10、13、16、19、22 帧，插入"空白关键帧"，同时分别将"库"面板中的"投篮 3、投篮 4、投篮 5、投篮 6、投篮 7、投篮 8"图片拖到舞台上对应的"空白关键帧"中，并设置相对于舞台"水平居中"和"垂直居中"，最后右击时间轴中图层 1 的第 24 帧，执行快捷菜单中的"插入帧"命令，将第 22 关键帧的内容延续至第 24 帧，从而完成每张图片播放 3 帧，8 张图片共 24 帧的逐帧动画设置，时间轴上的效果如图 6-3-7 所示。

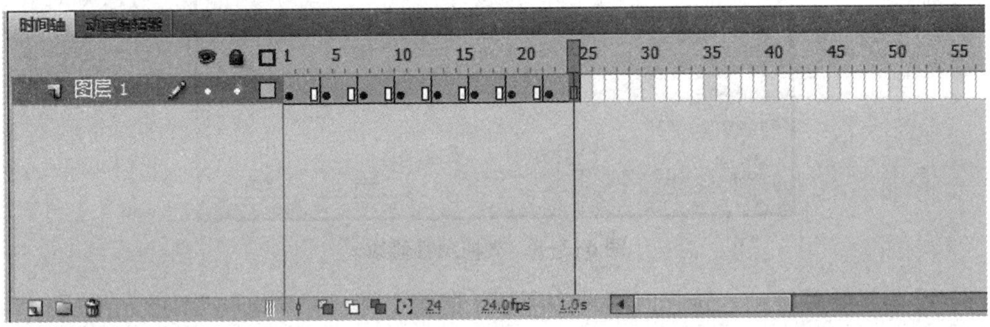

图 6-3-7　完成操作后逐帧动画的时间轴

(8) 测试动画。执行"控制/测试影片"命令，查看动画播放效果，可以看到女孩投篮多张图片逐渐变化的动画效果。

(9) 另存文件。执行"文件/另存为"命令，保存名为"例 6-1 动画. fla"的 Flash 源文件。

(10) 导出影片。执行"文件/导出/导出影片"命令，导出名为"例 6-1 动画. swf"的影片文件。

6.3.2 形状补间动画

形状补间动画用于创建形状变化的动画效果，使一个形状变成另一个形状。在 Flash 时间轴面板上，选择一个起始关键帧，绘制一个形状，然后在另一个结束关键帧中更改该形状或绘制另一个形状，这两个关键帧中的对象之间可以是形状、位置、大小和颜色的变化。创建形状补间动画后，两个关键帧之间在时间轴面板上的背景颜色变为淡绿色，Flash 会根据两个图形的差别，在两个关键帧之间自动产生补间帧，并会出现一个长长的箭头实线。

在 Flash 中，形状补间动画的变化图形只能针对矢量图形，因此起始帧和结束帧上的图形都必须是矢量图形，如果图形对象是图形元件、按钮、文字等，则必须先执行“修改/分离”命令，将其打散后转换为矢量图形。矢量图形的外观特征是：当图形对象被选定时，对象上会出现均匀的小点。利用工具箱中的直线、矩形、椭圆、铅笔等工具可直接绘制矢量图形。

【例 6-2】 利用形状补间动画的方法，实现“例 6-2. fla”文件中库元件唐老鸭变米老鼠的动画效果。

操作步骤如下。

(1) 打开文件。执行“文件/打开”命令，打开“例 6-2. fla”文件。

(2) 修改文档属性。执行“修改/文档”命令，在打开的“文档属性”对话框中，将帧频设置为每秒 5 帧，舞台背景颜色设置为浅黄色(＃FFFF99)，舞台大小设置为 300×300 像素。文档属性修改如图 6-3-8 所示，并将画面设置为“显示帧”。

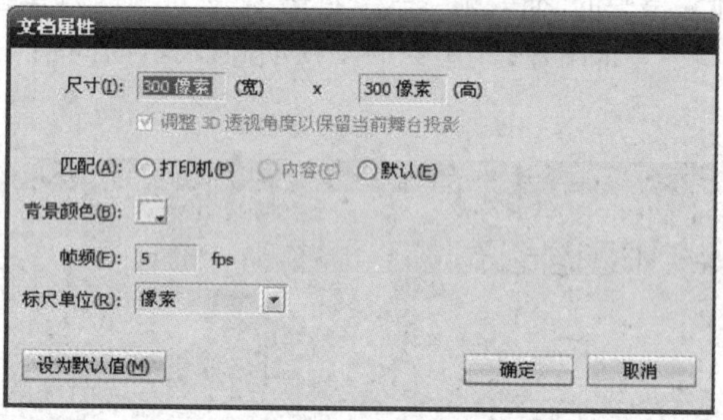

图 6-3-8 文档属性修改

(3) 设置起始关键帧。选择时间轴中图层 1 的第 1 帧，将“唐老鸭”图形元件从“库”面板拖到舞台上，如图 6-3-9 所示，执行“窗口/对齐”命令，打开“对齐”面板，设置舞台中的“唐老鸭”图形元件实例相对于舞台“水平居中”和“垂直居中”，如图 6-3-10 所示，然后执行“修改/分离”命令，将“唐老鸭”图形打散转换为矢量图形。

(4) 设置结束关键帧。右击时间轴中图层 1 的第 10 帧，执行快捷菜单中的“插入空白关键帧”命令，将“米老鼠”图形元件从“库”面板拖到舞台上，设置舞台中的“米老鼠”图形元件实例相对于舞台“水平居中”和“垂直居中”，然后执行“修改/分离”命令，将“米老鼠”图形打散转换为矢量图形。

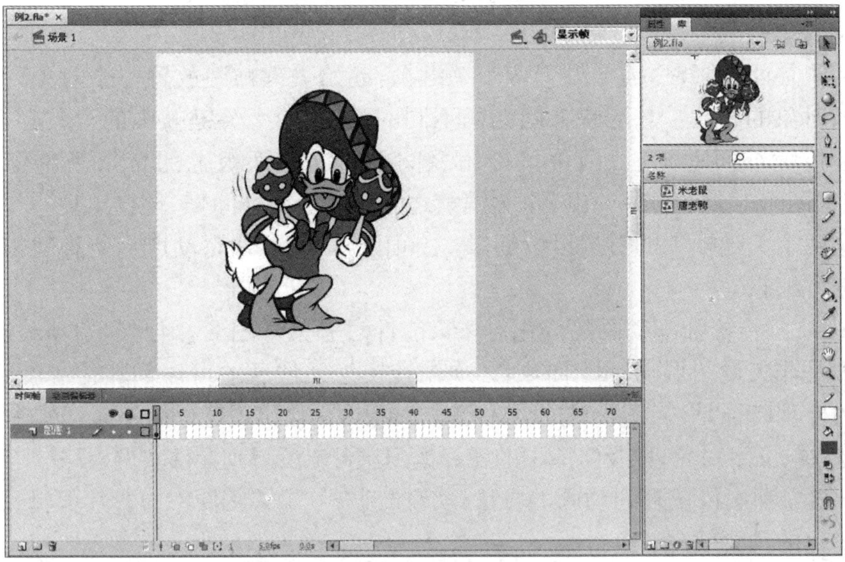

图 6-3-9　将“库”中的图片拖到舞台上

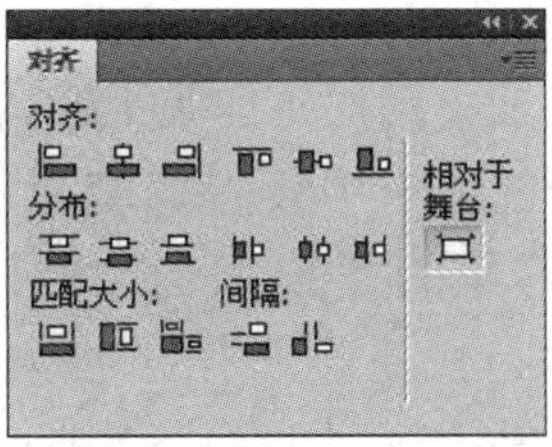

图 6-3-10　利用“对齐”面板将对象置于舞台中央

(5) 创建动画。右击时间轴中图层 1 的第 1 帧，执行快捷菜单中的“创建补间形状”命令，此时图层 1 的第 1 帧到第 10 帧变为淡绿色背景，并出现一个箭头实线，完成了形状补间动画，如图 6-3-11 所示。

图 6-3-11　形状补间动画的时间轴

(6) 测试动画。执行“控制/测试影片”命令，查看动画播放效果，可以看到“唐老鸭”图形逐渐变为“米老鼠”图形的动画效果。

(7) 另存文件。执行“文件/另存为”命令，保存名为“例 6-2 动画. fla”的 Flash 源文件。

(8) 导出影片。执行“文件/导出/导出影片”命令，导出名为“例 6-2 动画. swf”的影片文件。

6.3.3　传统补间动画

传统补间动画是 Flash 中较为常见的动画类型，使用它可以制作出同一对象的位置、大小、颜色、旋转、放缩、扭曲、透明度等发生变化的动画效果，因此属于一个对象因其前后属性变化而产生的动画效果。

创建传统补间动画时，需要设置两个关键帧，起始关键帧中放置一个对象，在结束关键帧中变更该对象的属性。与形状补间动画不同的是，这两个关键帧中的对象必须是同一个对象。创建传统补间动画后，两个关键帧之间在时间轴面板上的背景颜色变为淡紫色，Flash 会根据两个对象的差别，在两个关键帧之间自动产生补间帧，还会出现一个箭头实线。并且只有这两个关键帧中的对象可以编辑，中间由 Flash 软件自动产生的补间帧只能查看，不能直接进行编辑。

在 Flash 中，传统补间动画的变化对象只能针对非矢量图形，因此起始帧和结束帧上的对象都必须是非矢量图形，矢量图形则必须先转换为元件后才可以创建传统补间动画。非矢量图形的外观特征是：当图形对象被选定时，对象四周会出现蓝色的外框。利用工具箱中的文字工具建立的文字对象，以及将库中的元件拖到舞台上所得到元件实例，都是非矢量对象。

【例 6-3】 利用传统补间动画的方法，实现“例 6-3. fla”文件库中影片剪辑元件位移、缓动和色彩变化的动画效果。

操作步骤如下。

(1) 打开文件。执行“文件/打开”命令，打开“例 6-3. fla”文件，设置舞台大小设置为 600×400 像素，并将画面设置为“显示帧”。

(2) 设置背景图层。选择时间轴中图层 1 的第 1 帧，将“背景”图片从“库”面板拖到舞台上，在“属性”面板的“位置和大小”选项卡中设置宽度为 600 和高度为 400。执行“窗口/对齐”命令，打开“对齐”面板，设置舞台中的“背景”图形相对于舞台“水平居中”和“垂直居中”，右击时间轴中图层 1 的第 60 帧，执行快捷菜单中的“插入帧”命令，延长帧的播放时间。

(3) 添加新的图层。右击时间轴中图层 1，执行快捷菜单中的“插入图层”命令，在图层 1 上面插入图层 2。

(4) 设置起始关键帧。选择时间轴中图层 2 的第 1 帧，将“笑脸”影片剪辑元件从“库”面板拖到舞台上，选择“对齐”面板，设置该对象相对于舞台“水平居左”和“垂直居中”。

(5) 设置结束关键帧。右击时间轴中图层 2 的第 60 帧，执行快捷菜单中的“插入关键帧”命令，选择“对齐”面板，设置该对象相对于舞台“水平居右”和“垂直居中”。

(6) 创建动画。右击时间轴中图层 2 的第 1 帧，执行快捷菜单中的“创建传统补间”命令，此时图层 2 的第 1 帧到第 60 帧变为淡紫色背景，并出现一个箭头实线，完成了传统补间动画的创建，如图 6-3-12 所示。

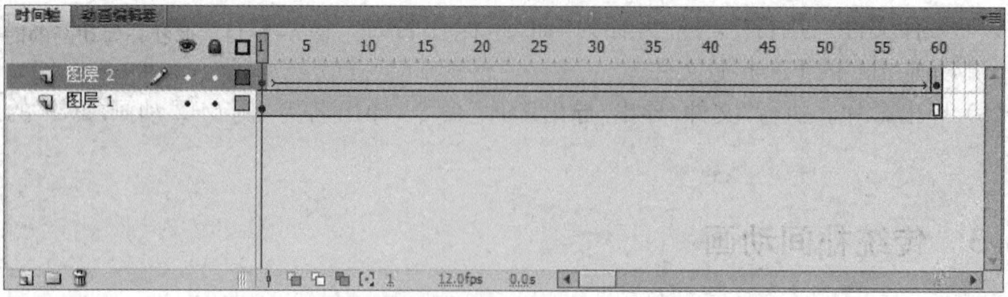

图 6-3-12　传统补间动画的时间轴

(7) 设置属性，完成缓动和色彩变化效果。选择时间轴中图层 2 的第 1 帧，在“属性”面板的“缓动”选项卡中设置值为 100，如图 6-3-13 所示，实现“笑脸”影片剪辑实例移动先快后慢的效果。选择时间轴中图层 2 的第 60 帧，单击舞台上“笑脸”影片剪辑实例，在“属性”面板的“色彩效果”选项卡的“样式”下拉框中选择“Alpha”选项，设置 Alpha 值为 20%，如图 6-3-14 所示，实现“笑脸”影片剪辑移动时色彩效果逐渐变淡的效果。

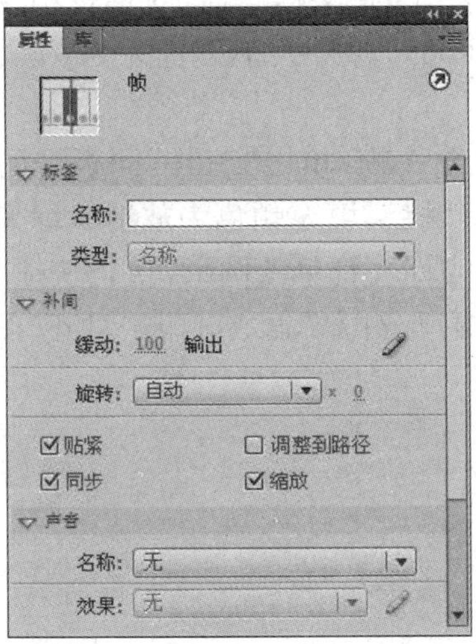

图 6-3-13　设置“缓动”属性

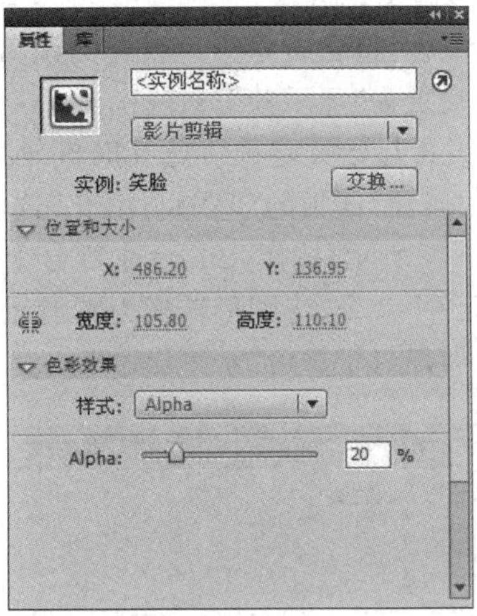

图 6-3-14　设置“色彩效果”属性

(8) 测试动画。执行“控制/测试影片”命令，查看动画播放效果，可以看到“笑脸”影片剪辑由快到慢移动并逐渐变淡的动画效果。

(9) 另存文件。执行“文件/另存为”命令，保存名为“例 6-3 动画. fla”的 Flash 源文件。

(10) 导出影片。执行“文件/导出/导出影片”命令，导出名为“例 6-3 动画. swf”的影片文件。

6.3.4　补间动画

补间动画是一种全新的动画类型，它是 Flash CS4 新增功能的核心之一，功能强大且易于创建，不仅可以大大简化 Flash 动画的制作过程，而且还提供了更大程度的控制。与传统补间动画有所不同，传统补间动画是基于关键帧的动画，是通过两个关键帧中两个对象的变化来创建的动画。补间动画则是一种基于对象的动画，整个补间范围只有一个动画对象，而且仅作用于动画对象本身，动画中使用的是属性关键帧，而不是关键帧。Flash 能够自动记录运动路径并生成相关的属性关键帧，还可以实现对该对象实例大小、位置、颜色、旋转、倾斜、透明度等属性值的改变。

能够应用于补间动画中的对象元素包括影片剪辑元件实例、图形元件实例、按钮元件实例以及文字实例。其他对象都必须转换成元件后才可以适用于补间动画。创建补间动画后，在 Flash 的时间轴上显示为淡蓝色的背景。如果改变补间对象在补间过程中在舞台上的位置，那么在舞台中将显示补间对象在舞台上移动时所经过的直线运动路径，补间对象可以沿直线运动。如果在此基础上利用专门工具修改运动路径，如工具箱中的“选择工具”“部分选择工具”“任意变形工具”等,则可以将运动路径变为曲线状,从而实现补间对象的曲线运动。

【例 6-4】 利用补间动画的方法,实现圆形从上到下直线运动并逐渐变小的动画效果。

操作步骤如下。

(1) 新建文档。启动 Flash,执行“文件/新建”命令,在打开的“新建文档”对话框中,选择“Flash 文件(ActionScript 3.0)”选项,单击“确定”按钮,新建一个 Flash 文件。

(2) 修改文档属性。执行“修改/文档”命令,在打开的“文档属性”对话框中,将帧频设置为每秒 6 帧,舞台背景颜色设置为浅黄色(#FFFF66),舞台大小设置为 300×400 像素,并将画面设置为“显示帧”。

(3) 设置起始关键帧。选择时间轴中图层 1 的第 1 帧,单击“工具”面板中的“椭圆工具”,设置“属性”面板的“笔触与填充”选项卡中,无笔触色、填充颜色为放射状绿黑渐变色,如图 6-3-15 所示,按住〈Shift〉在舞台上方绘制一个圆形,右单击圆形,执行快捷菜单中的“转换为元件”命令,将圆形转换为图形元件。执行“窗口/对齐”命令,打开“对齐”面板,设置该图形元件相对于舞台“水平居中”。

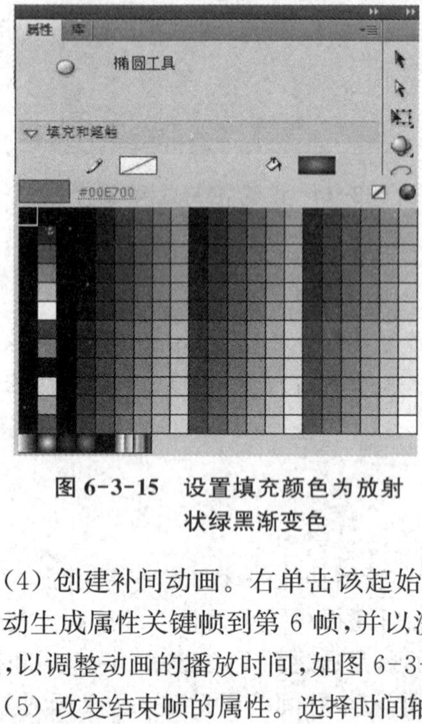

图 6-3-15 设置填充颜色为放射状绿黑渐变色

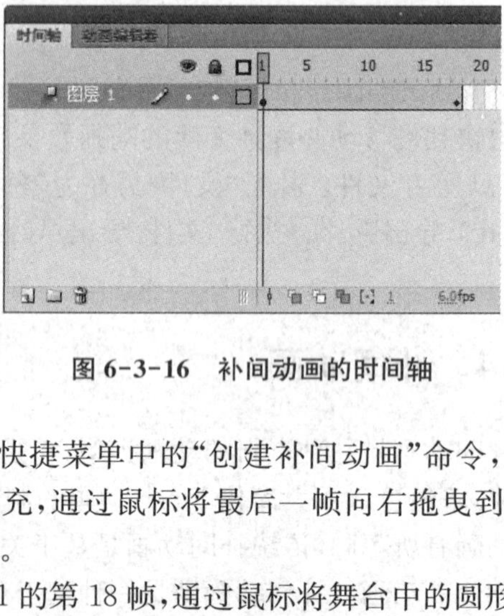

图 6-3-16 补间动画的时间轴

(4) 创建补间动画。右单击该起始帧,执行快捷菜单中的“创建补间动画”命令,Flash 会自动生成属性关键帧到第 6 帧,并以淡蓝色填充,通过鼠标将最后一帧向右拖曳到第 18 帧处,以调整动画的播放时间,如图 6-3-16 所示。

(5) 改变结束帧的属性。选择时间轴中图层 1 的第 18 帧,通过鼠标将舞台中的圆形图形元件实例拖到舞台的下方,利用“工具”面板中的“任意变形”工具将圆形适当缩小,并用“对齐”面板,设置该图形元件实例相对于舞台“水平居中”,以创建属性变化的补间动画效果。

(6) 测试动画。执行“控制/测试影片”命令,查看动画播放效果,可以看到圆形对象从上到下直线运动并逐渐变小的动画效果。

(7) 另存文件。执行“文件/另存为”命令,保存名为“例 6-4 动画.fla”的 Flash 源文件。

(8) 导出影片。执行“文件/导出/导出影片”命令,导出名为“例 6-4 动画.swf”的影片文件。

【例 6-5】 利用补间动画的方法,实现小虫曲线运动并逐渐变小的动画效果。

操作步骤如下。

(1) 打开文件。执行“文件/打开”命令，打开“例 6-5. fla”文件，设置舞台大小为 650×500 像素，并将画面设置为“显示帧”。

(2) 设置背景图层。选择时间轴中图层 1 的第 1 帧，将“背景”图片从“库”面板拖到舞台上。执行“窗口/对齐”命令，打开“对齐”面板，设置舞台中的“背景”图形相对于舞台“水平居中”“垂直居中”，右击时间轴中图层 1 的第 36 帧，执行快捷菜单中的“插入帧”命令，延长帧的播放时间。

(3) 添加新的图层。右击时间轴中图层 1，执行快捷菜单中的“插入图层”命令，在图层 1 上面插入了图层 2。

(4) 设置起始关键帧。选择时间轴中图层 2 的第 1 帧，将“小虫”图形元件从“库”面板拖到舞台右下方。

(5) 创建补间动画。右单击该起始帧，执行快捷菜单中的“创建补间动画”命令，Flash 会自动生成属性关键帧到第 36 帧，并以淡蓝色填充。

(6) 改变结束帧的属性。选择时间轴中图层 2 的第 36 帧，通过鼠标将舞台中的“小虫”图形元件实例拖到舞台的左侧，利用“工具”面板中的“任意变形”工具，适当缩小“小虫”图形元件实例，此时，在首末两帧的“小虫”之间形成一个直线路径。

(7) 修改运动路径。使用“工具箱”面板中的“选取、变形”工具，拖动运动路径的任何线段，改变其形状，此时图层 2 中的直线路径更新为如图 6-3-17 所示的曲线状态。利用“工具”面板中的“任意变形”工具，适当调整首末两帧中“小虫”元件起始和终止位置的方向。在“属性”面板中，勾选“调整到路径”复选框，如图 6-3-18 所示，使“小虫”在运动中自动按路径的切线调整自身的方向。

图 6-3-17　补间动画中曲线路径的舞台效果

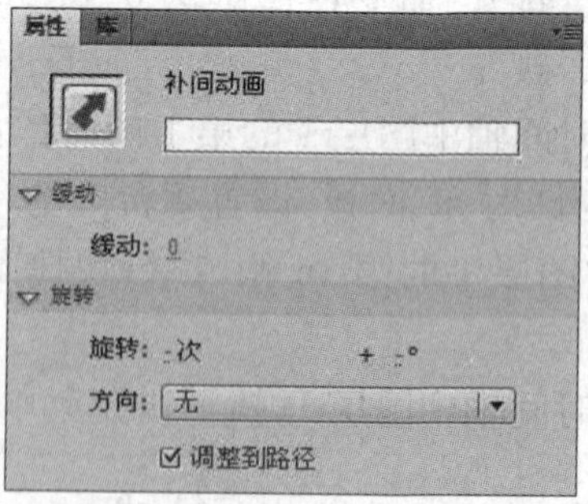

图 6-3-18　设置“旋转”属性中“调整到路径”选项

(8) 测试动画。执行“控制/测试影片”命令,查看动画播放效果,可以看到“小虫”对象沿曲线运动的动画效果。

(9) 另存文件。执行“文件/另存为”命令,保存名为“例 6-5 动画. fla”的 Flash 源文件。

(10) 导出影片。执行“文件/导出/导出影片”命令,导出名为“例 6-5 动画. swf”的影片文件。

6.3.5　传统运动引导动画

Flash 所支持的两种非矢量对象的补间动画,一种是传统补间动画,一种是补间动画,都可以使同一对象两点之间在直线上实现渐变。虽然补间动画在制作过程中可以利用专门工具修改运动路径,使动画对象按曲线运动,但有时需要动画对象沿非弧线或不规则的运动曲线移动,满足复杂的动画效果,如飘落的树叶、鱼在水中游动、蝴蝶在花丛中飞舞等,这就需要用到一根引导线,使运动对象按引导线轨迹运动,这就是传统运动引导动画。

传统运动引导动画只适用于传统补间,被引导对象只能针对非矢量对象,如“工具箱”中的“文字”工具建立的文字对象,以及库中的元件实例。在创建传统运动引导动画时,需要用到一个类型为引导层的图层,并在引导层中绘制一条对象的运动路径,该引导层可以链接一个或多个类型为被引导的图层,使一个或多个被引导图层的对象沿同一条路径运动。一个最基本的传统运动引导动画由两个图层组成,上面一个图层的类型是引导层,下面一个图层的类型是被引导层,两个图层之间建立链接关系。引导层在动画的制作过程中只起到辅助作用,因此在最终生成的动画中,引导层中的运动路径不会显示出来。

【例 6-6】 利用传统运动引导动画的方法,制作蝴蝶环绕花朵飞舞的动画效果。

操作步骤如下。

(1) 打开文件。执行“文件/打开”命令,打开“例 6-6. fla”文件,并将画面设置为“显示帧”。

(2) 设置背景图层。选择时间轴中图层 1 的第 1 帧,将“背景”图片从“库”面板拖到舞台上。在“属性”面板的“位置和大小”选项卡中设置宽度为 550 和高度为 400。执行“窗口/对齐”命令,打开“对齐”面板,设置舞台中的“背景”图形相对于舞台“水平居中”“垂直居中”,右击时间轴中图层 1 的第 36 帧,执行快捷菜单中的“插入帧”命令,延长背景的播放时间。

(3) 添加新的图层。右击时间轴中图层 1,执行快捷菜单中的“插入图层”命令,在图层 1 上面插入了图层 2。

(4) 设置被引导层。选择时间轴中图层 2 的第 1 帧，将“蝴蝶”影片剪辑元件从“库”面板拖到舞台右下方。右击时间轴中图层 2 的第 36 帧，执行快捷菜单中的“插入关键帧”命令，通过鼠标将舞台中的“蝴蝶”影片剪辑元件实例拖到花朵中心，以确定“蝴蝶”的最终位置。

(5) 添加引导层。右击时间轴中图层 2，执行快捷菜单中的“添加传统运动引导层”命令，在图层 2 上面添加了一个新图层。并自动转换图层类型为引导层，图层名称也改名为“引导层:图层 2”，图层 2 自动转换图层类型为被引导层。

(6) 绘制引导路径。选择引导层，利用“工具”面板中的“铅笔工具”，设置为平滑模式、笔触颜色任意，在引导层中绘制一条环绕花朵的螺旋曲线，作为“蝴蝶”运动的路径。

(7) 对齐中心点，调整起始和终止位置的方向。选择时间轴中图层 2 的第 1 帧，将舞台中的“蝴蝶”影片剪辑元件实例拖到路径的起始位置，使“蝴蝶”的中心点与路径的起点重合，利用“工具”面板中的“任意变形”工具，调整“蝴蝶”元件起始位置的初始运动方向。同样，选择时间轴中图层 2 的第 36 帧，将舞台中的“蝴蝶”影片剪辑元件实例拖到路径的终止位置，使“蝴蝶”的中心点与路径的终点重合，利用“工具”面板中的“任意变形”工具，调整“蝴蝶”元件终止位置的结束运动方向。

(8) 创建动画。右击时间轴中图层 2 的第 1 帧，执行快捷菜单中的“创建传统补间”命令，完成了传统补间动画。在“属性”面板中，勾选“调整到路径”复选框，使“蝴蝶”在运动中自动按路径的切线调整自身的方向。传统运动引导动画的时间轴和舞台效果如图 6-3-19 所示。

图 6-3-19 传统运动引导动画的时间轴和舞台效果

(9) 测试动画。执行“控制/测试影片”命令，查看动画播放效果，可以看到“蝴蝶”对象沿螺旋曲线飞舞的动画效果。

(10) 另存文件。执行"文件/另存为"命令,保存名为"例 6-6 动画. fla"的 Flash 源文件。

(11) 导出影片。执行"文件/导出/导出影片"命令,导出名为"例 6-6 动画. swf"的影片文件。

6.3.6 遮罩动画

遮罩是 Flash 中一种很实用的功能,利用遮罩图层来创建的动画就称为遮罩动画。制作遮罩动画至少需要两个图层,分别是遮罩层和被遮罩层。位于上面用于设置遮罩范围的被称为遮罩层,而位于下面的则称为被遮罩层。遮罩层是一种特殊的图层,它如同一个窗口,只有遮罩层中填充色块下的被遮罩层中内容才能显示出来,而遮罩层中填充色块本身则是不可见的。在一个遮罩动画中,一个遮罩层可以关联任意多个被遮罩层,同时也允许创建多个遮罩层与其下的被遮罩层相关联。

遮罩层的对象可以是利用工具箱中的直线、矩形、椭圆、铅笔等工具直接绘制的矢量对象,也可以是利用工具箱中的文字工具建立的文字对象,以及库中的元件拖到舞台上所得到的图形元件实例或影片剪辑元件实例等非矢量对象。

【例 6-7】 利用遮罩动画的方法,制作文字颜色变化的动画效果。

操作步骤如下。

(1) 新建文档。启动 Flash,执行"文件/新建"命令,在打开的"新建文档"对话框中,选择"Flash 文件(ActionScript 3.0)"选项,单击"确定"按钮,新建一个 Flash 文件。

(2) 修改文档属性。执行"修改/文档"命令,在打开的"文档属性"对话框中,将帧频设置为每秒 12 帧,舞台背景颜色设置为黑色,舞台大小设置为 400×200 像素,并将画面设置为"显示帧"。

(3) 制作遮罩层。选择时间轴中图层 1 的第 1 帧,然后选择"工具"面板中的"文字"工具,在"属性"面板的"字符"选项卡中设置文本格式为华文新魏、80 点,然后在舞台中单击鼠标,输入文字"五彩缤纷"。执行"窗口/对齐"命令,打开"对齐"面板,设置舞台中的文字对象相对于舞台"水平居中""垂直居中",右击时间轴中图层 1 的第 25 帧,执行快捷菜单中的"插入帧"命令,延长文字对象的播放时间。

(4) 制作被遮罩层。右击时间轴中图层 1,执行快捷菜单中的"插入图层"命令,在图层 1 上面插入了图层 2。选择时间轴中的图层 2,用鼠标拖动图层 2 下移,使其位于图层 1 的下方。选择时间轴中图层 2 的第 1 帧,单击"工具"面板中的"矩形"工具,设置"属性"面板的"笔触与填充"选项卡中,无笔触色、填充颜色为五彩色,在舞台上方绘制一个矩形。利用"工具"面板中的"任意变形"工具,调整矩形大小为宽 650、高 100,用鼠标拖动矩形使其左边对齐起始文字的左侧,垂直方向覆盖文字。右击时间轴中图层 2 的第 25 帧,执行快捷菜单中的"插入关键帧"命令,用鼠标拖动矩形使其右边对齐结束文字的右侧,垂直方向覆盖文字。右击时间轴中图层 2 的第 1 帧,执行快捷菜单中的"创建补间形状"命令,完成被遮罩层中矩形对象的补间动画制作。

(5) 制作遮罩动画。右击时间轴中图层 1,执行快捷菜单中的"遮罩层"命令,此时图层 1 的图层类型自动转换为遮罩层,图层 2 自动转换图层类型为被遮罩层。创建遮罩动画后,与遮罩动画相关的图层会自动锁定,如果需要修改遮罩动画,必须先取消锁定状态。遮罩动画的时间轴如图 6-3-20 所示。

(6) 测试动画。执行“控制/测试影片”命令，查看动画播放效果，可以看到文字颜色变化的动画效果。

(7) 另存文件。执行“文件/另存为”命令，保存名为“例 6-7 动画. fla”的 Flash 源文件。

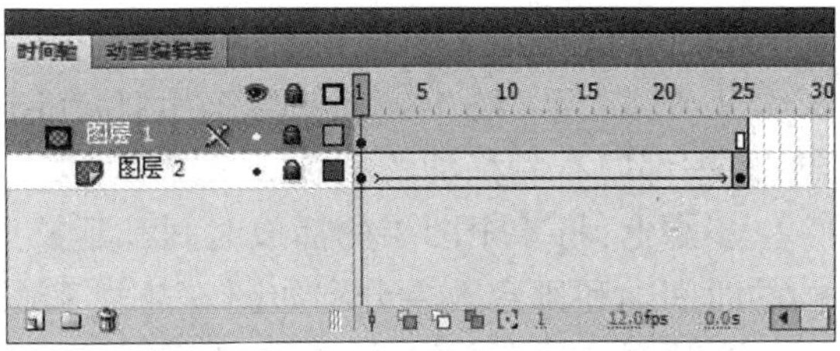

图 6-3-20　遮罩动画的时间轴

(8) 导出影片。执行“文件/导出/导出影片”命令，导出名为“例 6-7 动画. swf”的影片文件。

6.4　应用案例——校园生活丰富多彩

前面介绍了 Flash CS4 的基础知识和多种动画的制作方法，下面通过一个应用案例的制作，总结学习的知识。

【例 6-8】 利用“应用案例. fla”源文件中的素材，制作画轴展开、图片进入、文字颜色闪动、伴背景音乐的动画。

操作步骤如下。

(1) 打开文件并修改文档属性。执行“文件/打开”命令，打开源文件“应用案例. fla”，执行“修改/文档”命令，在打开的“文档属性”对话框中，将帧频设置为每秒 12 帧，舞台背景颜色设置为浅黄色(＃FFFFCC)，舞台大小设置为 1 000×500 像素，并将画面设置为“显示帧”。

(2) 创建画轴展开动画。

步骤一：选择时间轴中图层 1 的第 1 帧，将“画卷”图形元件从“库”面板拖到舞台上。执行“窗口/对齐”命令，打开“对齐”面板，设置舞台中的“画卷”图形相对于舞台“水平居中”“垂直居中”，右击时间轴中图层 1 的第 25 帧，执行快捷菜单中的“插入帧”命令，将画卷的播放时间延长至 25 帧。最后锁定该图层。

步骤二：右击时间轴中图层 1，执行快捷菜单中的“插入图层”命令，在图层 1 上面插入了图层 2。选择图层 2 中的第 1 帧，单击“工具”面板中的“矩形”工具，设置“属性”面板的“笔触与填充”选项卡中，无笔触色、填充颜色任意，在舞台上绘制一个矩形，矩形的大小为 826×406 像素。执行“窗口/对齐”命令，打开“对齐”面板，设置该图形对象相对于舞台“水平居中”“垂直居中”。

步骤三：右击图层 2 中的第 25 帧，执行快捷菜单中“插入关键帧”命令，在第 25 帧处插入关键帧。选择图层 2 中的第 1 帧，然后利用“工具”面板中的“任意变形”工具，将矩形的宽度修改为 10 像素，保持高度不变，并设置为相对于舞台水平、垂直居中对齐。右击图层 2 中的第 1 帧，执行快捷菜单中“创建补间形状”命令，在图层 2 中创建形状补间动画。

步骤四：右击时间轴面板中的图层 2，执行快捷菜单中“遮罩层”命令，此时图层 2 由一般图层转换为遮罩层，图层 1 转换为被遮罩层。

步骤五：右击时间轴中图层 2，执行快捷菜单中的“插入图层”命令，在图层 2 上面插入了图层 3。选择图层 3 中的第 1 帧，将“画轴”图形元件从“库”面板拖到舞台上，用鼠标拖动“画轴”对象使其垂直居中、水平居中略偏左。右击时间轴中图层 3 的第 25 帧，执行快捷菜单中的“插入关键帧”命令，用鼠标平移“画轴”对象至“画卷”左侧。右击图层 3 中的第 1 帧，执行快捷菜单中“创建传统补间”命令，在图层 3 中创建了移动左侧“画轴”的补间动画。最后锁定该图层。

步骤六：与上述步骤五的操作相似，在图层 3 上面插入图层 4。在图层 4 中制作右侧“画轴”由中部向右侧移动的动画。

步骤七：将 4 个图层的播放时间都延长至 66 帧。画轴展开动画制作完成后第 1 和第 25 帧的时间轴和舞台效果分别如图 6-4-1 和图 6-4-2 所示。

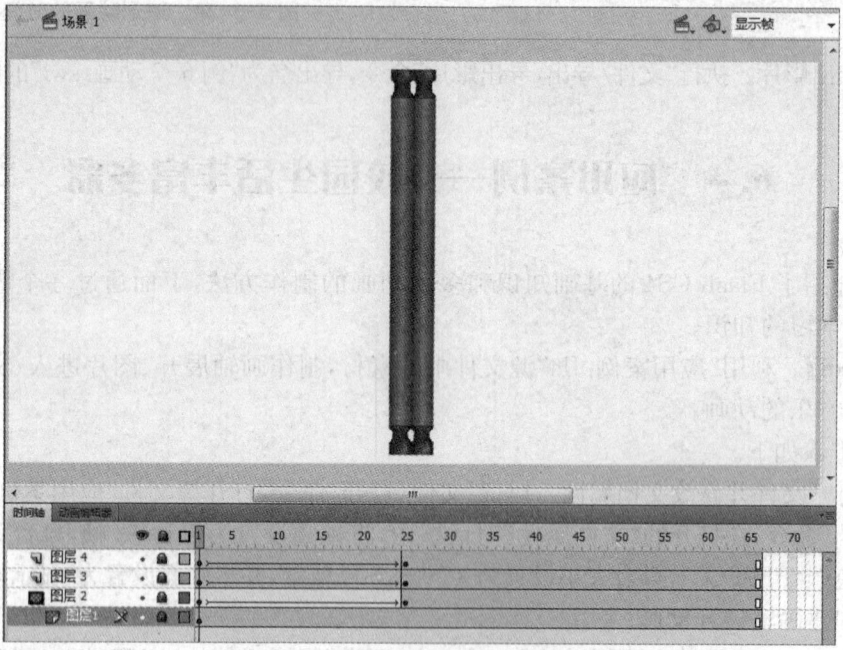

图 6-4-1　第 1 帧的时间轴和舞台效果

图 6-4-2　第 25 帧的时间轴和舞台效果

(3) 创建图片进入动画。

步骤一：右击时间轴中图层 4，执行快捷菜单中的“插入图层”命令，在图层 4 上面插入了图层 5。选择图层 5 中的第 26 帧，将“图片 1”图形元件从“库”面板拖到舞台上，用鼠标拖动“图片 1”对象使其对齐画卷中空白处的左侧。右击时间轴中图层 5 的第 66 帧，执行快捷菜单中的“插入关键帧”命令。右击图层 5 中的第 26 帧，执行快捷菜单中“创建传统补间”命令。选择时间轴中图层 5 的第 26 帧，在“属性”面板的“旋转”选项卡中设置顺时针旋转 2 次。最后锁定该图层。

步骤二：右击时间轴中图层 5，执行快捷菜单中的“插入图层”命令，在图层 5 上面插入了图层 6。选择图层 6 的第 36 帧，将“图片 2”图形元件从“库”面板拖到舞台右上方。右击时间轴中图层 6 的第 66 帧，执行快捷菜单中的“插入关键帧”命令，通过鼠标将舞台中的“图片 2”图形元件实例拖到画卷中空白处中心偏左，紧贴“图片 1”。右击时间轴中图层 6，执行快捷菜单中的“添加传统运动引导层”命令，在图层 6 上面添加了一个引导层。选择引导层的第 36 帧，执行快捷菜单中的“插入关键帧”命令，利用“工具”面板中的“铅笔”工具，设置为平滑模式、笔触颜色任意，参照图层 6 中第 36 帧和第 66 帧“图片 2”图形元件的中心点，绘制一条从第 36 帧中心点到第 66 帧中心点的螺旋曲线，作为“图片 2”运动的路径。右击时间轴中图层 6 的第 36 帧，执行快捷菜单中的“创建传统补间”命令，完成“图片 2”曲线运动的补间动画。最后锁定引导与被引导的图层。

步骤三：右击时间轴中引导层，执行快捷菜单中的“插入图层”命令，在引导层上面插入了图层 8。选择图层 8 中的第 46 帧，执行快捷菜单中的“插入关键帧”命令，将“图片 3”图形元件从“库”面板拖到舞台中，通过鼠标将舞台中的“图片 3”图形元件实例拖到画卷中空白处中心偏右，紧贴“图片 2”。右击时间轴中图层 8 的第 66 帧，执行快捷菜单中的“插入关键帧”命令。选择图层 8 中的第 46 帧，利用“工具”面板中的“任意变形工具”，将“图片 3”的宽度和高度修改为 5×5 像素，中心点不变。右击时间轴中图层 8 的第 46 帧，执行快捷菜单中的“创建传统补间”命令，完成“图片 3”由小变大的动画效果。最后锁定该图层。

步骤四：右击时间轴中图层 8，执行快捷菜单中的“插入图层”命令，在图层 8 上面插入了图层 9。选择图层 9 的第 56 帧，将“图片 4”图形元件从“库”面板拖到舞台中，通过鼠标将舞台中的“图片 4”图形元件实例拖到画卷中空白处右侧外。右击时间轴中图层 9 的第 66 帧，执行快捷菜单中的“插入关键帧”命令，通过鼠标将舞台中的“图片 4”图形元件实例拖到画卷中空白处的右侧，紧贴“图片 3”。右击时间轴中图层 9 的第 56 帧，执行快捷菜单中的“创建传统补间”命令，完成“图片 4”向左移动的动画效果。右击时间轴中图层 9，执行快捷菜单中的“插入图层”命令，在图层 9 上面插入了图层 10。右击时间轴中图层 10 的第 56 帧，执行快捷菜单中的“插入关键帧”命令。选择图层 10 中的第 56 帧，单击“工具”面板中的“矩形工具”，设置“属性”面板的“笔触与填充”选项卡中，无笔触色、填充颜色任意，在舞台上方绘制一个宽 5、高与“图片 4”等高的矩形。用鼠标将该矩形拖到画卷中空白处的右侧。右击时间轴中图层 10 的第 66 帧，执行快捷菜单中的“插入关键帧”命令，利用“工具”面板中的“任意变形”工具，将矩形的宽度、高度和位置，修改为与“图片 4”相同。右击时间轴中图层 10 的第 56 帧，执行快捷菜单中的“创建补间形状”命令。右击时间轴面板中的图层 10，执行快捷菜单中“遮罩层”命令，此时图层 10 由一般图层转换为遮罩层，图层 9 转换为被遮罩层。完成“图片 4”在遮罩层矩形逐渐变宽的情况下，逐渐移入的动画效果。

步骤五：将所有图层的播放时间都延长至 66 帧。完成 4 张图片的进入动画后，在第 66 帧的时间轴和舞台效果如图 6-4-3 所示。

图 6-4-3 第 66 帧的时间轴和舞台效果

(4) 创建文字颜色闪动动画。

步骤一：右击时间轴中图层 10，执行快捷菜单中的“插入图层”命令，在图层 10 上面插入了图层 11。右击时间轴中图层 11，执行快捷菜单中的“插入图层”命令，在图层 11 上面插入了图层 12。右击时间轴中图层 12 的第 67 帧，执行快捷菜单中的“插入关键帧”命令。选择图层 12 中的第 67 帧，单击“工具”面板中的“文字”工具，在“属性”面板的“字符”选项卡中设置文本格式为隶书、50 点、颜色任意，然后在舞台中单击，输入文字“校园生活丰富多彩”。用鼠标拖动“文字”对象至“画卷”的上方，并设置水平居中。右击时间轴中图层 12 的第 84 帧，执行快捷菜单中的“插入帧”命令。

步骤二：右击时间轴中图层 11 的第 67 帧，执行快捷菜单中的“插入关键帧”命令。选择“工具”面板中的“矩形”工具，设置“属性”面板的“笔触与填充”选项卡中，无笔触色、填充红色，在舞台上围绕文字“校园生活丰富多彩”绘制一个矩形。右击时间轴中图层 11 的第 75 帧，执行快捷菜单中的“插入关键帧”命令。选择图层 11 中的第 67 帧，利用“工具”面板中的“任意变形”工具，将矩形宽度、高度都改为 5，中心点不变。右击时间轴中图层 11 的第 67 帧，执行快捷菜单中的“创建补间形状”命令。

步骤三：右击时间轴中图层 11 的第 76 帧，执行快捷菜单中的“插入关键帧”命令。选择“工具”面板中的“矩形”工具，设置“属性”面板的“笔触与填充”选项卡中，无笔触色、填充黄色，在舞台上围绕文字“校园生活丰富多彩”绘制一个矩形。右击时间轴中图层 11 的第 84

帧，执行快捷菜单中的“插入关键帧”命令。选择图层 11 中的第 76 帧，利用“工具”面板中的“任意变形”工具，将矩形宽度、高度都改为 5，中心点不变。右击时间轴中图层 11 的第 76 帧，执行快捷菜单中的“创建补间形状”命令。

步骤四：右击时间轴面板中的图层 12，执行快捷菜单中“遮罩层”命令，此时，图层 12 由一般图层转换为遮罩层，图层 11 转换为被遮罩层。完成文字颜色闪动的动画制作后，在第 84 帧的时间轴和舞台效果如图 6-4-4 所示。

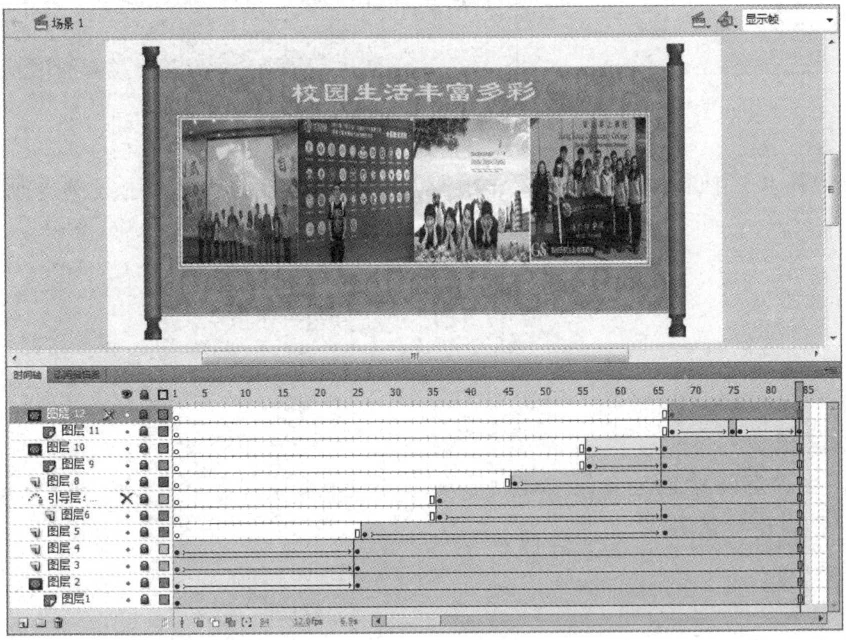

图 6-4-4　第 84 帧的时间轴和舞台效果

(5) 添加背景音乐。

步骤一：右击时间轴中图层 12，执行快捷菜单中的“插入图层”命令，在图层 12 上面插入了图层 13。

步骤二：执行“文件/导入/导入到库”命令，将音乐文件“sound. mp3”导入“库”面板中。

步骤三：选择图层 13，将“库”面板中的“sound. mp3”音乐素材拖到舞台中。此时，背景音乐文件的波形显示在图层 13 中。

步骤四：选择图层 13，在“属性”面板的“声音”选项卡中设置声音属性，如图 6-4-5 所示。

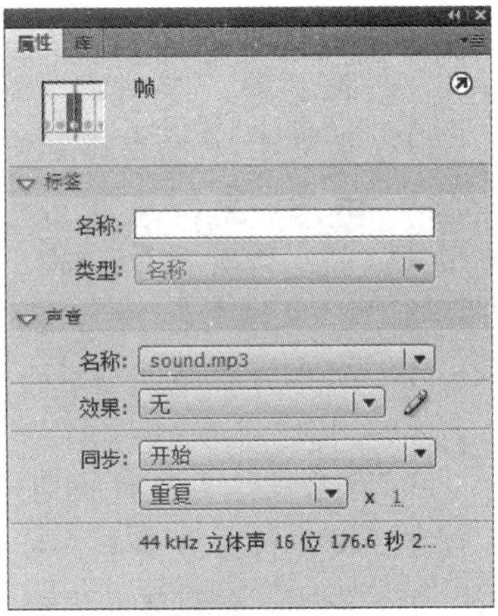

图 6-4-5　“属性”面板的“声音”选项卡设置

(6) 将所有图层的播放时间延长至 100 帧。动画制作完成后的时间轴效果如图 6-4-6 所示。

(7) 测试动画。执行“控制/测试影片”命令，查看动画播放效果。

(8) 另存文件。执行“文件/另存为”命令，保存名为“应用案例动画. fla”的 Flash 源文件。

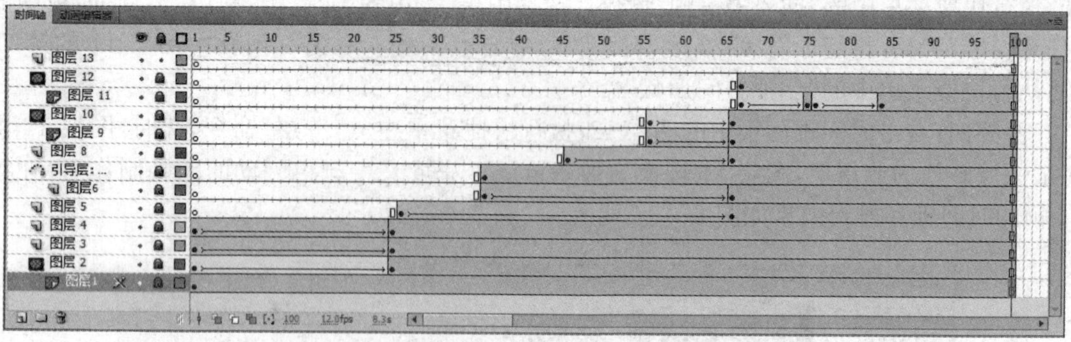

图 6-4-6　动画制作完成后的时间轴效果

(9) 导出影片。执行“文件/导出/导出影片”命令，导出名为“应用案例动画.swf”的影片文件。

习　题

一、单项选择题

1. 动画由内容连续但又各不相同的画面组成，如果以每秒(　　)帧画面的速度播放，人眼就可以看到连续的画面。

A. 12　　　　B. 15

C. 24　　　　D. 25

2. 在 Flash 中，只有(　　)才能制作形状补间动画。

A. 平面图像　　B. 位图　　C. JPG 图像　　D. 矢量图形

3. Flash 中的“遮罩”可以有选择地显示部分区域。具体地说，它是(　　)。

A. 反遮罩，只有被遮罩的位置才能显示

B. 正遮罩，没有被遮罩的位置才能显示

C. 自由遮罩，可以由用户进行设定正遮罩或反遮罩

D. 以上选项均不正确

4. 在“文档属性”对话框中，不能修改的属性为(　　)。

A. 工作区大小　　　　B. 背景颜色

C. 帧频　　　　D. 文件名称

5. 制作带有颜色或透明度变化的遮罩动画应该(　　)。

A. 改变被遮罩的层上对象的颜色或 Alpha

B. 再做一个和遮罩层大小、位置、运动方式一样的层、在其上进行颜色或 Alpha 变化

C. 直接改变遮罩颜色或 Alpha

D. 以上答案都不对

6. 元件和与它相应的实例之间的关系是:(　　)。

A. 改变实例，对相应的元件一定有影响

B. 改变实例，对相应的元件可能有影响
C. 改变元件，则相应的实例一定会改变
D. 改变元件，则相应的实例不一定会改变
7. 如果时间轴的帧上显示一个空心圆，表示(　　)。
A. 此为“空白关键帧”，不包含任何内容
B. 此为“关键帧”，包含除文本之外的内容
C. 此为“空白关键帧”，包含除文本之外的内容
D. 此为“关键帧”，不包含任何内容
8. 以下各种关于图形元件的叙述，正确的是(　　)。
A. 可以在图形元件中使用声音
B. 可以在图形元件中使用交互式控件
C. 图形元件可重复使用
D. 图形元件不可重复使用
9. 以下关于逐帧动画和补间动画的说法正确的是(　　)。
A. 两种动画模式 Flash 都必须记录完整的各帧信息
B. 前者必须记录各帧的完整记录，而后者不用
C. 前者不必记录各帧的完整记录，而后者必须记录完整的各帧记录
D. 以上说法均不对
10. 关于矢量图形和位图图像，下面说法正确的是(　　)。
A. 位图图像通过图形的轮廓及内部区域的形状和颜色信息来描述图形对象
B. 矢量图形比位图图像优越
C. 矢量图形适合表达具有丰富细节的内容
D. 矢量图形具有放大仍然保持清晰的特性，但位图图像却不具备这样的特性

二、填空题

1. 动画中的活动图像，要以客观事物的________规律为基础，但不是简单的模拟。
2. 按照不同的视觉效果，可将计算机动画分为二维动画和________。
3. ________是一种 Flash 中可以重复使用的对象。
4. 时间轴面板分为两个区域：________和________。
5. 使用工具箱中的________工具可以创建文本。
6. 当普通图层与传统运动引导图层关联后，普通图层类型变成________。
7. 设置帧频就是设置动画的播放速度，帧频越大，播放速度越________，帧频越小，播放速度越________。
8. Flash 元件包括________、________和________ 3 种。
9. 在舞台上的元件称为________。
10. 当 Flash 影片播放时，________图层和________图层上对象不会显示出来。

三、简答题

1. 计算机动画和传统动画的区别是什么？

2. 动画的工作原理是什么？

3. 计算机动画的特点是什么？

4. 元件的类型、特点及创建方法是什么？

5. 如何在 Flash 中设置透明的渐变效果？

6. 如何为 Flash 动画添加背景音乐？

7. 如何锁定图层，锁定后如何对图层解锁？

8. 如何翻转帧，翻转的帧要求？

9. 图层的含义是什么？

10. 关键帧的 4 种声音同步方式“事件”“开始”“停止”“数据流”之间的区别以及各自的作用是什么？

第7章　网 页 设 计

随着互联网的高速发展，互联网完全改变了人们的生活方式，已成为人们生活中不可或缺的内容，网页也从以前的单纯文本形式发展到可包含文本、图像、声音、动画，以及视频的一种新的媒体形式，从而成为人们表现产品和服务的理想选择。本章将重点介绍以Dreamweaver CS4为平台的网页设计与制作。

7.1　网页设计基础知识

随着Internet技术的发展，越来越多的企业都认识到了计算机网络和信息技术的重要性，并且都拥有了自己的网站，同时也对网页设计与制作提出了更高的要求。网站是多个网页的集合，其中包括一个首页和若干个网页。

7.1.1　网页制作的基本知识

在制作网页之前，首先了解一些关于Web网页的基本知识，了解构成一个网站的基本元素等。

1　网页的基本概念

当浏览者在浏览器中输入一个网址或单击某个链接后，在浏览器中显示的就是一个网页。大多数网站为浏览者提供一个首页，由首页再链接到其他网页。

按网页的表现形式可将网页分为静态网页和动态网页。静态网页就是图文结构的页面，任何人访问都显示一样的内容，浏览者不能与服务器进行交互操作。动态网页是指网页文件含有程序代码，可以根据不同的时间、不同的来访者显示不同的内容，浏览者与服务器可进行交互操作。

2　网页的基本元素

虽然网页的形式和内容各种各样，但构成网页的基本元素大体相同，主要包括标题、网站Logo、导航、超链接、文本、图片、动画、音频与视频等。网页设计就是要将这些元素有机整合，使需要表达的内容相互协调和具有美感。

3　网页的布局类型

网页的版面布局是网页设计最基本、最重要的工作之一。虽然网页内容很重要，但只有当网页布局和内容完美结合，即将文字、图片等网页元素按照一定的次序进行合理的编排和布局，让页面的各种元素和谐、美观地呈现，才能增强网站的吸引力。

网页的布局类型有 6 种："T"字形、"口"字形、"对称"形、"POP"形、"国"字形和"标题正文"形。

网页的布局技术主要有 3 类：表格布局、框架布局和层叠样式表的应用。

7.1.2 网页制作语言 HTML

HTML(Hypertext Markup Language)是一种超文本标记语言，用来描述万维网上的超文本文件。从文件的角度来说，一个网页就是一个 HTML 文件。HTML 文件包含 HTML 标签和文档内容两部分。

1 HTML 标签

HTML 标签在 HTML 语言中大多数是成对出现的，即开始〈标签〉和结束〈/标签〉。HTML 标签有单标签和双标签两种。

(1) 单标签：〈标签 属性 1=属性值 1 属性 2=属性值 2〉。例如：〈img src="图片素材/butterfly.jpg" width="300" height="200" /〉

(2) 双标签：〈标签〉 内容 〈/标签〉。例如：〈head〉 新年快乐 〈/head〉。

2 HTML 文档

HTML 文档一般使用以下 3 对 HTML 标签来构成。

(1) 〈html〉〈/html〉标签：在文档的最外层。文档中的所有文本都包含在其中，表示该文档是用超文本标记语言 HTML 编写的。

(2) 〈head〉〈/head〉头部标签：在此标签中可以插入其他标记，用以说明整个文件的一些公共属性。〈title〉〈/title〉标签嵌套在头部标签中，用来描述网页标题。

(3) 〈body〉〈/body〉正文标签：此标签之间的内容是网页正文，是在浏览器窗口中要显示的页面内容。

3 HTML 文件编写与保存

HTML 文件的编写主要有两个途径：

(1) 作为文本文件通过记事本软件输入代码，保存时将文件扩展名改写为.html

(2) 通过网页制作工具(如 Dreamweaver 软件)，在代码视图中直接输入代码并保存。

4 HTML 编写实例

这里通过一个简单实例介绍 HTML 的编写和保存。

【例 7-1】 创建一个网页"wy1.html"，网页浏览效果如图 7-1-1 所示，网页 HTML 代码如图 7-1-2 所示。

操作步骤如下：

(1) 用记事本软件输入如图 7-1-2 所示的代码。

图 7-1-1　wy1. html 效果图

```
<html>
<head>
<title>可爱的蝴蝶</title>
</head>

<body>
<p align="center"><strong><a href="蝴蝶.doc">可爱的蝴蝶</a></strong></p>
<p align="center"><img src="butterfly.jpg" width="300" height="200" /></p>
</body>
</html>
```

图 7-1-2　wy1. html 代码

(2) 以纯文本格式保存为“wy1. html”文件。

(3) 在资源管理器中双击该文件后，在浏览器中可看到如图 7-1-1 所示的画面。

7.1.3　网页设计的流程

网页通常放置在站点中，便于发布与管理，一般在制作网页之前，先建立站点，然后将制作好的网页存储到站点中，因此，网页设计的流程主要包括站点设计和网页制作两大部分。

网页设计的基本步骤包括前期策划、建立站点、创建主页和其他网页、网页布局设计、添加网页元素、设置超级链接、制作交互式表单、制作网页行为特效等。

1　前期策划

无论是大的门户网站还是只有少量的个人主页，都需要做好前期的策划工作，需要明确网站主题、网站名称、栏目设置、整体风格、所需要的功能及实现的方法等。

2　建立站点

制作网页的最终目的是在网上建立一个传达信息的综合体——网站。虽然网站是由多个网页组成的，但不是网页的简单罗列组合，而是用超级链接方式组成的既有鲜明风格又有完整内容的有机体。

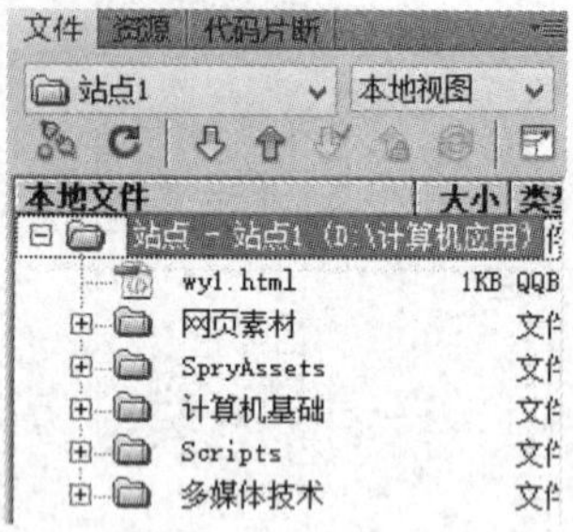

图 7-1-3　站点图

站点其实就是存储在硬盘上的目录，设计者需要将网页制作中所嵌入的所有图像、动画等多媒体元素（即全部网页素材）存储到一个所建立的站点中，否则浏览网页时可能出现图片或多媒体素材不能显示的现象，站点结构如图 7-1-3 所示。

3　创建主页和其他网页

站点创建完成后，便可创建该站点的主页。主页一般能反映整个网站的风格，需定义主页的标题信息和网页属性（包括文字字体、大小、颜色、超链接颜色、网页背景色、网页背景图像等）。主页是使用者访问该站点所看到的第一个页面，必须让使用者清楚、直观地知道网站的基本功能、主要内容，并可以方便地访问各栏目。主页创建完成后，再设计其他网页，通过一系列的超级链接，和其他网页串接起来。

4　网页布局设计

网页是构成网站的基本元素，决定网页是否精美的因素很多，最主要的是网页内容以及色彩搭配，除此以外，还有一个非常重要的因素——网页的合理布局。网页设计与制作时，除了给网页添加各种文本、图像、动画等元素外，还要考虑页面的整体布局，进行合理的布局排版，让页面的各种元素和谐、美观地呈现，增强网站的吸引力。

（1）网页布局原则。在网页设计布局时，需遵循 3 个原则：主次分明、中心突出；大小搭配、相互呼应；图文并茂、相得益彰。文字与图片在网页空间上均匀分布，并使用不同形状、不同色彩的网页元素，但要避免色彩鲜艳过度，造成视觉疲劳。

（2）网页布局技术。网页布局的技术一般有 3 种：表格布局、框架布局和层叠样式表的应用，一般采用 3 种技术的组合，网页布局效果如图 7-1-4 所示。

图 7-1-4　网页布局效果图

5 添加网页元素

无论是主页还是其他网页，都包含网页的基本元素，如文本，图像，特殊字符、水平线和日期，多媒体元素等。

(1) 文本。文本是网页的最基本元素，文本可以直接输入，也可以从已有的文本类文件中复制或导入获得，然后利用"格式"菜单中的工具对文本进行排版操作以及添加项目列表或编号列表。

(2) 图像。除了文字之外，图像也是网页中不可缺少的内容之一，精美而富有动感的图像更容易吸引浏览者的眼球。网页常用的图像格式有 JPEG、GIF 和 PNG 3 种。其中，JPEG 和 GIF 两种格式的图片文件容量比较小，适合网络传输，而且能够被大多数浏览器完全支持，所以是网页中常用的图像格式。

(3) 特殊字符、水平线和日期。在网页文本编辑中，有时需要输入特殊字符或符号，如插入水平线以分割内容、插入货币符号以表示各国货币、版权符号，有时还需要插入日期。

(4) 多媒体元素。为了使网页内容呈现多媒体化，可以使用 Dreamweaver CS4 为网页插入各种多媒体对象，常用的多媒体对象有 Flash 动画、FLV 视频、背景音乐等，但需要指出，过多地使用内嵌多媒体文件会影响网页的下载速度。

6 设置超级链接

一个网站中通常包含许多内容，这些内容不可能全部显示在一个网页上，通常分布在多个网页上，因此需要通过超级链接访问其他网页。

超级链接是指页面对象之间的链接关系，链接是一个网站的灵魂，能够确定各网页相互之间的导航关系，能合理、协调地把网站中的各个元素、页面通过超链接构成一个整体，使浏览者能快速地访问到想要链接的页面。

超级链接可以是文字链接、图像链接、图像热区链接、E-mail 链接、锚点链接、外部链接等。

7 制作交互式表单

表单是构成动态网站必不可少的元素之一，是提供交互式操作的主要方法，用户可以通过表单与网站的管理人员进行交流。表单可以帮助 Internet 服务器收集信息，访问者也可以提交信息到服务器。

8 制作网页行为和 Spry 特效

行为是 Dreamweaver 中最有特色的功能，使用 Dreamweaver 行为可以允许浏览者与网页进行简单的交互，从而以多种方式修改页面，引起某些任务的执行。例如，可以让 AP 元素中的内容显示和消失命令，如图 7-1-5 所示，也可以控制多媒体的播放或停止。

Dreamweaver 除了提供行为操作外，还提供了几个 Spry 行为特效，如图像晃动、图像缩放和图像渐显特效，还提供了 Spry 菜单栏和 Spry 选项卡，如图 7-1-6 所示。

图 7-1-5 “行为”面板操作菜单

图 7-1-6 Spry 菜单命令

7.1.4 网页制作工具

制作网页专业工具的功能越来越完善，操作也越来越简单，处理图像、制作动画、发布网站的专业软件应用得非常广泛。常用的网页制作工具有以下两种：

(1) Dreamweaver：可视化网页制作工具。Dreamweaver 由原 Macromedia 公司推出，与 Flash、Fireworks 合在一起被称为网页制作三剑客，其中 Dreamweaver 主要用来制作网页文件。2005 年，Macromedia 公司被美国著名图形软件开发商 Adobe 系统公司收购。

(2) FrontPage：表单式网页制作的常用工具。FrontPage 是 Microsoft 公司出品，其 FrontPage 2003 优点是操作简单、容易上手，缺点是浏览器兼容性不好，生产的垃圾代码较多。

7.2 站点的创建与管理

在 Dreamweaver CS4 中，站点是一个文件夹，用于存放网站的所有图像、多媒体等网页素材，便于用户对站点进行发布、维护和管理。Dreamweaver CS4 不仅提供网页编辑功能，而且还具有强大的站点管理功能。

7.2.1 站点的概念

1 站点的概念

用户可以将站点理解为一组具有共同属性的链接文档和资源，即站点是由一个个网页通过超链接组成的。利用 Dreamweaver CS4，先在本地计算机的磁盘上创建本地站点，从全局上控制站点结构，管理站点中的各种文档，以完成对文档的编辑。

2 站点的结构

要制作一个能够被公众浏览的网站，首先要在本地磁盘上制作一个网站，然后把这个网站上传到 Web 服务器上。放在本地磁盘上的网站称为本地站点，处于 Internet 中 Web 服务器上的网站称为远程站点。Dreamweaver 站点一般由 3 部分组成：

(1) 本地文件夹：通常位于本地计算机，是本地计算机硬盘上一个文件夹，用于存储当前处理的文件。

(2) 远程文件夹：通常位于远程服务器上，主要存储某些用于测试、生产、协作和发布等用途的文件。

(3) 测试服务器文件夹：用于处理动态网页的文件夹，因此也被称为“动态页文件夹”。

7.2.2 站点的创建与管理

站点是存放网站内容的集合体，网站的内容都分门别类地保存在各类文件夹中。本书主要介绍本地站点的创建与管理。

1 站点的创建

【例 7-2】 使用 Dreamweaver CS4 建立一个本地站点“站点 1”，站点文件夹为 D 盘的“计算机应用”。

操作步骤如下。

1) 打开“站点定义”对话框

打开“站点定义”对话框有两种方式：

(1) 通过菜单：执行菜单“站点/新建站点”命令，进入“站点定义”对话框，或执行菜单“站点/管理站点”命令，然后在“管理站点”对话框内选择“新建/站点”操作。

(2) 通过文件面板：单击“文件”面板上的下拉列表，选择“管理站点”命令，如图 7-2-1 所示，然后选择“新建/站点”命令。

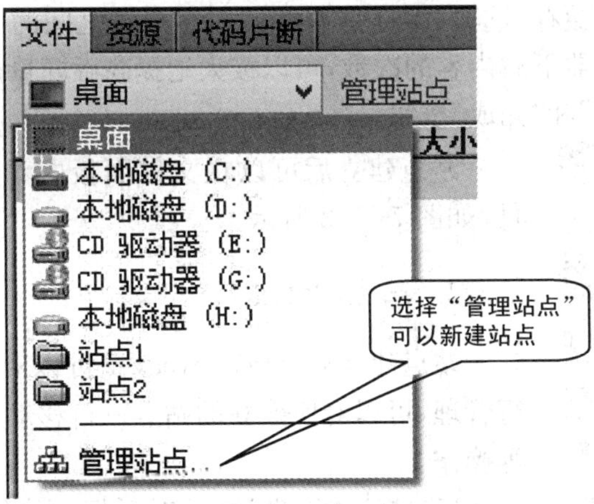

图 7-2-1 “站点管理”面板

步骤一：执行菜单"站点/新建站点"命令，打开"站点定义"对话框。

2）定义站点

在"站点定义"对话框中可以通过选择"基本"或"高级"两个选项卡进行站点设置，如图7-2-2所示。

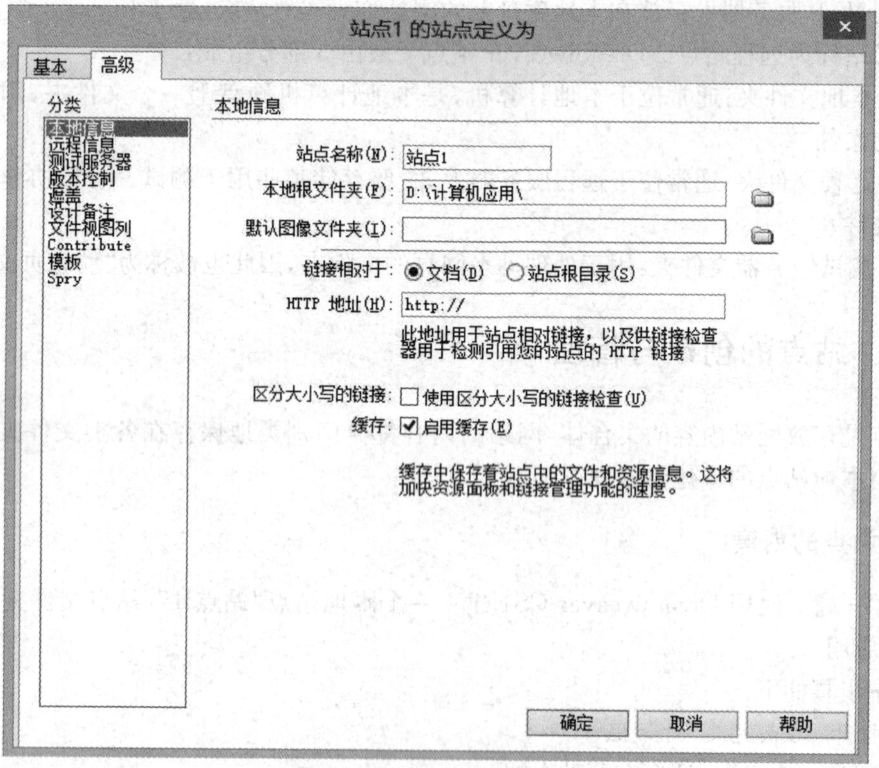

图 7-2-2 "站点定义"对话框

步骤二：在"站点定义"对话框中选择"高级"选项卡，选择"本地信息"分类，在右边"站点名称"中输入"站点 1"。

步骤三：单击"本地根文件夹"旁的浏览按钮，选择 D 盘的"计算机应用"文件夹。

步骤四：选择"启用缓存"选项（缓存是服务器与客户端之间的一种约定，利用缓存可以明显地减少重复从服务器下载内容的次数，可以极大地提高吞吐量以及响应速度）。

步骤五：单击"确定"和"完成"按钮。

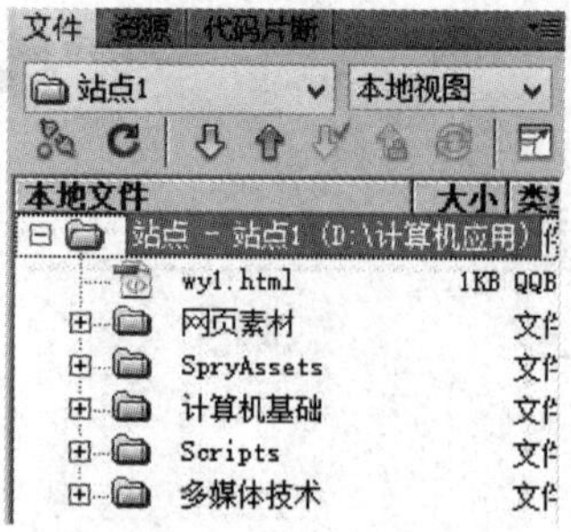

图 7-2-3 "站点 1"站点图

站点建立后可以在文件面板中看到该站点及站点中的文件，如图 7-2-3 所示。

2 站点的管理

站点建立后，Dreamweaver 可以对站点及站点中的文件进行管理，可以对所建立的站点进行移动、复制、删除、导入和导出等操作。

（1）打开"管理站点"对话框。执行菜单"站点/管理站点"

命令；或选择“文件”面板下拉列表中的“管理站点”命令，打开“管理站点”窗口，如图 7-2-4 所示。

(2) 切换站点。用 Dreamweaver 编辑网页或进行网站管理时，每次只能对一个网站进行操作，因此有时需要在不同的站点之间进行切换。具体操作为：

在“文件”面板的下拉列表中选择需要的站点，如图 7-2-5所示；或执行菜单“站点/管理站点”命令，在“管理站点”对话框内选择站点，单击“完成”按钮。

(3) 编辑站点。如果需要对站点进行编辑操作，可以在“站点管理”对话框中选择需编辑的站点，然后单击“编辑”按钮，进入“站点定义”对话框，用户可以根据需要修改站点信息。

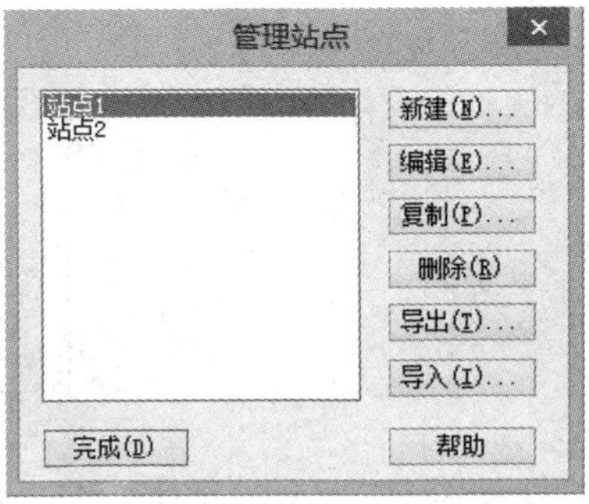

图 7-2-4　“管理站点”对话框

(4) 复制站点。在“站点管理”对话框中选择需要被复制的站点，单击“复制”按钮，出现如图 7-2-6 所示的界面，然后单击“编辑”按钮，打开“站点定义”对话框，修改被复制站点的名称，设置站点信息。

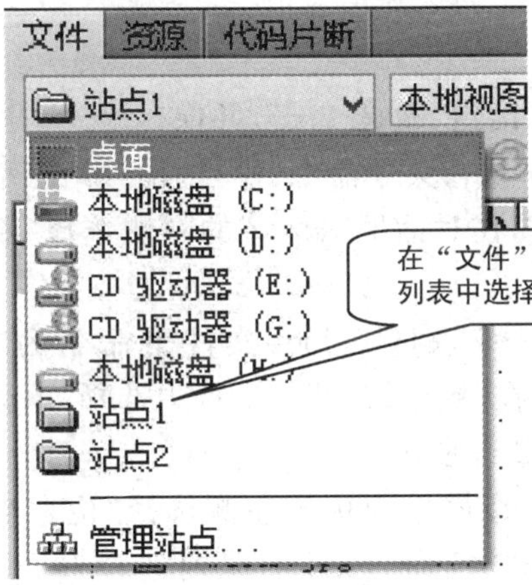

图 7-2-5　“文件面板”站点切换

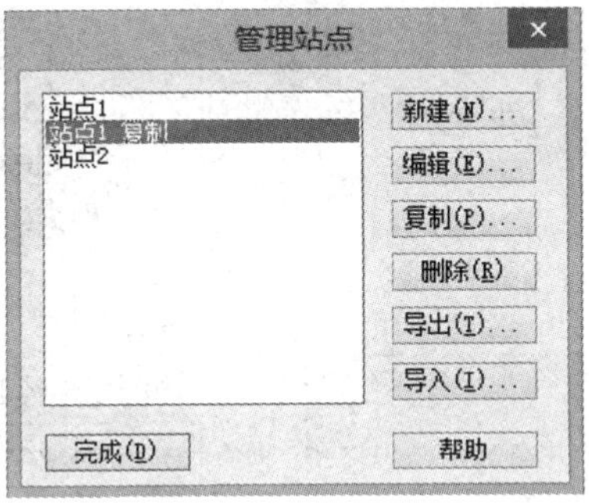

图 7-2-6　站点复制

(5) 删除站点。在“站点管理”对话框中选择将被删除的站点，单击“删除”按钮。（注意：此时的删除操作仅仅是删除站点的定义，而站点中的内容仍保存在硬盘的原来位置，并没有被删除，需要时可以再次将此文件夹定义为站点。）

(6) 导入/导出站点。①导入：可将原导出的扩展名为. ste 的站点文件再次导入。②导出：将选择的站点导出到硬盘上指定的位置，导出的站点文件是一个 XML 文件，扩展名为. ste，以后需要时可直接导入使用。

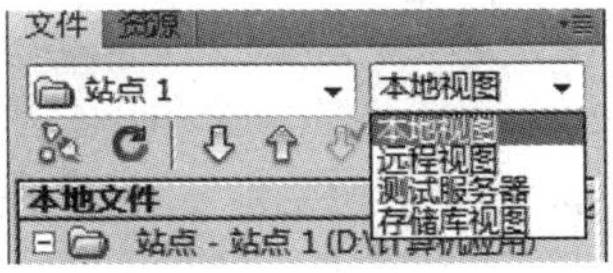

图 7-2-7　站点视图的查看方式切换

(7) 站点的查看方式。在“文件”面板中，可以选择站点的查看方式。在文件面板右侧的下拉列表中选择“本地视图”或“远程视图”可切换查看本地或远程站点的内容，如图 7-2-7 所示。单击文件面板右上角的“展开以显示本地和远端站点”按钮，可以切换站点文件的显示方式，如图 7-2-8 所示。

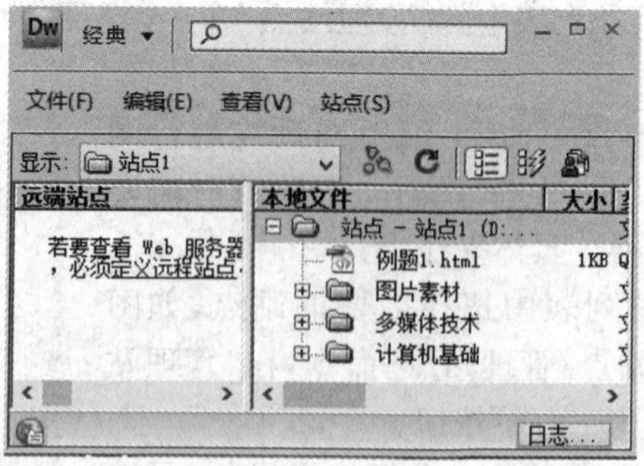

图 7-2-8　站点的展开显示

3　站点链接检查

站点中网页文件一般通过超级链接打开，有时由于文件重命名或删除操作后，无法实现链接，影响网页的显示，因此需要经常检查网页的超链接情况，通过菜单命令“站点/检查站点范围的链接…”打开检查对话框，在“显示”的右侧选择“断掉的链接/外部链接/孤立文件”选项，对话框中将显示相应的链接情况。

【例 7-3】　检查 wy1. html 的链接情况。

（1）建立 wy1. html 中“可爱的蝴蝶”文本超级链接到“蝴蝶. doc”，并保存。

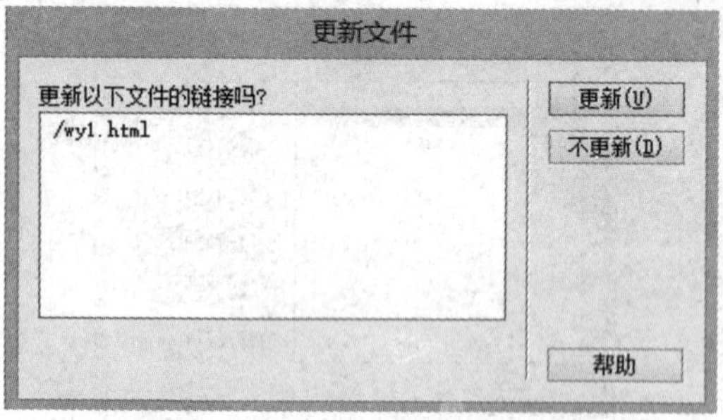

图 7-2-9　更新链接对话框

（2）执行菜单命令“站点/检查站点范围的链接…”，在对话框“显示”的右侧选择“断掉的链接”。

（3）将“蝴蝶. doc”文件重命名为“蝴蝶 1. doc”，在“更新链接”对话框中选择“不更新”，如图 7-2-9 所示。

（4）在属性面板的左侧选择“检查当前文档中的链接”命令，显示框内选择“断掉的链接”，如图 7-2-10 所示，刷新后将显示如图 7-2-11所示的断掉的链接情况。

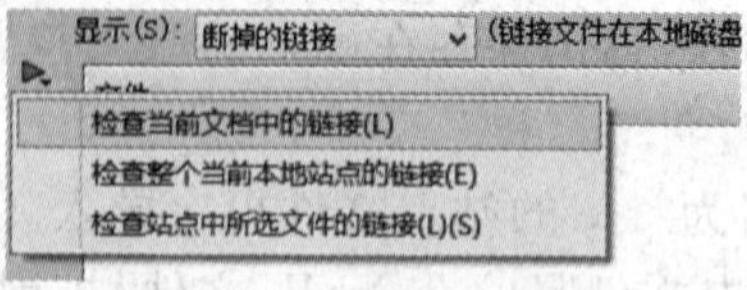

图 7-2-10　检查链接命令

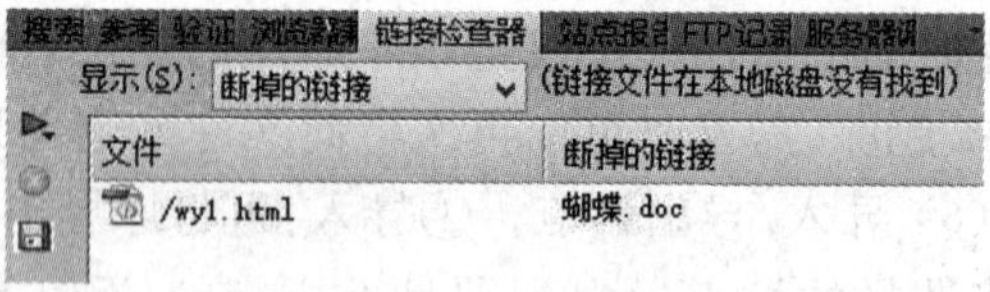

图 7-2-11　断掉的链接

7.3　网页设计软件 Dreamweaver CS4

Dreamweaver CS4 是由美国著名多媒体软件开发商 Adobe 公司推出的一款专业可视

化网页制作工具，是集网页制作和网站管理于一身的所见即所得式的网页编辑器，到目前为止，在世界范围内超过60%的专业网页设计师都选用 Dreamweaver 作为网页开发工具。

由于 Dreamweaver 的可视化编辑功能，在通常情况下，用户可以快速地创建页面而无须编写任何代码。

7.3.1 Dreamweaver CS4 的窗口界面

Dreamweaver CS4 的界面简洁而高效，集成程度高，提供了众多功能强大的可视化设计工具、应用程序开发环境以及代码编辑支持，使用户能够快捷地创建代码规范的应用程序。

当打开一个文件或新建一个文件后，进入 Dreamweaver CS4 的工作区界面，工作区中包含了各种网页设计的工具和菜单，对文档和对象进行创建、编辑、管理和查看的操作都在工作区内进行，主要包括菜单栏、工具栏、文档编辑区、属性面板和面板组等，下面将逐一介绍。

1 工作区

Dreamweaver CS4 的工作区界面如图 7-3-1 所示。

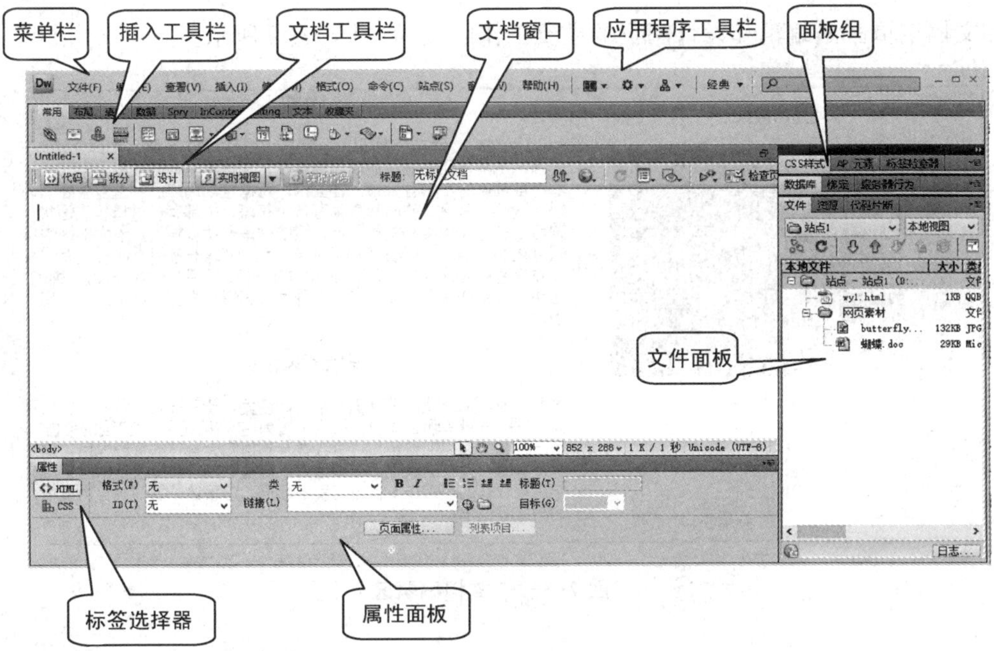

图 7-3-1 Dreamweaver CS4 的工作区

2 菜单栏

Dreamweaver CS4 主要包含10项主菜单：文件、编辑、查看、插入、修改、格式、命令、站点、窗口和帮助。网页制作中所用到的所有功能，都包含在菜单中。菜单按照功能的不同进行了相应的划分，使用户能够更方便地使用。

3 工具栏

Dreamweaver 工具栏主要有 3 种：插入工具栏、文档工具栏和应用程序工具栏。

(1) 插入工具栏。插入工具栏包含了“常用”“布局”“表单”“数据”“Spry”“InContext Editing”“文本”和“收藏夹”8 个选项卡。

(2) 文档工具栏。文档工具栏包含用于选择所需开发环境的“代码”“设计”“拆分”和“实时视图”、实时代码按钮和多个下拉菜单。①代码：一个用于编写和编辑 HTML、JavaScript 代码的手工编码环境。②设计：一个用于可视化页面布局、可视化编辑的一种“所见即所得”视图模式。③拆分：可同时显示同一文档的代码视图和设计视图，同时对网页进行可视化设计和代码设计。通过单击文档工具栏中的各种视图按钮，用户可以自由地在不同的视图之间快速切换。此外，文档工具栏还提供了一些与查看文件、在本地和远程站点间传输文档有关的常用命令和选项。

(3) 应用程序工具栏。在 Dreamweaver CS4 的窗口标题栏上新增加了几个命令，可以快速实现“布局”“扩展 Dreamweaver”“站点管理”和“视图”之间的切换，它们是网页制作中最常用的命令。

4 文档编辑区

文档编辑区是编辑和设计网页的主要工作区域，如图 7-3-2 所示。

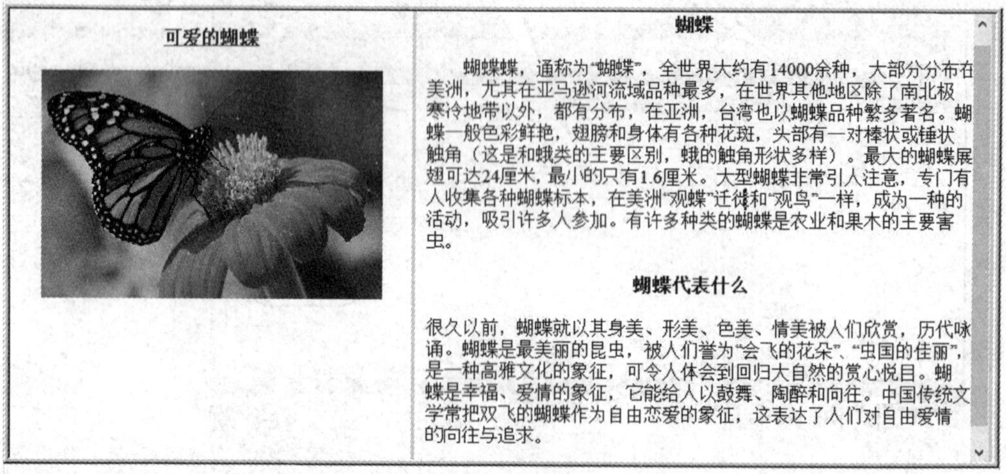

图 7-3-2　文档编辑区

5 属性面板

属性面板位于操作界面底部，主要用于编辑和查看页面中各对象的属性设置。在默认情况下，属性面板显示的是文本属性。

Dreamweaver CS4 进一步提升了 CSS 规则在网页设计上的应用，在属性面板里提供了“HTML”和“CSS”两种类型的属性设置。

(1) HTML：显示格式、粗/斜体、项目符号与编号、段落缩排、链接及链接目标等设置属性，如图 7-3-3 所示，这些属性只针对当前所选内容产生效果。

图 7-3-3 “属性”面板 HTML 设置

(2) CSS：显示目标规则、字体、大小等设置属性，如图 7-3-4 所示，这些属性设置后会自动建立一个 CSS 样式，以便下次直接套用所列的样式。

图 7-3-4 “属性”面板 CSS 设置

当选取网页页面中其他对象如图像、表格或框架等内容时，属性面板会显示该对象相对应的属性，如图 7-3-5 所示的是图像的属性设置项目，可以设置图像的大小、链接、替换文字、边距、对齐等属性。

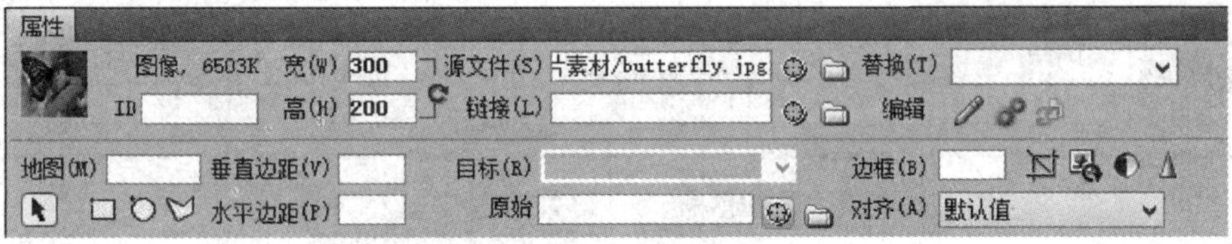

图 7-3-5 图像的“属性”面板

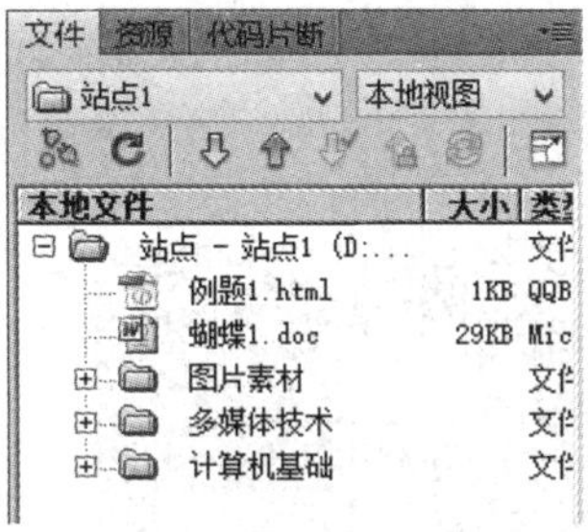

图 7-3-6 “文件/资源”面板组

6 面板和面板组

面板是提供某类功能命令的组合，通过面板可以快速完成目标的相关操作，利用“窗口”菜单下的对应命令可打开或关闭相关的面板。

一些面板的组合可以形成面板组，如 CSS 样式和 AP 元素形成一个面板组，“文件”和“资源”形成一个面板组，如图 7-3-6 所示。

7 “文件/资源”面板组

“文件/资源”面板组是一个重要面板组，用来管理站点上的文件、文件夹和站点，文件面板以树形结构访问本地磁盘上的全部文件，类似于 Windows 中的资源管理器，并且拥有资源管理器中的对文件和文件夹操作的命令。例如：复制、移动、新建、重命名、删除等操作，如图 7-3-7 所示。

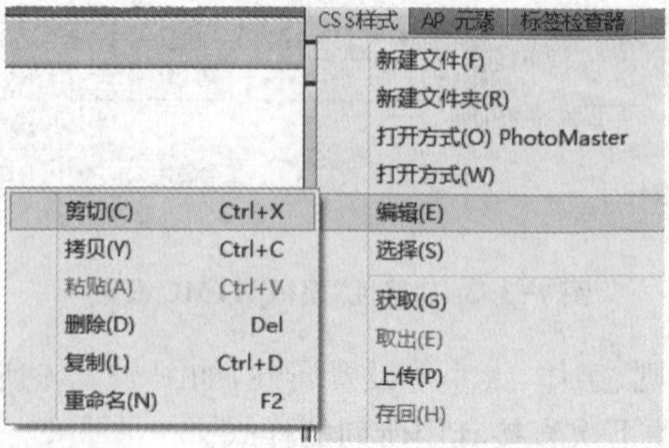

图 7-3-7　文件面板的操作

7.3.2　网页元素的添加

在浏览网页时，获取信息最直接、最直观的方式就是通过文本，而美化网页最简单、最直接的方式就是在网页上添加图像，文本和图像是构成网页的两大主要元素。当然还可以添加其他一些元素如多媒体等来丰富网页内容。

这里将通过举例介绍如何制作如图 7-3-8 所示的网页“wy2. html”。

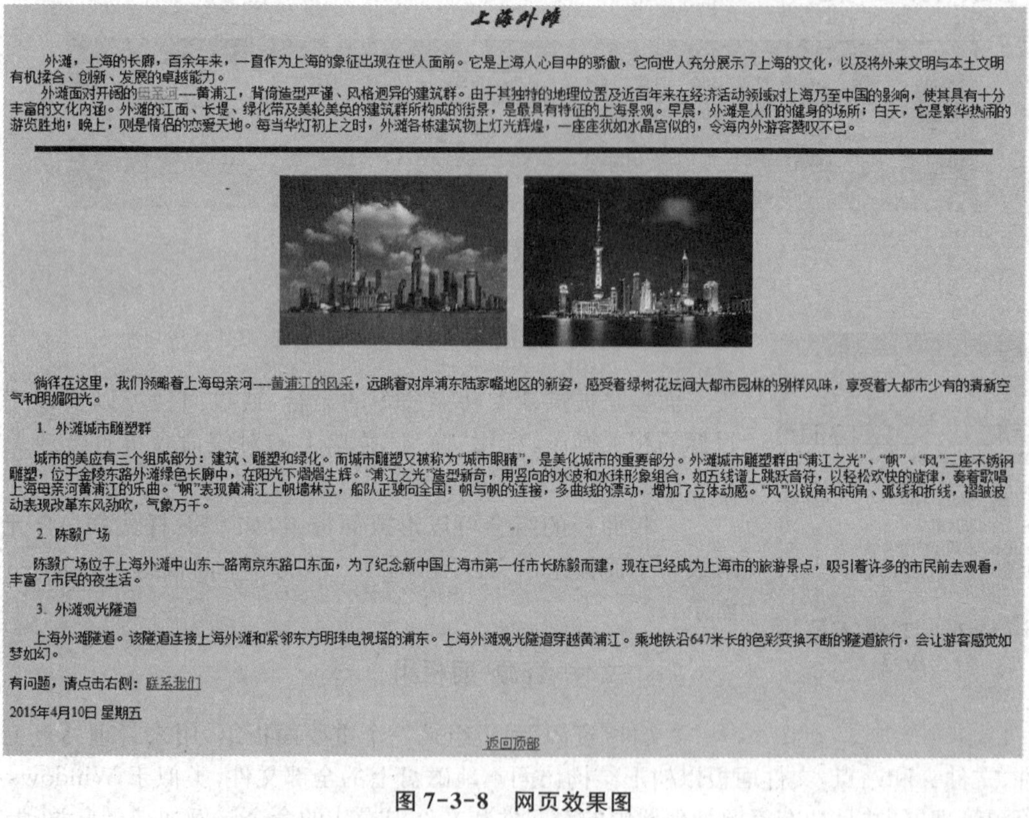

图 7-3-8　网页效果图

1 网页页面属性设置

制作网页时，需要设置网页的标题、背景图像、背景颜色、文本颜色、链接颜色、页边距等，对外观进行整体上的控制，以保证页面属性的一致性。

具体步骤：执行菜单“修改/页面属性”命令；或者在“属性”面板中单击如图 7-3-9 所示的“页面属性”按钮，打开“页面属性”设置对话框，如图 7-3-10 所示。

图 7-3-9 “页面属性”按钮

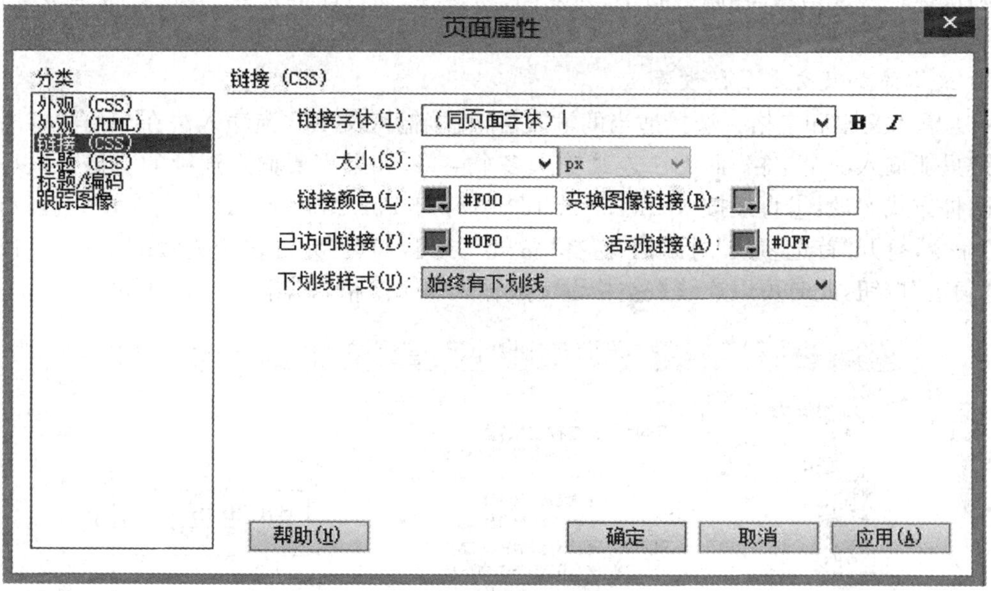

图 7-3-10 “页面属性”对话框

在“分类”中共有 6 个不同的选项，可以对页面进行不同的属性设置，下面仅介绍两种：

(1) 外观(CSS)：可以设置页面的默认字体、大小、粗斜体、文本颜色、背景颜色或背景图像、页边距等。其中背景图像优先级高于背景颜色。当设置了背景图像时，则可以通过选择“重复”中的选项来设置背景图像的显示方式：no-repeat 为仅显示图像一次；repeat 为横向和纵向重复平铺图像；repeat-x 为横向平铺图像；repeat-y 为纵向平铺图像，如图 7-3-11 所示。

图 7-3-11 背景图像重复设置

(2) 链接(CSS)：可以设置超级链接文本的默认字体、大小、粗斜体、文本链接颜色、已访问链接颜色、活动链接颜色、已访问链接颜色、变换图像链接颜色、下划线样式等。

【例 7-4】 打开“外滩. html”，另存为 wy2. html。设置网页标题为"外滩的魅力",网页背景颜色为＃FC9,网页的超级链接色为＃F00、已访问链接色为＃0F0、活动链接色为＃0FF。

操作步骤如下。

(1) 打开"外滩.html",另存为 wy2.html。

(2) 在"属性"面板中单击"页面属性"按钮,在"分类"中选择"标题/编码",在右侧"标题"行内输入标题"外滩的魅力"。

(3) 在"分类"中选择"外观/CSS",在"背景颜色"右侧框中输入"＃FC9"。

(4) 在"分类"中选择"链接/CSS",按图 7-3-10 所示设置超级链接颜色。

(5) 保存 wy2.html,按〈F12〉可浏览到网页的标题和背景色。

2 添加文本及相关文本要素

在网页创作中,网页上的信息大多是通过文字来表达的。文字是最基本的元素之一,具有准确快捷地传递信息、存储空间小、易复制、易保存、易打印等优点,其优势很难被其他元素所取代。

1) 文本添加及文本属性设置

(1) 输入文本和空格。选择适当的输入法,直接输入文本。当输入法在半角状态时,按空格键只能输入一个空格,而无法连续输入多个空格,如果需要输入连续的空格,可以通过下面两种方式实现:①直接按〈Ctrl〉+〈Shift〉+〈SpaceBar〉组合键。②执行菜单"编辑/首选参数"命令,打开"首选参数"对话框,选择"常规"分类,勾选"允许多个连续的空格"复选框,单击"确定"按钮,此时可以连续按空格键完成输入多个空格,如图 7-3-12 所示。

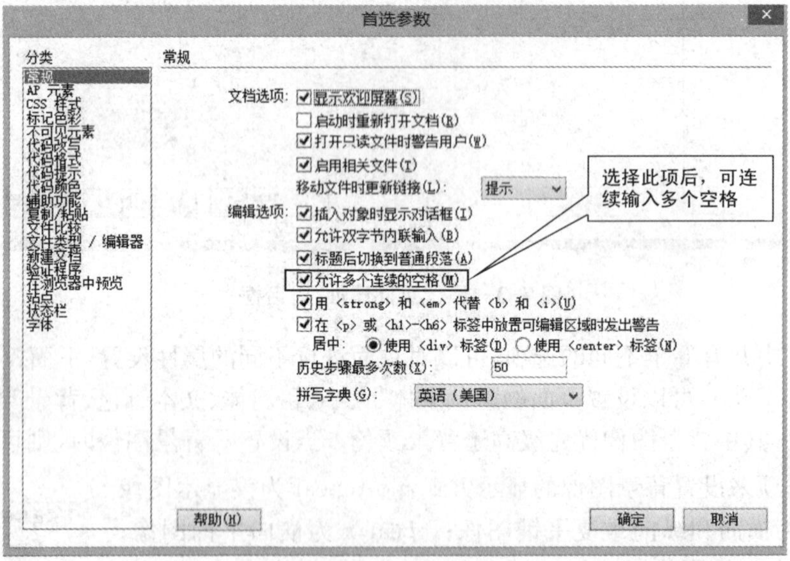

图 7-3-12 "首选参数"对话框

(2) 文本换行。在 DreamweaverCS4 中,如果直接按〈Enter〉进行文本换行,换行的行距较大,而利用〈Shift〉+〈Enter〉组合键换行的行距则较小。但是需注意的是,按〈Enter〉后的一行为新段落,拥有原来的段落格式,可以添加原来的项目符号或列表符号,而按〈Shift〉+

〈Enter〉组合键后的一行则延续上一行的段落格式，仅仅是换行显示，不能添加项目符号或列表符号。

(3) 文本属性设置。Dreamweaver CS4 的属性面板在操作上进行了一项重要改进，就是将一些网页元素的属性设置分为“HTML”和“CSS”两种分类。①HTML：通过“HTML”分类可以对网页文本的格式、粗体、斜体、项目列表、编号列表、文本缩进、文本超级链接等进行设置。②CSS：通过“CSS”分类设置网页文本的字体、大小、粗体、斜体、文本对齐方式、颜色等字体外观。有关 CSS 样式的内容将在 7.3.3 中详细介绍。

【例 7-5】 打开 wy2.html 网页，在网页开始处添加标题文字“上海外滩”，设置标题文字居中对齐。

(1) 在网页开始处增加一行，输入文字“上海外滩”。

(2) 光标定位在第一行，执行菜单“格式/对齐/居中对齐”命令。

2) 添加相关文本要素

(1) 添加特殊字符。制作网页时，有时需要输入一些特殊字符，如版权符号、注册商标、货币符号等，Dreamweaver CS4 提供了输入特殊字符的功能。

执行菜单“插入/HTML/特殊字符”命令，在打开的面板中选择相应的特殊字符。

(2) 添加日期和水平线。

【例 7-6】 在 wy2.html 网页的底部添加可自动更新的日期，格式如图 7-3-13 所示的。网页中间添加宽度 95%、高度 3 像素、无阴影、居中对齐水平线，设置水平线颜色为蓝色。

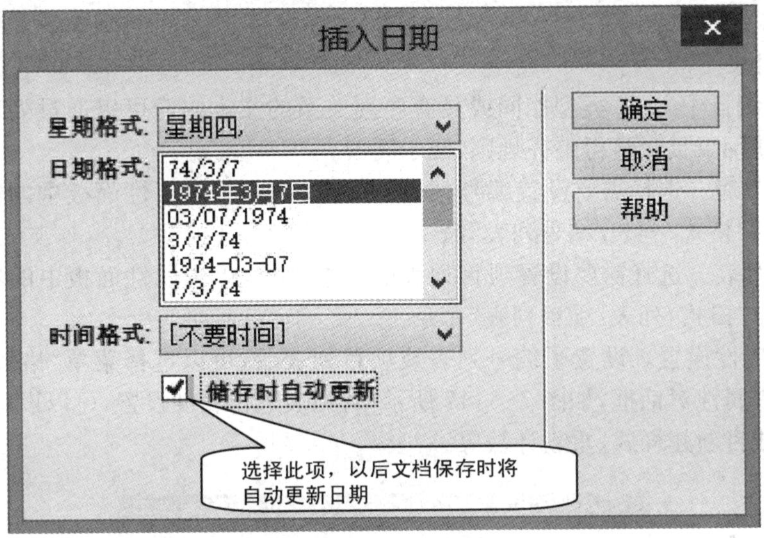

图 7-3-13 “插入日期”对话框

(1) 执行菜单“插入/日期”命令，显示“插入日期”对话框，在对话框中选择相应的“星期格式”“日期格式”和“时间格式”。

(2) 勾选“储存时自动更新”选项(在以后的文档保存时将自动更新插入的日期)。

(3) 在第 2 段文本后，执行菜单“插入/HTML/水平线”命令，在光标所处位置插入一条水平线。

(4) 选取水平线，在属性面板中设置水平线的高 3 像素、宽 95%、居中对齐、无阴影，如

图 7-3-14 所示。(当未设置水平线的宽度时,水平线的宽度为整个页面的宽度)

图 7-3-14 “水平线”属性面板

(5) 右单击水平线,选择“编辑标签”命令,在“标签编辑器”对话框中选择“浏览器特定的”项,右边设置颜色为蓝色,单击“确定”按钮,如图 7-3-15 所示。(仅在浏览时能看到水平线为蓝色,也可以利用“标签检查器”面板进行设置,如图 7-3-16 所示。)

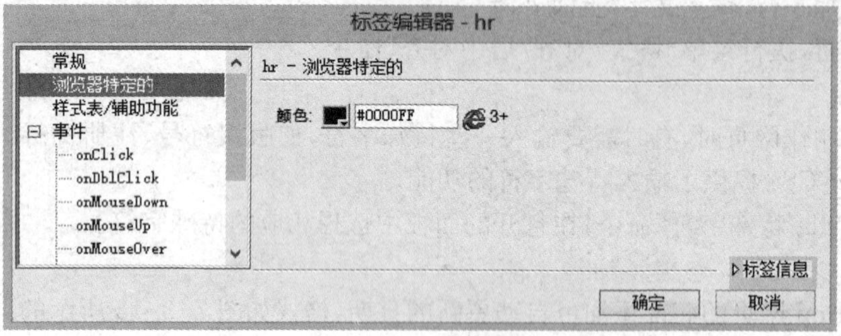

图 7-3-15 “标签编辑器”对话框

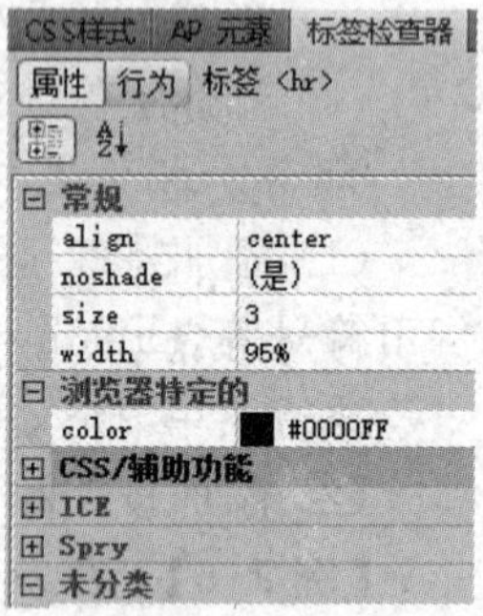

图 7-3-16 “标签检查器”面板

3) 设置列表

网页文本编排中,一些类型相同或具有序列关系的文本内容可以通过列表的方式来呈现,这样可以使网页资料显得整齐规则,便于阅读。

(1) 编号列表。选择需要设置编号列表的文本内容,单击属性面板中的编号列表按钮,或执行菜单“格式/列表/编号列表”命令。

(2) 项目列表。选择需要设置项目列表的文本内容,单击属性面板中的项目列表按钮,或执行菜单“格式/列表/项目列表”命令。

(3) 列表属性设置。设置了编号列表或项目列表后,可以选择菜单“格式/列表/属性”命令,打开列表属性对话框,如图 7-3-17 所示,对列表进行属性设置,可以设置列表类型、列表样式、列表项目新建样式、重新计数等。

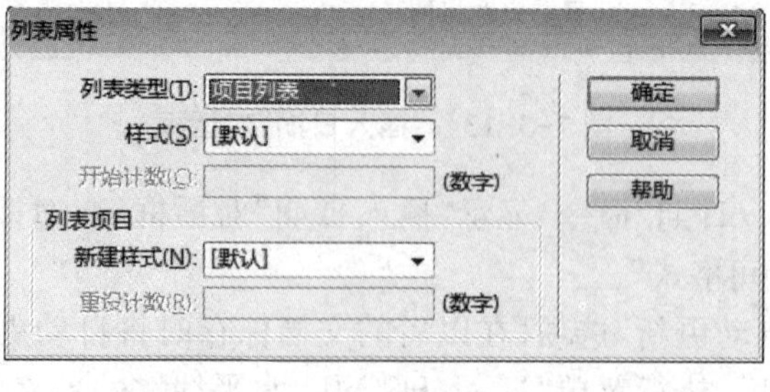

图 7-3-17 “列表属性”对话框

【例 7-7】 将 wy2. html 网页中的相应段落按图 7-3-18 所示设置编号列表。

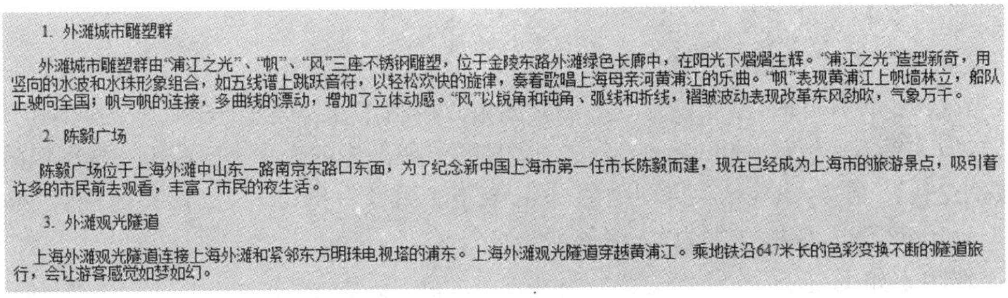

1. 外滩城市雕塑群

外滩城市雕塑群由"浦江之光"、"帆"、"风"三座不锈钢雕塑，位于金陵东路外滩绿色长廊中，在阳光下熠熠生辉。"浦江之光"造型新奇，用竖向的水波和水珠形象组合，如五线谱上跳跃音符，以轻松欢快的旋律，奏着歌唱上海母亲河黄浦江的乐曲。"帆"表现黄浦江上帆樯林立，船队正驶向全国；帆与帆的连接，多曲线的漂动，增加了立体动感。"风"以锐角和钝角、弧线和折线，褶皱波动表现改革东风劲吹，气象万千。

2. 陈毅广场

陈毅广场位于上海外滩中山东一路南京东路口东面，为了纪念新中国上海市第一任市长陈毅而建，现在已经成为上海市的旅游景点，吸引着许多的市民前去观看，丰富了市民的夜生活。

3. 外滩观光隧道

上海外滩观光隧道连接上海外滩和紧邻东方明珠电视塔的浦东。上海外滩观光隧道穿越黄浦江。乘地铁沿647米长的色彩变换不断的隧道旅行，会让游客感觉如梦如幻。

图 7-3-18 "编号列表"效果图

操作步骤如下。

(1) 选取"外滩城市雕塑群"文本，执行菜单"格式/列表/编号列表"命令。

(2) 重复操作(1)，为"陈毅广场"文本添加编号列表，执行菜单"格式/列表/属性"命令，在"列表属性"对话框中的"开始计数"框内输入数字 2，单击"确定"按钮。

(3) 重复操作(2)，为"外滩观光隧道"文本添加编号列表。

3 添加图像

除了文字外，图像也是网页中不可或缺的重要元素之一，在网页中插入图像，可以使网页更加美观，它能装饰网页，表达企业文化或个人的情趣和风格。

1) 插入图像及图像的属性设置

(1) 插入图像。执行菜单"插入/图像"命令，可将图像插入到网页中。

(2) 图像的属性设置。选择需设置属性的图像，在属性面板中进行属性设置，各项内容及其功能为：①ID：设置图像的名称或 ID。②宽/高：设置图像的宽度和高度，单位为像素。③源文件：单击"源文件"旁的"浏览文件"按钮，可改变源文件图片。④链接：可设置图像的超链接，单击"链接"旁的"浏览文件"按钮，可选择超级链接对象。⑤目标：指定链接的网页应加载到的框架或窗口。当未设置超级链接时，此项不可用。具体设置将在后面超级链接中介绍。⑥替换：在此处输入文本后，当图像在浏览器不能正常显示时，即可在图像位置显示替换文本内容；若图像能够正常显示时，当浏览者把光标移动到图像时，在图像上会出现替换文本。⑦地图：地图名称和热点工具。热点工具为用户提供了图像中部分内容超级链接的功能。⑧垂直边距/水平边距：沿图像的边添加边框，单位像素。⑨边框：图像边框的宽度，单位像素。⑩对齐：设置图像与同一行中其他内容的对齐方式，比如与文字顶端对齐。

【例 7-8】 按图 7-3-8 所示，将图像 waitan. jpg 插入 wy2. html 网页中相应位置，并设置图像的宽 300、高 200。

操作步骤如下。

(1) 执行菜单"插入/图像"命令，打开"选择图像源文件"对话框。

(2) 在"查找范围"内选择需要插入的图片文件 waitan. jpg，单击"确定"按钮。

(3) 选择图像"waitan. jpg"，在"属性"面板中设置高和宽，如图 7-3-19 所示。

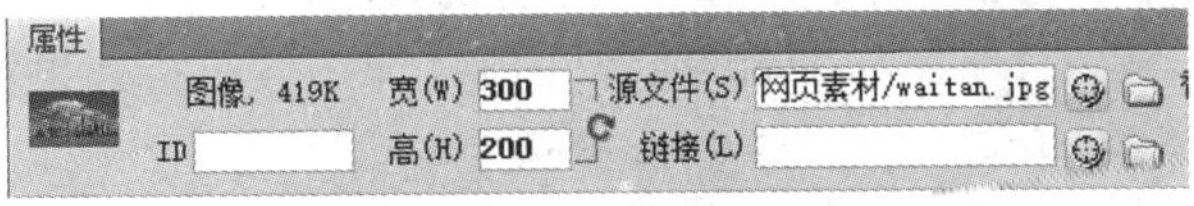

图 7-3-19 图像属性设置

2）插入鼠标经过图像

“鼠标经过图像”是指在浏览器窗口中，当鼠标指针移到图像上时，图像随即变成另外一幅图像，当鼠标指针移开时，又会恢复到第一幅图像。在制作“鼠标经过图像”中的两幅图像应大小一致，但如果不一致，Dreamweaver 会自动调整第二幅图像的大小来匹配第一幅图像的大小。

【例 7-9】 在 wy2. html 网页中的 waitan. jpg 图像右侧，插入鼠标经过图像 waitan1. jpg 和 waitan2. jpg，替换文本为“上海外滩景色”。

操作步骤如下。

(1) 执行菜单“插入/鼠标对象/鼠标经过图像”命令，显示“插入鼠标经过图像”对话框。

(2) 单击“原始图像”旁的“浏览”按钮，选择原始图像 waitan1. jpg，单击“确定”按钮。

(3) 单击“鼠标经过图像”旁的“浏览”按钮，选择鼠标经过图像 waitan2. jpg，单击“确定”按钮。

(4) 输入替换文本“上海外滩景色”，单击“确定”按钮。

(5) 设置图像大小为宽 300、高 200。保存并预览。

在浏览网页时，当鼠标移开和移到图像上时，显示如图 7-3-20 和图 7-3-21 所示的结果。

图 7-3-20 原始图像

图 7-3-21 鼠标经过图像

4 插入多媒体

1）插入 Flash 动画

Flash 动画以其文档容量小、效果丰富等特点深受网页制作者的钟爱。

【例 7-10】 新建 wy3. html 网页，将 Flash 文件 hehua. swf 插入到网页中，设置宽 400、高 300，自动、循环播放。

操作步骤如下。

(1) 执行菜单“插入/媒体/SWF”命令，显示“选择文件”对话框。

图 7-3-22 Flash 按钮

(2) 选择 Flash 文件 hehua. swf，单击“确定”按钮。

(3) 在网页的文档窗口显示如图 7-3-22 所示的 Flash 按钮。

(4) 选取 Flash 按钮，在属性面板中设置宽和高，勾选“循环”和“自动播放”选项。

(5) 保存并预览，Flash 运行效果如图 7-3-23 所示。

2）添加音频

【例 7-11】 将声音文件 xihu. wav 添加到网页 wy3.

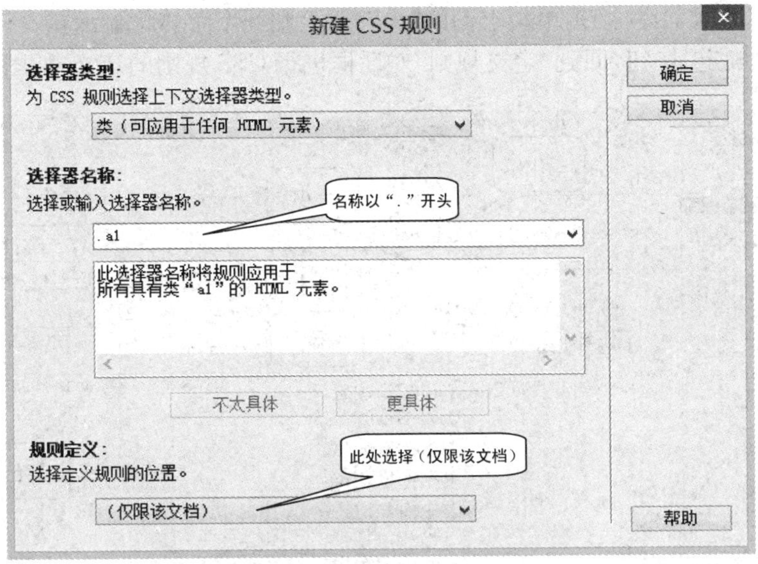

图 7-3-28　“新建 CSS 规则”对话框

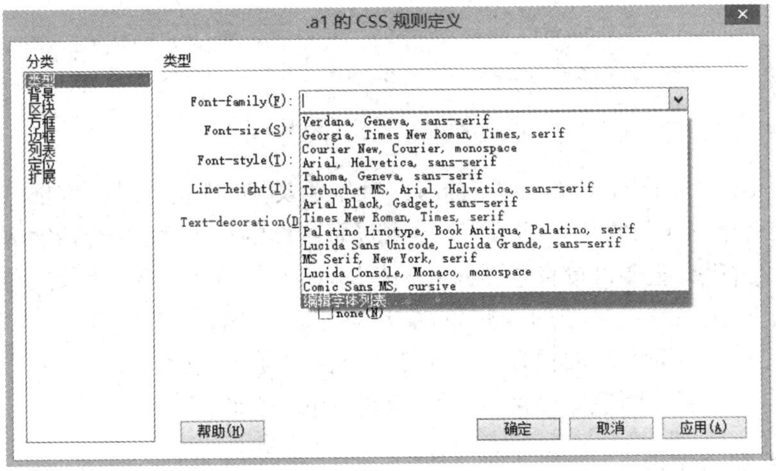

图 7-3-29　“.a1 的 CSS 规则定义”对话框

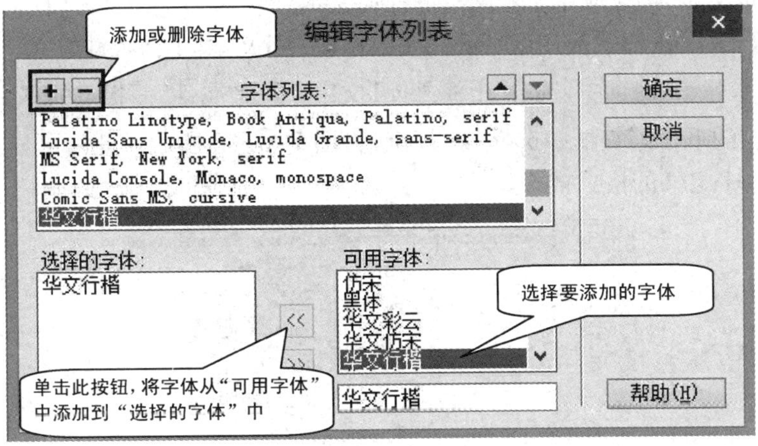

图 7-3-30　添加字体对话框

（如需再次添加其他字体，必须单击上面的“＋”号，否则几个字体将显示在一行）

（4）单击“确定”按钮，回到“定义规则”对话框进行 CSS 规则的定义，如图 7-3-31 所示。

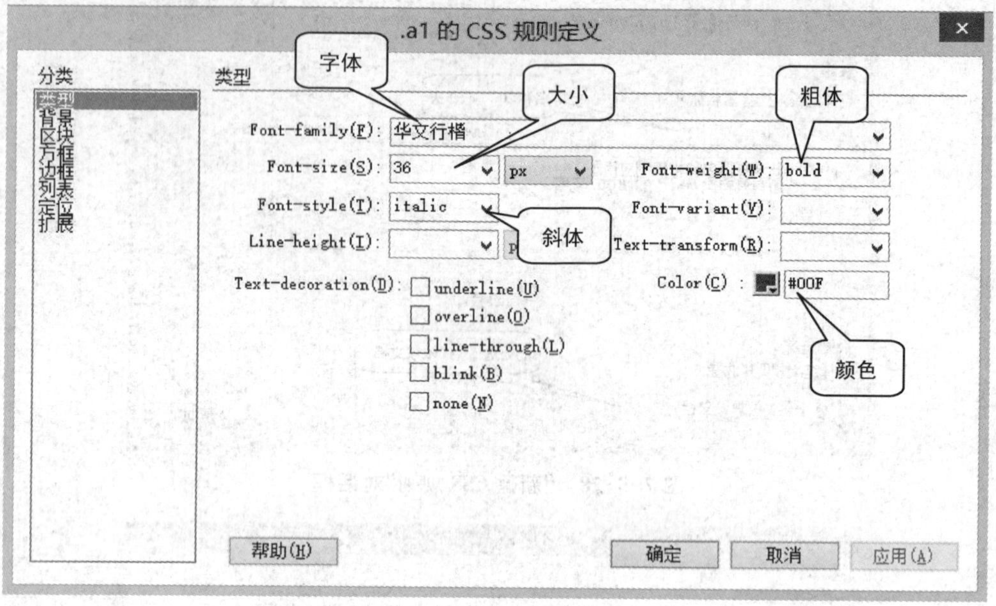

图 7-3-31　定义 CSS 规则

从图 7-3-31 中可看到，CSS 分类有 8 种，分别为类别、背景、区块、方框、边框、列表、定位和扩展。下面介绍常用的几种：①类别：主要设置字体的一些属性，包括字体、大小、粗斜、文本颜色等。②背景：主要设置背景图像的一些属性，包括背景图像、背景颜色、图像的平铺特性等。③区块：主要设置文本的一些属性，包括单词间隔、字符间隔、文本缩进等。④方框：用于控制元素在页面上的放置方式的标签和属性的定义，包括宽度、高度、浮动属性间距等。⑤边框：定义元素周围边框设置，包括边框的样式、粗细、颜色等。

3　CSS 规则的应用

CSS 规则定义后，可以应用于本网页的任何文本。

【例 7-14】　将.a1 样式应用到 wy2.html 的第一行文本“上海外滩”。

（1）在 wy2.html 网页中，选取“上海外滩”文字，单击“属性”面板上的 [<> HTML] 按钮。

（2）在“类”的下拉列表框中选择.a1 规则，如图 7-3-32 所示。此时可以看到所选文字的格式采用了.a1 定义的格式样式。

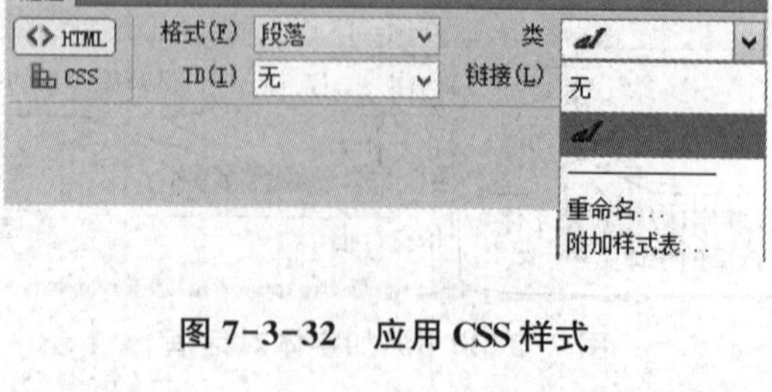

图 7-3-32　应用 CSS 样式

4　CSS 样式面板

在 CSS 样式面板中可以定义和修改样式，添加和改变属性。当选择“全部”时，可以看到全部样式，当选择“正在”时，可以看到正在编辑的样式，如图 7-3-33 所示。

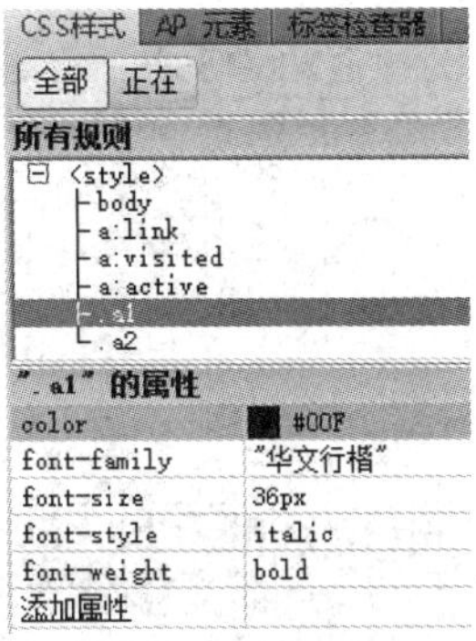

图 7-3-33　CSS 样式面板

7.3.4　设置超链接

超链接是指页面对象之间的链接关系，只有通过超链接才可以实现在不同网页，乃至不同网站之间的跳转。超链接就是从一个网页指向一个目标的关系，目标可以是另一个网页，可以是同一网页的不同位置，还可以是一幅图像、一个文件等。

1　文本链接

1）文本超链接设置

文本超链接是网页中最常见的超级链接。

（1）利用菜单建立文本超级链接。选取需设置超链接文本，执行菜单“插入/超级链接”命令，出现“超级链接”对话框，如图 7-3-34 所示。在对话框中可以输入链接地址，也可以按右侧“浏览”按钮选择链接文件。

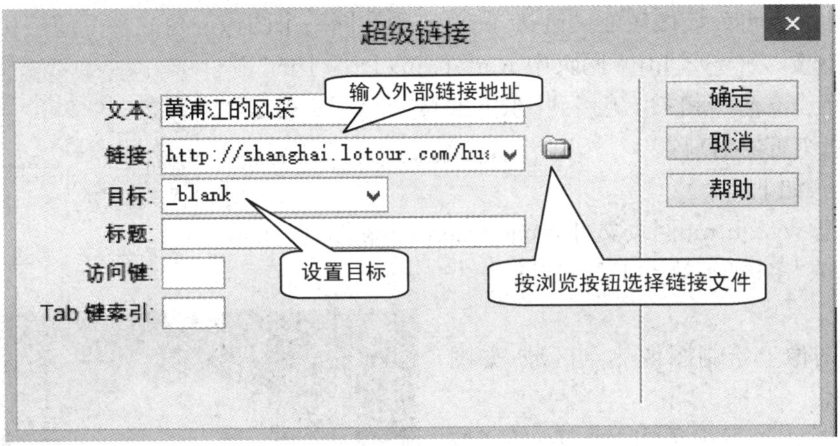

图 7-3-34　“超级链接”对话框

（2）利用属性面板建立文本超级链接。

【例 7-15】 在 wy2.htm 网页中为第二段中文本“母亲河”设置超级链接，链接文件为“黄浦江.html”，并要求在新的浏览器窗口打开。

（1）选取“母亲河”文字，单击属性面板上“链接”框右边的“浏览文件”按钮，在“选择文件”对话框内选择文件，单击“确定”按钮。

（2）在属性面板上选择“目标”为“_blank”，如图 7-3-35 所示。

图 7-3-35 属性面板超级链接设置

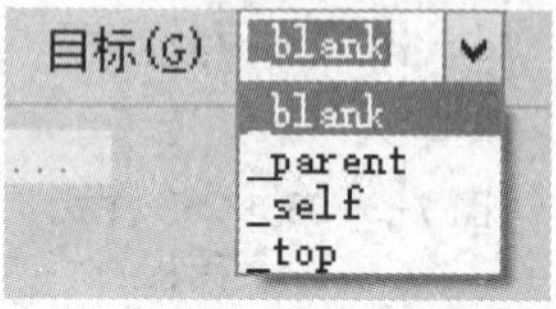

图 7-3-36 链接目标设置

2）链接目标设置

文本建立了超级链接后，在属性面板中的“目标”下拉列表中可以选择超级链接的打开方式，如图 7-3-36 所示。

(1) _blank：在一个新的浏览器中打开。

(2) _parent：在父框架中打开。

(3) _self：在网页所在窗口或框架中打开，此为默认选项。

(4) _top：在浏览器窗口打开。

2 图像链接

1）创建图像链接

创建图像超级链接的方法与建立文本超级链接相似，即选择图像，然后进行超级链接设置，这里不再详述。

2）图像热区链接

除了指定一张图像建立超链接外，还可以指定图像上某个区域建立超链接，方法是先绘制图像热点区域，再为该区域建立链接，从而实现在同一个图像上建立多个超链接的目的。

【例 7-16】 将 wy2. html 网页中 waitan. jpg 图像上的“东方明珠”部分建立超级链接，链接到“东方明珠. html”文件，目标位置为“新浏览器窗口”。

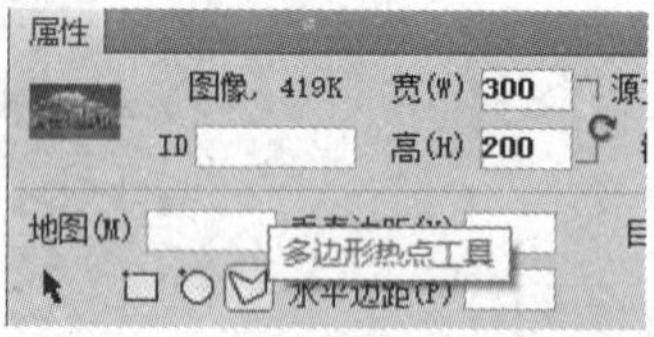

图 7-3-37 多边形热点工具

操作步骤如下。

(1) 打开 wy2. html 网页文件，选取 waitan. jpg 图片，在属性面板上选取“多边形”热点工具，如图 7-3-37 所示。

(2) 在图像上绘制图像热点区域，如图 7-3-38 所示。

(3) 在属性面板中单击“浏览文件”按钮，选择超级链接文件“东方明珠. html”，单击“确定”按钮。

(4) 在属性面板中设置链接目标为“_blank”。

(注意：在设置热点链接时，往往在链接框中事先出现一个 # 号，需要先删除此 #，再单击右侧浏览按钮选择链接文件，否则无法设置链接。)

图 7-3-38 图像热点区域

3　E-mail 链接

【例 7-17】　为 wy2. html 网页文件中的文本“联系我们”建立 E-mail 链接，地址为“abc@online. sh. cn”。

操作步骤如下。

第一：利用菜单建立 E-mail 链接。

(1) 选取需建立 E-mail 链接的文本“联系我们”，执行菜单“插入/电子邮件链接”命令。

(2) 在 E-mail 框内输入 E-mail 地址“abc@online. sh. cn”，如图 7-3-39 所示，单击“确定”按钮。

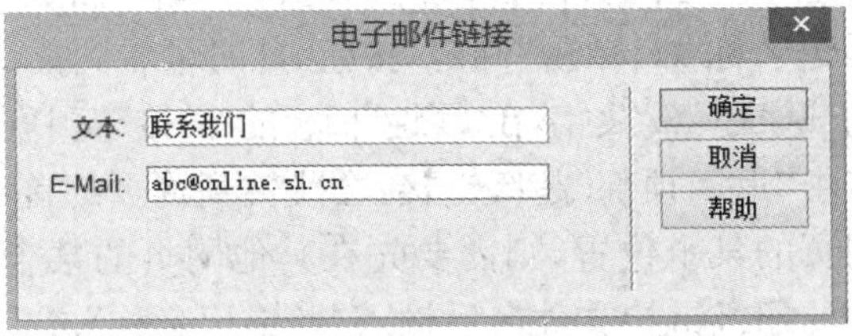

图 7-3-39　“电子邮件链接”对话框

在完成电子邮件链接后，在属性面板上可以看到链接情况，链接框内自动添加“mailto：”字样，如图 7-3-40 所示。

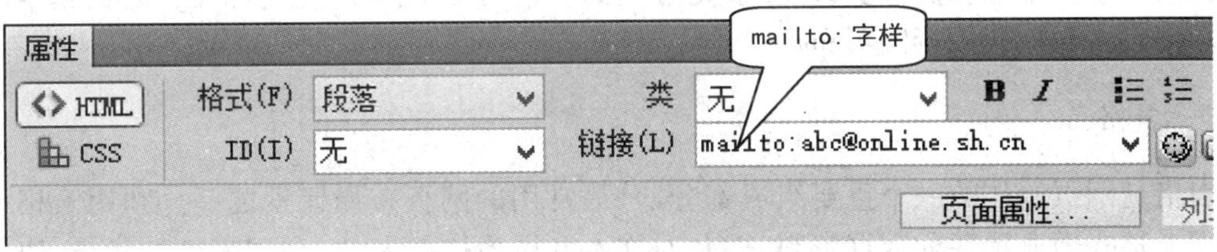

图 7-3-40　属性区域 E-mail 链接框

第二：利用“属性”面板建立 E-mail 链接：

选取需建立 E-mail 链接的文本，在属性面板的“链接”框内直接输入 mailto：和 E-mail 地址。(mailto 后的冒号必须为英文冒号。)

4　外部链接

【例 7-18】　在 wy2. html 网页中对第三段中文字“黄浦江的风采”设置超级链接，链接地址为“http://shanghai. lotour. com/huangpujiang/”，在新的浏览器窗口中打开。

操作步骤如下：

(1) 选取文字“黄浦江的风采”，在属性面板的链接框内输入地址“http://shanghai. lotour. com/huangpujiang/”。

(2) 在属性面板中设置链接目标为“_blank”。

5　锚记链接

Dreamweaver 提供了锚记链接功能，可创建跳转到页面的指定位置的链接。当建立一个锚记后，会在屏幕上显示锚记标记，如此时未显示锚记标记，可执行菜单“编辑/首选参数”命令，在“不可见元素”中勾选“命名锚记”复选框，“确定”后即可显示锚记，如图 7-3-41

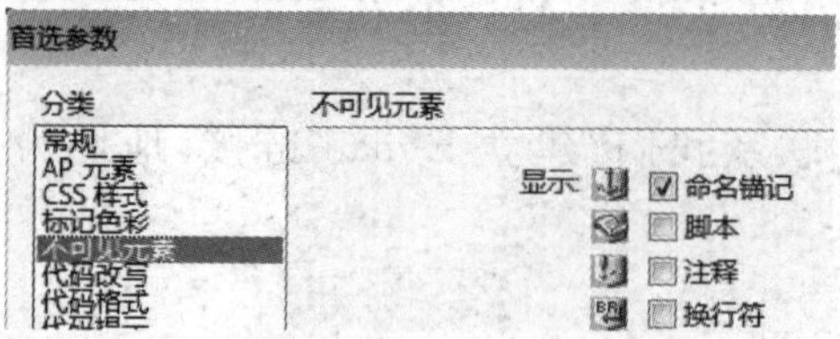

图 7-3-41 “不可见元素”设置

所示。建立锚点链接通常需要两个步骤：为锚记位置命名锚记；建立锚记链接。

【例 7-19】 在 wy2. html 网页尾部，添加“返回顶部”文字并居中，设置在浏览网页时单击文字“返回顶部”，可以跳转到网页的首部。

操作步骤如下：

(1) 在网页尾部添加文字，执行菜单“格式/对齐/居中对齐”命令，使文字居中显示。

(2) 命名锚记：将鼠标定位在网页的首部位置，执行菜单“插入/命名锚记”命令，在“命名锚记”对话框中输入锚记名称 x1，单击“确定”按钮，此时可看到锚记图标。

(3) 选取网页尾部的“返回顶部”文字，在“属性”面板的“链接”框中输入＃x1，按回车键确认。

保存和预览时，当点击“返回顶部”超级链接，会跳转到网页的首部位置。

(如果链接到其他网页的某个位置，则需要先在其他网页的某个位置设置锚记，然后建立超级链接，在链接框中的超级链接文件名后输入“＃锚记名称”。)

7.3.5 网页布局

在网页制作中，网页布局的重要性是显而易见的，网页布局有很多方法，但最基本的方法是利用表格和框架进行网页布局。

1 表格

表格是网页制作的一个重要组成部分，是最常用的网页布局元素之一。利用表格可以在页面上整齐地显示各种数据资料，以及对文本和图像进行定位，利用表格的背景、边框线等属性可以使网页更加美观。

图 7-3-42 为使用表格进行网页布局的学生个人简介表格页面，表格为 10 行 7 列，采用创建后合并单元格方式。

个人简介						
姓名	张宏	性别	男	出生日期	1993.11.5	照片
民族	汉	籍贯	上海	政治面貌	团员	
毕业学校	上海立信	学历	本科	专业	会计	
自我评价	积极、自信、刻苦					
兴趣爱好	看书、上网、音乐、旅游、摄影					
荣誉证书	英语四级、计算机等级二级、数模比赛二等奖					
社会实践	A公司财务助手、B商场促销员、植树活动					
联系方式	13901234567， zhanghong1234@163.com					
获奖证书			个人摄影作品			

图 7-3-42 表格效果图

1) 表格的创建

表格的组成元素主要是行、列和单元格。

执行菜单“插入/表格”命令，在“表格”对话框中输入行、列，即可插入表格，也可以在对话框中设置表格宽度(像素或百分比)和表格边框等,如图 7-3-43 所示。

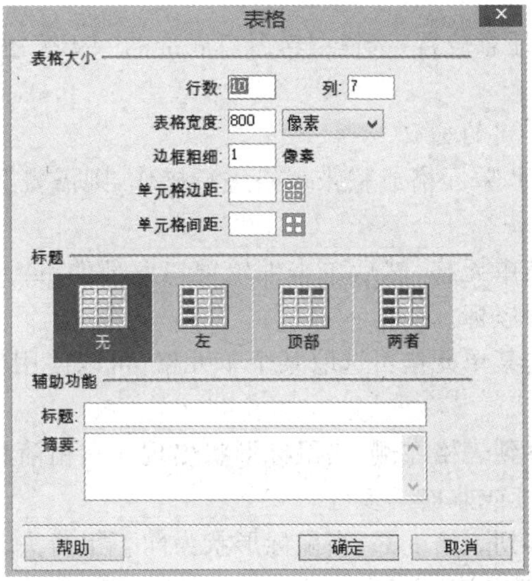

图 7-3-43　表格对话框

2) 表格的属性设置

表格创建后,可以在属性面板中对表格进行属性设置,同时可以改变创建时的参数,如图 7-3-44 所示。

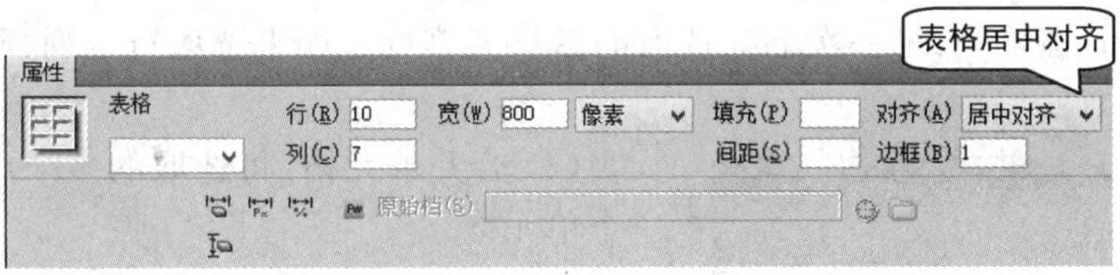

图 7-3-44　表格属性面板

表格属性面板中各项参数的功能如下所述。

(1) 行/列:设置表格的行数和列数。

(2) 宽:设置表格的宽度。当以像素为单位时,表格的宽度为绝对值;当以百分比为单位时,显示的宽度为表格的宽度与浏览器的宽度的百分比。

(3) 填充/间距:“填充”指单元格边框与单元格内容之间的距离;“间距”指单元格边框与单元格边框之间的距离,单位为像素。

(4) 边框:单元格边框的宽度,单位为像素。

(5) 对齐:表格在网页中的位置。(单元格中内容的对齐方式在单元格属性中设置。)

(6) 和:表示清除列宽,表示清除行高,即清除所有指定对象的列宽和行高。

(7) 和:表示将表格宽度转换成像素,表示将表格宽度转换成百分比。

【例 7-20】　新建网页文件 wy4. html,在网页中插入一个 10 行 7 列、宽度为 800 像素的表格,并设置表格对齐方式为居中对齐。

操作步骤如下:

(1) 执行菜单"插入/表格"命令,在"表格"对话框中输入 10 行 7 列,宽度设为 800 像素,单击"确定"按钮。

(2) 鼠标单击表格中任意位置,选择编辑窗口底部的<table>按钮,在属性面板中设置对齐方式为"居中对齐"。

3) 表格或单元格、行、列的选取

如果要对表格的行、列、单元格或整张表格进行操作,则需先选取将要进行操作的表格对象。

(1) 选取表格:单击某单元格,然后单击编辑窗口底部的<table>按钮,或者鼠标移到表格上,当鼠标形状为田时单击鼠标。

(2) 选取单元格:单击某单元格可选取某个单元格;可以使用〈Shift〉或〈Ctrl〉选取连续或非连续单元格。

(3) 选取行:将鼠标移到表格左侧,当鼠标形状出现向右粗箭头时,按下鼠标;也可以使用〈Shift〉或〈Ctrl〉选取连续或非连续多行。

(4) 选取列:将鼠标移到表格上部,当鼠标形状为向下粗箭头时,按下鼠标;也可以使用〈Shift〉或〈Ctrl〉选取连续或非连续多列。

4) 表格的编辑

表格建立后,执行菜单"修改/表格"命令,可以对表格的行、列、单元格等进行编辑。

(1) 插入行/插入列:在光标所在行或列上插入一空行或一空列,原来的行或列相应地下移或右移。

(2) 插入行或列:从光标开始处可一次插入多行或多列。

(3) 删除行/删除列:可一次删除选取的多行或多列。如未选取行或列,则删除光标所在行或列。

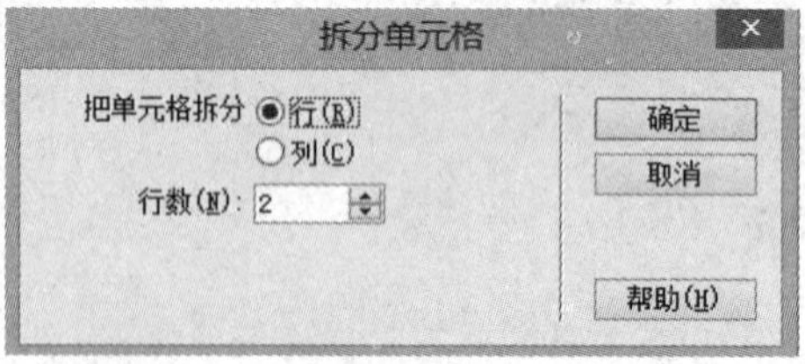

图 7-3-45 "拆分单元格"对话框

(4) 合并单元格:将选取的多个单元格合并为一个单元格。

(5) 拆分单元格:将一个单元格拆分为多行或多列,如图 7-3-45 所示。(有时候,拆分单元格后的效果并不尽如人意,因此,我们建议多采用合并单元格操作,尽量不使用拆分单元格操作)

5) 单元格的属性设置

单元格是表格的最基本单位,单元格属性与表格的属性稍有不同,单元格属性面板如图 7-3-46 所示。

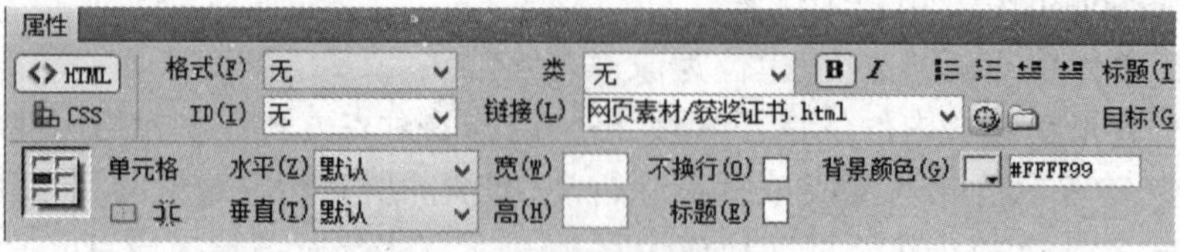

图 7-3-46 "单元格"属性面板

单元格属性面板中各项参数的功能如下所述。

(1) 水平/垂直:指单元格内容的对齐方式。"水平"为左对齐、右对齐、居中对齐等水平对齐方式,“垂直”为“顶端”“居中”“底部”等垂直对齐方式。

(2) 宽/高:表示单元格的宽度和高度,单位像素。若要指定百分比,可在数值后使用百分比符号%。

(3) 背景颜色:设置单元格的背景颜色。

(4) 标题:单元格中的内容为粗体并居中。

(5) 不换行:防止换行,当单元格内容宽于原单元格宽度时,单元格会加宽宽度来容纳所有内容。

【例7-21】 在wy4.html网页中,按图7-3-42所示,合并相应的单元格,并输入相应文字(在“个人简介.txt”中)和插入图片;设置文字格式(粗体)和对齐方式,设置超级链接,设置表格背景色为#FFFF99。

操作步骤如下:

(1) 选取第一行,执行菜单“修改/表格/合并单元格”命令;同理,选取其他需合并的单元格,执行“合并单元格”命令。

(2) 输入相应文字,设置部分文字粗体;选取部分单元格,设置居中对齐;插入图片,调整图片大小为宽150、高200。(输入文本后,各单元格宽度有所改变,可暂时不调整,等完成输入全部内容后再作调整。)

(3) 设置“获奖证书”超级链接到“hjzs.html”,设置“本人摄影作品”超级链接到“syzp.html”,均在新的浏览器窗口中打开。

(4) 选取所有单元格(不能选取表格),在属性面板设置背景颜色为#FFFF99。

(如果将表格的边框宽度设置为0,可以看到,虽然表格无边框线,但是网页元素依然整齐美观。)

2 框架及框架集

框架在网页设计中提供了将一个浏览器窗口划分为多个区域,并且每个区域都可以显示不同HTML文档的方法。使用框架最常见的情况就是一个框架显示包含导航控件的文档,而另一个框架显示含有内容的文档。

框架由框架集和一组框架构成,Dreamweaver CS4提供了多种框架集结构,每个框架集都有一个主框架,用来显示内容。比如“上方固定”型分为上下两个框架,其中下框架命名为主框架,如图7-3-47所示。

1) 创建框架及保存

【例7-22】 新建一框架集文件wy5.html,框架结构为“上方固定”,上框架显示wy5-1.html网页,下面主框架显示wy5-2.html网页。

一般做框架时,预先将框架集中各框架显示的网页文件建立好,然后通过执行菜单“文件/在框架中打开”命令,建立框架和网页文件的联系。

操作步骤如下。

(1) 新建网页文件wy5-1.html,设置网页背景色为#FFFF99。

(2) 创建一个2行4列的表格,宽度为500像素。

(3) 设置表格居中对齐,合并表格第一行,设置单元格内容居中,输入文字。

(4) 复制网页wy4.html文件到wy5-2.html。

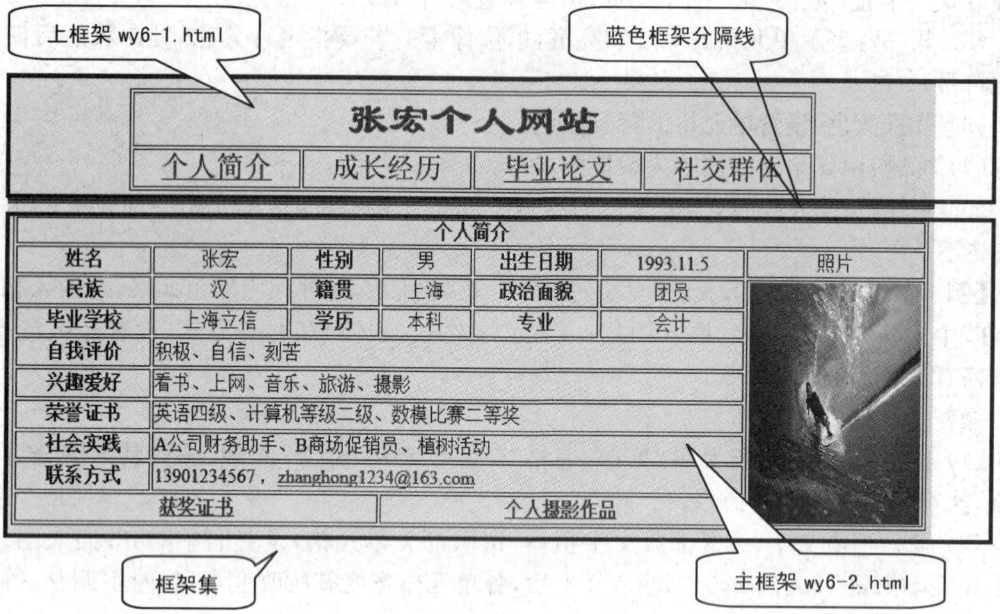

图 7-3-47　框架集网页效果

（5）新建框架集文件：执行菜单"文件/新建/示例中的页/框架页"命令，选取"上方固定"型，如图 7-3-48 所示，单击"创建"按钮，单击"确定"按钮。

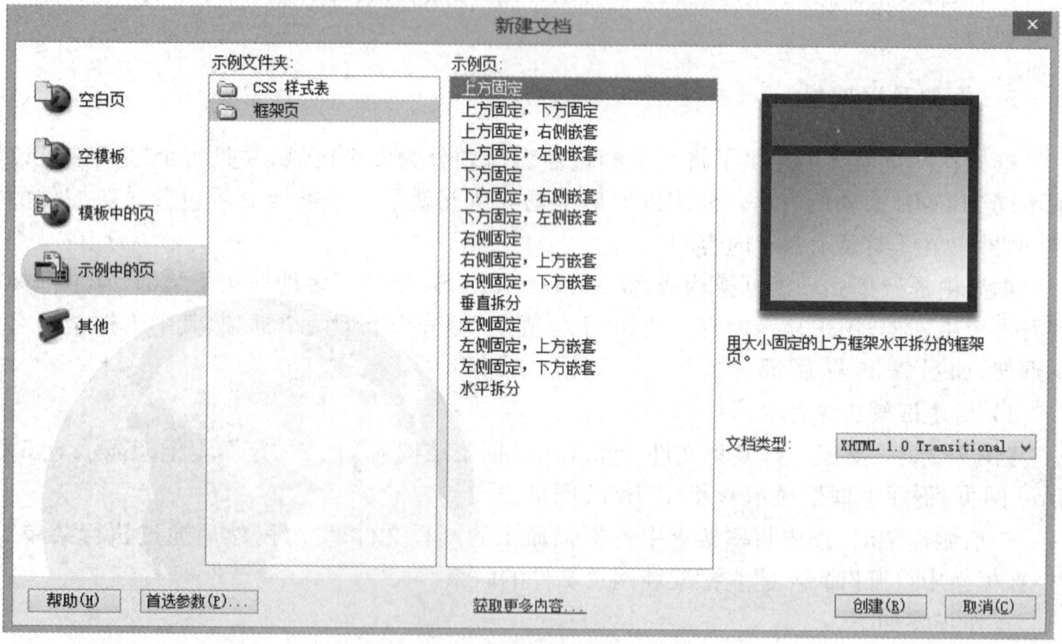

图 7-3-48　创建框架集对话框

（6）保存框架集文件：在网页编辑窗口，选取框架集位置（编辑窗口的外侧），执行菜单"文件/框架集另存为"命令，在保存对话框内输入文件名 wy5. html。

(7) 光标定位在上框架，执行菜单“文件/在框架中打开”命令，在对话框内选择文件“wy5-1. html”；光标定位在下方主框架，执行菜单“文件/在框架中打开”命令，在对话框内选择文件“wy5-2. html”。

(8) 执行菜单“文件/保存全部”命令保存所有框架和框架集文件。

在编辑状态下，可以发现，当把光标定位在不同框架时，在窗口上显示的是在此框架中打开的网页文件名，而选取整个框架集外框时，窗口显示框架集文件名。

（如果创建的框架不是所需的，可以直接拖动框架分隔线到窗口顶部或底部，清除框架。）

2) 设置框架超级链接

创建框架后，当网页设置超级链接后，在属性的超级链接目标中会增加框架目标，因此，对于框架的超级链接建议在框架中完成。

【例7-23】 在wy5. html框架集中为上框架文件wy5-1. html中设置超级链接，链接目标为mainFrame。

操作步骤如下：

(1) 在上框架中，为文本“个人简介”设置超级链接到wy5-2. html网页，目标为mainFrame；为文本“毕业论文”设置超级链接到bylw. html网页，目标为mainFrame。

(2) 执行菜单“文件/保存全部”命令，保存全部框架集和框架文件。

3) 框架面板

有时需要借助框架面板完成设置，框架面板可以灵活地选取某个框架，对框架进行属性设置，改变框架的布局。选择菜单“窗口/框架”命令可打开框架面板，打开后的框架面板如图7-3-49所示。

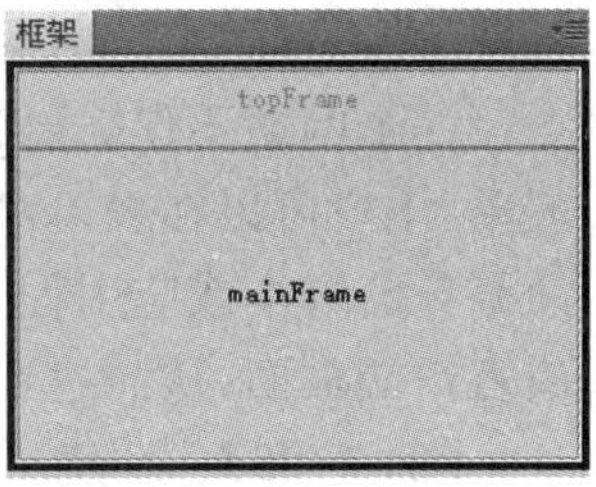

图7-3-49 框架面板

4) 框架与框架集属性设置

利用框架面板选择框架后，可以对框架进行属性设置，框架的属性分为框架属性和框架集属性两部分。

(1) 框架属性，框架属性设置如图7-3-50所示。

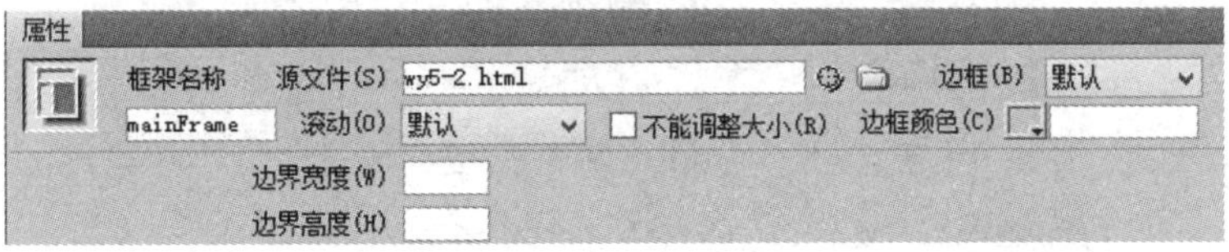

图7-3-50 框架属性面板

① 框架名称：显示框架名称，一般不作修改，采用默认名称。

② 源文件：框架中打开的HTML文件，可以单击右边的“浏览文件”按钮改变源文件。

③ 边框：框架边框是否显示。

④ 滚动：当网页内容较多，框架中不能完成显示网页内容时，是否添加滚动条。

⑤ 边框颜色：设置框架边框颜色。但是当边框宽度为0时，不显示边框颜色。

⑥ 不能调整大小：浏览者在浏览网页时，不能调整其大小。

(2) 框架集属性。框架集属性面板可以设置框架集的边框、边框颜色、边框宽度等，如图 7-3-51 所示。

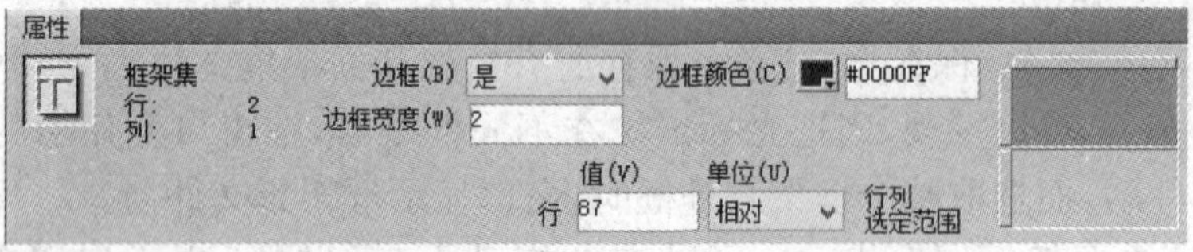

图 7-3-51　框架集属性面板

【例 7-24】　调整框架集文件中的分隔线，使网页内容能正常显示，设置浏览网页时显示宽度为 2 的蓝色分隔线。

操作步骤如下。

(1) 在 wy5. html 框架集文件中，执行菜单“窗口/框架”命令，打开框架面板，在框架面板中选择框架集。

(2) 在框架集属性中设置显示边框“是”，设置边框宽度为 2、颜色为蓝色。

(3) 在文档编辑窗口中拖动分隔线，使网页内容能够正常显示。

(4) 执行“文件/保存全部”命令保存全部框架文件，并预览。

7.3.6　表单的应用

一个网站不仅需要各种供用户浏览的网页，而且还需要与用户进行交互的表单。通过表单，用户可以在表单对象中输入或选择相关的信息，然后提交到站点服务器的数据库中，而服务器脚本或应用程序即对这些信息进行处理，最后服务器回应请求，将信息发送回用户或客户端页面，从而达到人站交流的目的。

【例 7-25】　新建 wy6. html 网页，利用表单工具制作如图 7-3-52 所示的调查问卷。

操作步骤如下。

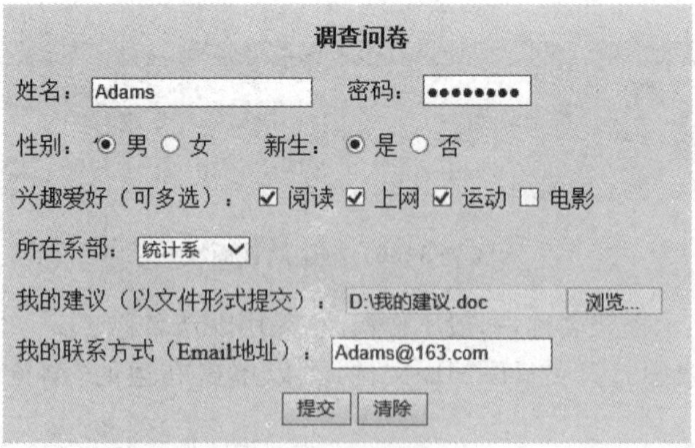

图 7-3-52　调查问卷网页

步骤一：新建 wy6. html 网页，创建 1 行 1 列，宽度为 500 的表格，设置表格居中对齐，单元格背景色为＃99FFFF。

1　表单及表单属性

1）表单

在网页中添加表单对象，必须先创建表单（或称表单域），在编辑状态下，表单以虚线框出现，同一表单中的各种表单元素应集中在表单中才有效。表单对象可通过“插入”面板的“表单”选项卡来插入，并且所有的表单对象均需放置在虚线框内，如图 7-3-53 所示。

图 7-3-53　“表单”选项卡

步骤二：在单元格中插入表单，出现如图 7-3-54 所示的红色虚线框。

图 7-3-54　表单域虚线框

2）表单属性

当选中表单后，可在表单的属性面板中进行属性设置，如图 7-3-55 所示。

图 7-3-55　“表单”属性面板

（1）表单 ID：用来设置表单的名称，当同一页面中有多个表单时，需要有不同名称来区分。

（2）动作：用来制定处理该表单的动态页或脚本的路径。例如，需要通过 E-mail 发送，则可以输入“mailto：abc@online. sh. cn”，如图 7-3-56 所示。

图 7-3-56　通过 E-mail 发送表单的动作设置

（3）方法：设置将表单数据发送到服务器的方法，其中 POST 表示用标准输入方式发送数据到服务器，GET 表示把表单数据附加到请求 URL 后发送到服务器。

（4）目标：设置表单数据被处理后，反馈网页的打开方式。

（5）编码类型：设置发送数据的编码类型。

2　表单对象

在表单虚线框中可以插入各种表单对象。

1）单行文本

单行文本：可以输入文本、数字或字母等各种字符。在“属性”面板中，可以设置字符宽度、最多字符数、单行或多行、密码和初始值等。

步骤三：在表单第一行输入文字“调查问卷”，并设置粗体、居中对齐；在表单第二行左侧插入姓名单行文本框，设置字符宽度和最多字符数均为 20，如图 7-3-57 所示。

图 7-3-57　文本框“属性”面板

步骤四：在姓名右侧插入密码文本框，设置字符宽度和最多字符数均为 8，如图 7-3-58 所示。（当文本框设置为密码后，在浏览网页时输入的密码将用 * 显示）

图 7-3-58　密码属性设置

2）文本区域

当需要输入多行时，使用文本区域表单对象。在属性面板中可以设置显示行数，如图 7-3-59所示。当文本内容不能完全显示时会出现滚动条。

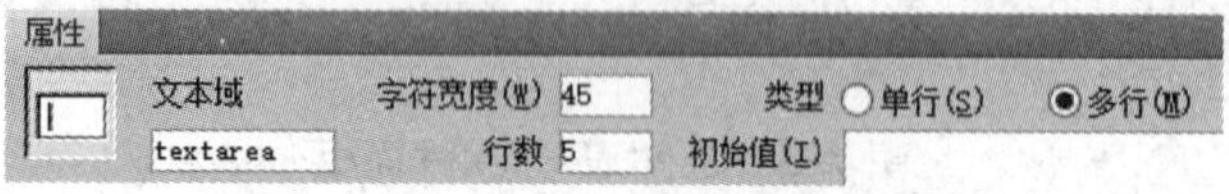

图 7-3-59　多行文本区域属性设置

3）单选按钮和单选按钮组

在一组单选按钮中只能而且必须选择一个选项。一个组中的所有单选项必须取同一个名称，否则将视为不同的组。在一个单选按钮组中，当设置某项为已勾选，则同组中其他项均自动转换为未选中。

步骤五：利用单选按钮添加“性别”单选项，并设置“男”为已勾选，如图 7-3-60 所示，同时必须将女单选项名称改为与男单选项一样的名称 radio，如图 7-3-61 所示。

图 7-3-60　男单选按钮属性面板

图 7-3-61　女单选按钮属性面板

步骤六：利用单选按钮组添加“新生”单选按钮：输入“新生：”，单击“单选按钮组”图标，打开“单选按钮组”对话框，输入标签“是”和“否”，如图 7-3-62 所示，单击“确定”按钮，在属性面板中将“否”设置为已勾选。

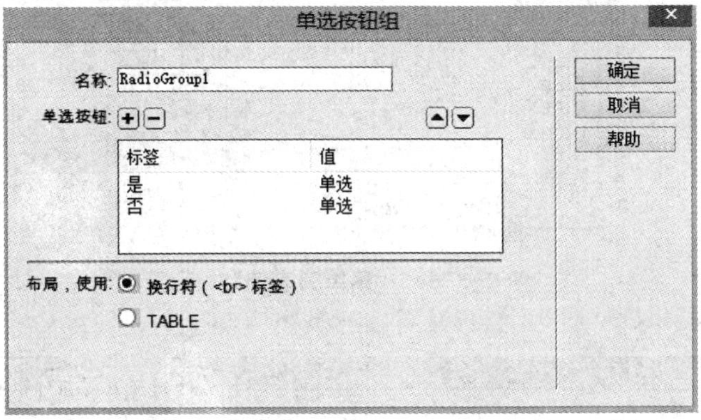

图 7-3-62 “单选按钮组”对话框

（用单选按钮组添加的按钮组为同一名称，因此不需要改名，但是会自动添加回车符，因此在完成单选按钮组后需要手动删除多余的回车符。）

4）复选框和复选框组

复选框允许在一组选项中选择一个或多个选项，也可以不选，还可以在属性面板中改变初始勾选状态。复选框添加后不需要改名字，下面仅介绍复选框组。

步骤七：添加“兴趣爱好”复选框组：输入“兴趣爱好（可多选）：”，单击“复选框组”图标，打开“复选框组”对话框，输入标签，如图 7-3-63 所示。

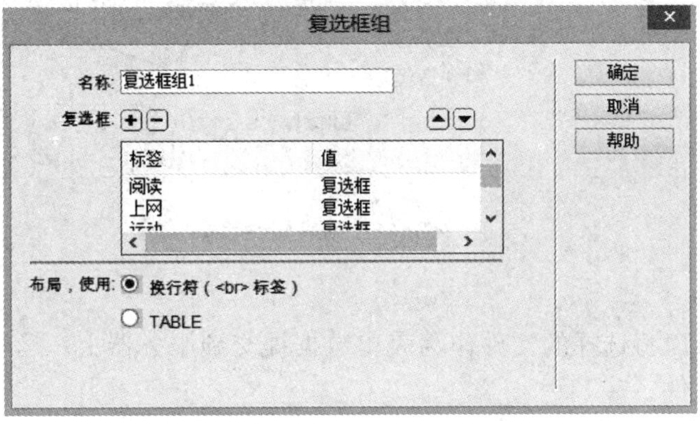

图 7-3-63 “复选框组”对话框

（可以使用＋、－符号添加、删除标签，同样，在完成复选框组后，需删除不必要的回车符。）

5）列表/菜单

Dreamweaver CS4 中，添加列表和菜单使用同一按钮。

步骤八：添加“所在系部：”菜单项：单击列表/菜单图标，在对话框的标签中输入“所在系部：”，按“确定”按钮；选取菜单项，在属性面板中单击右侧的“列表值”，在“列表值”对话框中输入项目标签“数学系”“统计系”“计算机系”“会计系”和“审计系”，单击“确定”按钮，列表值对话框如图 7-3-64 所示，完成后的属性面板如图 7-3-65 所示。

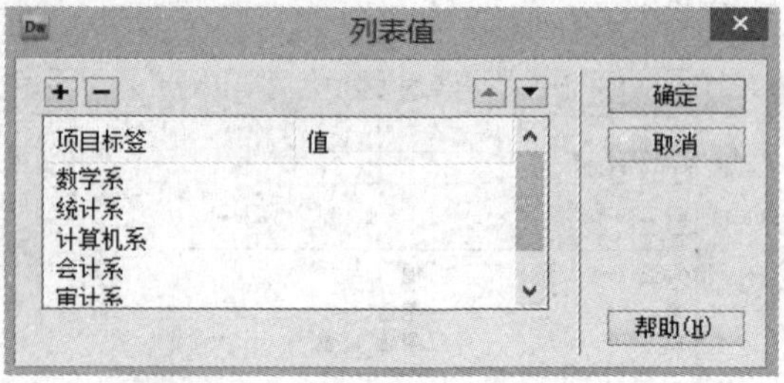

图 7-3-64 “菜单列表值”对话框

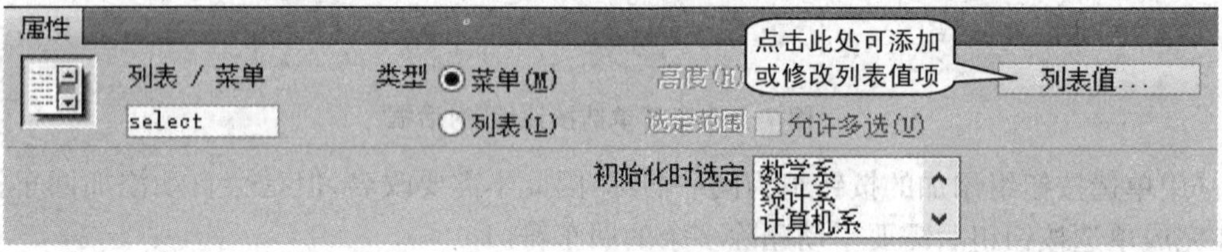

图 7-3-65 菜单属性面板

如果设置为列表，则属性面板中可以输入列表的高度即行数，且可以设置为用〈Shift〉或〈Ctrl〉允许多选功能，列表属性面板如图 7-3-66 所示。

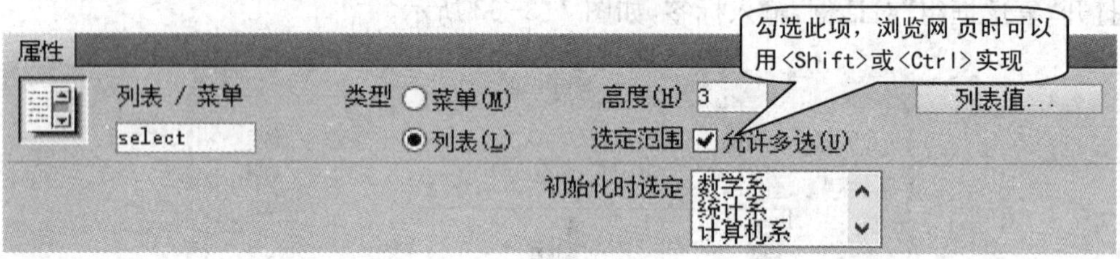

图 7-3-66 列表属性面板

6）文件域

利用文件域可以将选择的文件作为表单数据提交到服务器上。运行时，通过“浏览”按钮选择需提交的文件。

步骤九：添加文件域表单：输入相应文字，添加文件域表单项。

7）按钮

按钮具有控制表单提交或重置操作的功能，其中动作中的“提交表单”表示将数据提交到服务器，“重设表单”表示将数据重设为原始值，“无”表示不设置行为动作。

步骤十：添加“提交”和“重置”按钮，并设置相应的动作属性，如图 7-3-67 和图 7-3-68 所示，并设置按钮居中对齐。

至此，完成了“调查问卷”表单，可以按〈F12〉功能键预览如图 7-3-52 所示的网页效果。

图 7-3-67 “提交”按钮动作设置

图 7-3-68 “清除”按钮动作设置

8）图像域

使用图像作为按钮图标来提交表单，如果使用图像来执行任务而不是提交表单，则需要将某些行为附加到表单对象。

9）跳转菜单

在表单中使用跳转菜单，用户可以从菜单中选择需要打开的网页或文件。

【例 7-26】 新建 wy7.html 网页，在网页中建立包含“上海立信会计学院”和“上海教育网”两项的跳转菜单。

(1) 单击“跳转菜单”按钮，显示“插入跳转菜单”对话框，如图 7-3-69 所示。

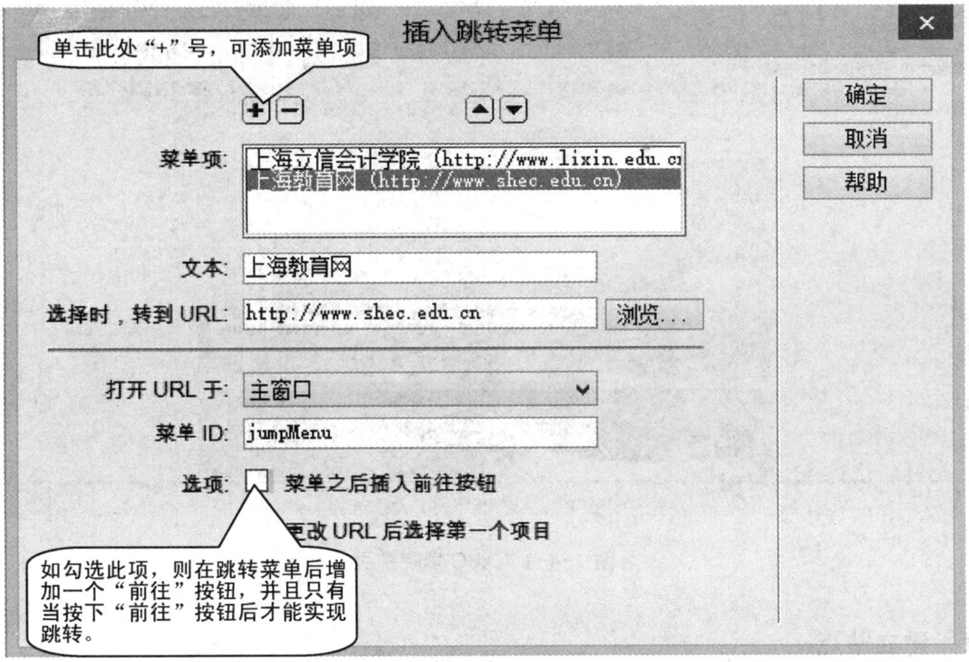

图 7-3-69 “插入跳转菜单”对话框

(2) 在“文本”框内输入文字“上海立信会计学院”。

(3) 在“选择时，转到 URL:”框内输入地址“http://www.lixin.edu.cn”。

(4) 单击“+”号，在“文本”框内输入文字 “上海教育网”。

（5）在“选择时，转到 URL：”框内输入地址“http://www.shec.edu.cn/”。

（6）单击“确定”按钮，按〈F12〉功能键预览时，当选择某项目时，自动跳转到相应的网页。

（如需添加“前往”按钮，则勾选“菜单之后插入前往按钮”选项。在添加了“前往”按钮后，当选择某项时，不再直接跳转到相应的网页，而是必须通过单击“前往”按钮才能实现跳转。）

7.4 应用案例——学院简易网站设计

在网络高速发展的今天，上网就像读书、看报一样，已经成为人们生活中不能缺少的一部分。越来越多的企业包括学校认识到通过网络可以更好地宣传和提供服务。下面通过实例介绍如何制作一个简易的“ABC 学院”网站的过程，此网站主页为一个上中下的框架集，如图 7-4-1 所示。

图 7-4-1　ABC 学院主页

1　建立站点

要求：将“C:\计算机应用\案例”文件夹定义为站点，站点名为“ABC 学院”。

（1）执行“站点/新建站点”命令，选择“高级”选项卡，输入站点名称“ABC 学院”。

（2）单击“本地根文件夹”旁的浏览按钮，在对话框中选取“C:\计算机应用\案例”，单击“选择”按钮，单击“确定”按钮。

2　建立导航网页

要求：建立“导航.html”网页，设置网页背景色＃FCF，建立2行4列、宽度为500像素、居中对齐的表格，表格内容居中，合并表格第1行；为文本设置CSS样式，其中第1行文本格式为字体幼圆、大小24、粗斜、颜色蓝色，第2行文本格式为字体幼圆。如图7-4-2所示。

图7-4-2　导航网页

(1) 执行“文件/新建”命令，选择“空白页”选项卡，单击“创建”按钮，执行“文件/保存”命令，保存网页文件，文件名为“导航.html”。

(2) 执行“插入/表格”命令，插入一个2行4列、表格宽度为500像素的表格，在属性面板中，点开对齐下拉列表，选择“居中对齐”命令，设置表格居中对齐。

(3) 选取第1行4个单元格，执行“修改/表格/合并单元格”命令，合并第1行单元格。

(4) 选取所有单元格，执行“格式/对齐/居中对齐”命令，将所有单元格内容水平居中对齐。

(5) 输入单元格文本内容，执行“修改/页面属性”命令，在对话框中选择“外观(CSS)”选项卡，设置背景颜色为＃FCF，单击“确定”按钮。

(6) 选取第1行文本，执行“格式/CSS样式/新建”命令，输入选择器名称“.x1”，单击“确定”按钮。

(7) 在对话框中选择“类型”分类，点开“Font-family”右侧下拉列表，选择“编辑字体列表”项，进入“编辑字体列表”对话框，在“可用字体”中选取幼圆字体，单击向左双箭头，将幼圆字体添加到左侧“选择的字体”中，单击“确定”按钮。再次点开“Font-family”右侧下拉列表，选择“幼圆”字体。

(8) 在对话框中，选择“Font-weight”为bold，“Font-size”为24，“Color”为＃00F，单击“确定”按钮。

(9) 选取第2行文本，执行“格式/CSS样式/新建”命令，输入选择器名称“.x2”，单击“确定”按钮，选择“幼圆”字体，单击“确定”按钮。

(10) 保存文件并预览。

(如果设置CSS样式后，文本并未使用该样式，可以先选取需做样式的文本，然后在属性面板的HTML选项卡的“类”中选取相应的CSS样式即可。)

3　建立学院简介网页

要求：建立“学院简介.html”网页，设置网页背景色＃FCF，添加水平线，并设置水平线宽度80%、高度3、无阴影、居中对齐，颜色为“＃00FFFF”；添加Flash多媒体。

(1) 执行“文件/新建”命令，新建文件名为“学院简介.html”的网页文件。

(2) 执行“文件/导入/Word文档”命令，导入文件“学院简介.docx”。

(3) 将光标置于最后，执行“插入/HTML/水平线”命令，选取水平线，在属性面板中设置水平线宽度80%、高度3、无阴影、居中对齐。右单击水平线，执行“编辑标签”快捷菜单命令，在“标签编辑器”对话框左侧选择“浏览器特定的”选项，右侧设置颜色为“#00FFFF”，单击“确定”按钮。

(4) 将光标置于下一行，执行“格式/对齐/居中对齐”命令，将光标置于页面水平居中。

(5) 执行“插入/媒体/SWF”命令，选取“学院景观.swf”文件，单击“确定”按钮。

(6) 执行“修改/页面属性”命令，在页面属性对话框中设置网页背景颜色为#FCF，单击“确定”按钮。

(7) 保存文件并预览。

4 建立问卷调查网页

要求：建立“问卷调查.html”网页，建立一个2行1列、宽度为500像素的表格，第1行文本水平居中对齐；添加表单和表单项，如图7-4-3所示，其中姓名文本域宽度为20，所在系部菜单列表值为会计系、审计系和统计系，并用动作按钮完成相应的动作。

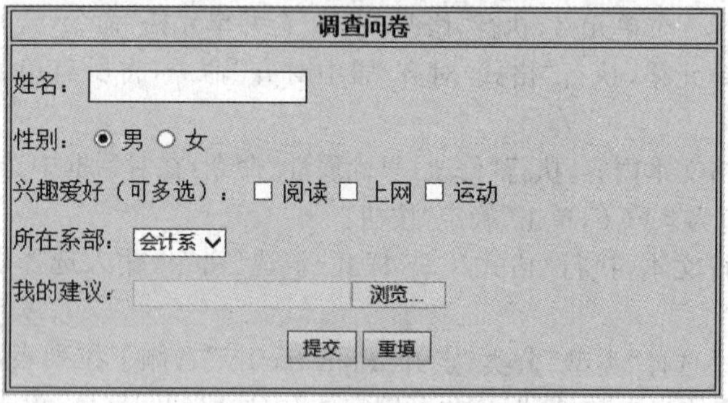

图7-4-3 问卷调查网页

(1) 执行“文件/新建”命令，新建文件名为“问卷调查.html”的网页文件。

(2) 执行“插入/表格”命令，插入一个2行1列、表格宽度为500像素的表格，在属性面板中，点开对齐下拉列表，选择“居中对齐”命令，设置表格居中对齐。

(3) 在第1行执行“格式/对齐/居中对齐”命令，设置文本水平居中，输入文字“问卷调查”，在属性面板中设置文字为粗体。

(4) 设置网页背景颜色为#FCF。

(5) 将光标置于第2行，执行“插入/表单/表单”命令，添加红色虚线表单域。

(6) 添加如图所示的表单对象：

① 执行“插入/表单/文本域”命令，在对话框中标签中输入“姓名:”，单击“确定”按钮，选取文本域，在属性面板中设置字符宽度和最多字符数均为20。

② 在文本“性别:”右侧执行“插入/表单/单选按钮组”命令，输入标签为男和女，选取“男”左侧的单选按钮，在属性面板中设置初始状态为“已勾选”。

③ 在文本“兴趣爱好(可多选):”右侧执行“插入/表单/复选框组”命令，输入标签“阅读、上网、运动”。

④ 执行“插入/表单/菜单/列表”命令，在标签框内输入“所在系部:”，单击“确定”按钮，

选取菜单对象，在属性面板中单击“列表值”按钮，在“列表值”对话框中输入项目标签为“会计系、审计系、统计系”，单击“确定”按钮。

⑤ 执行“插入/表单/文件域”命令，在标签框内输入“我的建议：”，单击“确定”按钮。

⑥ 将光标置于最后，执行“格式/对齐/居中对齐”命令。

⑦ 执行“插入/表单/按钮”命令，选取按钮，在属性面板中选择动作为“提交表单”；执行“插入/表单/按钮”命令，选取按钮，在属性面板中将值改为“重填”，选择动作为“重设表单”。

⑧ 保存文件并预览。

5 建立联系方式滚动网页

要求：建立“联系方式.html”网页，采用文字从右向左滚动显示联系方式，滚动背景色为＃99FF66，速度5，宽度600，居中对齐；为文本设置字体大小12，建立Email链接，如图7-4-4所示。

图7-4-4 联系方式网页

(1) 执行菜单“文件/新建”命令，新建文件名为“联系方式.html”的网页文件。

(2) 设置文本水平居中格式。

(3) 执行菜单“插入/标签”命令，在“标签选择器”对话框中选择“HTML标签”和“marquee”，单击“插入”和“关闭”按钮。

(4) 输入联系方式，选取输入的邮箱地址，执行菜单“插入/电子邮件链接”命令，单击“确定”按钮。

(5) 在“标签检查器”面板中设置属性：behavior＝"scroll"、bgcolor＝"＃99FF66"、class＝"5"、direction＝"left"、width＝"600"，如图7-4-5所示。

(6) 在“设计”视图中，选取文本，执行菜单“格式/CSS样式/新建”命令，输入选择器名称“.x3”，单击“确定”按钮，选择大小为12，单击“确定”按钮。

(7) 保存文件并预览。

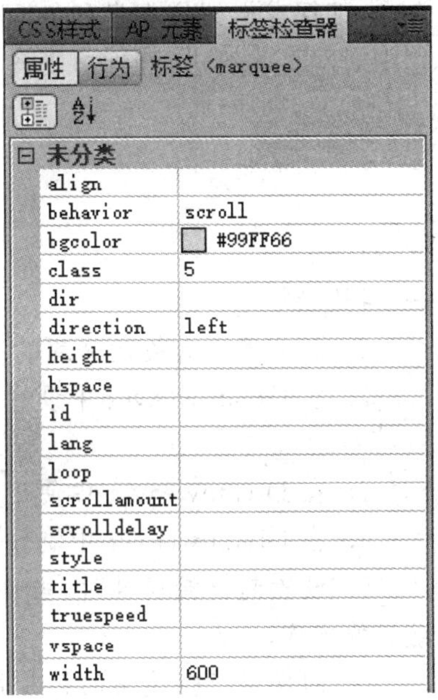

图7-4-5 滚动字幕属性设置

6 建立框架集网页

要求：建立“上方固定，下方固定”框架集网页“ABC学院.html”，设置顶部框架中打开“导航.html”网页，主框架中打开“学院简介.html”网页，底部框架中打开“联系方式.html”网页；设置“学院简介”超级链接到“学院简介.html”文件，设置“问卷调查”超级链接到“问卷调查.html”文件，目标均为mainFrame；设置框架集边框属性为显示边框、边框宽度2、边框颜色＃FF00FF”。

(1) 执行菜单“文件/新建”命令，在“新建文档”对话框中，选择“实例中的页/框架页”，选择“上方固定,下方固定”框架集,单击“创建”按钮,单击“确定”按钮。

(2) 执行菜单“文件/框架集另存为”命令,将框架集保存为“ABC学院.html”文件。

(3) 光标置于上框架,执行菜单“文件/在框架中打开”命令,选择“导航.html”网页文件,单击“确定”按钮。此时在上框架中打开了“导航.html”网页。

(4) 重复操作(3)分别在主框架(中间框架)和底框架中打开“学院简介.html”和“联系方式.html”网页。

(5) 选择“学院简介”文本,执行菜单“插入/超级链接”命令,在对话框中右侧点击浏览按钮,选取“学院简介.html”网页文件,单击“确定”按钮。在属性面板的目标中选择mainFrame。

(6) 重复操作(5),为“问卷调查”文本设置超级链接和mainFrame的链接目标。

(7) 执行菜单“窗口/框架”命令,打开框架面板,调整框架线上下位置,以便更多显示主框架内容。

(8) 在框架面板中选取框架集,在属性面板中设置显示边框、边框宽度2、边框颜色#FF00FF”。

(9) 执行菜单“文件/保存全部”命令,按〈F12〉预览。

(注意:由于框架集是由多个框架组成的,因此每次修改后都必须执行菜单“保存全部”命令,即保存框架集本身和各框架。另外由于各框架均关联一个单独网页文件,因此在框架集中对网页内容进行修改,则各单独网页文件自动进行修改。)

习　题

一、判断题

1. 服务器上有关数据库的一切操作只能由服务器管理人员进行。 (　　)

2. 在Dreamweaver中设置超级链接,_father和_myself均可以作为网页链接目标。 (　　)

3. 在Dreamweaver中使用表单,文本框可以实现下拉列表功能。 (　　)

4. 在Dreamweaver中制作框架,默认可以选择的网页链接目标包括_top。 (　　)

5. 设置超链接属性时,当目标设置为_blank时表示在当前浏览器窗口中打开,这也是默认的方式。 (　　)

6. 创建空链接使用的符号是&。 (　　)

7. 在单元格中不可以设置图片背景。 (　　)

8. 表单中密码域的主要特点是不显示具体输入内容,而是用*来替代显示。 (　　)

9. 想在浏览器不同区域同时显示几个网页,可以使用表格。 (　　)

10. 单元格填充和间距只能在创建表格时设置,以后不能更改。 (　　)

二、单项选择题

1. 下列文件属于静态网页的是(　　)。

A. index.asp　　B. index.jsp　　C. index.html　　D. index.php

2. 在网页中常用的图像格式是(　　)。

A. .bmp和.jpg　　B. .gif和.bmp　　C. .png和.bmp　　D. .gif和.jpg

3. 在Dreamweaver中,我们可以为链接设立目标,表示在新窗口打开目标网页的是(　　)。

A. _self　　B. _blank　　C. _parent　　D. _top

4. 在网上浏览信息时经常会遇到要求填写注册资料或提供信息的情况,这些都是用(　　)来制作的。

A. 表单　　B. 表格　　C. 层　　D. 框架

5. 在Dreamweaver中,模板文档的扩展名为(　　)。

A. .doc　　B. .html　　C. .dwt　　D. .lbi

6. 在Dreamweaver中,按下(　　)快捷键,即可打开默认主浏览器,浏览网页。

A. 〈F4〉　　B. 〈F12〉

C. 〈Ctrl〉+〈V〉　　D. 〈Alt〉+〈F12〉

7. “项目列表”功能作用的对象是(　　)。

A. 单个文本　　B. 段落　　C. 字符　　D. 图片

8. 插入鼠标经过图像包括以下(　　)对象。

A. 主图像和原始图像　　B. 主图像、次图像和原始图像

C. 次图像和鼠标经过图像　　D. 主图像和次图像

9. 为网页插入以下(　　),可添加可控制的音乐播放器。

A. 参数　　B. 插件　　C. APPLET　　D. 导航条

10. Dreamweaver常用面板中的“图像”按钮,在(　　)区域中。

A. 插入面板　　B. 属性面板　　C. 面板组　　D. 菜单栏

11. 在表单中允许用户从一组选项中选择多个选项的表单对象是(　　)。

A. 单选按钮　　B. 列表/菜单　　C. 复选框　　D. 单选按钮组

12. 在Dreamweaver中,CSS一般是指(　　)。

A. 层　　B. 行为　　C. 样式表　　D. 时间线

13. 在Dreamweaver中,(　　)的说法是错误的。

A. 可以给文字定义超级链接

B. 可以给图像定义超级链接

C. 只能使用默认的超级链接颜色,不可更改

D. 链接、已访问过的链接、当前访问的链接可设为不同的颜色

14. 在当网页既设置了背景图像又设置了背景颜色,那么将(　　)。

A. 仅显示背景图像　　B. 仅显示背景色

C. 产生一种混合效果　　D. 相互冲突,不能同时设置

15. 在“页面属性”对话框中,不能设置(　　)。

A. 网页的背景色　　B. 网页文本的颜色

C. 网页文件的大小　　D. 网页的边界

16. 在Dreamweaver中,在表格“属性”面板中,可以(　　)。

A. 消除列的宽度

B. 将列的宽度由像素转换为百分比

C. 设置单元格的背景色

D. 将行的宽度由像素转换为百分比

17. 在 Dreamweaver CS4 表单中,关于文本域说法错误的是(　　)。

A. 密码文本域输入值后显示为“*”

B. 多行文本域不能进行最大字符数设置

C. 密码文本和单行文本域一样,都可以进行最大字符数的设置

D. 多行文本域的行数设定以后,输入内容将不能超过设定的行数

18. 创建自定义 CSS 样式时,样式名称的前面必须加一个(　　)。

A. $　　B. #　　C. .　　D. font

19. 在网页的 HTML 源代码中,(　　)标签是必不可少的。

A. 〈html〉　　B. 〈br〉　　C. 〈p〉　　D. 〈table〉

20. 在 Dreamweaver 中,(　　)不是链接的目标属性。

A. self　　B. new　　C. blank　　D. top

三、多项选择题

1. 网页主要由(　　)等一些元素构成。

A. 文本　　B. 图像　　C. 表格　　D. 表单

2. 在 Dreamweaver 中,关于“命名锚记”的命题,下列正确的有(　　)。

A. 在不考虑显示器窗口内容的情况下链接到页面任意位置的特定点上

B. 命名锚记的作用是使链接可以指向页面的中间位置,或是在文档的任意位置

C. “命名锚记”时必须区分大小写

D. “命名锚记”可以访问不在同一页面上的内容

3. 在 Dreamweaver 中,(　　)是表格的基本组成部分。

A. 行　　B. 图片　　C. 单元格　　D. 列

4. 在 Dreamweaver 中,表单由多个表单对象组成,它们是(　　)。

A. 单选按钮　　B. 复选框　　C. 单文本框　　D. 按钮

5. 在 Dreamweaver 中,以下(　　)属于 Dreamweaver CS4 提供的热点创建工具。

A. 矩形热点工具　　B. 圆形热点工具

C. 多边形热点工具　　D. 指针热点工具

四、填空题

1. 网页一般分为静态网页和________网页。

2. 网页主要由文本、图像、动画、表格、和超链接等基本________组成。

3. Dreamweaver 可以分为________视图、________视图和________视图。

4. 框架由________和________组成。

5. 在框架集的属性面板中,可以设置框架的列的单位为________、________和________。

6. 超文本标记的简称是________。

7. ________和________是构成网页最基本的元素。

8. “站点定义”中，可以根据需要分别设置本地、________文件夹。

9. 表格的宽度可以用百分比和________两种单位来设置。

10. 建立电子邮件的超链接时，在“属性”面板的文本框中输入________＋电子邮件地址。

11. 导入和导出站点是选择________菜单项实现的。

12. CSS中设置文字链接的样式主要是设置连接的四种状态，分别为________、________、________和________。

13. Dreamweaver中表格由________、________和________组成。

14. 在Dreamweaver中对多个网站进行管理，要通过________面板进行。

15. 样式表CSS包括________、________、________和________4种。

五、简答题

1. 什么是HTML？用哪些工具可以编辑HTML文件？HTML有哪些基本的语法规则？

2. 与其他网页制作工具相比，Dreamweaver具有哪些优势？

3. 一个网页的基本结构是什么？它用到了哪些HTML标记？

4. 表格的组成部分有哪些？表格有哪些常用操作？

5. 什么是框架？框架的作用有哪些？它和表格有什么区别？

6. 什么是CSS？它的实现方式有哪些？

7. 什么是热点？如何建立热点链接？

8. 什么是锚记？如何创建锚记链接？

9. 在添加多媒体时，添加Flash、swf、声音和视频时，哪些是需要通过插件添加？添加后可以做哪些设置？

10. 表单的作用是什么？在添加表单对象前需要先添加什么？

参 考 文 献

[1] J. Glenn Brookshear. 计算机科学概论[M]. 11 版. 刘艺，等译. 北京：人民邮电出版社，2011.

[2] 上海市教育委员会组编. 计算机应用基础教程[M]. 上海：华东师范大学出版社，2011.

[3] 孟强，张娟. 中文版 Office 2010 实用教程[M]. 北京：清华大学出版社，2013.

[4] 王至，郭峰. Flash CS5 动画设计教程[M]. 北京：人民邮电出版社，2013.

[5] 何福贵，张梅. Dreamweaver CS4 网页设计与制作[M]. 北京：机械工业出版社，2010.

教师反馈及课件申请表

立信会计出版社以“服务会计事业，繁荣会计文化”为目标，主要为广大高等院校师生服务。为更有针对性地为广大教师服务，提升教学质量，在您确认将本书作为指定教材后，请您填好以下表格并经系主任签字盖章后寄回，我们将免费向您提供相应教学课件。

<table>
<tr><td>书号/书名</td><td colspan="3"></td></tr>
<tr><td>所需要的教学资料</td><td colspan="3">教学课件、教学素材</td></tr>
<tr><td>您的姓名</td><td colspan="3"></td></tr>
<tr><td>系</td><td colspan="3"></td></tr>
<tr><td>院/校</td><td colspan="3"></td></tr>
<tr><td>您所讲授的课程名称</td><td colspan="3"></td></tr>
<tr><td>每学期学生人数</td><td>________ ________年级</td><td>学时</td><td></td></tr>
<tr><td>您目前采用的教材</td><td colspan="3">作者：__________ 出版社：__________
书名：______________________________</td></tr>
<tr><td>您准备何时用此书授课</td><td colspan="3"></td></tr>
<tr><td>您的联系地址</td><td colspan="3"></td></tr>
<tr><td>邮政编码</td><td></td><td>联系电话
（必填）</td><td></td></tr>
<tr><td>E-mail(必填)</td><td colspan="3"></td></tr>
<tr><td colspan="2">您对本书的建议：</td><td colspan="2">系主任签字
盖章</td></tr>
</table>

我们的联系方式：

立信会计出版社高教编辑室

上海市徐汇区中山西路 2230 号 1 号楼 1301 室

联 系 人：孙勇

Q　　Q：401426874

传　　真：021-64695050

电子邮件：pastwater11@163.com

网　　址：http://www.lixinaph.com